Reise um die Erde

durch

Nord-Asien und die beiden Oceane

in den Jahren 1828, 1829 und 1830

ausgeführt

von

Adolph Erman.

In einer historischen und einer physikalischen Abtheilung dargestellt und mit einem Atlas begleitet.

Berlin,
verlegt bei G. Reimer.

1841.

Reise um die Erde

durch

Nord-Asien und die beiden Oceane

in den Jahren 1828, 1829 und 1830

ausgeführt

von

Adolph Erman.

Zweite Abtheilung:

Physikalische Beobachtungen,

Zweiter Band.

Inclinationen und Intensitäten. — Declinationsbeobachtungen auf der See. — Periodische Declinationsveränderungen.

Berlin,
verlegt bei G. Reimer.

1841.

Vorwort.

Indem ich, mit dem vorliegenden Bande, die Herausgabe einer, sich um die ganze Erde ziehenden, Reihe magnetischer Beobachtungen beende, sind von der Nutzbarkeit derselben für die Wissenschaft bereits höchst erfreuliche Beweise vorhanden. Von den Inclinationen und Intensitäten welche, durch vorläufige und nur angenäherte Reductionen, aus diesen Beobachtungen folgten, habe ich im September 1837 eine Abschrift an Herrn Major Sabine mitgetheilt, und bald darauf eine andere an Herrn Hofrath Gaufs. Nach diesen Zahlen-Angaben sind aber dann, für Nord-Asien und für die Nord- und Süd-Hälfte des Grofsen- und des Atlantischen Oceans, die magnetischen Karten gezeichnet worden, durch welche der unsterbliche Erfinder der Theorie des Erdmagnetismus die Wirklichkeit der einzigen Hypothese welche dieselbe involvirte erwiesen, und die 24 Constanten bestimmt hat, welche die abstrakte Theorie zu einer naturgemäfs spezialisirten gemacht haben.

Auch sind später, bei einer vorläufigen Vergleichung von 273 nach den Gaufs'ischen Formeln berechneten Werthen mit beobachteten, von jenen angenäherten Angaben meiner Recultate bereits mehrere gedruckt worden.*) —

Die genaue Ermittelung des magnetischen Zustandes der Erde wird von jetzt an, eben so wie die Ausbildung der astronomischen Theorien seit Newton, durch immer häufigere Vergleichungen beobachteter Zahlen mit theoretisch berechneten, und durch entsprechende Verbesserung der angenäherten Werthe für die magnetischen Constanten, gelingen. Es ist aber zu vermuthen dafs eine Reihe nahe gleichzeitiger Resultate, von welcher eine nur oberflächliche graphische Darstellung zur ersten Bestimmung jener Constanten beigetragen hat, auch noch bei deren Verbesserung zu berücksichtigen sein wird. — Ich

*) E. Sabine. Seventh Report of the British Association for the Advancement of Science. London 1838. pag. 26. und 43. bis 62.

C. F. Gaufs und W. Weber. Resultate aus den Beob. des magnet. Vereins, im Jahre 1838. Leipzig 1839. pag. 36. u. f.

Report etc. relative to the observations to be made in the Antarctic Expedition. London 1840. pag. 98 u. f.

habe in dieser Voraussetzung, so wie früher für meine Declinationsbestimmungen auf dem Lande (diesen Berichtes Abth. II. Bd. 1.), auch für die in dem vorliegenden Bande enthaltenen Declinationsbeobachtungen auf der See, und Inclinations- und Intensitäts-Messungen während der ganzen Reise um die Erde, Alles beizubringen gesucht was ein Urtheil über deren Sicherheit gewährt und über den Stimm-Werth der ihnen neben den, etwa auf dieselben Gegenden bezüglichen, Resultaten anderer Beobachter gebühren dürfte. —

Was in dieser Beziehung von der Handhabung und Beschaffenheit der gebrauchten Instrumente und von den, auf diesen Umständen begründeten, Reductionen der abgelesenen Zahlen abhängt, ist auf den folgenden Seiten vollständig mitgetheilt, und es bleibt demnach hier nur über etwanige Einflüsse unwesentlicher Anziehungen, Einiges zu erwähnen.

Von meinen Beobachtungen auf dem Lande ist nur eine, die Inclinationsbestimmung zu Kursan 1829. Februar 4., in der Mitte eines hölzernen Hauses angestellt worden, in welchem jedoch kaum irgend eine Eisenmasse von merklichem Einflusse gewesen sein dürfte. Alle übrigen habe ich im Freien und so entfernt von jedwedem Gebäude ausgeführt, dafs durchaus keine Anziehung von solchen zu befürchten blieb. Ich mufs bemerken dafs, trotz dieses Verfahrens, die Temperatur der Schwingungsnadeln und der Thermometerkugel an der ich diese ablas, bei einigen der Beobachtungen im Winter, nur deshalb beträchtlich gröfser geblieben ist als die der umgebenden Atmosphäre, weil ich dieselben schon in den geheizten Zimmern mit dem Glaskasten in dem sie beobachtet werden sollten, umgeben hatte. In diesem haben sie sich dann so langsam abgekühlt wie es die Thermometer-Ablesungen zeigen. — Von Anziehungen des Erdbodens, welche nachweisbar nur auf die nächste Umgebung des Beobachtungspunktes begränzt, und nur deshalb für unwesentlich zu halten sind, habe ich zuerst die des Berges Blagodat zu erwähnen (diesen Berichtes Abth. II. Bd. 1. Seite 109), dessen Masse zu gröfstem Theile aus Krystallen von Magneteisen besteht. Natürlich wurde dort ein völlig anomales Resultat erwartet, und die Declination an einer ausgezeichneten Stelle dieses Berges nur gemessen, um von der Vertheilung des Magnetismus in demselben einige Anschauung zu erhalten.

Ein Serpentinfels bei Newjansk am Ural, auf dem ich die Inclination und Intensität beobachtet habe (diesen Bandes Seite 117), übt eben so offenbar rein lokale Störungen aus: jedoch ganz unvermutheter

Weise. Ich hatte diesen vielmehr grade als den unverdächtigsten Punkt der Umgegend zu den Beobachtungen gewählt, und bemerkte erst nach Erlangung ganz anomaler Resultate, daſs jedes Bruchstück desselben magnetisch wirkte, ohne doch irgend welche mit bloſsen Augen sichtbare Erzspuren zu enthalten. In der Ebene am Fuſse dieser Felswand war man sowohl den mächtigen Newjansker Eisensteingängen als auch den vor den Hütten aufgehäuften Erzen und fertigen Eisenmassen bei weitem näher, und dennoch lieſsen dort Herrn Professor Hansteens Beobachtungen entweder gar keine oder doch nur unvergleichlich schwächere Störungen erkennen. — Wollte man, trotz dieser Erfahrungen, der sichtbaren Beschaffenheit des, nicht unmittelbar an den Beobachtungspunkt angränzenden, Terrains, in magnetischer Beziehung, einige Bedeutung beimessen, so wäre zu bemerken, daſs sich Gänge von Magneteisen auch nicht fern von Kuschwa befinden (Bd. 1. Seite 107. Bd. 2. Seite 121), und eben so auch in der Umgegend von Kirgischansk (Bd. 1. Seite 104. Bd. 2. Seite. 114).— Ich glaube nicht daſs die augitischen Gesteine von Kamtschatka an den Punkten wo ich magnetische Beobachtungen angestellt habe, lokale Anziehungen ausüben, denn mit Ausnahme der zwei letzten, Natschika und Petro-Paulshafen, welche auf metamorphischem Felsboden liegen, sieht man bei den übrigen dieser Punkte an der Oberfläche neuste Anschwemmungen oder jüngere Flötzschichten von beträchtlicher Dicke und ist von den mächtigeren Lavaströmen und Felswänden kaum weniger als meilenweit entfernt. Es ist dagegen ein seltener Eisenreichthum der basaltischen Laven in dem Distrikte in welchem ich auf Otaeiti beobachtete zu erwähnen, vermöge dessen in dem Matawai-Fluſs welcher diese Laven durchschneidet, Oktaeder von Magneteisen von mehr als 3 Linien Seite vorkommen. — Noch mehr im Allgemeinen kann bemerkt werden, daſs auſser den genannten Gegenden (am Ural, auf Kamtschatka und auf Otaeiti) nur noch die Orte südlich vom Baikal (Band 1. Seite 153 bis 167, Band 2. Seite 156 bis 161), die am Aldansker-Gebirge, von Garnastach bis Ochozk (Band 1. Seite 191 bis 194, Band 3. Seite 182 bis 185), so wie endlich Neu-Archangelsk auf Sitcha und Ila das Cobras bei Rio-Janeiro, in der Nähe von theils krystallinischen theils auch nur metamorphischen Gebirgsmassen liegen, — alle übrigen aber auf Niederschlags-Formationen.

Die Angabe des geognostischen Alters dieser Formationen habe ich der Zusammenstellung meiner Resultate (dieses Bandes Seite 529 u. f.) nur deſshalb nicht beigefügt, weil ich nicht wüfste dafs irgend eine derselben vorzugsweise lokaler Anziehungen zu verdächtigen wäre. Sollte dennoch dereinst eine solche Angabe auch in magnetischer Beziehung von Interesse erscheinen, so wird man sie mit geringster Mühe aus den geognostischen Karten vom Europäischen Russland und von Sibirien entnehmen können, welche ich theils schon bekannt gemacht habe *), theils sehr bald herauszugeben hoffe.

Die magnetischen Beobachtungen auf der See sind, mit nur einer unten genannten Ausnahme (Seite 205), auf dem Schiffsverdeck angestellt, und zwar die auf der Corvette Krotkoi, von 1829 Oktober 20 bis 1830 September 28, in stets gleicher Entfernung von den eisernen Gegenständen die sich am Bord befanden.

Eine Reihe von Versuchen welche ich in Petro-Paulshafen, nach der Barlow'schen Methode, über die Anziehung dieses Eisens auf die Horizontalnadel an dem Beobachtungspunkte, gemacht habe, ergab dafs die Declinationen durch dieselbe nur um Gröfsen geändert wurden, über welche diese Methode keine Sicherheit mehr gewährte. Ich habe aber dann ferner an allen Ankerplätzen wo es die Umstände erlaubten,

*) Archiv für wissenschaftl. Kunde v. Russland. Berlin 1841. p. 59.

die Inclination und Intensität vergleichungsweise am Bord des vor Anker liegenden Schiffes und an dem nächst gelegenen Punkte des Strandes beobachtet. Auch bei diesen scheint nirgends ein unmittelbar in die Augen fallender Unterschied vorzukommen (diesen Bandes Seite 187 und 188; 206 und 207, 358, 359 und 360; so wie auch, mit Berücksichtigung der Entfernung zwischen Kronstadt und Petersburg, Seite 432, 433 und 434).

Dennoch dürfte wohl ein weit wahrscheinlicheres Resultat über diesen Punkt sich erst da wo man es wirklich gebraucht, nämlich bei der theoretischen Anwendung dieser Beobachtungen, ergeben. Bei dieser wird sich, weit sicherer als durch nur einzelne Vergleichungen, herausstellen, ob, im Mittel aus mehreren auf der See gemachten Beobachtungen, die Differenz zwischen Theorie und Erfahrung anders ausfällt als an der nächst gelegenen Küste.

Die Beobachtungen am Strande von San Francisco empfehlen sich in dieser Beziehung als ganz sicher frei von Störungen durch geologische Verhältnisse, demnächst aber auch die auf Sitcha und bei Rio-Janeiro, wo alle in der Nähe anstehenden Felsen wenigstens keine Spuren magnetischer Erze enthalten.

Ich habe schliefslich um geneigte Anbringung der hiernächst genannten Verbesserungen an einige Zahlen in diesem Bande zu bitten, welche trotz wiederholter Durchsicht des Manuscriptes und Druckes nöthig geworden sind. Es ist denselben auch ein Verzeichnifs der Verbesserungen zum 1sten Bande dieser physikalischen Abtheilung hinzugefügt, von denen einige bisher nur in der historischen Abtheilung meines Reiseberichtes Bd. 2, schon abgedruckt waren.

Geographische und magnetische Orts-Bestimmungen.

Beschreibung des Inclinatoriums.

Das Inclinatorium welches ich auf dem Lande zu allen meinen Neigungsbeobachtungen, und zur See sowohl zu Inclinations- als auch zu Intensitäts-Bestimmungen gebraucht habe, ist im Jahre 1825 von Gambey in Paris gearbeitet. Der Horizontalkreis desselben hat einen Durchmesser von 7″, und der Vertikalkreis von 9″ Pariser Maafs. Der erstere befindet sich auf einem mit Fufsschrauben versehenen starken Ringe, der Vertikalkreis auf einem anderen, der, zwischen zweien aufrechten Säulen befestigt, mit seinem unteren Rande eine rechteckige Metall-Platte berührt, welche jene Säulen trägt. An diese Platte ist, rechtwinklich auf ihre Länge und innerhalb ihrer Ebne, ein Streifen angesetzt der als Alhidade für den Horizontalkreis dient, auch befindet sich auf derselben die mit den nöthigen Correktionsschrauben versehene Wasserwage des Instrumentes. — Der Vertikalring, die Säulen welche ihn tragen und die eben beschriebene Platte bilden also ein Ganzes, mit dem noch einige andere wesentliche Theile fest zusammenhangen. Namentlich aber die Lager für die Neigungsnadel, ein Apparat zur Auflegung derselben auf die Mitte dieser Lager, und ein mit Glasscheiben und mit einer Thüre versehener Kasten, der alle oberhalb der erwähnten Platte gelegnen Theile des Instrumentes einschliefst, und gegen Luftströmungen schützt. — Die Verbindung dieses oberen oder vertikalen Stückes des Inclinatoriums mit dem unteren geschieht mittelst einer konischen Axe, die von unten an die Platte jenes erstern, und normal auf dieselbe geschraubt ist. Sie ist 27‴ lang, und hat oben 5‴ und unten 4‴ im Durchmesser. Die zur Aufnahme dieser Axe bestimmte Röhre ist dagegen mit dem Horizontalringe und mit dessen Füfsen aus einem Stücke gegossen. Nach Einsetzung der aufrechten Axe in diese Röhre hatte der Künstler, an das Unter-Ende der erstern, eine runde Schlufs-Platte geschraubt, welche über den Queerschnitt der Röhrenwände ragte, und dadurch das obere Stück des Inclinatoriums mit dem unteren für immer verbinden sollte. Er hatte daher das ganze Instrument, zur Aufbewahrung während der Reise, in einen 19″ hohen Kasten mit quadratischer Basis von 14″ Seite gesetzt. Der Transport eines so grofsen Behälters mufste nothwendig um so bedeutendere Verlegenheiten verursachen, als man sich seltener von demselben zu trennen wünschte, und es schien mir aufserdem ganz unmöglich die beschriebene Axe des oberen Stückes und dessen übrige Theile vor Biegungen und anderen Beschädigungen zu bewahren, wenn man sie in jenem Zustande, ohne genügende Unterstützungen, den Wirkungen ihres eigenen Gewichtes und den Erschütterungen durch sehr verschiedenartige Transport-Mittel ausgesetzt hätte. Ich habe daher die erwähnte Schlufsplatte für die aufrechte Axe durch eine andere, mit einer leichter zu lösenden Schraube versehene, ersetzt und dann, während der Reise, ein jedes der beiden Stücke des Instrumentes in einem besondren Kasten verwahrt. Der für das obere schlofs ganz dicht an die Wände des Glaskasten, so wie an die Axe und Alhidade dieses Stückes, und er hatte daher bei nur 2″,5 Höhe eine quadratische Basis von 12″ Seite nebst zweien schmalen Ansätzen zur Bedeckung jener hervorragenden Theile. Der Kasten für das untere Stück war 3″,5 hoch, über einer quadratischen Basis von 8″ Seite. — Ich erwähne hier dieser einfachen Abänderung des Apparates und seiner Verpackung, in der Ueberzeugung dafs es mir nur durch diese gelungen ist ein so empfindliches Instrument ohne irgend eine bemerkbare Beschädigung um die Erde zu führen, und zwar grofsen Theils auf sehr unebnen und ungebahnten Wegen. —

Es ist hinlänglich bekannt dafs, bei Gambeyschen Inclinatorien, die Nadel auf den cylindrisch geschliffenen Queerschnitten zweier dünnen Achatplatten ruht, dafs die stählernen Zapfen mit denen sie diese Lager berührt, äufserst dünn sind, und dafs die nöthige Gleichförmigkeit beim Auflegen derselben durch zwei parallele Hebel bewirkt wird, deren jeder in seiner Mitte einen dreieckigen Einschnitt und seinen Drehungspunkt an einer der zwei früher erwähnten Säulen hat. Es ist daher hier nur anzuführen dafs, bei dem von mir gebrauchten Instrumente, die Entfernung jener Achatschärfen 16‴, nnd die der Aushebungsdreiecke 10‴ beträgt. An dem Azimutalkreise dieses Inclinatoriums werden mittelst des Nonius einzelne Minuten abgelesen und der Höhenkreis ist unmittelbar in Intervalle von 10 Minuten getheilt. Ein jedes derselben ist zwar nur nahe an 0‴,15 breit, es scheint aber als wenn man dennoch deren Fünftel äufserst sicher schätzte, denn wenn die Nadel ganz ruhig liegt so hält man eine bis zu 2 Minuten steigende Unsicherheit über ihre Stellung kaum für möglich. Diese Ablesung geschieht wohl vorzüglich dadurch, dafs man schätzt in der Verlängerung von welchem der ausgezognen oder der mit diesen parallel gedachten Theilstriche sich eine der beiden, auf der Limbusebne senkrechten, End-Kanten der Nadel befindet und es ist daher vortheilhaft dafs, bei dem in Rede stehenden Instrumente, diese Kanten nur um wenig über 0‴,1 von den Enden der Theilstriche abstehen. — Eine jede der zwei Nadeln welche zu diesem Inclinatorium gehören besteht aus einem stählernen und einem messingnen Theile. Der erste ist ein grades Prisma, dessen Höhe parallel mit der Drehungsaxe der Nadel und daher, beim Gebrauche, senkrecht gegen den Neigungskreis liegt. Diese Höhe beträgt 0‴,45. Die mit dem Neigungskreise parallel liegenden Grundflächen dieses Prismas sind Achtecke, welche, durch die längste ihrer Diagonalen und durch eine auf deren Mitte senkrechte, in vier congruente Stücke zerfallen. Mifst man von der Mitte jener längsten Diagonale, in deren Richtung und senkrecht auf dieselbe, Coordinaten x und y, so gehören zu einander folgende auf die Eckpunkte des Polygones bezügliche Werthe:

x	y
0	$\pm 3''',35$
$\pm 52''',53$	$\pm 1\ ,39$
$\pm 53\ ,26$	0

Der messingne Theil der Nadeln besteht aus einem holen rechtwinklichen Parallelolipedum, dessen äufsere Kanten, respektive parallel mit der Länge des Stahles und in den beiden anderen Richtungen: 8''',00 0''',72 und 3''',82 betragen und dessen Seitenwände 0''',47 dick sind. Dasselbe ist symmetrisch um die, fast genau durch den Schwerpunkt des stählernen Theiles gehende, Drehungsaxe vertheilt und ebenso verhält es sich auch mit einem messingnen Cylinder, von dem eine Hälfte zu jeder Seite der Nadel hervorragt und dessen 10''' lange Axe mit jener Dehungsaxe zusammenfällt. Die kreisförmige Basis dieses Cylinders hat 0''',58 im Halbmesser. Es folgt aus diesen Angaben und aus Wägungen dieser Nadeln:

das Gewicht ihres stählernen und daher allein magnetischen Theiles
166,09 Gran Nürnb. Med. Gew.
- - - messingnen Theiles 66,93
- - - ganzen Nadel 233,02 = M

und in Beziehung auf die beschriebene Drehungsaxe derselben,

$$\text{ihr Trägheits-moment} = \frac{M}{\pi^2 \varLambda}\, 527.$$

wenn Maafse und Gewichte, so wie bisher, in Pariser Linien und in Granen Nürnberger Medizinal Gewichtes ausgedrückt, die Kräfte und Zeiten durch die Schwere im Meeresniveau unter dem Aequator und durch Sekunden mittlerer Zeit gemessen, und mit $\varLambda$ die Länge des Sekundenpendels unter dem Aequator in Pariser Linien bezeichnet werden. —

Untersuchung der Zapfenlager des Inclinatoriums und der Wasserwage desselben.

Ehe ich zur Aufsuchung der Reduktion von Beobachtungen mit diesem Inclinatorium und zu deren Anwendung auf die meinigen übergehe, ist noch die Messung des Winkels zu erwähnen, welchen die Ebne durch die Zapfenlager für diese Nadeln und daher auch, während der Inclinationsbeobachtungen, die Drehungsaxe der Nadel, mit einer auf der aufrechten Axe des Instrumentes senkrechten Ebne einschliefst. Auch wurde bei dieser Messung der Werth der Theilungen an der Wasserwage des Instrumentes bestimmt. — Ich fand jenen Winkel, den ich in der Folge mit h bezeichnen will, zu grofs um ihn direkt an den mir zu Gebote stehenden Niveaus abzulesen. Es wurde daher, nachdem die Drehungsaxe des Neigungskreises nahe senkrecht gestellt worden, eine Wasserwage, deren Theilungswerthe bekannt und deren Unterfläche so gut als vollkommen eben *), so wie auch nahe parallel mit ihrer Axe gemacht war, auf die Achatschärfen, welche die zu untersuchenden Zapfenlager ausmachen, aufgesetzt, und zwar möglichst nahe an denselben Stellen welche von der Nadel berührt werden. Ich brachte dann, durch Drehung des Neigungskreises und der an ihm festen Zapfenlager, die Axe dieser Wasserwage nahe an die Vertikalebne durch eine der drei Fufsschrauben des Instrumentes, und machte mit dieser Schraube die Axe der Wasserwage nahe horizontal. Der Neigungskreis wurde darauf, während alles übrige ungeändert blieb, von neuem gedreht, der Betrag dieser Drehung am Azimutalkreise beobachtet und, nach jedesmaliger Zunahme um 10°, sowohl die Angabe der Wasserwage auf den Lagern als auch der für immer an der Axe des Neigungskreises befestigten abgelesen, und endlich eine völlig ähnliche Reihe von Beobachtungen gemacht, nachdem die Wasserwage auf den Lagern um möglichst nahe an 180° im Azimut gewendet, alles übrige aber ungeändert gelassen war.

Setzt man nun:

die Neigung der aufrechten Drehungsaxe des Instrumentes gegen die Horizontalebne $= 90° - d$

- - der Nadelaxe gegen jene Drehungsaxe $= 90° - h$

---

*) Ich hatte deshalb die Wasserwage auf einem Glasspiegel befestigt dessen etwaniger Krümmungshalbmesser durch optische Mittel gröfser als 7314 Pariser Fufs gefunden war. (vergl. II, 1 Ste. 245). Da nun bei den zwei Auflegungen der Wasserwage die Unterstützungspunkte dieser Glasfläche um höchtens 2''' verändert werden konnten, so wurde aus diesem Grunde der beobachtete Werth von h im äufsersten Falle um 0,2 Sekunden von dem wahren verschieden.

den Winkel zwischen der Unter-Seite und der Axe der Wasserwage auf den Zapfenlagern $= n$
eine Ablesung an dieser Wasserwage $= p$
wo jede der vier genannten Gröfsen in Theilungseinheiten der eben genannten Wasserwage ausgedrückt sei;
ferner eine, mit der von p gleichzeitige, Ablesung am Azimutalkreise $= a$
diejenige Ablesung an diesem Kreise, bei welcher die Axe der genannten Wasserwage und die aufrechte Drehungsaxe des Instrumentes in einerlei Vertikalebne lagen $= A$
und bedeuten noch: p′ eine Ablesung an dieser Wasserwage nach deren Umlegung, wodurch A zu A′ geworden sei, p″ eine Ablesung des am Inclinatorium festen Niveaus, von welchem die Theilungseinheiten w mal gröfser seien als die der Wasserwage auf den Lagern, und für welches $90^\circ - n'$ den Winkel zwischen seiner Axe und der aufrechten Axe des Inclinatoriums, so wie A″ das Entsprechende von A bedeute, so erhält man:

$$p = h + n - d \cos (a - A)$$
$$p' = h - n - d \cos (a - A')$$
$$p'' = \frac{n' - d \cos (a - A'')}{w}$$

respektive für die erste und zweite Beobachtungsreihe, und für die Stände der am Inclinatorium festen Wasserwage. — Zur Bestimmung der Werthe von h und w habe ich nun folgende 33 Ablesungen gemacht:

I.		II.		III.	
p	a	p′	a	p″	a
— 2,125	180°	+ 3,55	180°	— 1,10	180°
— 1,25	190	+ 2,50	190	— 3,30	190
0,00	200	+ 1,25	200	— 5,725	200
+ 1,375	210	— 1,00	210	— 7,75	210
+ 6,60	220	— 4,00	220	— 5,975	330
+ 3,85	140	— 3,95	130	— 3,80	340
+ 1,25	150	— 1,50	140	— 1,40	350

I.		II.		III.	
p	a	p′	a	p″	a
— 1,00	160°	+ 0,75	150°	+ 1,10	0°
— 2,00	170	+ 2,25	160	+ 3,975	10
		+ 3,25	170	+ 6,00	20
				+ 8,50	140
				+ 6,075	150
				+ 4,05	160
				+ 1,85	170

Es folgt aus ihnen:

d =	+ 26,38	w =	1,68307	
h =	+ 23,733	A =	175°	56′
n =	+ 0,92	A′ =	356	11
n′ =	+ 0,38	A″ =	266	21

wonach die Umkehrung des Niveaus auf den Lagern bis auf 15′ richtig ausgeführt wurde. Dieses geschah aber nur dadurch daſs man, bei jeder der zwei Auflegungen desselben, seine Axe in die Vertikalebne durch die Nadel-Axe zu bringen suchte, und es ist demnach nicht zu bezweifeln daſs diese Absicht genugsam erreicht, und somit auch der gefundne Werth von h für diejenige Stelle der Achatschärfen gültig ist, für welche es gesucht wird. Die vier zuerst genannten Gröſsen sind noch in Theilungs-Einheiten der Wasserwage auf den Lagern ausgedrückt, deren jede früher, durch sehr sichere Beobachtungen, zu 21″,38 gefunden wurde. Es folgen daher:

h oder die Neigung der Nadel-Axe gegen eine auf der Drehungs-Axe des Instrumentes senkrechten Ebne
$= 8' \; 27'',4$

und: $w \times 21'',38$ oder ein Intervall der Wasserwage des Inclinatoriums $= 35'',98$

Es bleiben aber als Fehler der vorstehenden Beobachtungen:

I.	II.	III.
+ 0,46	— 0,63	— 0,05
+ 0,38	+ 0,21	— 0,18
+ 0,58	+ 0,08	+ 1,08
— 0,30	+ 0,13	— 0,70
— 0,86	+ 0,23	— 0,76
— 0,58	— 0,58	+ 0,16
— 0,34	— 0,00	— 0,08
+ 0,27	+ 0,12	+ 0,26
+ 0,40	+ 0,28	+ 0,53
	+ 0,15	+ 0,49
		— 1,07
		— 0,40
		+ 0,58
		+ 0,12

Die gröfsten unter diesen Fehlern gehören zu Ablesungen bei denen das eine Ende der Blase in den Wasserwagen schon ausserhalb der Theilungen war, so dafs die Lage ihres Mittelpunktes nur geschätzt werden konnte.

Theorie der Beobachtungen mit dem Inclinatorium.

Die Theorie der Beobachtungen mit einem Inclinatorium von der beschriebnen Art ergiebt sich nun leicht aus den allgemeinen Bedingungen für das Gleichgewicht und für die Bewegung eines Körpers mit fester Axe. Nimmt man aber in einem solchen zwei, sowohl auf die Drehungsaxe als auch unter sich, senkrechte Linien als Axen der mit x und y bezeichneten Coordinaten, und wirkt dann auf einen Punkt desselben, dessen Coordinaten x und y sind, eine Kraft deren Wirkung auf die bei jenem Punkte gelegne Raumeinheit $= f$ und deren Richtung mit der X- und Y-axe die Winkel α und β einschliefst, so wird die Bedingung des Gleichgewichtes bekanntlich:

$$\int^3 [f.dx.dy.dz\,(x\cos\beta - y\cos\alpha)] = 0 \qquad \text{I.}$$

wo die dreifache Integration, nach x, y und z, über den ganzen Körper zu erstrecken ist, und das Zeichen [] die Bildung analoger Ausdrücke für sämmtliche in dem Körper vorkommenden Kräfte bedeutet.

Ebenso gilt für die Bewegung eines solchen Körpers, wenn man ihn aus seiner Gleichgewichtsstellung abgelenkt hat:

$$dt.\int^3 [f.dx.dy.dz\,(x\cos\beta - y\cos\alpha)]$$
$$= d\omega.\int^3 dx.dy.dz.\delta.(x^2 + y^2) \qquad \text{II.}$$

wo ω die Winkelgeschwindigkeit des Körpers für einen durch die Zeit t bezeichneten Augenblick, δ seine Dichtigkeit bei dem durch x y und z gegebnen Punkte bedeuten.

Soll aber dann aus den Gleichungen I oder II geschlossen werden wie man, durch Beobachtungen über Gleichgewicht oder Bewegung eines Körpers mit fester Axe, die Richtung und Intensität von einigen oder von allen auf ihn wirkenden Kräften bestimmen könne, so hat man nur die Winkel α und β und die Coordinaten x, y und z durche solche Gröfsen zu ersetzen welche entweder direkt gemessen werden können, oder durch die ausgeführten Messungen bestimmt werden sollen. — An einem Inclinatorium liest man nun zunächst nichts anderes ab als den Winkel zwischen einer willkürlich gewählten Linie auf der Nadel, die ich Collimationslinie nennen und durch beide Spitzen der Nadel gelegt annehmen will, und zwischen einem der zwei mit 0 bezeichneten Radien seines Vertikal- oder Neigungskreises. Ich werde denselben mit I bezeichnen und ihn von demjenigen Nullpunkte des Neigungskreises anzählen, der, für ein in dessen Mittelpunkte befindliches Auge, zur Linken von einem bezeichneten Ende der Drehungsaxe der Nadel liegt.

Man kann sodann noch, an dem Horizontalkreise des Instrumentes, die Veränderungen messen welche das Azimut jenes eben erwähnten Endes der Drehungsaxe der Nadel, zwischen je zwei Beobachtungen erfährt, so wie endlich die Zeit welche die Nadel, bei irgend welcher Lage ihrer Drehungsaxe, zu einer vollständigen Schwingung gebraucht.

Bedeutet nun A die Ablesung am Horizontalkreise während das bezeichnete Ende der Drehungsaxe in dem Vertikale des magnetitischen Nordens liegt und a das Analoge von A während Ablesung des Neigungswinkels I, so ist, für den zuletzt genannten Augenblick, das vom magnetischen Norden an rechts herum gezählte Azimut jenes Endes der Drehungsaxe $= a - A$. Den vom Mittelpunkte der Nadel gesehnen Höhenwinkel desselben setze ich $= h$. Nimmt man nun die Collimationslinie der Nadel als X-axe und eine auf ihr und auf der Drehungsaxe senkrechte als Y-axe, bezeichnet mit D, C und Y die drei Punkte der Himmelskugel in welche die positive Hälfte der Drehungsaxe, der Collimationslinie und der Y-axe treffen und mit K den Punkt der Himmelskugel gegen welchen irgend eine der auf die Punkte der Nadel wirkenden Kräfte gerichtet ist, so hat man

$$\alpha = KC \quad \beta = KY.$$

Es wirken aber auf jeden Punkt der Nadel: nördlicher Magnetismus, südlicher Magnetismus und Schwere und für eine jede dieser Kräfte sind nicht die Bogen KC und KY direkt gegeben oder durch Beobachtungen zu ermitteln, sondern vielmehr die Bogen KZ, KN, KO wenn Z, N und O auf derselben Himmelskugel das Zenit, den magnetischen Nordpunkt und den magnetischen Ostpunkt bezeichnen.

Die allgemeinen Beziehungen:

$$\cos\alpha = \cos KC = \cos KZ . \cos CZ . + \cos KN . \cos CN . + \cos KO . \cos CO$$
$$\cos\beta = \cos KY = \cos KZ . \cos YZ . + \cos KN . \cos YN . + \cos KO . \cos YO$$

werden für jede der drei genannten Kräfte zu:

$$\cos\alpha = \sin n . \cos CZ + \cos n . \cos CN$$
$$\cos\beta = \sin n . \cos YZ + \cos n . \cos YN$$

in sofern man nur unter n den besonderen Werth von KN für eine jede derselben versteht, denn für jede derselben ist

$$KZ = 90^\circ - KN, \text{ und } \cos KO = o . -$$

Um aber auch CZ, CN, YZ und YN durch Gröfsen zu ersetzen welche bei den Inclinationsbeobachtungen vorkommen, lege man durch D und Z, d. h. durch das Ende der Drehungsaxe an der Himmelskugel und durch das Zenit, einen gröfsten Kreis und bezeichne mit P den Punkt in welchem derselbe, oberhalb des Horizontes, von dem Kreise YC d. h. von der Ebne des Neigungskreises geschnitten wird. Derselbe soll von dem früher erwähnten Nullpunkte um $90° + c$ abstehen. Die vier gesuchten Bogen folgen dann aus den sphaerischen Dreiecken zwischen den 5 Punkten Z, P, C, Y und N, denn nach der beschriebnen Lage derselben sind:

$$ZP = h \qquad CP = -(90° + I + c)$$
$$ZN = 90° \qquad CY = 90°$$
$$ZPC = 90° \qquad NZP = 180° + (a - A)$$

und somit:

$$\cos CZ = -\cos h \,.\, \sin (I + c)$$
$$\cos CN = \sin (I + c) \sin h \,.\, \cos (a - A) + \cos (I + c) \sin (a - A)$$
$$\cos YZ = -\cos h \,.\, \cos (I + c)$$
$$\cos YN = \cos (I + c) \sin h \cos (a - A) - \sin (I + c) \sin (a - A)$$

so wie auch:

$$(y \cos \alpha - x \cos \beta) = \sin n \,.\, \cos h \left\{ x \cos (I + c) - y \sin (I + c) \right\}$$
$$- \cos n \left\{ x \,[\sin h \,.\, \cos (a - A) \cos (I + c) - \sin (a - A) \sin (I + c)] \right.$$
$$\left. - y \,[\sin h \cos (a - A) \sin (I + c) + \sin (a - A) \cos (I + c)] \right\}$$

Es ist nun hierin zu setzen, wenn i den gesuchten Werth der Inclination am Beobachtungsorte bezeichnet:

für den nördlichen Magnetismus		$n = i$
für den südlichen	—	$n = 180° + i$
für die Schwere		$n = -90°$

und wenn deren Intensitäten respective f, f' und s sind, sowie δ die Dichtigkeit der Nadel bei dem Punkte x, y, z so wird nach I die Bedingung für das Gleichgewicht einer Inclinationsnadel:

$$\int^3 dx\, dy\, dz \left\{ (f - f') \sin i \,.\, \cos h \,[x \cos (I + c) - y \sin (I + c)] \right.$$
$$- (f - f') \cos i \,[x (\sin h \cos (a - A) \cos (I + c) - \sin (a - A) \sin (I + c))$$
$$- y \,(\sin h \cos (a - A) \sin (I + c) + \sin (a - A) \cos (I + c))]$$
$$\left. - s \,.\, \delta \,.\, \cos h \,[x \cos (I + c) - y \sin (I + c)] \right\} = 0.$$

Wegen des Parallelismus der magnetischen Kräfte, ist aber i für alle Punkte der Nadel constant. Setzt man demnach:

$$\int^3 dx\, dy\, dz\, (f - f')\, x = \mu\, (X - X')$$
$$\int^3 dx\, dy\, dz\, (f - f')\, y = \mu\, (Y - Y')$$
$$\int^3 dx\, dy\, dz\, \delta\, x = s\, M\, X,$$
$$\int^3 dx\, dy\, dz\, \delta\, y = s\, M\, Y,$$

So sind, nach dem in der Physik gewöhnlichen Sprachgebrauche:

$$\left.\begin{array}{llll} X \text{ und } Y & \text{die Coordinaten des} & & \text{Nordpoles} \\ X' \text{ — } Y' & \text{—} & \text{—} & \text{Südpoles} \\ X_{,} \text{ — } Y_{,} & \text{—} & \text{—} & \text{Schwerpunkts} \end{array}\right\} \text{der Nadel,}$$

μ das für beide Pole gleiche Produkt der Erdkraft am Beobachtungsorte mit dem in jedem dieser Pole vereinigt gedachten Magnetismus, und M das Gewicht der ganzen Nadel. Bezeichnet man aber noch mit $\varkappa$ den Abstand beider Pole, mit K den Winkel zwischen iher Verbindungslinie und der Collimationslinie der Nadel, so wie mit p und P den Abstand ihres Schwerpunktes von der Drehungsaxe und den Winkel dieses Perpendikels mit der Collimationslinie, so dafs

$$X - X' = \varkappa \cos K \qquad X_{,} = p \cos P$$
$$Y - Y' = \varkappa \sin K \qquad Y_{,} = p \sin P$$

wird, so wie endlich: $\frac{s \,.\, Mp}{\mu \varkappa} = k,$

so erhält man für das Gleichgewicht einer Inclinationsnadel die Bedingung:

$$\cos (I + c + K) (\sin i \,.\, \cos h - \cos i \,.\, \sin h \cos (a - A))$$
$$+ \sin (I + c + K) \cos i \,.\, \sin (a - A) - k \cos h \,.\, \cos (I + c + P) = 0. \quad [A]$$

Durch dieselben Substitutionen wird dann ferner die Bedingung für die Schwingungsbewegung derselben Nadel:

$$dt \Big\{ \mu \varkappa \, [\cos (\vartheta + c + K) (\sin i \,.\cos h. - \cos i \,.\, \sin h \,.\cos (a - A))$$
$$+ \sin (\vartheta + c + K) \cos i \sin (a - A)] - s \,.\, Mp \,.\cos h \cos (\vartheta + c + P) \Big\}$$
$$= d\omega \int^{3} dx \, dy \, dz \,.\, \delta \,.\, (x^2 + y^2) \qquad [B]$$

wo ϑ den Werth von I für denjenigen Augenblick bezeichnet in welchem die Winkelgeschwindigkeit ω stattfindet.

Entwickelt man aber die erste Hälfte von [A] zu: $S \cos I + T \sin I$ und setzt: $S = \frac{R}{\mu \varkappa} \,.\, \sin s \qquad T = \frac{R}{\mu \varkappa} \cos s,$ so wird die erste Hälfte von (B) zu: $dt \,.\, R \sin (\vartheta + s) = dt \, R \sin (\vartheta - I)$. —

Schreibt man noch für deren zweite Hälfte: $d\omega \,.\, \frac{Ml^2}{\pi^2 \Lambda}$ so dafs $\frac{Ml^2}{\pi^2 \Lambda}$ das Trägheitsmoment der Nadel in Bezug auf ihre Drehungsaxe bezeichnet, so wird die Veränderung der Winkelgeschwindigkeit durch sämmtliche auf die Nadel wirkende Kräfte bei einer sehr kleinen Ablenkung aus der Gleichgewichtslage proportional mit: $\frac{R}{Ml^2}$. Eine Vergleichung der Werthe dieses Ausdruckes in verschiednen Fällen giebt daher, bei gleichbleibenden Hemmungen durch Reibung, ein Urtheil über die Sicherheit mit welcher sich die Nadel einstellte.

Anwendung statischer Beobachtungen zur Bestimmung von i. oder der Inclination der magnetischen Kraft der Erde.

Wenn man, so wie ich es immer auf der Reise gethan habe, nach einander beobachtet bei einer Angabe des Horizontalkreises

$$= a \qquad I = 90^\circ$$

$$\text{bei } a = a' \qquad I = 90^\circ$$

$$-a = \frac{a + a'}{2} \qquad I = I$$

$$-a = \frac{a + a'}{2} + 180^\circ \qquad I = I,$$

so erhält man durch Substitution dieser zusammengehörigen Werthe in (A), die Gleichungen:

$$-\sin(c + K)\,[\sin i.\cos h - \cos i.\sin h \cos(a - A)] + \cos(c+K)\cos i.\sin(a-A) + k\cos h.\sin(c+P) = 0$$

$$-\sin(c + K)\,[\sin i.\cos h - \cos i.\sin h.\cos(a' - A)] + \cos(c+K)\cos i.\sin(a'-A) + k\cos h.\sin(c+P) = 0$$

[1]

$$\cos(I + c + K)\,[\sin i.\cos h - \cos i.\sin h \cos(\tfrac{a+a'}{2} - A)] + \sin(I+c+K)\cos i.\sin(\tfrac{a+a'}{2} - A) - k\cos h.\cos(I+c+P) = 0$$

$$\cos(I, + c + K)\,[\sin i.\cos h + \cos i.\sin h.\cos(\tfrac{a+a'}{2} - A)] - \sin(I,+c+K)\cos i.\sin(\tfrac{a+a'}{2} - A) - k\cos h\cos(I,+c+P) = 0$$

Um nun zunächst die unbekannte A aus diesen Ausdrücken zu eliminiren ergiebt sich aus den zwei ersten:

$$\sin\left(\frac{a+a'}{2}-A\right)=\frac{\mp 1}{\left\{1+\operatorname{tg}(c+K)^2 . \sin h^2\right\}^{\frac{1}{2}}}$$

$$\sin\left(\frac{a+a'}{2}-A\right)=\frac{\mp \operatorname{tg}(c+K)\sin h}{\left\{1+\operatorname{tg}(c+K)^2 \sin h^2.\right\}^{\frac{1}{2}}}$$

wo die obern Zeichen gelten, wenn bei der Beobachtung zur dritten Gleichung d. h. bei der Ablesung I das bezeichnete Ende der Drehungsaxe in dem westlichen Viertel des Horizontes lag, welche Annahme ich im Folgenden immer machen werde.

Bei der Substitution der eben erhaltenen Werthe von sin und cos $\left(\frac{a+a'}{2}-A\right)$ in die dritte und vierte der vorstehenden Gleichungen kann aber nun, ohne Begehung eines jemals merklichen Fehlers, der erstere mit: — 1 verwechselt werden, in dem er sich von dieser Gröfse nur durch ein Glied von vierter Ordnung in Bezug auf die, ihrer Natur nach, stets kleinen Winkel (c + K) und h unterscheidet, auch können aus demselben Grunde alle Glieder welche durch Substitution des Werthes von $\left(\frac{a+a'}{2}-A\right)$ entstehen, als völlig unmerklich ausgelassen werden. Diese werden namentlich von der dritten Ordnung in Beziehung auf (c + K) und h d. h. auf die Collimationsfehler der Nadel und des Limbus und auf die Neigung der Drehungsaxe der Nadel gegen den Horizont, und ihr Einfluss bleibt daher in allen praktisch möglichen Fällen vollkommen unmerklich. *)

Sezt man nun noch $\cos h = 1 - 2\sin\frac{h}{2}^2$ und erwägt dafs auch k eine kleine Gröfse und dafs daher auch k cos h nur um ein

*) Selbst wenn jeder dieser Winkel 30′ betrüge so wäre der Einflufs eines Gliedes dritter Ordnung nur gleich einem Fehler von 0′,01 bei der Ablesung der Neigungswinkel I. Aus der obigen Bestimmung von h (Seite 7) und aus einer später zu erwähnenden von K. für das von mir gebrauchte Instrument folgt aber dafs, bei der Reduktion meiner Beobachtungen mit demselben, jene auszulassenden Glieder kaum dem 90sten Theile solches Fehlers, oder 0′,0001 im Neigungswinkel gleichkommen konnte.

kleines Glied dritter Ordnung von k selbst verschieden ist, so folgt

$$\sin(i - I - c - K) - 2.\sin\frac{h}{2}^2\cos(I + c + K)\sin i - k\cos(I + c + P) = 0$$

$$\sin(i + I_, + c + K) - 2.\sin\frac{h}{2}^2\cos(I_, + c + K)\sin i - k\cos(I_, + c + P) = 0$$

Da aber nach den oben (Seite 7) angeführten Versuchen für das hier in Rede stehende Instrument $h = 8' 27''$ beträgt, so konnte bei Reduktion von Beobachtungen mit demselben das zweite Glied in jeder dieser Gleichungen im äussersten Fall nur denselben Einflufs ausüben, wie ein Fehler von 0',005 bei Ablesung der Winkel I, denn dieses ist höchst nahe der Betrag jenes Gliedes bei $i = 45°$ wo es sein absolutes Maximum erreicht. Bei einem Instrumente welches unmittelbar nur in Intervalle von 10 Minuten getheilt ist, wäre demnach auch die Berücksichtigung jenes Gliedes vollkommen überflüssig und man kann deshalb zur Reduktion aller mit einem solchen gemachten Beobachtungen mit völlig hinreichender Genauigkeit setzen:

$$\sin(i - I - c - K) - k\cos(I + c + P) = 0$$
$$\sin(i + I_, + c + K) - k\cos(I_, + c + P) = 0.$$

Bei meinen Inclinationsbestimmungen habe ich stets, anstatt der einzelnen Messungen von I und $I_,$, deren je zwei unter sich nur dadurch verschiedene angestellt, dafs bei der ersten $c = + c$ bei der andern aber $c = - c$ gemacht wurde, und zwar ergab sich diese Verschiedenheit indem man zuerst unter denjenigen Umständen ablas welche bis jetzt für die Erhaltung von I und $I_,$ vorausgesetzt wurden, sodann aber noch nach Drehung des Vertikalringes um 180° im Azimut und gleichzeitiger Umlegung der Nadel auf ihren Lagern. Ich werde im Folgenden unter I und $I_,$ stets das Mittel aus zwei solchen zusammengehörigen Ablesungen verstehen und demgemäfs setzen:

$$\sin(i - I - K) - k\cos(I + P) = 0$$
$$\sin(i + I_, + K) - k\cos(I_, + P) = 0$$

denn diese folgen aus den beiden lezten der obigen Gleichungen [1] wenn man in ihnen nach einander $c = + c$ und $c = - c$ setzt, und in der halben Summe der Resultate sowohl $\frac{a + a'}{2} - A$

$= 270^\circ$, als auch die übrigen bisher gerechtfertigten Abkürzungen einführt. Invertirt man dann die Lage der Pole der Nadel, durch eine dazu passende Streichung mit Magnetstäben, und bestimmt mit derselben I'' und $I''_{,}$, respektive unter denselben Umständen unter denen I und $I_{,}$ erhalten wurden, so ist, um jene neuen Werthe mit dem gesuchten i in Beziehung zu bringen, in die zwei lezten Gleichungen nur:

$$180^\circ + K \text{ anstatt } K$$
$$\text{und } k' \text{ anstatt } k$$

zu setzen: Lezteres deswegen weil drr Werth $k = \frac{s\,M\,p}{\mu\,\varkappa}$ sich verändern wird wenn etwa, bei der Umstreichung, die Intensität der Pole μ in eine andre μ' übergeht. Man erhält demnach noch:

$$\sin(i - I'' - K) + k' \cos(I'' + P) = 0$$
$$\sin(i + I''_{,} + K) + k' \cos(I''_{,} + P) = 0.$$

An dem in Rede stehenden Inclinatorium war aber die Theilung so angeordnet dafs man, anstatt der Gröfsen $I_{,}$ und $I''_{,}$, respektive $180^\circ - I_{,}$ und $180^\circ - I''_{,}$, ablas, und es ist demnach vortheilhafter die vier zulezt genannten Gleichungen noch so umzuschreiben, dafs man darin in allen vier Fällen die unmittelbar abgelesnen Zahlen substituiren könne. Dieses geschieht indem man die zweite Ablesung vor und nach dem Umstreichen mit

$$I' \text{ und mit } I'''$$

bezeichnet und demnach, in den obigen Ausdrücken

$$I_{,} \text{ durch } 180^\circ - I'$$
$$\text{und } \quad I''_{,} \quad - \quad 180^\circ - I'''$$

ersetzt. Es wird dann endlich:

$$[2] \quad \begin{aligned} &\sin(i - I - K) - k\cos(I + P) = 0\\ &\sin(i - I' + K) - k\cos(I' - P) = 0\\ &\sin(i - I'' - K) + k'\cos(I'' + P) = 0\\ &\sin(i - I''' + K) + k'\cos(I''' + P) = 0. \end{aligned}$$

Die gesuchte Gröfse i bleibt also auch jetzt noch mit vier andern Unbekannten K, k, k' und P verbunden und man kann daher aus den, zu vier Resultaten verbundenen 8 Ablesungen im magnetischen Meridiane, auf welche sich die Gleichungen [2] beziehen, nur in sofern die Neigung der erd-magnetischen Kraft berechnen, als man sich dabei die Vernachlässigung von einer jener anderen Unbekannten oder von irgend einer Combination derselben erlauben darf. — Eine vollständige Benutzung jener Ausdrücke ergäbe sich dagegen unter der Voraussetzung dafs die Gröfsen i, P und K nach mehrmaligen Umstreichungen an einerlei Orte der Erde ebenso unverändert bleiben, als wir es bisher nach einmaliger Umstreichung annahmen. Beobachtet man nämlich dann nach jeder neuen Streichung der Nadel auf dieselbe Weise wie bei deren erstem Zustande, und bildet mit den erhaltnen Werthen von I und mit einem neuen Zeichen anstatt k, das betreffende Paar der vier Gleichungen [2], so erhält man respektive 6 Gleichungen zwischen 6, 8 Gleichungen zwischen 7, oder allgemein $2n + 2$ Gleichungen zwischen $n + 4$ Unbekannten, je nachdem man die Nadel 2, 3 oder allgemein n Male umgestrichen hat. Auch liefse sich unter der erwähnten Voraussetzung zwischen der Anzahl der Bedingungen und der der Unbekannten ein noch günstigeres Verhältnifs herbeiführen, wenn man, sowohl bei dem ursprünglichen Zustande der Nadel, als auch nach jeder Umstreichung derselben, aufser den statischen, noch zweierlei Schwingungsbeobachtungen anstellte. Aus dem Ausdrucke [B], Seite 12, folgt nämlich, dafs die Dauer einer Schwingung der Nadel bei irgend einem ihrer Intensitätszustände und bei einer von denjenigen Lagen ihrer Drehungsaxe welche für die statischen Beobachtungen vorausgesetzt sind, von denselben vier beständigen Gröfsen abhängt wie die, unter gleichen Umständen abgelesnen, Neigungswinkel I, und aufserdem nur noch von dem, für einerlei Nadel stets gleichbleibenden, Trägheitsmomente derselben. Man wird daher durch die ebengenannte Anordnung einer Beobachtungsreihe, 8 Gleichungen zwischen 6,12 Gleichungen zwischen 7 oder allgemein $4n + 4$ Gleichungen zwischen $n + 5$ Unbekannten erhalten, je nachdem man die Nadel 1, 2 oder allgemein n Male umgestrichen hat und somit für i einen den Beobachtungen streng entsprechendon und von dem Einflusse ihrer zufälligen Fehler möglichst freien Werth suchen können. Es wird indessen der hieraus entspringende Vortheil, dafs man die Inclination ohne Vernachlässigung einer Gröfse von kleinem aber doch nachweisbaren Einflusse bestimme, nur dann mehr als ein scheinbarer und trügerischer sein, wenn die dabei angenommene Beständigkeit von i, P und K wirklich stattfindet. —

Ich werde später eine Reihe solcher Beobachtungen anführen, welche ich in Berlin mit dem während der Reise gebrauchten Instrumente gemacht habe, und erwähne jezt nur als Resultate derselben

1) dafs sich die Gröfse K bei den angewandten Gambey'schen Nadeln kleiner als 3′ ergab, und dafs

2) bei verschiednen Streichungnn die Gröfsen k und k′ um nicht mehr als 0,04 ihres mittleren Werthes von einander abwichen.

Mit diesen Erfahrungen will ich aber nun wieder nur diejenige Anordnung betrachten welche bei allen meinen Beobachtungen auf der Reise stattfand, bei denen an jedem Orte durch die zwei zu $I = 90°$ gehörigen Ablesungen am Horizontalkreise, und durch 8 Ablesungen von Neigungswinkeln im magnetischen Meridiane, nicht mehr erhalten wurde, als die zu einmaliger Bildung der Gleichungen [2] erforderten Winkel $I\, I'\, I''\, I'''$. —

In Bezug auf die Vernachlässigung eines kleinen Einflusses den man sich bei der Benutzung solcher Beobachtungen erlauben mufs, scheinen zwei Wege vorzugsweise nahe zu liegen. Nämlich entweder die Annahme dafs die magnetische Axe der Nadel mit deren Axe der Figur zusammenfiel, das heifst dafs $K = 0$ gewesen ist, oder die Voraussetzung dafs die Intensitäten der Nadel vor und nach der Umstreichung einander gleich und somit $k - k' = 0$ war. Ich will deshalb nun die aus jeder dieser beiden Annahmen entspringenden Rechnungsvorschriften entwickeln, und zugleich den Einflufs ausdrücken welchen auf das Resultat von jeder derselben sowohl durch ein nicht vollständiges Stattfinden der dabei gemachten Voraussetzung, als auch durch die zufälligen Beobachtungsfehler ausgeübt wird.

Nimmt man an dafs eine jede der vier Ablesungen $I \ldots I'''$ zu klein sei um einen zufälligen Fehler $f \ldots f'''$, so ist, in den Gleichungen [2], I zu ersetzen durch $I + f$ u. s. w. Sezt man aber

$$\alpha = K + f \qquad \gamma = K + f''$$
$$\beta = -K + f' \qquad \delta = -K + f'''$$

substituirt diese Werthe in [2], und löst dann das erste und zweite Paar dieser Gleichungen nach $\operatorname{tg}(P - k)$ auf, so folgt:

$$\mathrm{tg}\,(P-K)=\frac{\mathrm{ctg}\,(I+\alpha)-\mathrm{ctg}\,(I'+\beta)}{\mathrm{ctg}\,(I+\alpha)+\mathrm{ctg}\,(I'+\beta)-2.\mathrm{ctg}\,i}=\frac{B'}{A'-2\,\mathrm{ctg}\,i}$$

$$\mathrm{tg}\,(P-K)=\frac{\mathrm{ctg}\,(I''+\gamma)-\mathrm{ctg}\,(I'''+\delta)}{\mathrm{ctg}\,(I''+\gamma)+\mathrm{ctg}\,(I'''+\delta)-2\,\mathrm{ctg}\,i}=\frac{\mathfrak{B}'}{\mathfrak{A}'-2\,\mathrm{ctg}\,i}.$$

wo die Summen und Differenzen von zwei Cotangenten mit einzelnen Buchstaben bezeichnet sind. Es wird aber dann:

$$\mathrm{tg}\,i=2.\frac{B'-\mathfrak{B}'}{B'\,\mathfrak{A}'-\mathfrak{B}'\,A'}.$$

Ist i gröfser als 45° und sind die Werthe von I... I''' um nicht mehr als 4° von dem arithmetischen Mittel aus denselben verschieden, so kann man sich mit Vortheil der folgenden Abkürzung dieses Ausdruckes bedienen:

$$\text{Mit } i'=\frac{I+I'+I''+I'''}{4}$$

$$I=i'+a\quad I'=i'+b\quad I''=i'+c\quad I'''=i'+d$$
$$a+\alpha=a'\quad b+\beta=b'\quad c+\gamma=c'\quad d+\delta=d'$$

folgt:

$$i=i'+\Delta\,i'=i'+u\,\{1+v.\mathrm{ctg}\,i'.\sin 1'+2u.\mathrm{cosec}.2i'.\sin 1'\}$$

$$\text{wenn } u=\frac{a'\,d'-b'\,c'}{(a'-b')-(c'-d')}\qquad v=\frac{(a'^2-b'^2)-(c'^2-d'^2)}{(a'-b')-(c'-d')}$$

gesetzt werden. — Man wird sich aber in den bezeichneten Fällen stets mit $\Delta i'=u$ vollständig begnügen können.

Trennt man daher, in den beiden für i erhaltenen Ausdrükken, die bekannten Theile der Gröfsen a'... d' von deren unbekannt vorausgesetzten Correktionen $\alpha\ldots\delta$ oder deren Aequivalenten K, f... f''', so ergiebt sich folgendes Resultat:

Wenn man die Inclination der magnetischen Kraft berechnet entweder nach dem Ausdrucke:

$$[3]\quad \mathrm{tg}\,i.=2\frac{B-\mathfrak{B}}{B\mathfrak{A}-\mathfrak{B}A},\ \text{wo}\ \begin{array}{ll} A=\mathrm{ctg}\,I+\mathrm{ctg}\,I' & \mathfrak{A}=\mathrm{ctg}\,I''+\mathrm{ctg}\,I''' \\ B=\mathrm{ctg}\,I-\mathrm{ctg}\,I' & \mathfrak{B}=\mathrm{ctg}\,I''-\mathrm{ctg}\,I''' \end{array}$$

oder nach dem bei $i>45°$ für Nadeln mit mäfsigem Schwerpunktsfehler gleichbedeutenden:

$$[4]\quad i=i'+\frac{a\,d-b\,c}{(a-b)-(c-d)}\ \text{wo}\ i'=\frac{I+I'+I''+I'''}{4}\ \begin{array}{ll} a=I-i' & c=I_{\prime\prime}-i' \\ b=I'-i' & d=I'''-i' \end{array}$$

so ist jedesmal zu dem berechneten i noch folgende, von Unbe-

2*

kannten abhängige, Correktion hinzuzufügen um auf den wahren Werth der Neigung zu kommen:

$$[5] \quad \left\{K + \frac{f - f' + f'' - f'''}{4}\right\} \text{ctg}\, i \,.\, \text{ctg}\, P + \frac{f + f' + f'' + f'''}{4}$$

In Folge dieses Ausdruckes für den Fehler der berechneten Inclination habe ich nun alle Beobachtungen die ich in Europa und in Nord-Asien mit der einen meiner zwei Nadeln gemacht habe nach der unter [3] und [4] gegebenen Rechnungsvorschrift reduzirt. Bei dieser Nadel, die ich in der Folge die Nadel A nennen werde, betrug nämlich P stets nahe an 220°, und die Werthe von i oder die Inclinationen die mit derselben zu bestimmen waren lagen sämmtlich zwischen 65° und 78°. Der Faktor ctg i. ctg P variirte daher zwischen den Werthen 0,56 und 0,25 wodurch denn K immer nur mit einem geringen Theil seiner eignen Gröſse, die Ablesungsfehler aber selbst im ungünstigsten Falle nur mit wenig mehr als ihre Gröſse auf das Endresultat einwirkten. Der geringe Betrag dieses Einflusses läſst sich dadurch noch etwas näher schätzen, daſs sich bei den früher erwähnten Versuchen sowohl K als die Ablesungsfehler stets kleiner als 3′ ergaben.

Ganz anders verhält es sich aber für die Beobachtungen mit der andren meiner zwei Nadeln, welche ich die Nadel B nennen werde. Bei dieser hat sich zwar der Winkel P im Laufe der Reise mehrmals geändert, vorzüglich durch Wechsel in der Ausdehnung eines kleinen Rostfleckes an dem einen Ende derselben. Sowohl zu Anfang der Reise, als auch während meines zweimaligen Aufenthaltes in der Nähe des magnetischen Aequators, betrug er aber nahe an 165°, und da die Nadel B nicht nur mit der andren bei den erwähnten Beobachtungen auf dem alten Continente gebraucht wurde, sondern auch später während der Seefahrt zur Messung von Inclinationen zwischen 77° nnd 0° und zwischen 0° und — 67°, so erlangte ctg i. ctg P. für dieselbe sehr groſse Werthe. Die Rechnung nach den Ausdrücken [3] oder [4] wurde daher, allgemein zu reden, ganz unanwendbar auf die Beobachtungen mit Nadel B indem sie die Resultate derselben ausser dem mittleren Ablesungsfehler auch noch folgenden Fehlern aussezte:

bei $i = 70°$ einem Fehler von $1,36\,(K + \psi)$

$i = 50$ — — — $3,13\,(K + \psi)$

$i = 30$ — — — $6,46\,(K + \psi)$

$i = 10$ — — — $21,17\,(K + \psi)$

$i = 1°$ — — — $213,81\,(K + \psi)$

wenn ψ für $\frac{f - f' + f'' - f'''}{4}$ geschrieben wird.

Es blieb daher zur Reduktion dieser Beobachtungen nichts anderes übrig, als die zweite der oben erwähnten Annahmen, nämlich die Voraussetzung von $k = k'$, oder einer bei beiden Lagen ihrer Pole gleich gebliebnen Intensität der Nadel.

Die für diese gültige Rechnungsvorschrift ergiebt sich aber wie folgt.

Nachdem $k = k'$ gesetzt worden, kann man den vier Gleichungen [2] folgende Form geben

$$0 = \sin K.\cos(I - i) + \cos K.\sin(I - i) + k\cos P.\cos I - k\sin P.\sin I$$
$$0 = \sin K.\cos(I' - i) - \cos K.\sin(I' - i) - k\cos P.\cos I' - k\sin P.\sin I'$$
$$0 = \sin K.\cos(I'' - i) + \cos K.\sin(I'' - i) - k\cos P.\cos I'' + k\sin P.\sin I''$$
$$0 = \sin K.\cos(I''' - i) - \cos K.\sin(I''' - i) + k\cos P.\cos I''' + k\sin P.\sin I'''$$

Multiplicirt man diese respektive mit den vier Faktoren:

$$\sin(I'''+I'').\sin(I'-i)+\sin(I'''-I').\sin(I''-i)+\sin(I''+I').\sin(I'''-i)$$
$$\sin(I'''+I'').\sin(I-i)+\sin(I'''+I).\sin(I''-i)+\sin(I''-I).\sin(I'''-i)$$
$$-\sin(I'''-I'').\sin(I-i)+\sin(I'''+I).\sin(I'-i)+\sin(I'+I).\sin(I'''-i)$$
$$\sin(I''+I').\sin(I-i)-\sin(I''-I).\sin(I'-i)+\sin(I'+I).\sin(I''-i)$$

und addirt die Resultate, so werden in der entstehenden Gleichung die Summen der mit $\cos K$, mit $k \cos P$ und mit $k \sin P$. multiplizirten Glieder, eine jede einzeln, gleich Null; Dasselbe gilt daher auch für die Summe der mit $\sin K$ multiplizirten und man erhält demnach:

[6] $$0 = \sin(I'''+I'')\sin(I'+I-2i)+\sin(I'+I)\sin(I'''+I''-2i)$$
$$+\sin(I''-I')\sin(I'''+I-2i)+\sin(I'''+I)\sin(I''+I'-2i)$$
$$+2.\sin(I'''-I')\sin(I''-I)$$

oder zur Bestimmung von i folgende Rechnungsvorschrift:

Mit $\frac{I+I'+I''+I'''}{4}=i'$ $\frac{I''-I}{2}=m$ $\frac{I'''-I'}{2}=n$

[7]
$$\text{tg}\,m\,.\,\text{tg}\,n=\text{tg}\,p \qquad \frac{\text{tg}\,n}{\text{tg}\,m}=\text{tg}\,q$$
$$\sin 2i'.\sin 2q = h\cos H \qquad \frac{\sin 2p\,.\,\sin 2q}{h}=\sin F.$$
$$\cos 2i'.\sin 2p = h\sin H$$

ist: $i=i'-\frac{H}{2}+\frac{F}{2}$

Der Fehler der in einer nach dem Ausdrucke [7] berechneten Inclination zurückbleibt, setzt sich aus dem Einflusse der etwanigen Veränderung der Intensität der Nadel durch das Umstreichen und aus den Ablesungsfehlern zusammen. Ist aber nach dem Umstreichen k zu k' geworden und setzt man $m+n=2s$

$m-n=2d$

so wird die nöthige Correktion eines berechneten Werthes von i höchst nahe zu:

[8] $$\frac{k-k'}{k+k'}s+\Delta i+\Delta s.\sin s.\text{tg}\,i'-\Delta d.\sin d.\text{ctg}\,i'$$

Zu näherer Schätzung dieses zurückbleibenden Fehlers für meine Beobachtungen mit Nadel B, lasse ich die Werthe von s, d und i' folgen so wie sie sich im Mittel aus je 20 dieser Beobachtungen ohne Rücksicht auf ihre Zeichen ergeben:

Beobachtungen mit Nadel B	s	d	i'
No. 1 bis 21	0° 10'	0° 2'	69° 24'
— 21 — 41	0 6	0 2	71 20
— 41 — 61	0 12	0 7	70 29
— 61 — 81	0 15	0 8	62 47
— 81 — 101	0 31	0 5	25 33
— 101 — 121	1 7	0 5	2 51
— 121 — 141	1 14	0 2	0 23
— 141 — 161	1 9	0 3	13 6
— 161 — 181	0 39	0 6	41 45
— 181 — 201	0 47	0 8	58 33
— 201 — 221	2 49	0 6	19 43
— 221 — 241	5 30	0 3	17 27
— 241 — 261	2 29	0 9	58 52
— 261 — 281	1° 41'	0° 5'	69° 54'

Nimmt man nun noch, nach den früher erwähnten Erfahrungen: $\frac{k-k'}{k+k'}$ nicht gröſser als $\frac{1}{50}$, so folgt, daſs der Einfluſs der etwanigen Intensitätsveränderung nur bei einigen der Beobachtungen von No. 211 bis 251 erheblicher und namentlich bis gegen 5′ anwachsen, bei allen übrigen aber die gefundene Inclination kaum um 1′ fehlerhaft machen konnte. Der Einfluſs der Ablesungsfehler reduzirte sich aber mit Ausnahme einiger Beobachtungen in der Nähe des magnetischen Aequators stets auf $\Delta i'$ d. h. auf das arithmetische Mittel dieser Fehler, denn da die etwas stärkeren Werthe von s nur bei kleinen Neigungen vorkamen so blieb der Coeffizient von Δs oder von $\frac{f''+f'''-f-f'}{4}$ in allen Fällen ein äuſserst kleiner Bruch. Dasselbe galt auch für den Coeffizienten von Δd, oder von $\frac{f''-f'''+f'-f}{4}$, mit einziger Ausnahme der Beobachtungen bei denen $i' \gtreqless d$, und auf deren Resultat daher ein Fehler in d, einen, seine eigne Gröſse übertreffenden, Einfluſs ausüben konnte. Während des ersten Aufenthaltes in der Nähe des magnetischen Aequators konnte, für einige der Beobachtungen mit Nadel B von No. 120 bis 144, dieser Fall eintreten. Der alsdann schädliche Einfluſs einer kleinen Unsicherheit über den wahren Werth von d wurde aber bei diesen dadurch möglichst vermieden, daſs ich den ihnen ins Gesammt am besten entsprechenden Werth $d = 0$, für jede einzelne angenommen, und daher, nach der obigen Bezeichnung, für jede dieser Beobachtungen von No. 120 bis 144:

$$m = n$$
$$\text{und} \quad i = i' + p \,.\, \text{tg}\, i'$$

gesetzt habe. Bei meinem zweiten Uebergange über den magnetischen Aequator (Nadel B No. 225 bis 229) blieb jedes i′ noch beträchtlich gröſser als das entsprechende d, so daſs der vollständigen Rechnung nach [7] nichts im Wege war. —

Es ist bei einigen meiner Beobachtungen vorgekommen, daſs während einzelner Ablesungen zu den Winkeln I ... I‴, das Azimut der Umdrehungsaxe der Nadel um eine bekannte Anzahl Minuten α, von $\frac{a+a'}{2} - A$ oder, wie wir oben gesehen haben von 270°

abwich. Die Bestimmung des wahren Werthes von i aus solchen Beobachtungen ergiebt sich aus der Gleichung [A] Seite 12, denn durch Substitution von $a - A = 270^\circ + \alpha$ folgt aus derselben, mit Auslassung der höheren Potenzen von h und K:

$$\operatorname{tg} I = \frac{\sin(i - c - K) - k\cos(c + P)}{\cos(i - c - K) - k\sin(c + P) - \frac{\alpha^2}{2}.\cos i.\sin 1'^2}$$

und hieraus, für denjenigen Neigungswinkel der Nadel den man bei $\alpha = 0$ beobachtet hätte:

$$I - \sin I.\cos i.\frac{\alpha^2}{2}\sin 1'\,[1 + k\sin(i + P - K)$$
$$- \frac{k^2}{2}(1 - 3\sin(i + P - K)^2 + \ldots)]$$

wofür man, mit Rücksicht auf die zwischen 0 und 0,04 enthaltenen Werthe von k bei meinen Beobachtungen, stets:

$$I - \sin 2i.\frac{\alpha^2}{4}\sin 1'$$

setzen konnte. Da aber dieser Ausdruck unabhängig ist, sowohl von dem Vorzeichen von α als auch von der Intensität des Magnetismus der Nadel und der Lage ihres Schwerpunktes gegen ihre Pole, so wird eine jede der 8 einzelnen Ablesungen zur Bestimmung von $I \ldots I'''$ sich um gleich viel von der ihr entsprechenden bei richtiger Einstellung unterscheiden. Ich habe daher die Correction:

[9] $$- \sin 2i.\frac{\alpha^2}{4}\sin 1'.$$

sowohl an einzelne Ablesungen angebracht, wenn die Drehungsaxe nur bei diesen um α Minuten von dem ersten magnetischen Vertikale abwich, als auch an den Werth von i', bei der Rechnung nach [4] oder nach [7], wenn ein gleicher Fehler in der Lage der Axe bei allen 8 Ablesungen stattgefunden hatte. —

In dem unten folgenden Verzeichnisse meiner Inclinationsbeobachtungen werde ich für eine jede derselben nur die vier Winkel $I\ I'\ I''\ I'''$, und den daraus geschlossenen Werth von i d. h. die wahrscheinlichste Inclination der magnetischen Kraft für den Ort und die Zeit der Beobachtung aufnehmen. Es sind daher hier noch, durch einige vollständige Angaben, die Einzelheiten der Ablesungen und Rechnung darzustellen, und zwar für eine jede der drei Arten von Inclinationsbeobachtungen:

1) auf dem Lande mit Nadel A
2) auf dem Lande mit Nadel B
3) zur See mit Nadel B

durch einige, den übrigen derselben Art durchaus ähnliche, Beispiele.

1. Inclinations-Beobachtungen auf dem Lande mit Nadel A.

A. 42. JAKUZK. 1829. APRIL 13.

Durch I = 90° wurde gefunden $\begin{matrix} a = 314^\circ\ 13' \\ a' = 147^\circ\ 16' \end{matrix}\ \frac{a + a'}{2} = 230^\circ\ 44',5$

Azimutalkreis.	Kreuz auf der Axe.	Erste Lage der Pole. Vertikalkreis.	Zweite Lage der Pole. Vertikalkreis.	Nadelspitze.
230° 44',5	vorne	75° 35'	72° 42'	obere
		75 43	72 50	untere
50 44,5	hinten	74° 55'	72° 30'	obere
		74 62	72 38	untere
230° 44',5	hinten	73° 3'	76° 44'	obere
		73 12	76 53	untere
50 44,5	vorne	72° 46'	75° 55'	obere
		72 53	75 63	untere

Es folgt $\begin{matrix} I''' = 75^\circ\ 18',75 & I' = 72^\circ\ 40',00 \\ I'' = 72\ \ 58,50 & I = 76\ \ 23,75 \end{matrix}$

und hieraus nach [4] Seite 19 mit $i' = 74^\circ\ 20'$

$$a - b = +\ 223',75 \qquad ab = 7270,30$$
$$c - d = -\ 140,25 \qquad cd = 8150,00$$
$$i = i' + \frac{ad - bc}{(a-b)-(c-d)} = 74^\circ\ 17',58$$

2. Inclinations-Beobachtungen auf dem Lande mit Nadel B.

B. 44. JAKUZK. 1829. APRIL 13.

Durch $I = 90^\circ$ wurde gefunden: $\begin{array}{l} a = 320^\circ\ 30' \\ a' = 140^\circ\ 40' \end{array}$ $\frac{a + a'}{2} = 230^\circ\ 35',0$

Azimutalkreis.	Kreuz auf der Axe.	Erste Lage der Pole. Vertikalkreis.	Zweite Lage der Pole. Vertikalkreis.	Nadelspitze.
230° 35',0	vorne	74° 12'	74° 21'	obere
		74 20	74 21	untere
50° 35',0	hinten	74° 20'	74° 12'	obere
		74 26	74 19	untere
230° 35',0	hinten	74° 16'	74° 12'	obere
		74 22	74 12	untere
50° 35',0	vorne	74° 14'	74° 22'	obere
		74 22	74 24	untere

Es folgt: $I''' = 74^\circ\ 19',50 \quad I' = 74^\circ\ 18',25$
$I'' = 74\ \ 18,50 \quad I = 74\ \ 17,50$

und hieraus nach [7] Seite 22 $i' = 74^\circ\ 18',43$

$$n = -0^\circ\ 0',62 \quad p = 0^\circ\ 0',00 \quad H = -0^\circ\ 0',00$$
$$m = -0^\circ\ 0',50 \quad q = 51^\circ\ 7' \quad F = +0\ \ 0,00$$

$$i = i' - \frac{H}{2} + \frac{F}{2} = 74^\circ\ 18',43$$

Einen etwas merklicheren Unterschied zwischen i und i', und den gröſsten der bei den Anwendungen von Nadel B auf dem Lande vorkam, zeigt die folgende Beobachtung:

B. 61. PETROPAULSHAFEN. 1829. SEPTEMBER 30.

Durch I = 90° wurde gefunden: $\begin{matrix} a = 66^\circ\ 0' \\ a' = 258^\circ\ 16' \end{matrix}$ $\frac{a+a'}{2} = 162^\circ\ 8',0.$

Azimutalkreis.	Kreuz auf der Axe.	Erste | Zweite Lage der Pole. Vertikalkreis.		Nadelspitze.
162° 8',0	vorne	65° 55'	62° 46'	obere
		65 60	62 52	untere
342° 8',0	hinten	65° 52'	63° 2'	obere
		65 60	63 10	untere
162° 8',0	hinten	61° 39'	64° 35'	obere
		61 41	64 44,5	untere
342° 8',0	vorne	61° 32'	64° 58'	obere
		61 40	64 63	untere.

$$I = 65^\circ\ 56',75 \qquad I'' = 62^\circ\ 57',50$$
$$I' = 61\ \ 38,00 \qquad I''' = 64\ \ 50,12$$
$$i' = 63^\circ\ 50',59$$

und hiermit nach [7]:

$$m = -1^\circ\ 29',62 \quad p = -\ 0^\circ\ 2',50 \quad H = -0^\circ\ 3',87$$
$$n = +1\ \ 36,06 \quad q = -47^\circ\ 3' \quad F = -0^\circ\ 6',32$$

$$i = i' - \frac{H}{2} + \frac{F}{2} = 63^\circ\ 49',37$$

3. Inclinations-Beobachtungen zur See mit Nadel B.

Sowohl während der Ueberfahrt nach Kamtschatka, als auch später auf dem Grofsen und auf dem Atlantischen Ocean, gelang es mir nur dadurch die angefangene Reihe von Inclinations-Beobachtungen fortzusetzen, dafs ich das beschriebene Instrument auf einem zu diesem Zwecke, in der Compaswerkstatt des Ochozker Hafens, angefertigten Stative aufstellte. An die kreisförmige hölzerne Platte dieses Statives, auf welche das Inclinatorium gesetzt wurde, waren zwei messingne Zapfen, als Verlängerung eines ihrer Durchmesser befestigt. Diese Zapfen wurden ein jeder durch ein Loch in einem, die Platte concentrisch umgebenden und etwa 2 Zoll weiteren, messingnen Ringe gesteckt, an welchem sich endlich zwei andere den genannten gleiche Zapfen, als Verlängerungen des auf die Verbindungslinie jener Löcher senkrechten Durchmessers des Ringes befanden. Diese zuletzt genannten Zapfen wurden dann in zwei Pfannen in dem auf dem Verdecke des Schiffes feststehenden Theile des Statives gelegt — der aus dreien durch Queerhölzer fest verbundenen hölzernen Beinen, und einem von demselben getragenen und mit jenen Pfannen versehenen Ramen bestand — und endlich eine Bleimasse von 100 Pfunden, mittelst dreier gleichlangen Schnüre, an die nun sicher unterstützte Platte so befestigt, dafs sich deren Schwerpunkt stets um nahe 2 Fufs unterhalb des Schwerpunktes der Platte befand. Wenn man dann das beschriebene Inclinatorium auf dieser Platte aufstellte und seine aufrechte Axe, grade so wie auf dem Lande, vermittelst der Fufsschrauben senkrecht machte, so blieb sie während aller folgenden Schwankungen des Schiffes so nahe an dieser Lage, dafs sich die Blase in der mit ihr verbundenen Wasserwage selbst bei sehr unruhiger See nur um drei Theilungen bewegte. Nach dem oben erwähnten Werthe dieser Theilungen (Seite 7) entfernte sich also dann der senkrecht angenommene Durchmesser des Inclinatoriums um etwa ± 1′,80 von dieser Stellung. — Der feste Theil des Statives wurde stets so auf dem Verdecke aufgestellt, dafs die Zapfen des messingnen Ringes dem Schiffskiele möglichst nahe parallel lagen und man übersieht leicht dafs, wenn dieser Parallelismus erfüllt ist, die Schwankungen auch auf das Azimut des Neigungskreises durchaus ohne Einfluſs bleiben. Läge hingegen für einen vom Spiegel nach den Vordertheil des Schiffes Sehenden, das Vorder-Ende der Verbindungslinie der Zapfen um den Winkel a rechts von dem Kiele, der sich gleichzeitig um t Minuten über den Horizont erhoben haben möge, während auch die Linie von dem rechten zum linken Bord um r Minuten über dem Horizonte treffe, so wird das in Minuten ausgedrückte und nach rechts gezählte Azimut des Neigungskreises, wenn es bei horizontaler Stellung des Verdeckes = 0 war, höchst nahe:

$$\sin 2a \cdot \frac{t^2 - r^2}{13751} - \sin a^2 \cdot \frac{tr}{3438}$$

betragen. *) Selbst bei a = 5°, welches wohl der gröſst mögliche Fehler bei Aufstellung des Statives ist, und bei einem Reiten und Rollen des Schiffes durch welches die Werthe von t und r respektive von + 4° bis — 4° und von + 8° bis — 8° wechselten, konnte sich daher das Azimut des Neigungskreises am Inclinatorium nur von + 0′,7 bis — 2′,9 verändern, wodurch dann nach dem Ausdrucke [9] auf Seite 24, die beobachtete Neigung im äuſsersten Falle nur um sin 2i . 0′,037 d. h. um ein durchaus Unmerkliches gröſser als die wahre geworden wäre. — Ich habe demnach meine Beobachtungen auf Schiffen ebenso wie auf dem Lande, zur Auffindung der 8 verschiedenen Angaben der Nadel bei welchen deren Umdrehungsaxe senkrecht auf dem magnetischen Meridiane lag, angeordnet, mit dem einzigen Unterschiede daſs ich dabei noch den Einfluſs der erwähnten kleinen Schwankungen des senkrechten Durchmessers zu vermindern suchte, indem ich die Nadel in Schwingungen versetzte und dann deren Gleichgewichtlage durch mehrmalige Ablesung der Endpunkte der Bogen erhielt, welche sie zu beiden Seiten derselben beschrieb. Eine jede meiner Inclinationsbeobachtungen auf dem Meere wurde daher einer der folgenden durchaus ähnlich:

---

*) Man erhält nämlich, wenn a′ — a den aus t und r hervorgehenden Zuwachs des Winkels a und den ihm gleichen für das Azimut des Neigungskreises bezeichnet: $\operatorname{tg} a' = \frac{\sin a \cos r}{\cos a . \cos t + \sin a . \sin t \sin r}$. und hieraus den oben angegebnen Näherungswerth für: a′ — a.

B. 76. NÖRDLICHE GROSSE OCEAN.

1830 JANUAR 1. 15ʰ 0′ Kessels.

Durch I = 90° wurde gefunden $a = 179°\ 30'$, $a' = 355°\ 30'$; $\frac{a + a'}{2} = 267°\ 30'$

Azimutal-Kreis.	Kreuz auf der Axe.	Vertikalkreis. Erste Lage der Pole.							Neigung.
		°	°	°	°	°	°	°	
267° 30′	vorne	51,75	51,0	52,0	52,0	52,5	57,5	58,0	53° 59′,79
		55,00	58,0	56,0	55,0	56,7	50,5	50,0	
87° 30′	hinten	52,0	54,0	54,0	53,0	52,0	52,5	51,5	54 50,36
		56,25	55,5	55,5	57,5	58,0	58,5	57,5	
267° 30′	hinten	42,0	41,0	45,5	49,0	48,5	46,5	50,0	53 26,79
		65,75	64,0	59,5	60,0	59,5	59,0	58,0	
87° 30′	vorne	48,0	46,0	47,75	51,75	48,0	49,0	48,75	52° 56′,78
		59,0	58,0	59.0	57,0	55,5	56,0	57,5	
		Zweite Lage der Pole.							
267° 30′	vorne	48,0	50,0	49,0	50,0	50,0	49,75	49,25	52° 43′,93
		55,5	57,5	54,0	56,5	56,5	56,0	56,25	
87° 30′	hinten	49,5	49,0	49,0	49,5	51,0	50,5	51,0	52 48,22
		58,0	56,5	56,0	55,0	55,0	54,5	54,75	
267° 30′	hinten	50,0	52,0	53,0	51,0	50,5	52,0	51,0	53 34,29
		57,5	55,0	54,0	55,25	57,0	56,0	55,75	
87° 30′	vorne	53,0	51,5	51,0	51,25	49,0	41,5	49,5	53° 32′,14
		54,5	55,0	56,75	56,0	56,0	58,5	56,5	

Es folgt

$$I = 54°\ 25',07 \qquad I'' = 52°\ 46',07$$
$$I' = 53\ \ 11,78 \qquad I''' = 53\ \ 33,21$$
$$i' = 53°\ 29',03$$

und hieraus nach [7]

$$m = -0°\ 49',50 \qquad p = -\ 0°\ 0',15 \qquad H = -0',22$$
$$n = +0\ \ 10,71 \qquad q = -12°\ 11',9 \qquad F = -0',31$$

$$i = i' - \frac{H}{2} + \frac{F}{2} = 53°\ 28',98$$

Nach diesem und nach einigen der vorstehenden Resultate, scheint die früher mit c bezeichnete Collimation des Neigungskreises d. h. der jedesmalige Unterschied zweier zu I...I''' verbundnen Ablesungen, in der ersten Hälfte der Beobachtung anders gewesen zu sein als in der zweiten. Es rührt dies davon her, daſs die Wasserwage nur erst bei der zweiten Hälfte der Beobachtung zur Horizontirung des mit Null bezeichneten Durchmessers am Neigungskreise angewendet, bei der ersten Hälfte aber nur zur Herbeiführung einer constanten aber willkürlichen Neigung desselben gebraucht wurde.

Bei der folgenden Beobachtung wurde die Reduktion auf den Meridian nach [9] Seite 24 angewendet:

B. 185. SÜDLICHE GROSSE OCEAN. 1830 MÄRZ 24 21^h 50′ K.

Durch I = 90° wurde gefunden: $a = 190°\ 5'$, $a' = 1°\ 30'$; $\frac{a+a'}{2} = 95°\ 47',5$

Azimutal-Kreis.	Kreuz auf der Axe.	Vertikalkreis. Erste Lage der Pole.	Neigung der Nadel.
90° 45′	vorne	−58°,9 −57°,7 −55°,7 −55°,5 −55°,0 −55°,6 −64,2 −66,0 −64,8 −66,0 −65,0 −66,5	−60° 54′,50
270 45	hinten	−68,2 −64,8 −67,8 −65,8 −65,5 −68,3 −57,0 −54,0 −56,2 −54,8 −54,2 −53,2	−60 49,00
90 45	hinten	−66,2 −67,2 −66,0 −67,0 −68,6 −66,8 −56,7 −55,8 −56,2 −59,0 −56,8 −56,3	−61 53,50
270 45	vorne	−59,8 −58,7 −58,0 −59,8 −60,6 −62,2 −65,6 −66,6 −65,2 −64,0 −63,0 −63,2	−62 13,50
		Zweite Lage der Pole.	
95° 47′,5	vorne	−68,0 −71,2 −71,2 −69,5 −70,0 −68,0 −56,0 −55,6 −55,6 −56,8 −55,7 −58,7	−63 1,50
275 47,5	hinten	−65,0 −65,2 −65,3 −67,0 −63,2 −64,2 −62,0 −60,0 −60,0 −59,2 −60,2 −59,8	−62 35,50
95 47,5	hinten	−65,0 −64,8 −64,2 −65,0 −63,0 −64,8 −58,0 −57,8 −57,8 −59,0 −59,0 −58,0	−61 22,00
275 47,5	vorne	−65,0 −63,8 −64,2 −63,0 −62,8 −63,2 −57,5 −60,2 −60,2 −57,8 −58,5 −59,0	−61 16,00

Die erste Hälfte der Ablesungen wurde hier, wie die Angaben des Azimutalkreises zeigen, in einem um 302′,5 = *a* vom magnetischen Meridiane entfernten Vertikale angestellt und es ist deshalb zu den zwei Resultaten derselben:

$$-\frac{\alpha^2}{4}.\sin 2i.\sin 1' = +5',55$$

hinzuzufügen. Es folgt demnach:

$$I = -60^\circ\ 46',20 \qquad I'' = -62^\circ\ 48',50$$
$$I' = -61\ \ 57,95 \qquad I''' = -61\ \ 19,00$$
$$i' = -61^\circ\ 42',91$$
$$m = -1^\circ\ 1',15 \qquad p = -0^\circ\ 0',35 \qquad H = +0',79$$
$$n = +0^\circ\ 19',47 \qquad q = -17^\circ\ 39',5 \qquad F = +0',83$$
$$i = i' - \frac{H}{2} + \frac{F}{2} = -61^\circ\ 42',89.$$

Einstellung des Inclinatoriums bei kleinen Inclinationen.

Die bisher erwähnte Einstellung des Inclinatoriums, durch Bestimmuug der zwei Azimute in denen die Nadel senkrecht war, erschien unanwendbar und mufste durch ein anderes Mittel ersetzt werden an den Orten wo die zu findende Inclination sehr klein war. Namentlich zeigte sich dieses als wir uns zum erstenmale dem magnetischen Aequator näherten bei etwa 3° 30′ Inclination, indem die Nadel B daselbst in keinem der nahe am ersten magnetischen Vertikale gelegenen Azimute entschieden senkrecht sondern vielmehr in einem derselben fast astatisch oder gleichgültig gegen jede Veränderung ihrer Neigung wurde. Man erhält durch das oben Seite 13 angegebene Mittel eine genügende Erklärung dieser Erscheinung, denn vergleicht man nach demselben die richtende Kraft für die Nadel in der senkrechten Gleichgewichtsstellung, mit der an demselben Orte in dem magnetischen Meridiane stattfindenden, so zeigt sich die erstere klein genug um annehmen zu dürfen, dafs sie sehr schwache Reibungen an der Axe der Nadel nicht mehr überwinden konnte.

Nach der obigen Bezeichung folgt aus [A] Seite 12 mit Auslassung der bei unserem Inclinatorium völlig unmerklichen Glieder in h:

[10] $$R = \mu\varkappa\,\{\sin^2 i + \cos^2 i.\sin^2(a-A) - 2k\,[\sin i\cos(P-K) - \cos i.\sin(a-A)\sin(P-K)] + k^2\}^{\frac{1}{2}}$$

Schreibt man daher R′ und R″ für die zwei zu vergleichenden Werthe von R im magnetischen Meridiane und bei senkrechter Stellung der Nadel so folgt:

R′ aus R durch Substitution von $\sin(a - A) = \pm 1$
R″ — R — — — $\sin(a - A) = \operatorname{tg} i \,.\, \operatorname{tg}(c + K)$
$- k \,.\, \sin(c + P) \sec(c + K) \sec i$

und: $\frac{R''}{R'} =$

$$\left\{ \frac{\sin^2 i - 2k \sin i . \cos(P - K) + k^2 . [\cos^2(c+K) - 2\cos(c+K)\sin(c+P)\sin(P-K) + \sin^2(c+P)]}{\cos(c+K)^2\,[1 - 2k \sin(i \pm P \mp K) + k^2]} \right\}^{\frac{1}{2}}$$

setzt man hierin die bei Nadel B häufig vorgekommenen Zahlwerthe $k = 0{,}012$ $P = 165^\circ$ $K = +0^\circ\, 2'$ $c = 0$ und nimmt R′ für die Beobachtung bei $a - A = 270^\circ$ so wird bei:

i.	$\frac{R''}{R'}$
15°	0,2620
10	0,1769
5	0,0905
4	0,0730
3	0,0556
2	0,0380
1	0,0206
0	0,0032

Obgleich also die Nadel B selbst unter dem magnetischen Aequator noch durch eine richtende Kraft von etwa $\frac{1}{312}$ der daselbst stattfindenden Gesammtkraft senkrecht werden sollte, so wurde doch dadurch diese Stellung bei weitem nicht mit der zur Azimutbestimmung nöthigen Entschiedenheit herbeigeführt, und die Erfahrung lehrte vielmehr, daſs zu einer solchen Bestimmung, eine Inclination von mindestens 3° 30′ und somit eine richtende Kraft für das senkrechte Gleichgewicht von fast $\frac{1}{16}$ der daselbst stattfindenden Gesammtkraft nöthig war. Wenigstens verhielt es sich so als der Faktor μ, oder das Produkt der eignen Kraft der Nadel mit der magnetischen Erdkraft, mit welchem die absoluten Werthe von R proportional sind, diejenigen Gröſsen besaſs welche im groſsen Ocean in der Nähe des magnetischen Aequators vorkommen. An der erwähnten Stelle dieses Meeres bei 3° 30′ Inclination betrug aber die Erdkraft namentlich 0,98 der dafür üblichen Einheit. Sie war im Atlantischen Meere nur 0,78 derselben Einheit bei 5° Inclination, d. h. wiederum an demjenigen Punkte wo mir die Einstellung des Inclinatoriums durch die Senkrechtheit nicht mehr genugsam entschiedne Resultate zu geben schien, — Es folgt aus diesen Erfahrungen eine in beiden Fällen nahe gleich gebliebne Beschaffenheit der Umdrehungsaxe der Nadel und ihrer Unterlagen, indem die durch diese verursachte Reibung aufhörte genügend überwunden zu werden, wenn das Produkt aus $\frac{R''}{R'}$ und der Erdkraft d. h. dem veränderlichen Faktor von μ:

$$\text{im ersten Falle} < 0{,}063$$
$$\text{im zweiten Falle} < 0{,}070$$

wurde. —

Ich habe nun unter diesen Umständen die Einstellung des Inclinatoriums mittelst einer in halbe Grade getheilten Horizontal-Boussole ausgeführt, welche auf dem oben erwähnten Glas-Kasten desselben so aufgesetzt wurde, dafs sich ihre Absehenslinie möglichst nahe in der Ebne des Neigungskreises befand; und ich überzeugte mich, als die Inclinationen, bei weiterem Fortschritte des Schiffes, wieder gröfser wurden, durch häufige Vergleichungen, dafs diese Einstellungsart mit der gewöhnlichen, durch Beobachtungen der Senkrechtheit der Nadel, sehr genügend übereinstimmte. Man kann namentlich, durch die folgende Zusammenstellung von Ablesungen, den Grad der Sicherheit schätzen mit welchem das Azimut des magnetischen Meridianes auf unserm Schiffe, durch die eine oder andere dieser zwei Einstellungsarten gefunden wurde. Das beschriebene Stativ für das Inclinatorium war während derselben auf dem Verdecke festgebunden, und die Fufsschrauben des Instrumentes erhielten auf dessen Platte eine stets gleiche Stellung, wonach denn, bei völliger Richtigkeit aller in Betracht kommenden magnetischen Ablesungen, der Unterschied je zweier Angaben für den magnetischen Meridian am Horizontalkreise des Inclinatoriums, dem Unterschiede der gleichzeitigen Angaben am Steuerkompas gleich werden sollte. — Bestimmt man aber umgekehrt, aus jeder dieser Beobachtungen, denjenigen Durchmesser des Azimutalkreises welcher der mit dem Kiele fest verbundenen Null-Linie des Steuerkompas parallel zu liegen schien, so wären, immer unter der Voraussetzung unveränderter Aufstellung, die Abweichungen dieser Resultate von einem mittleren unter ihnen für identisch mit den gesuchten Unsicherheiten der Meridianbestimmungen zu halten.

Beobachtungen mit Nadel B Nummer.	Ablesung für die Richtung des magnet. Meridians am Inclinatorium.	Ablesung für die Richtung der Null-Linie des Steuerkompas.	Die Nulllinie des Steuerkompas scheint parallel mit dem Durchmesser durch:	Abweichung des Resultates vom Mittel.	Die Einstellung geschah durch:
111 bis 112	51° 48′	WSW	164° 18′	— 0° 13′	die Horizontal-Bouss.
113 — 115	26 38	SW	161 38	— 2 52	—
116 — 119	26 40	SW	161 40	— 2 50	—
120 — 122	25 50	SW	160 50	— 3 40	—
123 — 127	73 5	W	163 5	— 1 25	—
127 — 130	75 45	W	165 45	+ 1 15	—
131	116 0	NW	161 0	— 3 30	—
132	75 45	W	165 45	+ 1 15	—
133 bis 135	74 45	W	164 45	+ 0 15	—
136 — 138	32 1	SW	167 1	+ 2 40	—
139 — 141*)	119 10	NW	164 10	— 0 20	—
143	11 0	SSW	168 30	+ 3 59	—
144 — 146	10 10	SSW	167 40	+ 3 9	—
147 — 153	9 10	SSW	166 40	+ 2 10	—
154 — 156	346 40	S	166 40	+ 2 10	—
157 — 158	343 25	S	163 25	— 1 5	die Inclinations-Nadel
159 — 160*)	344 30	S	164 30	— 0 1	—
162	73 35	W	163° 35′	— 0° 56′	—

Ich bezweifele nicht dafs ein beträchtlicher Theil der hier aufgeführten Abweichungen vom Mittel, von Verrückungen des Statives gegen den Schiffskiel, mit dem es nur durch ausdehnsame

*) Bei den Beobb. unter Nummer 142 und 161 ist angemerkt dafs die Fufsschrauben des Inclinatoriums nicht auf die dazu bezeichneten Stellen der Stativ-Platte gesetzt wurden. Die bei diesen Beobachtungen gemachten Ablesungen für den magnetischen Meridian am Inclinatorium können deshalb nicht mit zu den obigen Vergleichungen gezogen werden.

Schnüre verbunden war, herrührte, wonach denn die Unsicherheit der angewandten Meridianbestimmung — welche sowohl aus den augenblicklichen Abweichungen des Schiffskiels von der gesteuerten Richtung, als auch aus zufälligen Reibungs- und Ablesungs-Fehlern der zum Steuern und zum Einstellen dienenden Nadeln entsprang — selbst in den äufsersten Fällen, für kleiner als die hier gefundne Maximum-Gränze von 4° zu halten wäre. Bei den kleinen Inclinationen, zwischen 0° und 5°, bei denen die Einstellung mittelst der Horizontal-Boussole gebraucht wurde, könnten übrigens selbst durch jene äufserste Abweichung des Neigungskreises um 4° vom magnetischen Meridiane, die abgelesnen Neigungswinkel nur um höchstens 0',73 vergröfsert worden sein. — Ein richtigeres Urtheil über die Unsicherheit welche in der Einstellung des Inclinatoriums durch die Senkrechtheit der Nadel zurückbleibt, läfst sich auf folgende Versuche begründen, welche ich nach der Reise, in Berlin gemacht habe. Der Horizontalkreis des Instrumentes blieb während derselben vollkommen unverrückt, und die Nadel wurde nach je zwei Ablesungen so umgestrichen, dafs man ihr absichtlich sehr verschiedne magnetische Intensitäten beizulegen und eben dadurch verschiedene Werthe der oben mit k bezeichneten Gröfse zu veranlassen suchte. Es wurde aber demnach gefunden bei $I = 90°$:

K = K		K = 180° + K	
a	a'	a	a'
209° 55',0	51° 55',0	207° 32',5	54° 27',5
209 40,0	51 40,0	202 37,5	57 30,0
206 0,0	53 44,0	203 19,0	58 37,5
208 57,5	51 42,5	208 18,5	51 22,5

Die Einstellung am Horizontalkreise bei welcher die Drehungsaxe nach den magnetischen West-punkt gerichtet worden, wäre daher respektive gewesen:

130° 55',0	131° 0',0
130 40,0	130 3,75
129 52,0	130 58,25
130 20,0	129 50,50

und der mittlere Fehler eines einzelnen Resultates: 28′, wodurch im Maximo, bei $i = 45°$, eine Vergröfserung der Neigung um 0′,056 zu befürchten ist.

Ueber die Dauer einer Schwingung von Inclinations-Nadeln und Horizontal-Nadeln, und deren Anwendungen.

Der unter II Seite 9 genannte allgemeine Ausdruck für jede Bewegung eines Körpers um eine feste Axe hat für Inctinationsnadeln die Form:

$$\frac{\pi^2 . R\varDelta}{M l^2} . \sin (\vartheta - I) = \frac{d\omega}{dt}$$

oder wenn man $\vartheta - I = e$ setzt, so dafs e die zur Zeit t in der Schwingungs-Ebne gemessene Abweichung der Collimationslinie von ihrer Gleichgewichtslage bedeutet, die damit identische:

$$\frac{\pi^2 . R\varDelta}{M l^2} \sin e = - \frac{d^2 e}{(dt)^2}$$

angenommen. (Seite 12). —

Er erhält aber dieselbe Form auch in allen übrigen Fällen wo der betrachtete Körper nur von Parallel-Kräften d. h. von solchen angeregt wird von denen je eine auf jeden seiner Punkte nach einerlei Richtung wirkt, und somit für alle Bewegungen von Magnetnadeln welche nur durch die gleichzeitige Wirkung der zwei magnetischen Kräfte der Erde und der Schwere erfolgen.

Zu den verschiednen Anwendungen dieses Resultates sind daher in dasselbe nur noch für R und für $M l^2$ die von den jedesmaligen Umständen abhängigen Werthe zu setzen. Für eine Inclinationsnadel deren Drehungsaxe den Winkel h mit dem Horizonte und den Winkel (a — A) mit dem magnetischen Meridiane einschliefst, haben wir oben diese Werthe bereits vollständig entwickelt, nämlich den von R unter [10] Seite 32, und von $M l^2$ für unsre Nadeln auf Seite 4.

Für Horizontal-Nadeln oder solche die an einem völlig biegsamen und torsions-losen Faden so aufgehängt sind, dafs ihre magnetische Axe horizontal ist, erhält man ferner aus I und II (Seite 9) mit Beibehaltung der früheren Bezeichnungen:

$$R = \mu \varkappa \cos i .$$

und es ist für dieselben das allgemein mit $\frac{Ml^2}{\pi^2 \varDelta}$ bezeichnete Trägheitsmoment in Beziehung auf die Drehungsaxe gegeben durch:

$$l^2 = \{L^2 + L_{\prime}^2\}$$

wenn $\frac{ML^2}{\pi^2 \varDelta}$ das Trägheitsmoment für eine senkrechte Axe durch ihren Schwerpunkt und:

$$L_{\prime} = -\frac{\mu x}{Ms} . \sin i .$$

den horizontalen Abstand ihres Aufhängungsfaden von ihrem Schwerpunkte, bezeichnet. —

Die zuletzt angeführte Differentialgleichung giebt nun bekanntlich für die Dauer T einer ganzen Schwingung der betrachteten Nadel, wenn E deren halben Schwingungsbogen oder die gröfste Abweichung der Collimationslinie derselben von ihrer Gleichgewichtslage bedeutet:

$$T = \sqrt{\frac{Ml^2}{R\varDelta}} \left\{ 1 + \tfrac{1}{4}\left(\frac{\sin v.E}{2}\right) + \tfrac{9}{64}\left(\frac{\sin v.E}{2}\right)^2 \ldots\ldots + \left(\frac{1.3.5\ldots 2n-1}{2.4.6\ldots 2n.}\right)^2 . \left(\frac{\sin v.E}{2}\right)^n \right\}$$

oder auch durch Einführung des halben Schwingungsbogen selbst anstatt seines Sinusversus:

$$T = \sqrt{\frac{Ml^2}{R\varDelta}} \left\{ 1 + \tfrac{1}{16} . X^2 + \tfrac{11}{3072} . X^4 + \tfrac{173}{737280} . X^6 + \ldots\ldots \right\}$$

wo $X = \frac{\pi}{180} . E$ wenn E in Graden ausgedrückt war.

Ehe ich zur Anwendung dieses Ausdruches auf die Vergleichung der Intensität des Erdmagnetismus an verschiedenen Punkten durch Schwingungsbeobachtungen an denselben übergehe, habe ich noch die oben erwähnte Bestimmung des Collimationsfehler (K) und der bei Umstreichungen vorkommenden Veränderlichkeit des magnetischen Momentes $(\frac{k - k'}{k + k'})$ für eine der auf der Reise gebrauchten Inclinationsnadeln, durch nahe gleichzeitige Beobachtung von Schwingungsdauern und Neigungen derselben in Berlin, etwas näher zu erwähnen.

Beobachtet man nach einander die Schwingungsdauern einer Inclinations-Nadel: T T_1 T_2 T_3, während ihre Drehungsaxe in einer auf dem magnetischen Meridiane senkrechten Vertikalebne liegt, und zwar im Uebrigen unter denselben vier Combinationen von Umständen welche bei den vier statischen Beobachtungeu vorausgesetzt wurden, so sind in dem allgemeinen Ausdruck für T und in den zu dessen vollständiger Entwicklung nöthigen für R (Seite 32), nach einander zu setzen:

$$\left.\begin{array}{ll} T = T & a - A = 270^\circ \\ T = T_1 & a - A = 90^\circ \end{array}\right\} \begin{array}{l} \frac{pM}{\mu\varkappa} = k \\ K = K \end{array}$$

$$\left.\begin{array}{ll} T = T_2 & a - A = 270^\circ \\ T = T_3 & a - A = 90^\circ \end{array}\right\} \begin{array}{l} \frac{pM}{\mu'\varkappa} = k' \\ K = 180^\circ + K \end{array}$$

und man erhält dann:

$$T^4 = \frac{M^2 . l^4 . S^4}{\varDelta^2 . \overline{\mu\varkappa}^2 \{1 - 2k \sin(i + P - K) + k^2\}}$$

wenn S den Betrag der von E abhängigen Reihe bedeutet der in Folge der Anordnung der hier zu betrachtenden Beobachtungen für jede derselben gleich gesetzt werden soll. — Schreibt man in diesem Ausdrucke und in den ihm ähnlichen für die drei anderen Schwinguungs Dauern $\frac{l^4 . S^4}{p^2 . \varDelta^2} = A^2$

so folgt:

$$T^4 = \frac{A^2 . k^2}{1 - 2k . \sin(i + P - K) + k^2}$$

$$T_1^4 = \frac{A^2 k^2}{1 - 2k . \sin(i - P + K) + k^2}$$

$$T_2^4 = \frac{A^2 k'^2}{1 + 2k' . \sin(i + P - K) + k'^2}$$

$$T_3^4 = \frac{A^2 k'^2}{1 + 2k' . \sin(i - P + K) + k'^2}$$

welche, in Verbindung mit den oben unter [2] angeführten Gleichungen (Seite 16), zur vollständigen Bestimmung von i P K k k', aus gemessenen Werthen von: $T\ T_1\ T_2\ T_3$, I I' I'' I''' hinreichen.

Ich habe nun in Berlin im September 1838 bei sechs verschiedenen Intensitätszuständen der Nadel und während eines Zeitraumes von 3 Stunden folgende Werthe dieser Gröfsen beobachtet:

K = K	I	72° 38′,50	70° 52′,50	70° 47′,00
	I′	64 20,00	65 38,00	65 37,50
	T	3″,679	2″,951	2″,926
	T_1	3 ,637	2 ,899	2 ,832
K = 180° + K	I″	65° 2′,00	65° 5′,00	64° 55′,75
	I‴	70 46,75	70 39,75	70 44,25
	T_2	3″,010	2″,951	2″,941
	T_3	3 ,111	3 ,044	2 ,994

von denen die vier ersten I I′ T T_1 nach vorhergegangener absichtlicher Schwächung der Intensität der Nadel durch Streichung ihrer Hälften mit den ihnen gleichnamigen zweier anderen Magnete erhalten wurden. Die fünf Umstreichungen zwischen den übrigen Beobachtungen habe ich hingegen mit denselben Magnetstäben und ganz auf dieselbe Weise ausgeführt, welche ich während der Reise 330 Mal anwendete. — Unter der Annahme dafs A P K i während dieser Beobachtungen constant geblieben sind, waren 10 Unbekannte durch 24 Gleichungen zu bestimmen, nämlich durch 12 von der oben unter [2] angeführten Form Seite 16, und durch 12 andere von der eben angeführten für die Werthe von T. — Ich bin zu diesem Ende von Näherungswerthen für die 10 gesuchten Gröfsen ausgegangen und habe deren wahrscheinlichste Verbesserungen nach der Methode der kleinsten Quadrate bestimmt. Es war dabei eine Entscheidung über das relative Gewicht der, in Bogenminuten auszudrückenden, Fehler in den statischen Beobachtungen und der, in Zeitsekunden auszudrückenden, für die beobachteten Werthe von T erforderlich, und diese wurde dadurch getroffen, dafs ich jede unmittelbar gefundene Gleichung für den Fehler einer beobachteten Schwingungsdauer mit 60 multiplizirte, die Ausdrücke für die Fehler der Neigungswinkel aber unmittelbar in Rechnung brachte. Es wurde sonach angenommen dafs man bei der Bestimmung der Schwingungsdauer eben so oft um $\frac{1}{10}$ Zeitsekunde irrte, als bei Bestimmung des Neigungswinkels um 6 Bogenminuten und obgleich, allgemein zu reden, ein solches Urtheil wohl noch bei weitem zu ungünstig für die Sicherheit der Schwingungsbeobachtungen sein möchte, so schien es doch in dem hier zu betrachtenden Falle nicht unpassend, weil ich in demselben jedesmal nur die Dauer einer geringen Anzahl von Schwingungen beobachtet und auch, wie schon bemerkt anstatt der Reduktion derselben wegen des Schwingungsbogens, eine nicht in aller Strenge ausführbare Gleichmachung des anfänglichen Werthes von E angewendet habe. —

Unter diesen Voraussetzungen ergaben die vorstehenden Zahlen die Inclination in Berlin im Septbr. 1838: $i = 68^\circ\, 1',52$ *) den Collimationsfehler der Nadel $K = +\, 2',59$ und ferner

$$P = 100^\circ\ 19' \qquad A^2 = 27854$$

so wie die Werthe von k und k' in der Ordnung in der sie zu obigen Beobachtungen gehören:

$$k = 0{,}08090 \qquad 0{,}05134 \qquad 0{,}05023$$
$$k' = 0{,}05350 \qquad 0{,}05242 \qquad 0{,}05393.$$

Mit Ausschlufs des ersten Werthes welcher nach absichtlicher Schwächung der Nadel statt fand, folgt also für den Werth von $\frac{k - k'}{k + k'}$ auf den ich mich oben bezogen habe etwa $\frac{1}{60}$ und $\frac{k - k'}{k + k'} \cdot K = 0',052$. — Es bleiben aber in den vorstehenden Beobachtungen folgende Fehler

I	$-\,3',15$	$+\,1',02$	$+\,2',71$
I'	$+\,1{,}37$	$-\,0{,}87$	$-\,4{,}51$
T	$+\,0'',020$	$-\,0'',011$	$-\,0'',018$
T_1	$-\,0{,}043$	$-\,0{,}012$	$+\,0{,}024$
I''	$-\,0',94$	$-\,0',43$	$+\,3',93$
I'''	$+\,2{,}59$	$-\,0{,}89$	$-\,0{,}85$
T_2	$-\,0'',039$	$-\,0'',011$	$+\,0'',043$
T_3	$-\,0{,}077$	$-\,0{,}044$	$+\,0{,}051$

oder im Mittel eine Unsicherheit von 2',34 bei einmaliger oder von 1',17 bei viermaliger Ablesung eines Neigungswinkels.

Die hier gefundenen absoluten Werthe von k und P sind übrigens mit denen während der Reise vorgekommenen nicht vergleichbar, weil seit derselben einige Veränderungen an dem messingnen Ramen welcher die Drehungsaxe der Nadel trägt, gemacht wurden. —

*) An einem unter 52° 31' 36'' Breite und 11° 4' 49'' Ost. von Paris gelegnen Punkte.

Vergleichende Beobachtungen über die Intensität der magnetischen Erdkraft.

Zur Vergleichung der Intensitäten des Erd-Magnetismus an verschiednen Punkten meines Weges, habe ich auf dem Lande die Schwingungsdauern zweier Horizontal-Nadeln gemessen, die ich im Folgenden die cylindrische und die prismatische nennen werde, auf der See aber die Schwingungsdauern der früher erwähnten Neigungsnadel A, welche zwischen diesen Beobachtungen nicht mehr zu Inclinationsbestimmungen gebraucht wurde.

Es sind nun hier die Voraussetzungen anzuführen unter denen ich, aus jeder dieser Messungen auf dem Lande, einen Werth für die Intensität der Horizontalcomponente der magnetischen Kraft, und aus jeder auf der See gemachten, eine Bestimmung der gesammten Intensität dieser Kraft, erhalten habe, so wie auch diejenigen Einzelheiten über die Beobachtungen selbst, von denen die Sicherheit ihrer Resultate abhängt. —

Für die Dauer T einer Schwingung von Horizontal-Nadeln haben wir, dem Obigen nach, wenn S die vom Schwingungsbogen abhängige Reihe bezeichnet:

$$\left(\frac{T}{S}\right)^2 = \frac{M \, . \, l^2}{A \, . \, \mu x \, . \cos i}$$

Es ist hierin: $\mu x \cos i$. das Produkt der gesuchten: Horizontalcomponete der Kraft der Erde f, mit dem eignen Magnetismus der Nadel. Dieser leztere ändert sich aber allgemein zu reden: proportional mit der Anzahl von Tagen d, welche seit der Abreise verflossen sind und ausserdem proportionel mit der jedesmaligen Temperatur der Nadel: v.

Wir haben demnach zu setzen:

$$\mu x \cos i = fa\,(1 - \beta d - \alpha v)$$

und: $$l^2 = L^2 \left\{1 + \left(\frac{\mu x \sin i.}{ML\,.\,s}\right)^2\right\} = L^2 \left\{1 + \frac{a^2}{(ML)^2} . f^2 . tg^2 i + \gamma . v\right\}$$

in sofern man die von der Temperatur und von der Zeit abhängigen Veränderungen von a^2 ($2a\alpha v$ und $2a\beta d$) in dem stets äusserst kleinen Gliede dessen Nenner das Trägheitsmoment und das Gewicht der Nadel enthält, als völlig unmerklich ausläfst, so wie auch den Faktor desselben Gliedes: $\frac{1}{s^2} = 1 - 0{,}010368 . \sin^2 \varphi$. wenn φ die Breite des Beobachtungsortes bezeichnet. Dagegen drückt $ML^2\gamma$ die etwas merklichere Vermehrung aus, welche das Trägheitsmoment der Nadel durch Erhöhung der Temperatur um 1 Grad erfährt.

Setzt man nun:

$$-m\left(\frac{\alpha+\gamma}{2}\right) = \sigma \qquad \frac{ML^2}{a\varDelta} = A \qquad \frac{mL^2}{A^2\varDelta^2} = b \qquad m\beta = c$$

wo m den Modul der Briggischen Logarithmen bedeutet, so ergiebt sich folgende Vorschrift zur Berechnung von f aus der beobachteten Schwingungsdauer einer Horizontal-Nadel:

$$[11] \quad \begin{aligned} &\log \frac{T}{S} + \sigma v = \log T_0 \\ &\log f = \log A + b . (f \operatorname{tg} i)^2 + c . d - 2 \log . T_0 \end{aligned}$$

Der früher angeführte Ausdruck für die Schwingungsdauer einer Inclinationsnadel, für welche das bezeichnete Ende der Drehungsaxe in den Vertikal des magnetischen Westpunktes gebracht worden ist, geht zunächst über in:

$$\left(\frac{T}{S}\right)^2 = \frac{Ml^2}{\varDelta a_{,}} \; \frac{\{1 + \gamma . v\}}{\left\{F^2 - \frac{2Mp}{a_{,}} . F . \sin(i + P - K) + \frac{M^2 p^2}{a_{,}^2}\right\}^{\frac{1}{2}}}$$

worin: $a_{,} = a\{1 - \beta d - \alpha v\}$

wenn man mit F die gesuchte gesammte Intensität der magnetischen Kraft am Beobachtungsorte, und mit $a\{1 - \beta d - \alpha v\}$ den eignen Magnetismus der Nadel bezeichnet, und demgemäfs das k in den früheren Ausdrücken durch: $\frac{Mp}{a_{,} . F}$ ersetzt. —

Schreibt man nun wieder zur Abkürzung:

$$-m\left(\frac{\alpha+\gamma}{2}\right) = \sigma, \quad \frac{a}{Mp}\{1 - \beta d\} = \Phi, \quad \frac{l^2}{\varDelta p} = \lambda, \quad i + P - K = 180^\circ + \pi$$

so ergiebt sich F durch folgende Rechnung:

$$[12] \quad \begin{aligned} &\log \frac{T}{S} + \sigma v = \log T_0 \\ &\sin u = \frac{T_0^2 . \cos \pi.}{\lambda} \\ &T = \frac{\cos(\pi + u)}{\Phi . \sin u.} \end{aligned}$$

Bei meinen unten anzuführenden Beobachtungen ist einigemale die Schwingungszeit T_0 bestimmt worden, während sich das bezeichnete Ende der Drehungsaxe der Nadel in einem bekannten magnetischen Azimute: $270° + \alpha$ befand. Ich habe dann, in Folge des allgemeinen Ausdruckes [10] Seite 32 für das Moment welches die Nadel richtet, die Intensität des Erdmagnetismus F nach folgender Rechnungsvorschrift erhalten:

Man setze:
$$r \cos \varrho = \cos (\pi - i)$$
$$r \sin \varrho = \sin (\pi - i) \cos \alpha$$
$$\operatorname{ctg} \mu = \operatorname{ctg} i \cos \alpha$$
$$n = r . \sin (i + \varrho) \quad m = \frac{\sin i}{\sin . \mu} \quad \cos \psi = \frac{T_0^2}{\lambda}$$

[13]
$$\operatorname{tg} \chi = \frac{m}{n} . \operatorname{tg} \psi$$

so ist:
$$F = \frac{2}{\Phi} . \frac{n .}{m^2 .} \frac{\sin^2 \frac{\chi}{2}}{\cos . \chi}$$

wo π, Φ, λ und i die frühere Bedeutung haben.

Ich werde die Mittel deren ich mich zur Auffindung von T_0 aus den Beobachtungen über T, E und v d. h. zur Reduktion der direkt wahrgenommenen Schwingungsdauer wegen Schwingungsbogen und Temperatur bedient habe, erst später erwähnen, weil sie für jede der drei gebrauchten Nadeln dieselben waren, zuerst aber die beständigen Gröfsen: A, b und c in dem Ausdrucke [11] für eine jede der zwei Horizontalnadeln, sowie P − K, λ und Φ in [12] und [13] für die Inclinations-Nadel A, aus den darüber vorhandenen Beobachtungen ableiten.

Bestimmung der Constanten für die zwei Horizontal-Nadeln.

Die cylindrische Nadel besteht aus einem Stahlstabe von 34‴,82 Länge und 1‴,00 Durchmesser seines kreisförmigen Queerschnittes und aus einem, ihn theilweis umschliefsenden, messingnen Hohlcylinder von: 7‴,0 Länge, 1‴,0 innerem und 1,‴3 äufserem Durchmesser. — Der Aufhängungsfaden war mittelst einer feinen Oese an diese messingne Hülse befestigt und wurde, so oft eine Veränderung nöthig erschien, durch äufserst kleine Verschiebungen derselben in die zur Horizontirung der magnetischen Axe nöthige Lage gebracht. *) Setzt man das spezifische Gewicht des Messings = 1,0866 von dem des Stahles, und nimmt wiederum die Pariser Linie als Maafseinheit so folgt:

$$L^2 = 88,42$$

und mit

$$\Lambda = 439,31$$

$$b = \frac{m\,L^2}{A^2 \Lambda^2} = \frac{0,0001989}{A^2}$$

oder mit dem hiernächst abzuleitenden Werthe von A:

$$b = 0,00000865$$

Die prismatische Nadel hat als senkrecht auf ihre Drehungsaxe gelegne Basis ein Rechteck von 66,‴00 und 4,‴75 Seite. ihre Dicke beträgt nahe an 0‴,33. — Der Faden wird an dieselbe mittelst einer eng anschliefsenden Hülse aus sehr dünnem und gegen 2 Linien breitem seidnen Bande befestigt, welche auf die hier zu machende Anwendung des Trägheitsmomentes keinen bemerkbaren Einflufs ausübt. Es wird demnach:

$$L^2 = 363,85$$

und

$$b = \frac{0,0008186}{A^2} = 0,00000714$$

Die nun noch übrigen Constanten log A und c sind aus Schwingungsdauern zu bestimmen, die man zu verschiedenen Zeiten an Punkten beobachtet hat, an denen die Intensität des Erdmagnetismus bereits anderweitig bekannt d. h. durch diejenige Einheit ausgedrückt angenommen werden soll, welche seit Herrn Hansteens Arbeiten über diesen Gegenstand allgemein üblich geworden ist.

Ich habe dazu folgende Resultate angewendet. Vier mit A, B, C und D zu bezeichnende Punkte in der Nähe von Petersburg haben gegeneinander eine solche Lage, dafs von A an, die gegen Norden und gegen Osten positiv gezählten Abstände:

---

*) Zur Untersuchung der Horizontalität der magnetischen Axe habe ich die Nadel über dem Spiegel eines sogenannten künstlichen Horizontes aufgehängt, wodurch sich leicht beurtheilen liefs ob sich, nach Ablenkung aus der Gleichgewichtslage, ein beliebiger Punkt derselben in einerlei Horizontal-Ebne bewegte. Vergl. dieses Berichtes Abthl. II. Bd. 1. S. 28.

	X auf dem Meridiane.		Y auf dem Perpendikel.	
für B	— 1738	Sajenen	— 800	Sajenen
— C	— 1863	—	— 1490	—
— D	+ 753	—	+ 1400	—

betragen. Zählt man nun die oben mit d bezeichnete Zeit in Tagen von 1828 April 15 an, so habe ich folgende Werthe von log T_0 bestimmt:

für die cylindrische Nadel.

log T_0	X	Y	d	
0,511119	0	0	48	bei A
0,509467	— 1738	— 800	48	— B
0,509290	— 1738	— 800	48	— B
0,509612	— 1863	— 1490	78	— C
0,518385	— 1738	— 800	905	— B
0,522010	+ 753	+ 1400	906	— D

für die prismatische Nadel.

log T_0	X	Y	d	
0,682263	— 1863	— 1490	78	bei C
0,676730	— 1738	— 800	905	— B
0,680248	+ 753	+ 1400	906	— D

Am Punkte A setze ich für Juni und Juli 1828 nach Uebertragung der bekannten Intensität von Christiania:

log der Intensit. der Horizontalcomponente = 9,658997 = log f.

und in Folge von Professor Hansteens Bemerkungen über die damalige jährliche Abnahme der Horizontalkraft im nördlichen Europa *) und Herrn Riefs Bestimmung der monatlichen Veränderungen derselben **)

an demselben Punkte für October 1830:

9,657527 = log f.

Ferner mit $i = 71° 6'$

für die cylindrische Nadel $bf^2 . tg^2 i = 0{,}000016$

— prismatische Nadel $bf^2 . tg^2 i = 0{,}000013$

---

*) Annalen der Physik. Bd. 97. S. 430.

**) P. Riefs de telluris magnetismi mutationibus etc. Berolini. 1831. pag. 13.

Bedeuten nun m und n die Zuwächse, welche man an dem Logarithmus der Horizontalcomponente beobachtet, wenn man von Punkt A um 1 *Sajene* gegen Norden und gegen Osten fortschreitet, so erhält man nach [11] Seite 43 folgende Gleichungen.

$$0 = -0{,}681222 + \log.A + 48.c$$
$$0 = -0{,}677918 + \log.A + 48.c + 1738.m + 800.n$$
$$0 = -0{,}677564 + \log.A + 48.c + 1738.m + 800.n$$
$$0 = -0{,}678208 + \log.A + 78.c + 1863.m + 1490.n$$
$$0 = -0{,}694282 + \log.A + 905.c + 1738.m + 800.n$$
$$0 = -0{,}701532 + \log.A + 906.c - 753.m - 1400.n$$
$$0 = -1{,}023511 + \log.A' + 78.c' + 1863.m + 1490.n$$
$$0 = -1{,}010975 + \log.A' + 905.c' + 1738.m + 800.n$$
$$0 = -1{,}018011 + \log.A' + 906.c' - 753.m - 1400.n$$

wo sich A und c auf die cylindrische, A' und c' auf die prismatische Nadel beziehen. — Nach der Methode der kleinsten Quadrate ergeben sich sodann als diesen Ausdrücken am nächsten entsprechende Resultate:

$$m = -1{,}8027 \, . \, 10^{-6} \qquad n = -1{,}0107 \, . \, 10^{-6}$$

und

$$\log A = 0{,}680857 \qquad c' = +19{,}528 \, . \, 10^{-6}$$
$$\log A' = 1{,}028730 \qquad c' = -16{,}055 \, . \, 10^{-6}$$

durch welche die ersten Hälften der vorstehenden Gleichungen respektive folgende in Einheiten der 6ten Stelle Brigg. Logarithmen ausgedrückte Werthe annehmen:

$$\begin{array}{r} +\ 572 \\ -\ 66 \\ +\ 288 \\ -\ 790 \\ +\ 307 \\ -\ 211 \\ \hline -\ 74 \\ +\ 502 \\ -\ 132 \end{array}$$

Ich habe in Folge dieser Bestimmungen folgende Werthe für den Logarithmus der Horizontalcomponente des Erdmagnetismus (log f) angenommen, wenn sich am dten Tage nach 1828 April 15. die reduzirte Schwingungszeit: T_0 ergeben hatte:

1) mit der cylindrischen Nadel:

$$\log f = 0{,}680857 + 10^{-6}.19{,}528.d + 10^{-6}.8{,}65.f^2.tg^2 i - 2 \log T_0$$

2) mit der prismatischen Nadel:

$$\log f = 1{,}028730 - 10^{-6}.16{,}055.d + 10^{-6}.7{,}14.f^2.tg^2 i - 2 \log T_0$$

Bestimmung der Constanten für die Inclinationsnadel A.

Nach den letzten Inclinationsbeobachtungen welche mit dieser Nadel, vor ihrer Anwendung zn den Intensitätsvergleichungen, gemacht wurden, habe ich: $(P - K) = 215^0$ und daher $\pi = i + 35^0$ und $\log k F = 8{,}767363$ angenommen und demnach zur Bestimmung von λ nach dem Ausdrucke:

$$\lambda = \frac{T_0^2 . \cos \pi}{\sin u} = T_0^2 . \{(\frac{1}{k})^2 + \frac{2}{k} \sin \pi + 1\}^{\frac{1}{2}}$$

folgende Zahlwerthe angewendet:

log. T_0	π.	log. F.	
0,497197	105° 41′,13	0,205658	Ochozk am Ufer. 1829. Juli 18.
0,496705	105 36,24	0,202228	Ochozk am Bord. 1829. Juli 22.

Die Angaben für log F sind aus Schwingungen beider Horizontalnadeln geschlossen.

Es folgt aus denselben: $\log \lambda = 2{,}445042$. —

Zur Bestimmung des Werthes der Gröfse Φ ist daher nun, aus Beobachtungen an Orten für welche die Intensität durch die Horizontalnadeln gegeben war:

$$\sin u = \frac{T_0^2 . \cos . \pi}{\lambda}$$

und demnächst
$$\Phi = \frac{\cos(\pi + u)}{F . \sin u}$$

zu rechnen. Ich habe aber mit der in Rede stehenden Nadel A eine erste Reihe von Intensitätsbeobachtungen: auf dem Ochozker Meere, bei der Ueberfahrt von Ochozk nach Kamtschatka, gemacht, für welche die dabei anzuwendenden Werthe von log Φ durch Vergleichung ihrer Schwingungsdauern mit den Resultaten der Horizontalnadel in Ochozk, und an der Mündung des Tigil flusses auf Kamtschatka zu bestimmen sind. Nach Vollendung dieser Reihe wurde die Nadel A auf Kamtschatka selbst, noch einige Male zu Inclinationsbestimmungen angewendet und demnach mit Magnetstäben umgestrichen. — Sie blieb erst bei den ferneren Ueberfahrten zwischen Petro-Pauls-Hafen, Sitcha, San Francisco, Otaeiti, Rio Yaneiro und Portsmouth ausschliefslich zu Intensitätsmessungen bestimmt. Ich werde daher die für diesen zweiten Theil der Seereise anzuwendenden Werthe von log Φ aus den beobachteten Schwingungsdauern der Nadel A und der Horizontal-Nadeln, an den einzelnen der eben genannten Küstenpunkte und an zweien Punkten auf dem Meere ableiten, indem ich sie während der dazwischen liegenden Ueberfahrten, der Zeit proportional veränderlich setze.

	log T_0	π	log F.	u.	log Φ.	log Φ.	
1829 Juli 18. Bei Ochozk	0,497197	+ 105° 41′,13	0,205658	— 0° 32′,93	1,229896		
— Julį 22. Bei Ochozk	0,496705	+ 105° 36′,24	0,202228	— 0° 32′,67	1,234319	1,232108	1829 Juli 20.
— Aug. 13. Am Tigil	0,505811	+ 103° 27′,45	0,193375	— 0° 29′,49	1,224173	1,224173	— August 13.
— Octbr. 13. Petro-Paul	0,500101	+ 98° 49′,37	0,168439	— 0° 18′,93	1,260709	1,260709	— Octbr. 13.
— Novbr. 12. Auf Sitcha	0,474536	+ 110° 50′,59	0,235251	— 0° 39′,04	1,247539		
— Novbr. 12. Auf Sitcha	0,474485	+ 110° 50′,59	0,235251	— 0° 39′,03	1,247641	1,247590	— Novbr. 12.
— Decbr. 12. San Francisco	0,494954	+ 97° 37′,88	0,193344	— 0° 16′,02	1,246411	1,246411	— Decbr. 12.
1830 Januar 13. In See	0,564563	+ 60° 45′,46	0,039490	+ 1° 21′,14	1,257597		
— Januar 13. In See	0,562223	+ 60° 45′,46	0,039490	+ 1° 20′,27	1,262483		
— Januar 13. In See	0,563808	+ 60° 45′,46	0,039490	+ 1° 20′,86	1,259174	1,259751	1830 Januar 13.
— Febr. 18. Point Venus	0,553421	+ 4° 34′,95	0,059309	+ 2° 37′,28	1,276840		
— Febr. 18. Point Venus	0,553224	+ 4° 34′,95	0,059309	+ 2° 37′,15	1,277237		
— Febr. 20. Point Venus	0,550487	+ 4° 33′,23	0,061056	+ 2° 35′,18	1,281004	1,278360	— Febr. 19.
— April 29. In See	0,588896	— 2° 52′,65	9,978723	+ 3° 5′,56	1,289072	1,289072	— April 29.
— Mai 26. Bei Rio Yaneiro	0,618562	+ 21° 30′,10	9,940893	+ 3° 18′,17	1,256316	1,256316	— Mai 26.
— Aug. 30. Bei Portsmouth	0,515849	+ 103° 32′,65	0,123914	— 0° 31′,08	2,272799	1,272799	— August 30.

Ueber die Bestimmung von T_0 durch Beobachtung der Schwingungsdauern und durch Reduktion derselben auf unendlich-kleine Schwingungsbogen auf 0° Temperatur und Mittlere Zeit.

Zur Beobachtung der Schwingungsdauern habe ich die beschriebenen Horizontalnadeln in einem mit Glasscheiben versehenen hölzernen Kasten aufgehängt, welcher eben so angeordnet war wie der von Herrn Professor Hansteen zu diesem Zwecke vorgeschlagene und angewendete; die Nadel A aber, grade so wie zur Inclinationsbestimmung, auf die Lager des Neigungskreises gelegt. Die Temperatur der Nadeln wurde an einem Thermometer abgelesen, welches sich neben ihnen in dem jedesmal angewandten Gehäuse befand, auch wurden darin beide (die Nadel und das Thermometer) schon einige Zeit vor der Beobachtung den erkältenden oder erwärmenden Umständen auf möglichst gleiche Weise ausgesetzt. Die Nadel wurde dann in Schwingung versetzt, und nach einander die Momente des 0ten.10ten.20sten....10mten Durchgangs derselben durch die zuvor bemerkte Gleichgewichtslage auf dem getheilten Kreise des Gehäuses, an einem Chronometer (Kessels 1253) beobachtet, welches jedes vierte Zehntheil einer Sekunde unmittelbar angiebt. Ich habe kaum nöthig zu erinnern, dafs sowohl diese Beobachtungen selbst, als auch deren Registrirung ohne fremde Hülfe gelangen, indem man einige Sekunden vor dem zu beobachtenden Durchgange der Nadel, den Stand der Uhr ablas, und dann die bis zu demselben noch vorkommenden Uhrschläge durch das Gehör bestimmte. Bei dem 0ten und bei dem 10mten Durchgange wurde ausserdem noch der Schwingungsbogen gemessen und aufgeschrieben. —

Ich werde nun die Mittel angeben durch welche ich, aus einer solchen Reihe beobachteter Durchgänge, den wahrscheinlichsten Werth für die Dauer einer einzelnen Schwingung in unendlich kleinem Bogen und bei 0° Temperatur berechnet habe.

Dem Obigen nach ist:

$$T = \tau \left\{ 1 + \tfrac{1}{16} X^2 + \tfrac{11}{3072} \cdot X^4 + \tfrac{173}{737280} \cdot X^6 \ldots \right\}$$

wenn $X = \frac{\pi}{180} . E$, und E den halben Schwingungsbogen in Graden während einer einzelnen Schwingung bedeutet deren wirkliche Dauer T, in unendlich kleinem Bogen bei derselben Temperatur zu τ wird. — War nun:

bei der 0ten Schwingung $X = a$

bei der 10mten — $X = b$

und setzt man voraus, dafs: unter sonst gleichen Umständen, die augenblickliche Abnahme des Schwingungsbogens der eben stattfindenden Gröfse desselben proportional oder dafs, wenn u die Anzahl der bereits vollendeten Schwingungen, A eine Constante bedeutet, $dx = - Ax . du$ sei, so ergiebt sich der zur uten Schwingung gehörige Werth:

$$X = a \left(\frac{b}{a}\right)^{\frac{u}{10m}}$$

und für die Dauer t der uten Schwingung:

$$t = \tau \left\{ 1 + \frac{1}{16} . a^2 . \left(\frac{b}{a}\right)^{\frac{2u}{10m}} + \frac{11}{3072} . a^4 . \left(\frac{b}{a}\right)^{\frac{4u}{10m}} + \frac{173}{737280} . a^6 . \left(\frac{b}{a}\right)^{\frac{6u}{10m}} .. \right\}$$

Die Daner der u ersten Schwiuguugen ist aber ausgedrückt durch: $\int_0^u t du$. und man erhält durch Ausführung dieser Integration, wenn $n\, n'\, n'' \ldots . \overset{(m)}{n}$ die beobachteten Momente des 0ten 10ten 20sten ... 10mten Durchgangs der Nadel durch ihre Gleichgewichtslage bedeuten, folgende Gleichungen zwischen den beobachteten Gröfsen und der gesuchten τ:

$$n = \varepsilon$$

$$n' = \varepsilon + 10 . \tau + \frac{20 \tau .}{\log . \mathrm{nat}(z)} \left\{ \frac{1}{16} . \frac{a^2}{2} (z - 1) + \frac{11}{3072} . \frac{a^4}{4} (z^2 - 1) + \frac{173}{737280} . \frac{a^6}{6} (z^3 - 1) \ldots \right\}$$

$$n'' = \varepsilon + 20 . \tau + \frac{20 \tau .}{\log . \mathrm{nat}(z)} \left\{ \frac{1}{16} . \frac{a^2}{2} (z^2 - 1) + \frac{11}{3072} . \frac{a^4}{4} (z^4 - 1) + \frac{173}{737280} . \frac{a^6}{6} (z^6 - 1) \ldots \right\}$$

$$\vdots$$

$$\overset{(m)}{n} = \varepsilon + 10m . \tau + \frac{20 \tau .}{\log . \mathrm{nat}(z)} \left\{ \frac{1}{16} . \frac{a^2}{2} (\overset{m}{z} - 1) + \frac{11}{3072} . \frac{a^4}{4} (\overset{2m}{z} - 1) + \frac{173}{737280} . \frac{a^6}{6} (\overset{3m}{z} - 1) \ldots \right\}$$

wo z für $(\frac{b}{a})^{\frac{2}{m}}$ geschrieben ist. — Bezeichnet man aber zur Abkürzung das dritte Glied der 2ten 3ten .. m + 1sten Gleichung respektive mit y′ y″ ... $y^{(m)}$ so ergiebt sich, durch Anwendung der Methode der kleinsten Quadrate, der wahrscheinlichste Werth von 10 τ:

$$10\,\tau = \frac{6}{m.m+1.m+2}\{m(\overset{m}{n}-n)+..+(m-2u)(\overset{u}{n}-\overset{m-u}{n})+....\}$$
$$+\frac{6}{m.m+1.m+2}\{m(y'+..+\overset{u}{y}+..+\overset{m}{y})-2(y'+..+u\overset{u}{y}+..m\overset{m}{y})\}$$

Durch Ausführung der angedeuteten Summationen in Bezug auf die y erhält man demnach folgende Rechnungsvorschrift.

Setzt man:

$$\frac{6}{m.m+1.m+2}\{m(\overset{m}{n}-n)+(m-2)(\overset{m-1}{n}-n')...+(m-2u)(\overset{m-u}{n}-\overset{u}{n})+...\}$$
$$=10\,\tau'$$

$z=(\frac{b}{a})^{\frac{2}{m}}=(\frac{e}{E})^{\frac{2}{m}}$ wenn e und E den halben Schwingungsbogen in Graden am Anfang und am Ende der Beobachtungsreihe bezeichnen, so ist:

$$\tau=\tau'+\frac{\tau'}{23{,}02585.\log z}\Big\{\frac{15E^2\pi^2}{4.180^2}\Big(\frac{1}{m+2\,m+1}.\frac{1-z^{m+2}}{(1-z)^2}-\frac{1}{m+1.m}z.\frac{1-z^{m}}{(1-z)^2}\Big)$$
$$+\frac{55E^4\pi^4}{512.180^4}\Big(\frac{1}{m+2.m+1}.\frac{1-z^{2m+4}}{(1-z^2)^2}-\frac{1}{m+1.m}z^2.\frac{1-z^{2m}}{(1-z^2)^2}\Big)$$
$$+\frac{173.E^6\pi^6}{36864.180^6}\Big(\frac{1}{m+2.m+1}.\frac{1-z^{3m+6}}{(1-z^3)^2}-\frac{1}{m+1.m}z^3.\frac{1-z^{3m}}{(1-z^3)^2}\Big)\Big\}$$

Der von E^6 abhängige Theil dieses Ausdruckes erlangte bei meinen Beobachtungen nur in einigen seltenen Fällen einen bemerkbaren Einfluſs auf die Hunderttausendtel der Sekunden in dem Werthe von τ. Die von noch höheren Potenzen des Schwingungsbogens herrührenden Einflüſse konnten daher in allen Fällen unberücksichtigt bleiben.

Um aber den jedesmaligen Werth dieser an τ' anzubringenden Correktion mit Leichtigkeit zu ermitteln, habe ich dieselbe gleich:

$$-\tau'.\{E^2.F(z)+E^4\,F'(z)+E^6.F''(z)\}$$

gesetzt und dann für jede Combination der Werthe von z und m zwischen $z = 0{,}20 \; 0{,}21 \; 022 \ldots\ldots$ bis $1{,}00$

und $m = 5 \; 6 \; 7 \ldots\ldots\ldots$ bis 12,

die Logarithmen der drei Gröfsen $F(z)$ $F'(z)$ $F''(z)$ berechnet und in eine Tafel gebracht. Mit den zwei Argumenten m u. $z = (\frac{e}{E})^{\frac{2}{m}}$ ergaben sich dann aus derselben die zur Berechnung von:

$$\tau = \tau' \{1 - E^2.F(z) - E^4.F'(z) - E^6 F''(z)\}$$

nöthigen drei Zahlen entweder durch unmittelbare Ansicht oder durch eine nur nach einem der Argumente auszuführende und daher hinreichend einfache Interpolation. —

Der auf diese Weise gefundne Werth von τ drückt die Dauer einer Schwingung der Nadel in Sekunden der angewandten Uhr, bei unendlich kleinem Bogen und bei derjenigen Temperatur (v) aus, welche die Nadel während der Beobachtung besafs. Ich habe nun, vor meiner Reise, in Berlin die Schwingungsdauer der cylindrischen Nadel und die einiger anderen, deren Längen sich denen der prismatischen und der Inclinationsnadel näherten, bei Temperaturen zwischen 0° und + 75° R. beobachtet *) und gefunden. dafs sich dieselben genügend darstellen lassen durch:

$$\log \tau_0 = \log \tau - 96{,}2498 . v.$$

wenn $\log \tau$ und $\log \tau_0$ respektive sechsstellige Briggische Logarithmen der bei v° Réaumur beobachteten und der auf 0° reduzirten Schwingungsdauer bezeichnen, und ich habe deshalb diesen Ausdruck angewendet um eine jede auf der Reise beobachtete Schwingungsdauer auf die Temperatur des schmelzenden Eises zu reduziren. — Es blieb dann endlich noch übrig, um alle Resultate der Beobachtungen in einerlei Zeitmaafs und namentlich in Sekunden mittlerer Zeit auszudrücken, dafs anstatt $\log \tau_0$ der verbesserte Werth

$$\log To = \log \tau_0 - 5{,}026 \; g$$

angewendet wurde, wobei g die tägliche Voreilung der bei der Beobachtung gebrauchten Uhr gegen mittlere Zeit und $5{,}025 = \frac{\text{Mod.}}{86400}$

*) P. Erman. Die magnetischen Verhältnisse von Berlin in: Denkschriften der Berl. Akademie. 1828.

den Quotienten des Modulus der Briggischen Logarithmen durch die Dauer eines Tages in Sekunden, in Einheiten der sechsten Stelle Brigg. Logar. ausdrückt.

Die hierbei gebrauchten Werthe des Uhrganges welche sich aus den im 1sten Bande der II. Abth. dieses Berichtes mitgetheilten Beobachtungen ergeben sind:

							g:
			für				
1828	April	15	bis	Juli	5.	+	1,74
—	Juli	5	—	Sptbr.	24.	+	1,10
—	Sptbr.	24	—	Dcbr.	28.	+	1,23
—	Dcbr.	28	—	Febr.	1.	+	2,66
1829	Febr.	1	—	April	1.	+	3,19
—	April	1	—	April	20.	+	4,62
—	April	20	—	Octbr.	30.	+	6,04
—	Octbr.	30	—	Nvbr.	14.	+	5,91
—	Nvbr.	14	—	Dcbr.	6.	+	8,33
—	Dcbr.	17	—	Febr.	23.	+	3,08
1830	Febr.	23	—	Mai	23.	+	3,82
—	Juni	16	—	Sptbr.	30.	+	2,87

Zusammenstellung der bei der Intensitätsberechnung gebrauchten Zahlwerthe.

Aus dem bisher Angeführten entstanden demnach zur Berechnung der Intensitäten die folgenden numerischen Hülfsmittel, welche ich hier vollständig mittheile, damit man meine Resultate mit geringstem Zeitaufwande prüfen könne. Bezeichnet man mit U U′U″... die Unterschiede zwischen den Zeiten des letzten und des ersten, des vorletzten und des zweiten, des drittletzten und des dritten, u. s. w. der beobachteten Durchgänge der Nadel durch ihre Gleichgewichtslage, so wurde respektive gefunden, je nachdem die Nadel in Allem 50, 60, 70 ... 120 Schwingungen gemacht hatte oder aber bei:

$$m = 5 \quad \tau' = \frac{1}{350} \{ 5U + 3U' + U'' \}$$

$$m = 6 \quad \tau' = \frac{1}{280} \{ 3U + 2U' + U'' \}$$

$$m = 7 \quad \tau' = \frac{1}{840} \{ 7U + 5U' + 3U'' + U''' \}$$

$$m = 8 \quad \tau' = \frac{1}{600} \{ 4U + 3U' + 2U'' + U''' \}$$

$$m = 9 \quad \tau' = \frac{1}{1650} \{ 9U + 7U' + \ldots . + U^{\text{IV}} \}$$

$$m = 10 \quad \tau' = \frac{1}{1100} \{ 5U + 4U' + \ldots + U^{\text{IV}} \}$$

$$m = 11 \quad \tau' = \frac{1}{2860} \{ 11U + 9U' + \ldots . + U^{\text{V}} \}$$

$$m = 12 \quad \tau' = \frac{1}{1820} \{ 6U + 5U' + \ldots . + U^{\text{V}} \}$$

Zu leichterer Uebersicht habe ich in dem unten folgenden Verzeichnisse meiner Beobachtungen, je zwei Zeitangaben, welche einen Werth von U, U'... bestimmen in einerlei Zeile neben einander geschrieben.

Die folgende Tafel diente dann um den erhaltnen Werth von τ', von dem Einflusse der Schwingungsbogen zu befreien. Sie enthält, wie früher erwähnt, mit den Argumenten m und $z = (\frac{c}{E})^{\frac{2}{m}}$ die Logarithmen der Funktionswerthe F(z) F'(z) F''(z), und giebt daher leicht die gesammte Correktion $-\tau'(E^2 F(z) + E^4 F'(z) + E^6 F''(z))$. Ich habe hier, um Raum zu erspahren, nur die Hälfte der bei der Rechnung angewandten Tafel nämlich diejenigen Werthe der F(z) u. s. w. aufgenommen, welche Zuwächsen von je 0,02 in dem Werthe von z entsprechen.

Tafel zur Reduktion beobachteter Schwingungsdauern auf unendlich kleine Bogen.

z	m = 5.			m = 6.			m = 7.			m = 8.		
	log F(z)	log F'(z)	log F''(z)	log F(z)	log F'(z)	log F''(z)	log F(z)	log F'(z)	log F''(z)	log F(z)	log F'(z)	log F''(z)
0,10	4.0983	9,017	4,14	3.9768	8,891	4,01	3.8702	8,782	3,90	3,7762	8,686	3.81
12	4.1371	9,051	4,17	4,0163	8,926	4,05	3,9103	8,817	3.94	3,8159	8,720	3.84
14	4,1743	9,085	4.20	4,0545	8.960	4,08	3,9491	8,851	3.97	3,8552	8,754	3,87
16	4.2106	9,117	4.24	4.0917	8,992	4,11	3,9866	8,885	4,00	3.8930	8,788	3.91
18	4,2450	9,149	4,27	4,1275	9,024	4,14	4.0231	8.916	4.03	3,9299	8.819	3,94
0,20	4,2791	9.179	4.30	4.1621	9.055	4,17	4.0585	8,947	4,06	3,9657	8,851	3,97
22	4,3106	9.208	4.32	4,1946	9,085	4.20	4.0919	8.977	4,09	3.9997	8.881	3,99
24	4.3412	9,236	4.35	4.2264	9,114	4,22	4,1246	9,006	4,12	4,0330	8,910	4,02
26	4.3709	9,264	4.37	4.2574	9,142	4,25	4,1564	9,034	4,14	4,0657	8,938	4,05
28	4,3997	9,291	4,40	4.2877	9,169	4,28	4,1876	9,062	4,17	4,0974	8,967	4,07
0,30	4,4277	9,317	4,43	4,3170	9.197	4,30	4,2180	9,090	4,19	4,1289	8,994	4,10
32	4,4557	9,345	4,45	4,3464	9,224	4,33	4,2485	9,118	4,22	4,1602	9,022	4.13
34	4,4833	9,372	4,48	4,3757	9,252	4,36	4,2790	9,146	4,24	4,1915	9.051	4,15
36	4,5104	9.400	4,50	4,4045	9.280	4,38	4,3092	9,174	4,27	4.2224	9.079	4,18
38	4,5373	9.427	4,53	4,4332	9.308	4,41	4,3392	9,202	4,30	4,2535	9,108	4,20
0,40	4.5637	9.455	4,55	4,4616	9.336	4,43	4.3690	9.231	4,32	4.2844	9,137	4.23
42	4.5899	9.483	4,58	5,4899	9,364	4.46	4,3988	9.260	4.35	4.3154	9,166	4.26
44	4,6159	9.511	4,61	4.5182	9.393	4,49	4,4287	9,290	4.38	4.3464	9.196	4,28
46	4,6417	9,540	4.64	4.5463	9.422	4.51	4.4586	9,320	4.41	4.3778	9,227	4,31
48	4.6672	9.569	4.66	4.5744	9.452	4.54	4.4884	9,350	4,44	4.4091	9,258	4,34
0,50	4.6926	9.598	4.69	4,6022	9.483	4.57	4,5182	9.381	4.47	4.4405	9.290	4,37
52	4,7179	9.628	4.72	4.6300	9,514	4.60	4,5481	9,414	4.50	4,4719	9.323	4,40
54	4.7430	9.659	4.75	4.6577	9.546	4.63	4,5781	9.447	4,53	4.5039	9.357	4,43
56	4,7679	9.690	4.78	4.6854	9,579	4.66	4.6081	9,481	4.56	4.5360	9.391	4.47
58	4.7926	9.721	4.81	4.7130	9.612	4,70	4,6382	9,515	4.59	4.5681	9.427	4.50
0,60	4.8173	9.753	4.85	4,7406	9.646	4.73	4.6684	9,551	4.63	4.6004	9,464	4.54
62	4,8418	9,786	4.88	4,7682	9.681	4,77	4.6986	9.588	4.66	4.6330	9,502	4.57
64	4,8661	9,819	4.92	4.7958	9.717	4.80	4,7289	9,626	4.70	4.6657	9.541	4.61
66	4,8901	9.853	4.95	4,8233	9,754	4,84	4,7594	9,665	4.74	4,6985	9,582	4.65
68	4.9141	9.887	4.99	4.8508	9.792	4.88	4,7899	9,705	4.78	4.7316	9.624	4,70
0,70	4,9380	9.922	5.03	4,8781	9,831	4.92	4.8204	9,746	4.83	4.7649	9,667	4,74
72	4,9617	9.958	5.07	4.9054	9,870	4.97	4,8509	9.788	4.87	4.7984	9.712	4.79
74	4,9854	9,994	5,11	4,9326	9,911	5,01	4.8814	9.832	4,92	4,8320	9,758	4,84
76	5,0088	0,031	5,16	4,9598	9,953	5,06	4.9120	9,878	4,97	4.8658	9.806	4.89
78	5.0321	0,068	5,20	4,9869	9,995	5,11	4,9427	9,924	5,02	4.8998	9.856	4,94
0,80	5,0552	0.107	5,25	5,0139	0.039	5,16	4,9733	9,971	5.08	4.9340	9.907	5.00
82	5,0784	0,146	5,30	5,0408	0,083	5,21	5,0041	0,020	5,14	4.9684	9.959	5,06
84	5.1010	0,185	5,35	5,0679	0,128	5.27	5.0349	0.071	5,20	5.0028	0,014	5,13
86	5,1236	0,225	5,40	5,0947	0,175	5,33	5.0658	0.122	5.26	5.0373	0.071	5,20
88	5,1460	0.266	5,46	5,1214	0.222	5,39	5.0967	0,176	5,33	5.0719	0.129	5,27
0,90	5,1683	0.307	5,51	5,1480	0.270	5,45	5,1274	0,230	5,40	5,1066	0,190	5.35
92	5,1907	0,349	5,57	5,1746	0,319	5,52	5,1580	0,286	5,48	5,1412	0,252	5,43
94	5,2131	0 391	5,63	5.2011	0.368	5,59	5,1885	0,343	5,56	5,1757	0,316	5,52
96	5,2353	0,434	5.69	5,2273	0.418	5,67	5,2190	0,401	5,64	5,2104	0,383	5,62
98	5,2575	0.478	5,76	5,2534	0,470	5,74	5,2493	0,461	5,73	5.2449	0,451	5,72
1,00	5,2796	0,522	5,82	5,2796	0,522	5,82	5,2796	0,522	5.82	5,2796	0,522	5,82

Tafel zur Reduktion beobachteter Schwingungsdauern auf unendlich kleine Bogen.

z	m = 9.			m = 10.			m = 11.			m = 12.		
	$\log F(z)$	$\log F'(z)$	$\log F''(z)$	$\log F(z)$	$\log F'(z)$	$\log F''(z)$	$\log F(z)$	$\log F'(z)$	$\log F''(z)$	$\log F(z)$	$\log F'(z)$	$\log F''(z)$
0,10	3,6890	8,599	3,72	3,6110	8,520	3,64	3,5394	8,447	3,57	3,4730	8,380	3,50
12	3,7296	8,634	3,75	3,6560	8,555	3,67	3,5806	8,482	3,60	3,5146	8,416	3,53
14	3,7693	8,668	3,79	3,6951	8,588	3,71	3,6208	8,516	3,64	3,5551	8,449	3,57
16	3,8080	8,701	3,82	3,7329	8,622	3,74	3,6598	8,550	3,67	3,5944	8,482	3,60
18	3,8455	8,733	3,85	3,7697	8,654	3,77	3,6979	8,582	3,70	3,6328	8,515	3,63
0,20	3,8818	8,764	3,88	3,8054	8,685	3,80	3,7348	8,613	3,73	3,6700	8,546	3,66
22	3,9164	8,794	3,90	3,8396	8,715	3,82	3,7697	8,643	3,75	3,7052	8,576	3,68
24	3,9498	8,823	3,93	3,8731	8,745	3,85	3,8040	8,672	3,78	3,7398	8,606	3,71
26	3,9829	8,852	3,95	3,9060	8,773	3,88	3,7379	8,701	3,80	3,7737	8,634	3,73
28	4,0154	8,880	3,98	3,9383	8,801	3,90	3,8709	8,729	3,83	3,8070	8,662	3,76
0,30	4,0472	8,908	4,01	3,9724	8,829	3,93	3,9035	8,756	3,86	3,8399	8,690	3,79
32	4,0793	8,936	4,03	4,0049	8,858	3,95	3,9365	8,785	3,88	3,8731	8,719	3,81
34	4,1112	8,965	4,06	4,0374	8,887	3,98	3,9694	8,815	3,91	3,9063	8,749	3,84
36	4,1430	8,994	4,09	4,0699	8,916	4,01	4,0024	8,844	3,93	3,9396	8,778	3,87
38	4,1747	9,023	4,11	4,1024	8,945	4,04	4,0353	8,874	3,96	3,9730	8,808	3,90
0,40	4,2067	9,052	4,14	4,1348	8,975	4,06	4,0684	8,904	3,99	4,0064	8,839	3,92
42	4,2387	9,082	4,17	4,1675	9,004	4,09	4,1020	8,934	4,02	4,0402	8,869	3,95
44	4,2708	9,112	4,20	4,2005	9,035	4,12	4,1354	8,964	4,05	4,0746	8,899	3,98
46	4,3031	9,143	4,23	4,2337	9,067	4,15	4,1694	8,997	4,08	4,1088	8,932	4,01
48	4,3355	9,175	4,26	4,2672	9,099	4,18	4,2036	9,028	4,11	4,1437	8,965	4,04
0,50	4,3683	9,207	4,29	4,3008	9,132	4,21	4,3382	9,061	4,14	4,1789	8,998	4,07
52	4,4012	9,241	4,32	4,3349	9,166	4,24	4,2731	9,096	4,17	4,2146	9,033	4,10
54	4,4345	9,275	4,35	4,3693	9,200	4,27	4,3082	9,131	4,20	4,2508	9,068	4,14
56	4,4679	9,310	4,38	4,4042	9,237	4,31	4,3444	9,167	4,23	4,2877	9,105	4,17
58	4,5018	9,347	4,42	4,4393	9,274	4,34	4,3808	9,205	4,27	4,3252	9,142	4,20
0,60	4,5359	9,385	4,45	4,4750	9,312	4,38	4,4177	9,244	4,30	4,3632	9,181	4,24
62	4,5705	9,424	4,49	4,5113	9,351	4,41	4,4554	9,284	4,34	4,4026	9,221	4,28
64	4,6055	9,464	4,53	4,5480	9,393	4,45	4,4937	9,326	4,38	4,4418	9,264	4,32
66	4,6407	9,506	4,57	4,5851	9,436	4,50	4,5326	9,370	4,42	4,4822	9,308	4,36
68	4,6762	9,550	4,61	4,6228	9,480	4,54	4,5722	9,416	4,47	4,5234	9,354	4,41
0,70	4,7121	9,595	4,66	4,6609	9,527	4,58	4,6121	9,463	4,51	4,5651	9,403	4,45
72	4,7483	9,642	4,71	4,6994	9,576	4,63	4,6527	9,512	4,56	4,6087	9,454	4,50
74	4,7848	9,690	4,76	4,7384	9,626	4,69	4,6939	9,564	4,62	4,6509	9,507	4,56
76	4,8215	9,741	4,81	4,7776	9,678	4,74	4,7356	9,619	4,68	4,6950	9,563	4,62
78	4,8585	9,793	4,87	3,8176	9,733	4,80	4,7779	9,676	4,73	4,7399	9,622	4,67
0,80	4,8959	9,848	4,93	4,8579	9,791	4,86	4,8208	9,735	4,80	4,7855	9,684	4,74
82	4,9335	9,904	5,00	4,8986	9,850	4,93	4,8645	9,798	4,87	4,8320	9,749	4,82
84	4,9713	9,963	5,07	4,9398	9,913	5,01	4,9087	9,863	4,95	4,8792	9,818	4,90
86	5,0093	0,024	5,14	4,9812	9,978	5,09	4,9534	9,932	5,03	4,9271	9,890	4,99
88	5,0475	0,088	5,21	5,0231	0,046	5,17	4,9987	0,005	5,12	4,9758	9,967	5,07
0,90	5,0859	0,153	5,30	5,0653	0,117	5,26	5,0445	0,080	5,22	5,0250	0,047	5,18
92	5,1243	0,222	5,40	5,1076	0,192	5,36	5,0906	0,161	5,33	5,0747	0,133	5,29
94	5,1629	0,293	5,49	5,1502	0,269	5,46	5,1372	0,245	5,44	5,1250	0,224	5,41
96	5,2017	0,367	5,60	5,1931	0,350	5,58	5,1842	0,334	5,56	5,1759	0,319	5,54
98	5,2405	0,443	5,71	5,2362	0,435	5,70	5,2317	0,426	5,69	5,2275	0,418	5,68
1,00	5,2796	0,522	5,82	5,2796	0,522	5,82	5,2796	0,522	5,82	5,2796	0,522	5,82

An den Logarithmus der bis hierher gefundnen Schwingungsdauer (log τ) wurden die Correktionen wegen der Temperatur der Nadel und wegen des Uhrganges nach folgenden zwei Tafeln angebracht, von denen die erste die Temperatur der Nadel in Réaumurschen Graden (v), die zweite das Datum des Beobachtungstages als Argument hat.

Correktionen der Logarithmen der Schwingungsdauern

wegen Temperatur.

v	σv	v	σv
± 0	∓ 0,000000	± 18	∓ 0,001732
1	96	19	1829
2	192	20	1925
3	289	21	2021
4	385	22	2117
5	481	23	2213
6	577	24	2309
7	673	25	2406
8	770	26	2502
9	866	27	2598
10	962	28	2694
11	1058	39	2790
12	1155	30	2887
13	1252	31	2983
14	1348	32	3079
15	1444	33	3175
16	1540	34	3271
17	1636	35	3367
± 18	∓ 0,001732	± 36	∓ 0,003464

wegen Uhrgang.

1828	April	15.	bis	1828	Juli	5.	—	0,000009
—	Juli	5.	—	—	Sptbr.	24.	—	6
—	Sptbr.	24.	—	—	Dcbr.	28.	—	6
—	Dcbr.	28.	—	1829	Febr.	1.	—	13
1829	Febr.	1.	—	—	April	1.	—	16
—	April	1.	—	—	April	20.	—	23
—	April	20.	—	—	Octbr.	30.	—	30
—	Octbr.	30.	—	—	Novbr.	14.	—	30
—	Novbr.	14.	—	—	Dcbr.	6.	—	42
1829	Dcbr	17.	—	1830	Mai	23.	—	19
1830	Juni	16.	—	—	Sptbr.	30.	—	14

Zur Berechnung der Intensität nach Auffindung der wahren

Für die cylin

log A + cd.

	1828 u. 1829	1829 u. 1830	1830 u. 1831
April 15.	0,68 0857	0,68 7985	0,69 5113
— 25.	1052	8180	5308
Mai 5.	1247	8375	5503
— 15.	1442	8570	5698
— 25.	1638	8766	5894
Juni 4.	1833	8961	6089
— 14.	2028	9156	6284
— 24.	2223	9351	6479
Juli 4.	2419	9547	6674
— 14.	2614	9742	6870
— 24.	0,68 2810	0,68 9938	0,69 7066
August 3.	3005	9 0133	7261
— 13.	3200	0328	7456
— 23.	3396	0524	7652
Septbr. 2.	3591	0719	7847
— 12.	3786	0914	8042
— 22.	3981	1109	8237
Octbr. 2.	4176	1304	8432
— 12.	4372	1500	8628
— 22.	4567	1695	8823
Novbr. 1.	0,68 4763	0.69 1891	0.69 9019
— 11.	4958	2086	9214
— 21.	5153	2281	9409
Decbr. 1.	5349	2477	9605
— 11.	5544	2672	9800
— 21.	5739	2867	9995
— 31.	5934	3062	0190
Januar 10.	6129	3257	0385
— 20.	6324	3453	0581
— 30.	6520	3648	0776
Februar 9.	0,68 6715	0.69 3844	0,70 0972
— 19.	6910	4039	1166
März 1.	7105	4234	1362
— 11.	7300	4429	1557
— 21.	7496	4624	1752
— 31.	7691	4819	1947
April 10.	7886	5014	2142
— 20.	0,68 8081	0.69 5209	0.70 2338

Schwingungsdauer (T_0) dienten dann ferner:

drische Nadel.

f = / i	$b.(f.tg\,i)^2$									
	0,1	0,2	0,3	0,4	0,5	0,6	0,7	0,8	0,9	1,0
0°	0	0	0	0	0	0	0	0	0	0
10°	0	0	0	0	0	0	0	0	0	0
20°	0	0	0	0	0	0	0	1	1	1
25°	0	0	0	0	0	1	1	1	2	2
30°	0	0	0	0	1	1	1	2	2	3
35°	0	0	0	1	1	2	2	3	3	4
40°	0	0	1	1	2	2	3	4	5	6
45°	0	0	1	1	2	3	4	6	7	9
50°	0	0	1	2	3	4	6	8	10	12
55°	0	1	2	3	4	6	9	11	14	18
60°	0	1	2	4	6	9	13	17	21	26
65°	0	2	4	6	10	14	20	26	32	40
70°	1	3	6	10	16	23	32	42	53	65
75°	1	4	11	19	29	43	60	77	97	121
80°	3	11	25	45	66	100	137	178	226	278

d	cd
1	19
2	39
3	59
4	78
5	98
6	117
7	137
8	156
9	176

Für die pris

log A′ + c′d.

	1828 u. 1829	1829 u. 1830	1830 u. 1831
April 15.	1,02 8730	1,02 2871	1,01 7012
— 25.	8570	2711	6852
Mai 5.	8409	2550	6691
— 15.	8248	2389	6531
— 25.	8088	2229	6370
Juni 4.	7927	2068	6210
— 14.	7767	1908	6049
— 24.	7606	1747	5889
Juli 4.	7446	1587	5728
— 14.	7285	1426	5568
— 24.	1,02 7125	1,02 1266	1,01 5407
August 3.	6964	1106	5247
— 13.	6804	0945	5086
— 23.	6643	0784	4925
Septbr. 2.	6482	0623	4765
— 12.	6322	0463	4604
— 22.	6161	0302	4444
Octbr. 2.	6001	0142	4283
— 12.	5840	1 9981	4122
— 22.	5680	9821	3962
Novbr. 1.	1,02 5519	1,01 9660	1,01 3801
— 11.	5359	9500	3641
— 21.	5198	9339	3480
Decbr. 1.	5038	9179	3320
— 11.	4877	9018	3159
— 21.	4717	8858	2999
— 31.	4556	8697	2838
Januar 10.	4396	8537	2678
— 20.	4235	8376	2517
— 30.	4074	8216	2357
Februar 9.	1,02 3914	1,01 8055	1,01 2196
— 19.	3753	7895	2036
März 1.	3593	7734	1875
— 11.	3432	7574	1715
— 21.	3272	7413	1554
— 31.	3111	7252	1393
April 10.	2951	7092	1233
— 20.	1,02 2790	1,01 6931	1,01 1072

matische Nadel.

$b' (f \, tg \, i)^2$

f = / i	0,1	0,2	0,3	0,4	0,5	0,6	0,7	0,8	0,9	1,0
0°	0	0	0	0	0	0	0	0	0	0
10°	0	0	0	0	0	0	0	0	0	0
20°	0	0	0	0	0	0	0	1	1	1
25°	0	0	0	0	0	1	1	1	2	2
30°	0	0	0	0	1	1	1	2	2	2
35°	0	0	0	1	1	2	2	3	3	3
40°	0	0	1	1	2	2	3	3	4	5
45°	0	0	1	1	2	3	3	5	6	8
50°	0	0	1	2	3	3	5	7	8	10
55°	0	1	2	3	3	5	8	9	12	15
60°	0	1	2	3	5	8	11	15	18	21
65°	0	2	3	5	8	12	17	21	26	33
70°	1	3	5	8	14	19	26	35	44	53
75°	1	3	9	16	24	36	50	63	81	100
80°	3	9	20	37	55	83	113	147	187	230

d.	c′ d
1	16
2	32
3	48
4	64
5	80
6	96
7	112
8	128
9	144

Für die Inclina

1829 u. 1830		cp. log Φ	Ändrg. für 10 Tage.
Juli	18.	8,767231	
—	28.	8.770537	+ 3306
August	7.	8,773843	
—	17.	8,777149	+ 3306
October	13.	8,739291	
—	23.	8,743664	+ 4373
November	2.	8,748037	
—	12.	8.752410	+ 4373
—	22.	8,752803	+ 393
December	2.	8,753196	
—	12.	8,753589	+ 393
—	22.	8,749420	— 4169
Januar	1.	8,744252	
—	11.	8,741083	
—	13.	8,740249	— 4169
—	23.	8,735220	— 5029
Februar	2.	8,730190	
—	12.	8,725160	
—	19.	8,721640	— 5030
März	1.	8,720088	— 1552
—	11.	8.718535	
—	21.	8,716983	
—	31.	8,715430	
April	10.	8,713877	
—	20.	8,712325	
—	29.	8,710928	— 1552
Mai	9.	8,723060	+ 12132
—	19.	8,735192	
—	26.	8,743684	+ 12132
Juni	5.	8,742019	— 1665
—	15.	8,740354	
—	25.	8,738688	
Juli	4.	8,737022	
—	14.	8,735356	
—	24.	8,733691	
August	3.	8,732026	
—	13.	8,730361	
—	23.	8,728696	
September	2.	8,727031	— 1665

tiomsnadel A.

$$\underbrace{\mathrm{d}.\Delta\Phi}$$

$10.\Delta\Phi=$ $\underbrace{\mathrm{d}}$	3306	4373	393	4169	5030	1552	12132	1665
1	331	437	39	417	503	155	1213	166
2	661	875	79	834	1006	310	2426	333
3	992	1312	118	1251	1509	466	3640	500
4	1322	1749	157	1668	2012	621	4853	666
5	1653	2187	196	2084	2515	776	6066	833
6	1984	2624	236	2502	3018	931	7279	999
7	2314	3061	275	2919	3521	1086	8493	1166
8	2645	3498	314	3335	4024	1242	9706	1333
9	2975	3936	354	3752	4527	1397	10919	1499

$$\pi = i + 35^{\circ}.$$
$$\mathrm{cp}.\log\lambda = 7{,}554958.$$

Bestimmung der geographischen Lage für die Orte an denen die Inclination und Intensität beobachtet wurden.

Während des ersten Theiles meiner Land-Reise habe ich, wie schon früher erwähnt, vorzugsweise nächtliche Beobachtungen mit dem Passageinstrumente zur geographischen Ortsbestimmung angewendet, und erst während der Fortsetzung derselben noch aufserdem zu demselben Zwecke eine etwa gleiche Anzahl von Sonnenhöhen mit dem Spiegelsextanten und mit einem Katerschen Kreise gemessen. Ich konnte aber nicht immer auf den Stationen an denen ich gegen Mittag magnetische Beobachtungen ausführte, den nächsten Abend erwarten. Es sind daher von den 115 Punkten einer Linie von Berlin bis Petropaulshafen auf welche sich die zuerst anzuführenden Messungen der Inclination und Intensität beziehen, nur 59, deren geographische Coordinaten unmittelbar aus meinen astronomischen Beobachtungen (vergl. diesen Bericht Abth. II. Bd. 1. Ste. 77 u. f, 330 u. f., 405 u. f.) hervorgehen. Da sich indessen aus diesen letzteren in Allem die Positionen von 90 auf der genannten Linie durch das Russische Reich gelegnen Orten ergeben haben, so befindet sich auch von den übrigen (56) Stationen für die Inclinations- und Intensitätsmessungen, eine jede zwischen zweien ihr nahe gelegenen astronomisch bestimmten Punkten. Zur Festlegung dieser zweiten Klasse von Stationen bedurfte es demnach nur einer hinreichend sichern Ermittlung der Unterschiede zwischen ihren Längen und Breiten und zwischen denen der nächsten direkt bestimmten Punkte. Ich habe zu diesem Zwecke folgende Russische Karten angewendet:

1) Die Generalkarte des ganzen Russischen Reiches. von A. Maximowitsch. Petersburg 1816, 24 Blätter, im Maafsstabe von $\frac{1}{3700000}$.

Als Grundlagen der hier benuzten Theile derselben werden auf dem 24ten Blatte genannt: für das Europäische Russland die von der Behörde des Kaiserlichen Karten-Depot herausgegebnen Spezialkarten und für das Tobolsker, Tomsker und Irkuzker Gouvernement, die topographischen Zeichnungen welche dort ansässige Feldmesser und Ingenieure des Wegebaus in jenes Depot geliefert hatten.

2) Die Karten der einzelnen Russischen Gouvernements, mit Angabe sämmtlicher Strafsen, so wie der Stationen und deren Entfernungen in Wersten, von Oberst Pjadischew. Petersburg 1822 — 1825. Der Maafsstab der einzelnen Blätter ist verschieden und varirt für die von mir gebrauchten zwischen $\frac{1}{925000}$ und $\frac{1}{2250000}$.

3) Die Postkarte des Russischen Reiches mit Angabe der Haupt- und Nebenwege (und den von der Postbehörde angenommenen Entfernungen der Stationen) Petersburg 1825 (ohne Namen des Verfassers). Der Maafsstab beträgt etwa $\frac{1}{6000000}$.

4) Die Generalkarte des Asiatischen Russlands nach der neusten Eintheilung in Gouvernements, Provinzen und Küstenverwaltungen, mit Angabe der Wege Russischer Seefahrer. Gezeichnet von dem Lieutenant im Topographischen Corps Posnjakow und herausgegeben von der militairisch-topographischen Behörde. Petersburg 1825. Der Maafsstab ist nahe an $\frac{1}{7300000}$. — *)

Diese Hülfsmittel zur Uebertragung der beobachteten Positionen auf nahe gelegne Orte sind aber nur in Gegenden gebraucht worden, für welche sich, durch die astronomischen Beobachtungen, die Fehler der Karten sowohl an sich nur mäfsig, als auch auf gröfseren Strecken nahe constant ergeben hatten und zwar namentlich längs der sogenannten Gouvernementsstrafse über Moskau, Ka-

*) Die Originaltitel dieser Karten sind: Generalnaja Karta wsei Rossjiskoi Imperji, sotschinena A. Maksimowitschem. 1816go goda. St. Peterburg. — Generalnaja Karta ......koi Gubernji, s'pokasaniem potschtowich dorog i. pr. Polkownikom Pjadischewom W' St. Peterburgje 1825go goda. — Potschtowaja Karta Rossjiskoi Imperji s'pokasaniem bolschich imaluich potschtowich dorog W' St. Peterburgje 1825go goda. — Generalnaja Karta Asiatskoi Rossii po noweischemu rosdjeleniju i. pr. sotschinena Korpusa Topographow Porutschikom Posnjakowuim i isdanna wojenno Topographitscheskim Depo 1825go goda.

san, Jekatarinburg, Tobolsk und Tomsk nach Irkuzk. Auf meinem Wege durch das Lena-Thal nach Jakuzk, von dort über das Aldanische Gebirge nach Ochozk, so wie auf dem durch Kamtschatka von Tigilsk bis Petropaulshafen, habe ich dagegen den Messungen der Inclination und Intensität fast ohne Ausnahme eine unmittelbare Ortsbestimmung hinzugefügt. Ich erwarte demnach dafs unter den folgenden Angaben für die Positionen meiner Beobachtungsorte, die durch Uebertragung erhaltenen nahe eben so sicher sind wie die direkt bestimmten, werde aber dennoch jene stets dadurch unterscheiden, dafs ich sie nur in Graden und ganzen Minuten ausdrücke, den aus meinen früher mitgetheilten astronomischen Beobachtungen (Abth. II. Bd. 1) oder aus denen einiger anderen Reisenden hervorgegangenen Breiten und Längen hingegen auch die Sekunden hinzufüge, welche die Rechnung ergeben hat.

Die geographische Lage der 220 Punkte an denen ich Inclinationen und Intensitäten auf dem Meere beobachtet habe, ist durch regelmäfsige Anwendung derjenigen Mittel erhalten worden, deren man sich, auf gut geführten Schiffen zur Bestimmung ihres Weges zu bedienen pflegt. Namentlich aber habe ich während der 12tägigen Ueberfahrt auf dem Russischen Transportschiffe Jekatarina von Ochozk zur Mündung des Tigil Flusses an der Westküste von Kamtschatka, 9 mal mit dem Spiegelsextanten Circummeridianhöhen der Sonne, zur Bestimmung der Breite, und eben so oft Reihen theils correspondirender theils einzelner Sonnenhöhen zur Bestimmung der Stände des Chronometer Kessels 1253 gemessen. Aus diesen Ständen habe ich die Längen der Beobachtungsorte durch Annahme derjenigen Gleichung für den Stand der genannten Uhr gegen Pariser Zeit gefolgert, welche aus den Beobachtungen mit dem Passageinstrumente in Jakuzk, Ochozk und Petropaulshafen und aus den früher abgeleiteten Längen dieser Orte hervorgegangen ist. (II, 1. St. 341 u. f.); alsdann aber die Positionen der Punkte an denen ich Inclinationen und Intensitäten bestimmt hatte, aus den direkt gefundnen Längen und Breiten, vermittelst der Fahrt- und Kurs-Messungen abgeleitet, welche auf dem genannten Schiffe nach je 30 Minuten und aufserdem bei allen dazwischen vorkommenden Veränderungen der Segelstellung ausgeführt worden sind. *)

Durch ganz gleiche Mittel habe ich die Positionen der, von Herrn Kapitain v. Hagemeister geführten, Russischen Corvette Krotkoi, während meiner magnetischen Beobachtungen auf derselben im Grofsen Ocean und im Atlantischen Meere, erhalten, und zwar zur Längenbestimmung, nur von den drei besten der an Bord befindlichen Chronometer diejenigen Gleichungen gegen Pariser Zeit angewendet, welche sich am Schlusse der Ueberfahrten aus den Längen der Ankerplätze ergeben haben. Ich werde nur diese Grundlagen meiner Längenbestimmungen auf dem Meere hier anführen.

Angenommene Längen Oestlich von Paris.

Jakuzk	127°	24′	35″.
Petropaulshafen	156	19	48
Neu Archangelsk auf Sitcha	222	14	20
San Franzisco	235	15	0
Cap Venus auf Otaciti	208	9	30
Auf Ila das Cobras bei Rio Janeiro	314	34	39
Ankerplatz auf Motherbank bei Portsmouth	356	32	30

Diese Annahmen beruhen für Otaciti auf der Connoiss. des tems (1830), für Portsmouth auf den neuesten Englischen Seekarten, und für die übrigen Orte auf den Beobachtungen die ich in diesem Berichte II, 1. Ste. 306 bis 346 zusammengestellt habe. — Mit Hülfe der Zeitbestimmungen an den genannten Punkten folgt aus ihnen:

*) Die Einzelheiten dieser Beobachtungen so wie die Resultate welche sie über die Strömungen im Ochozker Meere ergeben, habe ich in Berghaus Annalen der Erdkunde III. Reihe; Band 5. Ste. 358 u. f. bekannt gemacht.

Par. M. Zt.			{Pariser M. Zt. — Uhrzeit} Kessels 1253.	Barraud 644.	Arnold 2110.	Tägliche Gänge. K	B.	A.
1829	October	6,00	— 10h 8′ 31″,63	— 0h 12′ 19″,00	+ 0h 20′ 36″,80			
						— 5″,9121	— 9″,7400	— 3″,5403
—	November	14,00	— 10 12 22,20	— 0 18 38,86	+ 0 18 38,86			
—	November	14,00	— 9 49 17,80	— 0 18 38,86	+ 0 18 38,86			
						— 8″,3195	— 10″,8636	— 6″,0400
—	December	6,00	— 9 52 20,97	— 0 22 37,86	+ 0 16 5,85			
						(— 3″,8367)	(— 8″,3790)	(— 4″,2873)
—	December	17,00	— 9 53 3,19	— 0 24 10,03	+ 0 15 18,69			
						— 3″,0785	— 6″,9835	— 5″,2147
1830	Februar	23,00	— 9 56 32,53	— 0 32 4,91	+ 0 9 24,09			
—	Februar	23,00	— 14 35 51,41	— 0 32 4,91	+ 0 9 24,09			
						— 3″,8192	— 8″,1893	— 6″,5966
—	Mai	23,00	— 14 41 31,32	— 0 44 13,76	— 0 0 23,01			
						———	(— 8″,0233)	(— 6″,3438)
—	Juni	16,00	+ 5 23 39,85	— 0 47 26,32	— 0 2 55,26			
						— 2″,8728	— 5″,0417	— 4″,7954
—	September	3,00	+ 5 19 52,90	— 0 54 4,61	— 0 9 14,10			

Die durch ( ) bezeichneten Gänge der Uhren, welche sich vor Anker ergaben, habe ich zur Längenbestimmung auf der See nicht mit benutzt. Sie zeigen aber etwas näher in wiefern die hier zu Grunde gelegten Längen der Küsten-Orte mit denjenigen Werthen übereinstimmen, welche die genannten Chronometer selbst als wahrscheinlich dargestellt haben. *)

Inclinationen und Intensitäten.

In dem nun folgenden Abdrucke meiner Beobachtungen und deren Resultate habe ich für einen jeden Ort, die Zahlen die sich auf die dort gefundne Inclination der erd-magnetischen Kraft beziehen mit denjenigen unmittelbar vereinigt, welche zur Bestimmung der Intensität dieser Kraft geführt haben. Bei den ersteren hat man sich zu erinnern dafs ich, wie oben erwähnt, alle Neigungsbeobachtungen mit Nadel A, nach den unter [3] und [4] Seite 19, genannten Ausdrücken für die Inclination, die mit Nadel B hingegen nach der unter [7] Seite 22 enthaltenen Vorschrift berechnet habe. Ein jeder der Buchstaben I... I''', i', Δi', F und H behält demnach auch in der Folge die bisher, und namentlich an den eben angeführten Stellen, erklärte Bedeutung. —

---

*) Wollte man namentlich das Mittel aus dem Gange der drei Uhren während der ganzen Reise constant annehmen, so erhielte man als kleinste Correktionen der obigen direkt bestimmten Längen respektive für:

Petropaulshafen	+ 12′	20″	
Neu Archangelk	+ 5	12	
San Franzisco	— 9	54	
Point Venus	+ 8	36	
Rio Janeiro	— 11	41	1ste Beob.
	— 16	56	2te —
Portsmouth	+ 13	46	

Da indessen die Hypothese eines durchaus gleichmäfsigen Ganges bei dreimonatlichen Ueberfahrten und bei so starken Temperaturveränderungen wie sie von Sitcha bis zu dem Aufenthalte zwischen den Tropen und von dort bis nach Cap Hoorn vorkamen, keineswegs wahrscheinlich ist, so dürfte man auch wohl kaum geneigt sein diesen Resultaten der Zeitübertragung vor den von mir angewendeten unmittelbaren Längenbestimmungen den Vorzug zu geben.

Die Zahlen zu einer jeden der Intensitätsbestimmungen sind in vier senkrechten Spalten zusammengestellt, von denen die zwei ersten die unmittelbaren Beobachtungen und zwar namentlich die Uhrangaben bei den je zehnten Durchgängen der Nadel durch ihre Gleichgewichtslage, in der früher (Seite 56) erwähnten Ordnung, den Schwingungsbogen am Anfang und am Ende der Beobachtungsreihe und die Temperatur der Nadel, während derselben in Réaumurschen Graden enthalten. — Die dritte Spalte enthält zuerst: die Dauer einer einzelnen Schwingung so wie sie sich aus den Uhrablesungen ohne Rücksicht auf die Bogen und deren Abnahme, nach der Methode der kleinsten Quadrate ergeben würde, und sodann die von der 2ten, 4ten und 6ten Potenz des anfänglichen Bogens abhängige Reduktion dieser Dauer, sämmtlich in Sekunden der gebrauchten Uhr ausgedrückt. In der vierten Spalte ist der Logarithmus der auf diese Weise gefundnen Dauer einer Schwingung, bereits corrigirt wegen der Temperatur und des Uhrganges, angegeben und nächstdem bei den Horizontalnadeln, die zwei Zahlen von deren Summe der doppelte Logarithmus dieser reduzirten Dauer abzuziehen ist, um den in derselben Spalte zuletzt angeführten Logarithmus der Horizontalkomponente des Erdmagnetismus zu erhalten. Bei den Intensitätsbestimmungen durch die Inclinationsnadel A sind, anstatt der zuletzt genannten drei Zahlen, deren fünf angeführt, und zwar: der Winkel π, die drei Zahlen deren Summe dem jedesmaligen Logarithmus der ganzen Intensität des Erdmagnetismus gleich ist und dieser Logarithmus selbst. Auch bei dieser Darstellung der Intensitätsbeobachtungen haben übrigens alle dabei gebrauchten Buchstaben, dieselben Bedeutungen wie in den oben abgeleiteten Rechnungsvorschriften [11] und [12] Seite 43 und es verhält sich eben so mit den weit seltner vorkommenden Anwendungen der Rechnung nach [13] Seite 44.

Unter der Ueberschrift Resultat findet man dann endlich die Mittlere Zeit des Ortes, so wie die Breite und Oestliche Länge bei welchen beobachtet wurde, letztere so wie bei allen meinen Angaben von Paris an gezählt, ferner die Inclination und entweder die Horizontalkomponente oder die gesammte Intensität des Erdmagnetismus, je nachdem zu der Bestimmung eine Horizontal-Nadel oder die Inclinations-Nadel A gedient hat. —

Die Buchstaben A, B, C oder P, von denen sich einer neben einem jeden magnetischen Resultate befindet, bezeichnen die Nadel mit welcher dasselbe erhalten wurde, und zwar sind unter A und B so wie bisher die zwei Inclinationsnadeln, unter C und P aber beziehungsweise die cylindrische und die prismatische Horizontal-Nadel verstanden. —

Beobachtungen

der

Inclination und Intensität.

1828. APRIL 8.

Bei POTSDAM, Teltower Vorstadt.

Inclination.

Nadel A. 1.

$I = 69^\circ\ 12',75$ $I' = 67^\circ\ 30',05$ $I'' = 67^\circ\ 31',75$ $I''' = 69^\circ\ 53',75$

$i' = 68^\circ\ 32',07$
$\Delta i' = \ -1,71$

Nadel B. 1.

$I = 68^\circ\ 49',25$ $I' = 68^\circ\ 49',50$ $I'' = 68^\circ\ 12',15$ $I''' = 68^\circ\ 19',00$

$i' = 68^\circ\ 32',47$

$-\frac{H}{2} = \ +0,09$

$+\frac{F}{2} = \ +0,12$

Resultat.

für 1828. April 8. $2^h\ 15'$

Breite	= 52°	23′	14″	
Länge	= 10°	45′	0″	
Inclination	= 68°	30′,36	A.	
	68	32,68	B.	

1828. APRIL 24.

Bei BERLIN, Wollankscher Weinberg.

Intensität.

Cylindrische Nadel.

22h 9′ 34′,8	14′ 46″,8	τ'	3″,12036	log . T_0	=	0,490292
10 6,0	14 16,0	$\tau' E^2 . F(z)$	— 2024	log A + cd	=	0,681033
10 37,6	13 44,4	$\tau' E^4 . F'(z)$	— 15	b $f^2 . tg^2$ i	=	15
11 8,8	13 13,6	$\tau' E^6 . F''(z)$	— 0	log f	=	9,700464
11 40,0	12 42,4					
22h	12′ 11″,2					

E = 29°,25 e = 10°,25 v = + 11°,0

Prismatische Nadel.

21h 49′ 49″,6	57′ 33″,2	τ'	4″,63363	log T_0	=	0,663137
50 36,4	56 46,8	$\tau' E^2 . F(z)$	— 1824	log A′ + cd	=	1,028586
51 22,8	56 0,8	$\tau' E^4 . F'(z)$	— 5	b′ $f^2 . tg^2$ i	=	13
52 9,2	55 14,4	$\tau' E^6 . F''(z)$	— 0	log f	=	9,702325
52 55,2	54 28,2					
21h	53′ 42″,0					

E = 18°,5 e = 10°,0 v = + 11°,0

Resultat.

für 1828. April 24. 22h 0′

Breite	=	52° 32′ 5″
Länge	=	11° 4′ 4″
Horiz. Intens.	=	0,50172 C.
		0,50388 P.

1828. Juni 2.

PETERSBURG, Wasiljewskji Ostrow.

Inclination.

Nadel A. 2.

$I = 71^\circ\ 49',14 \quad I' = 70^\circ\ 9',77 \quad I'' = 70^\circ\ 3',11 \quad I''' = 72^\circ\ 19',64$

$i' = 71^\circ\ 5',41$

$\Delta i' = -\ 0',93$

Intensität.

Cylindrische Nadel.

21h 53′	16″,4	58′	43″,8	τ'	3″,27145	$\log \overline{T_0}$	=	0,509467
53	49,2	58	11,2	$\tau' E^2 . F(z)$	— 2768	$\log A + cd$	=	0,681814
54	22,8	57	38,4	$\tau' E^4 . F'(z)$	— 26	$b f^2 . tg^2 i$	=	16
54	55,2	57	6,0	$\tau' E^6 . F''(z)$	— 0	$\log f$	=	9,662896
55	28,0	56	33,2					
21^h	56′	0″,8						

$E = 34^\circ,5 \quad e = 10^\circ,5 \quad v = +\ 16^\circ,0$

Cylindrische Nadel.

22^h 1′	15″,6	6′	43″,0	τ'	3″,27255	$\log \overline{T_0}$	=	0,509290
1	48,4	6	10,3	$\tau' E^2 . F(z)$	— 3141	$\log A + cd$	=	0,681814
2	21,4	5	37,6	$\tau' E^4 . F'(z)$	— 37	$b f^2 . tg^2 i$	=	16
2	54,3	5	4,9	$\tau' E^6 . F''(z)$	— 1	$\log f$	=	9,663250
3	27,0	4	32,4					
22^h	3′	59″,6						

$E = 39^\circ,0 \quad e = 10^\circ,25 \quad v = +\ 14^\circ,0$

Resultate.

für 1828. Juni 2. $23^h\ 5'$

Breite	=	59°	56′	29″
Länge	=	27	57	28
Inclination	=	71°	4′,48	A.
Horiz. Intens.	=	0,46015		C.
		0,46052		C.

1828. Juni 3.

Bei PETERSBURG, Botanischer Garten.

Inclination.

Nadel A. 3.

$I = 71^\circ\ 52',12$ $I' = 70^\circ\ 24,20$ $I'' = 70^\circ\ 4',67$ $I''' = 72^\circ\ 11',58$

$i' = 71^\circ\ 8',14$

$\Delta i' = +\ 0,01$

Intensität.

Cylindrische Nadel.

3^h 44′	22″,8	49′	50″,8	τ'	3″,27782	$\log T_0$	= 0,511119
44	55,9	49	18,2	$\tau' E^2 . F(z)$ —	2104	$\log A + cd$	= 0,681814
45	28,8	48	45,2	$\tau' E^4 . F'(z)$ —	19	$b f^2 . tg\, i$	= 16
46	1,8	48	12,8	$\tau' E^6 . F''(z)$ —	0	$\log f$	= 9,659592
46	34,8	47	40,0				
3^h 47′ 6″,8							

$E = 34^\circ,5$ $e = 7^\circ,25$ $v = +\ 17^\circ,0$

Resultate.

für 1828. Juni 3. $4^h\ 52'$

Breite	= 59° 58′ 31″	
Länge	= 28° 0′ 58″	
Inclination	= 71° 8′,15	A.
Horiz. Intens.	= 0,45666	C.

1828. JULI 2.

Bei PETERSBURG, Smolensker Feld.

Intensität.

Cylindrische Nadel.

6h 50′ 31″,2	55′ 57″,2	τ'	3″,25582	$\log T_0$	= 0,509612
51 4,6	55 24,7	$\tau' E^2 . F(z)$	— 976	$\log A + cd$	= 0,682380
51 36,8	54 52,2	$\tau' E^4 . F'(z)$	— 4	$b\, f^2 . tg^2\, i$	= 16
52 9,6	54 19,6	$\tau' E^6 . F''(z)$	— 0	$\log f$	= 9,663172
52 42,4	53 47,2				
6h 53′ 14″,8					

E = 22°,0 e = 5°,5 v = + 18°,0

Prismatische Nadel.

6h 29′ 50″,8	37′ 55″,6	τ'	4″,84527	$\log T_0$	= 0,682263
30 39,6	37 7,0	$\tau' E^2 . F(z)$	— 1460	$\log A' + c'd$	= 1,027478
31 28,0	36 18,8	$\tau' E^4 . F'(z)$	— 5	$b'\, f^2 . tg^2\, i$	= 13
32 16,8	35 30,4	$\tau' E^6 . F''(z)$	— 0	$\log f$	= 9,662965
33 5,2	34 41,8				
6h 33′ 53″,8					

E = 20°,5 e = 6°,3 v = + 18°,0

Resultat

für 1828. Juli 2. 7h 48′

Breite	= 59° 56′ 23″
Länge	= 27° 57′ 33″
Horiz. Intens.	= 0,46044 C.
	0,46022 P.

1828. JULI 11.

TOSNA.

Intensität.

Cylindrische Nadel.

3^h 25′ 6″,8	30′ 35″,6	τ'		3″,28900	$\log T_0$	=	0,510831
25 39,6	30 3,0	$\tau' E^2 . F(z)$	—	3707	$\log A + Cd$	=	0,682555
26 12,8	29 30,1	$\tau' E^4 . F'(z)$	—	38	$b f^2 . tg^2 i$	=	16
26 45,6	28 57,2	$\tau' E^6 . F''(z)$	—	1	$\log f$	=	9,660909
27 19,2	28 24,4						
3^h 27′ 51″,6							

E = 32°,5 e = 10°,5 v = + 13°,0.

Cylindrische Nadel.

3^h 33′ 41″,6	39′ 8″,8	τ'		3″,27273	$\log T_0$	=	0,512107
34 14,0	38 36,0	$\tau' E^2 . F(z)$	—	1158	$\log A + Cd$	=	0,682555
34 47,2	38 3,3	$\tau' E^4 . F'(z)$	—	4	$b f^2 . tg^2 i$	=	16
35 19,8	37 30,8	$\tau E^6 . F''(z)$	—	0	$\log f$	=	9,658357
35 52,4	36 58,1						
3^h 36′ 25″,3							

E = 21°,0 e = 7°,5 v = + 13°,0.

Resultat

für 1828. Juli 11. 4^h 38′

Breite	=	59° 31′
Länge	=	28° 23′
Horiz. Intens.	=	0,45805 C.
		0,45537 C.

1828. JULI 11.

POMORANIA.

Inclination.

Nadel B. 2.

$I = 71^\circ\ 17',00 \quad I' = 71^\circ\ 13',62 \quad I'' = 70^\circ\ 43',75 \quad I''' = 70^\circ\ 47',37$

$$i' = 71^\circ\ 0',43$$

$$-\frac{H}{2} = +\ 0',05$$

$$+\frac{F}{2} = +\ 0',10.$$

Intensität.

Cylindrische Nadel.

Es sind von dieser Beobachtung nur die Temperatur, die Schwingungsbogen und der Werth von τ' aufgeschrieben, ohne Angabe der einzelnen Momente.

$$E = 22^\circ \quad e = 7^\circ \quad v = +\ 12^\circ,0$$

und: τ'		3'',24023	log T_0	=	0.507761
$\tau' E^2 . F\,(z)$	—	1154	log A + cd	=	0,682555
$\tau' E^4 . F'\,(z)$	—	5	b $f^2 . tg^2\,i$	=	16
$\tau' E^6 . F''(z)$	—	0	log f	=	9,667049.

Resultate

für 1828. Juli 11. 20^h 0'

Breite	= 59° 20'	
Länge	= 28° 56'	
Inclination	= 71° 0',58	B.
Horiz. Intens.	= 0.46457	C.

1828. JULI 12.

NOWGOROD.

Inclination.

Nadel B. 3.

I = 70° 39',50 I' = 70° 27',00 I'' = 70° 17',25 I''' = 70° 20',50

i' = 70° 26',06

$$-\frac{H}{2} = +0{,}02$$

$$+\frac{F}{2} = +0{,}02$$

Intensität.

Cylindrische Nadel.

Die Temperatur, die Schwingungsbogen und der Werth von τ' sind ohne Angabe der einzelnen Momente aufgeschrieben.

E = 20°,0 e = 6°,0 v = + 12°,0

τ'		3'',21157	log T_0	=	0,504232
$\tau' E^2.F(z)$	—	903	log A + cd	=	0,682595
$\tau' E^4.F'(z)$	—	3	b $f^2.tg^2$ i	=	16
$\tau' E^6.F''(z)$	—	0	log f	=	9,674147

Resultate

für 1828. Juli 12. 20h 30'

Breite	= 58° 31' 4''	
Länge	= 28° 58' 38''	
Inclination	= 70° 26',10	B.
Horiz. Intens.	= 0,47222	C.

1828. JULI 13.

SAIZOWA.

Intensität.

Cylindrische Nadel.

15ʰ 47′ 8″,4	52′33″,6	τ'		3″,25146	$\log . T_0$	=	0,509142
47 41,2	52 1,2	$\tau' E^2 . F(z)$	—	1177	$\log \overline{A + cd}$	=	0,682614
48 13,6	51 28,8	$\tau' E^2 . F'(z)$	—	4	$b f^2 . tg^2 i$	=	16
48 46,0	50 56,0	$\tau' E^2 . F''(z)$	—	0	$\log f$	=	9,664346
49 18,8	50 23,8						
15ʰ 49′ 51″,6							

$E = 22^\circ,0$ $e = 7^\circ,0$ $v = + 14^\circ,0$

Resultat

für 1828. Juli 13. 17ʰ 1′

Breite	= 58° 21′
Länge	= 29° 45′
Horiz. Intens.	= 0,46168 C.

1828. JULI 14.

WALDAI.

Inclination.

Nadel A, 4.

I = 70° 20',50 I' = 69° 21',25 I'' = 69° 27',25 I''' = 70° 50',25

i' = 69° 59',81

Δi' = — 1,49.

Intensität.

Cylindrische Nadel.

16ʰ 40' 16'',2	45' 33'',6	τ'		3'',17636	log T_0	=	0,497950
40 48,0	45 2,2	τ' E².F (z)	—	2013	log A + cd	=	0,682633
41 20,0	44 30,6	τ' E⁴.F' (z)	—	14	b f².tg² i	=	16
41 51,8	43 59,2	τ' E⁶.F''(z)	—	0	log f	=	9,686749
42 23,6	43 27,2						
16ʰ 42' 55'',6							

E = 30°,0 e = 9°,0 v = + 12°,4.

Resultate

für 1828. Juli 14. 17ʰ 59'

Breite	= 57° 56'	
Länge	= 30° 55'	
Inclination	= 69° 58',32	A.
Horiz. Intens.	= 0,48612	C.

1828. JULI 15.

WUISCHNJI WOLOTSCHOK.

Inclination.

Nadel A. 5.

I = 70° 20′,25 I′ = 69° 9′,25 I″ = 69° 21′,50 I‴ = 70° 35′,50

i′ = 69° 51′,62

Δi′ = + 0,00

Intensität.

Cylindrische Nadel.

16h 25′	26″,8	30′	43″,6	τ′		3″,17000	log T₀	= 0,496176
25	58,2	30	11,8	τ′E².F (z)	—	2391	log A + cd	= 0,682652
26	30,0	29	40,2	τ′E⁴.F′(z)	—	20	b f².tg² i	= 17
27	1,4	29	8,8	τ′E⁶.F″(z)	—	0	log f	= 9,690317
27	34,0	28	37,2					
16h	28′	5″,6						

E = 31°,5 e = 10°,5 v = + 16°,2.

Cylindrische Nadel.

16h 34′	44″,4	40′	1″,4	τ′		3″,16819	log T₀	= 0,496596
35	16,4	39	29,8	τ′E².F (z)	—	1915	log A + cd	= 0,682652
35	48,4	38	58,2	τ′E⁴.F′(z)	—	12	b f².tg² i	= 17
36	20,0	38	26,8	τ′E⁶.F″(z)	—	0	log f	= 9,689477
36	51,6	37	55,0					
16h	37′	23″,3						

E = 28°,0 e = 9,5 v = + 16°,2.

Resultate

für 1828. Juli 15. 17h 54′

Breite	= 57° 37′	
Länge	= 32° 20′	
Inclination	= 69° 51′,62	A.
Horiz. Intens.	= 0,49014	C.
	0,48919	C.

1828. JULI 16.

TORJOK.

Intensität.

Cylindrische Nadel.

19^h 10′ 56″,0	16′ 6″,4	τ'	3″,10282	$\log T_0$	= 0,490048
11 27,0	15 35,5	$\tau' E^2 . F(z)$	— 452	$\log A + cd$	= 0,682673
11 58,0	15 4,0	$\tau' E^4 . F'(z)$	— 1	$b f^2 . tg^2 i$	= 17
12 29,5	14 33,2	$\tau' E^6 . F''(z)$	— 0	$\log f$	= 9,702594
13 0,3	14 2,0				
19^h 13′ 31″,2					

E = 15°,0 e = 4°,0 v = + 11°,1.

Resultat

1828. Juli 16. 20^h 36′

Breite	= 57° 2′ 9″
Länge	= 32° 42′ 15″
Horiz. Intens.	= 0,50419 C

1828. JULI 17.

TWER.

Inclination.

Nadel B. 4.

I = 68° 43',25 I' = 68° 32',00 I'' = 68° 14',50 I''' = 68° 36',00

$$i' = 68^\circ\ 31',43$$
$$+\frac{F}{2} = -0,01$$
$$-\frac{H}{2} = +0,03$$

Intensität.

Cylindrische Nadel.

17h 48' 12'',4	53' 21'',2	τ'	3'',08655	log T_0 = 0.485947
48 43,6	52 50,4	τ' E².F (z)	— 1263	logA+cd = 0,682690
49 14,4	52 19,6	τ' E⁴.F'(z)	— 6	b f².tg² i = 16
49 45,4	51 48,8	τ' E⁶.F''(z)	— 0	log f = 9,710812
50 16,0	51 17,6			
17h 50' 47'',2				

E = 26°,0 e = 6°,5 v = + 18°,0.

Resultate

für 1828. Juli 17. 19h 17'

Breite = 56° 51' 44''
Länge = 33° 36' 21''
Inclination = 68° 31',45 B.
Horiz. Intens. = 0,51382 C.

1828. JULI 23.

SAKOLNIKOWA-POLE, bei Moskau.

Inclination.

Nadel A. 6.

$I = 69^\circ\ 8',00$ $I' = 68^\circ\ 18',25$ $I'' = 68^\circ\ 29',00$ $I''' = 70^\circ\ 17',75$

$i' = 69^\circ\ 3',25$

$\Delta i' = -\ 7',42$

Nadel B. 5.

$I = 69^\circ\ 16',00$ $I' = 69^\circ\ 11',00$ $I'' = 68^\circ\ 43',75$ $I''' = 68^\circ\ 51',50$

$i' = 69^\circ\ 0',57$

$+\frac{F}{2} = +\ 0,07$

$-\frac{H}{2} = +\ 0,06$

Intensität.

Cylindrische Nadel.

0^h 12' 12'',8	17' 24''.0	τ'		3'',10982	log T_0	=	0,489429
12 44,0	16 52,8	$\tau' E^2 . F(z)$	—	883	log A + cd	=	0,682791
13 15,4	16 21.6	$\tau' E^4 . F'(z)$	—	3	$b\, f^2 . tg^2\, i$	=	16
13 46,4	15 50.8	$\tau' E^6 . F''(z)$	—	0	log f	=	9,703949
14 17,6	15 19.6						
0^h 14' 48'',4							

$E = 21^\circ,0$ $e = 5^\circ,5$ $v = +\ 21^\circ.4.$

Resultate

für 1828. Juli 23. 1^h 48'

Breite	= 55° 45' 13''	
Länge	= 35° 17' 54''	
Inclination	= 68° 55',83	A.
	68° 60,70	B.
Horiz. Intens.	= 0,50576	C.

1828. JULI 29.

NOWAJA DEREWNJA.

Intensität.

Cylindrische Nadel.

4h	2′	10″,8	7′	20″,8	τ′		3″,10082	log T₀	=	0,487825
	2	42,0	6	50,2	τ′E².F (z)	—	1323	log A + cd	=	0,682908
	3	13,2	6	19,3	τ′E⁴.F′ (z)	—	6	b f².tg²	=	15
	3	44,4	5	48,2	τ′E⁶.F″ (z)	—	0	log f	=	9,707273
	4	15,4	5	17,6						
	4h	4′	46″,6							

$E = 23^{\circ},5 \quad e = 8^{\circ},0 \quad v = +18^{\circ},5.$

Resultat

für 1828. Juli 29. 5h 39′

Breite	=	55° 46′
Länge	=	35° 36′
Horiz. Intens.	=	0,50965 C.

1828. JULI 30.

PLATOWA.

Inclination.

Nadel A. 7.

$I = 68^\circ\ 41',87 \quad I' = 67^\circ\ 55',50 \quad I'' = 67^\circ\ 35',25 \quad I''' = 69^\circ\ 55',75$

$i' = 68^\circ\ 32',09$

$\Delta i' = -\ 6,75$

Intensität.

Cylindrische Nadel.

$1^h\ 16'\ 12'',8$	$21'\ 22'',3$	τ'	$3'',09355$	$\log T_0 = 0,486617$
16 44,0	20 51,4	$\tau' E^2 . F(z)$	— 1149	$\log A + cd = 0,682927$
17 15,2	20 20,8	$\tau' E^4 . F'(z)$	— 4	$b\, f^2 . tg^2\, i = 16$
17 46,2	19 49,8	$\tau' E^6 . F''(z)$	— 0	$\log f = 9,709709$
18 17,0	19 18,8			
$1^h\ 18'\ 47'',9$				

$E = 24^\circ,0 \quad e = 8^\circ,0 \quad v = +23^\circ,0.$

Resultate

für 1828. Juli 30. $2^h\ 56'$

Breite	$= 55^\circ\ 47'$
Länge	$= 36^\circ\ 23'$
Inclination	$= 68^\circ\ 25',34$ A.
Horiz. Intens.	$= 0,51252$ C.

1828. JULI 31.

DMITREWSK.

Inclination.

Nadel B. 6.

I = 68° 21',75 I' = 68° 17',75 I'' = 67° 55',37 I''' = 68° 0',62

$$i' = 68^\circ\ 8',87$$
$$+\frac{F}{2} = +\ 0,05$$
$$-\frac{H}{2} = +\ 0,04$$

Intensität.

Cylindrische Nadel.

16ʰ 14' 33'',6	19' 32'',8	τ'	2'',99127	log T_0	= 0,473019
15 3,6	19 3,0	$\tau' E^2 . F(z)$	— 981	log A + cd	= 0,682966
15 33,6	18 33,2	$\tau' E^4 . F'(z)$	— 5	b $f^2 . tg^2\, i$ =	17
16 4,0	18 3,2	$\tau' E^6 . F''(z)$	— 0	log f	= 9,736945
16 33,8	17 33,4				
16ʰ 17' 3'',6					

Resultate

für 1828. Juli 31. 18ʰ 0'

Breite	= 56° 0'
Länge	= 37° 45'
Inclination	= 68° 8',96 B.
Horiz. Intens.	= 0,54569 C.

1828. AUGUST 2.

MUROM.

Intensität.

Cylindrische Nadel.

19^h 51′ 23″,2	36′ 24″,4	τ'	3″,01327	$\log T_0$	$= 0,475677$
51 52,8	55 54,0	$\tau' E^2 . F(z)$	— 1321	$\log A + cd$	$= 0,682986$
52 23,2	55 24,0	$\tau' E^4 . F'(z)$	— 6	$b f^2 . tg^2 i$	$=$ 16
52 53,2	54 54,0	$\tau' E^6 . F''(z)$	— 0	$\log f$	$= 9,731648$
53 23,4	54 23,2				
19^h 53′ 53″,6					

$E = 24°,0$ $e = 8°,0$ $v = + 15°,0$.

Resultat

für 1828. August 2. 21^h 43′

Breite	= 55° 34′
Länge	= 39° 16′
Horiz. Intens.	= 0,53907 C.

1828. AUGUST 3.

OSABLIKOWO.

Inclination.

Nadel B. 7.

$I = 68^\circ\ 30',00 \quad I' = 68^\circ\ 20',00 \quad I'' = 67^\circ\ 58',00 \quad I''' = 68^\circ\ 13',12$

$$i' = 68^\circ\ 15',28$$
$$+\frac{F}{2} = \quad +\ 0,02$$
$$-\frac{H}{2} = \quad +\ 0,04$$

Resultat

für 1828. August 3. 18^h 30′

Breite	= 55°	54′	30″	
Länge	= 40°	6′	4″	
Inclination	= 68°	15′,34	B.	

1828. AUGUST 4.

ALESCHNOWO.

Intensität.

Cylindrische Nadel.

5^h 13′ 30″,4	18′ 35″,2	τ'	3″,04873	log T_0	= 0,481296
14 1,4	18 4,8	$\tau' E^2 . F\,(z)$	— 859	log A + cd	= 0,683024
14 31,2	17 34,4	$\tau' E^4 . F'\,(z)$	— 3	b $f^2 . tg^2\,i$	= 17
15 2,0	17 4,2	$\tau' E^6 . F''(z)$	— 0	log f	= 9,720449
15 32,4	16 33,6				
5^h 16′ 3″,2					

E = 20°,0 e = 6°,0 v = + 16°,5.

Resultat

für 1828. August 4. 7^h 11′

Breite = 56° 4′
Länge = 40° 50′
Horiz. Intens. = 0,52535 C.

1828. AUGUST 4.

DOSKINO.

Inclination.

Nadel A. 8.

$I = 69^\circ\ 31',75$ $I' = 68^\circ\ 21',12$ $I'' = 68^\circ\ 6',00$ $I''' = 69^\circ\ 55',75$

$i' = 68^\circ\ 58',66$

$\Delta i' = +\ 0,07$

Intensität.

Cylindrische Nadel.

$19^h\ 57'$	$9'',6$	$62'$	$17'',6$	τ'		$3'',08000$	$\log T_0$	=	0,484507
57	40,4	61	46,8	$\tau' E^2 . F(z)$	—	1488	$\log A + cd$	=	0,683033
58	11,2	61	16,1	$\tau' E^4 . F'(z)$	—	7	$b f^2 . tg^2 i$	=	17
58	42,0	60	45,2	$\tau' E^6 . F''(z)$	—	0	$\log f$	=	9,714036
59	13,1	60	$14'',4$						
19^h	$59'$	$44'',0$							

$E = 25^\circ,0$ $e = 8^\circ,5$ $v = +\ 20^\circ,0.$

Resultate

für 1828. August 4. $21^h\ 57'$

Breite	$= 56^\circ\ 9'\ 15''$
Länge	$= 41^\circ\ 14'\ 12''$
Inclination	$= 68^\circ\ 58',73$ A.
Horiz. Intens.	= 0,51765 C.

1828. AUGUST 8.

NIJNEI NOWGOROD.

Inclination.

Nadel A. 9.

I = 69° 5',50   I' = 68° 8',00   I'' = 67° 46',75   I''' = 69° 54',50
i' = 68° 43',69
Δi' = — 2,61

Intensität.

Cylindrische Nadel.

23h 19' 29'',2	24' 35'',6	r'	3'',06382	log T₀	= 0,481911
20 0,0	24 5,2	$r'E^2.F(z)$	— 1721	log A+cd	= 0,683122
20 30,8	23 34,4	$r'E^4.F'(z)$	— 10	$b f^2 . tg^2 i$	= 16
21 1,4	23 4,0	$r'E^6.F''(z)$	— 0	log f	= 9,719316
21 32,0	22 33,4				
23h 22' 2'',8					

E = 25°,5   e = 10,5   v = + 19°,6.

Resultate

für 1828. August 8. 1h 20'

Breite	= 56° 19' 20''
Länge	= 41° 36' 40''
Inclination	= 68° 41',08 A.
Horiz. Intens.	= 0,52398 C.

1828. AUGUST 9.

POLJANA.

Intensität

Cylindrische Nadel.

19h 24′ 5″,4	29′ 14″,8	τ'	3″,09527	log T_0	= 0,486286
24 36,4	28 44,0	$\tau' E^2 . F(z)$	— 1913	log A + cd	= 0,683140
25 7,6	28 13,4	$\tau' E^4 . F'(z)$	— 13	b f^2. tg² i	= 16
25 38,4	27 42,4	$\tau' E^6 . F''(z)$	— 0	log f	= 9,710584
26 9,6	27 11,6				
19h 26′ 40″,4					

E = 28°,5 e = 9°,5 v = + 17°,6.

Cylindrische Nadel.

19h 31′ 50″,0	36′ 59″,8	τ'	3″,09909	log T_0	= 0,486768
32 21,2	36 29,0	$\tau' E^2 . F(z)$	— 1914	log A + cd	= 0,683140
32 52,4	35 58,0	$\tau' E^4 . F'(z)$	— 13	b f^2. tg i	= 16
33 23,4	35 27,2	$\tau' E^6 . F''(z)$	— 0	log f	= 9,709620
33 54,4	34 56,4				
19h 34′ 25″,2					

E = 28°,5 e = 9°,5 v = + 18°,2.

Resultat

für 1828. August 9. 21h 31′

Breite	= 56° 2′
Länge	= 42° 23′
Horiz. Intens.	= 0,51355 C.
	0,51241 C.

1828. AUGUST 10.

TSCHUGUNUI.

Inclination.

Nadel B. 8.

I und I' wurden nicht beobachtet. I'' = 68° 26',25 I''' = 68° 33',50

Nach den nächsten Beob. mit Nadel B:

$$i' = \frac{I''+I'''}{2} + 8',97 = 68^\circ\ 38',85$$

$$\frac{F-H}{2} = +\ 0,05$$

Intensität.

16ʰ 59′ 59″,2	5′ 4″,0	τ'		3″,04727	log T_0	=	0,479667
17 0 30,0	4 33,6	$\tau' E^2.F\ (z)$	—	1471	log A + cd	=	0,683155
1 0,4	4 3,2	$\tau' E^4.F'\ (z)$	—	6	b $f^2.tg^2\ i$	=	17
1 30,8	3 32,8	$\tau' E^6.F''(z)$	—	0	log f	=	9,723838
2 1,4	3 2,6						
17ʰ 2′	32″,0						

Resultate

für 1828. August 10. 19ʰ 7′

Breite	= 56° 6′ 24″	
Länge	= 43° 19′ 48″	
Inclination	= 68° 38′,90	B.
Horiz. Intens.	= 0,52947	C.

1828. AUGUST 11.

EMUINGASCH.

Intensität.

Cylindrische Nadel.

2^h 14′ 23″,2	19′ 30″,0	τ'		3″,06837	$\log T_0$	= 0,482802
14 54,1	18 59,6	$\tau' E^2 . F(z)$	—	1930	$\log A + cd$	= 0,683141
15 24,8	18 28,8	$\tau' E^4 . F'(z)$	—	14	$b f^2 . tg^2 i$	= 16
15 55,6	17 58,4	$\tau' E^6 . F''(z)$	—	0	$\log f$	= 9,717553
16 26,4	17 28,0					
2^h 16′ 57″,2						

E = 29°,0 e = 10°,0 v = + 13°,9.

Resultat

für 1828. August 11. 4^h 25′

Breite	= 56° 11′
Länge	= 44° 6′
Horiz. Intens.	= 0,52186 C.

1828. AUGUST 11.

TSCHEBOKSAR.

Intensität.

Cylindrische Nadel.

21h 8′ 29″,6	13′ 36″,8	τ′		3″,07164	log T_0	=	0,483130
9 0,4	13 6,0	τ′ E². F (z)	—	1853	log A + cd	=	0,683181
9 31,2	12 35,6	τ′ E⁴. F′ (z)	—	13	b f². tg² i	=	16
10 2,0	12 4,8	τ′ E⁶. F″(z)	—	0	log f	=	9,716937
10 32,8	11 34,4						
21h 11′ 3″,6							

E = 28°,0 e = 10°,0 v = + 16°,5.

Resultat

für 1828. August 11. 23h 22′

Breite	=	56° 10′
Länge	=	44° 58′
Horiz. Intens.	=	0,52112 C.

1828. AUGUST 12.

ANGIKOWA.

Inclination.

Nadel B. 9.

I = 68° 49',25 I' = 68° 37',75 I'' = 68° 24',00 I''' = 68° 29',87

$$i' = 68^\circ\ 35',17$$
$$+\frac{F}{2} = +0{,}01$$
$$-\frac{H}{2} = +0{,}02$$

Intensität.

Cylindrische Nadel

18ʰ 15' 48'',0	20' 52'',8	τ'	3'',04636	log T_0	=	0,479427
16 18,8	20 22,4	τ'E².F (z)	— 1731	log A+cd	=	0,683200
16 49,4	19 52,2	τ'E⁴.F'(z)	— 11	b f².tg² i	=	17
17 20,0	19 21,6	τ'E⁶.F''(z)	— 0	log f	=	9,724363
17 50,4	18' 51'',4					
18ʰ 18' 20'',8						

E = 27°,5 e = 9°,5 v = + 19°,3.

Resultat

für 1828. August 12. 20ʰ 33'

Breite	= 55° 44'	
Länge	= 45° 49'	
Inclination	= 68° 35',20	B.
Horiz. Intens.	= 0,53011	C.

1828. AUGUST 15.

KASAN.

Inclination.

Nadel A. 10.

I = 68° 45',00 I' = 67° 51',12 I'' = 67° 23',00 I''' = 69° 36',25

i' = 68° 23',84

Δi' = — 2',45

Intensität.

Cylindrische Nadel.

19^h 49' 7'',6	54' 11'',6	τ' 3'',03873	$\log T_0$	= 0,478897
49 38,4	53 41,4	$\tau' E^2.F(z)$ — 1474	$\log A + cd$	= 0,683259
50 8,8	53 11,2	$\tau' E^4.F'(z)$ — 9	$b f^2.tg^2 i$	= 17
50 39,4	52 40,8	$\tau' E^6.F''(z)$ — 0	$\log f$	= 9,725482
51 9,8	52 10,4			
19^h 51' 40'',0				

E = 25°,5 e = 8°,75 v = + 17°,3.

Resultate

für 1828. August 15. 22^h 8'

Breite	= 55°	47'	50''	
Länge	= 46°	7'	9''	
Inclination	= 68°	21',39		A.
Horiz. Intens.	= 0,53147			C.

1828. AUGUST 20.

MITJESCHKA.

Inclination.

Nadel B. 10.

I = 69° 4',50 I' = 68° 58',75 I'' = 68° 26',75 I''' = 68° 31',50

$$i' = 68^\circ\ 45',37$$
$$+\frac{F}{2} = +0,11$$
$$-\frac{H}{2} = +0,09$$

Intensität.

Cylindrische Nadel.

18h 18' 41'',2 23' 44'',6	τ' 3'',03382	log T_0	= 0,479613
19 11,6 23 14,4	$\tau' E^2 . F(z)$ — 871	log A + cd	= 0,683357
19 42,0 22 44,0	$\tau' E^4 . F'(z)$ — 3	b $f^2 . tg^2$ i	= 17
20 12,4 22 13,6	$\tau' E^6 . F''(z)$ — 0	log f	= 9,724148
20 42,8 21 43,4			
18h 21' 13'',2			

Æ = 21°,0 c = 6°,0 v = + 11°,6.

Resultate

für 1828. August 20. 20h 43'

Breite	= 56° 13' 0''
Länge	= 47° 33' 40''
Inclination	= 68° 45',57 B.
Horiz. Intens.	= 0,52984 C.

1828. AUGUST 21.

MILET.

Inclination.

Nadel A. 11.

I = 69° 19',62 I' = 67° 56',25 I'' = 67° 46',00 I''' = 69° 46',62

i' = 68° 42',12

Δi' = — 0,51

Intensität.

Cylindrische Nadel.

17ʰ 37' 29'',8	42' 33'',2	τ'		3'',03527	log T_0	= 0,477882
38 0,0	42 2,8	τ'E².F (z)	—	1442	log A + cd	= 0,683377
38 30,4	41 32,6	τ'E⁴.F' (z)	—	8	b f².tg² i	= 18
39 0,8	41 2,4	τ'E⁶.F''(z)	—	0	log f	= 9,727631
39 31,2	40 32,0					
17ʰ 40' 1'',6						

E = 25°,5 e = 8°,5 v = + 23°,2.

Resultate

für 1828. August 21. 20ʰ 5'

Breite	= 56° 40'	
Länge	= 48° 18'	
Inclination	= 68° 41',61	A.
Horiz. Intens.	= 0,53411	C.

1828. AUGUST 22.

KOJIL.

Inclination.

Nadel B. 11.

I = 69° 42',37 I' = 69° 34',25 I'' = 68° 55',50 I''' = 68° 59',37

i' = 69° 17',87

$+\frac{F}{2} =$ + 0,18

$-\frac{H}{2} =$ + 0,14

Intensität.

Cylindrische Nadel.

17ʰ 3' 27'',2	8' 32,''2	τ'	3'',05018	log T_0	=	0,480930
3 57,6	8 1,8	τ'E².F (z)	— 1390	logA+cd	=	0,683396
4 28,4	7 31,2	τ'E⁴.F' (z)	— 7	b f².tg² i	=	17
4 58,8	7 0,8	τ'E⁶.F''(z)	— 0	log f	=	9,721553
5 29,4	6 30,4					
17ʰ 6' 0'',0						

E = 23°,0 e = 9°,5 v = + 14°,5.

Resultate

für 1828. August 22. 19ʰ 34'

Breite = 57° 12'
Länge = 49° 5'
Inclination = 68° 18',19 B.
Horiz. Intens. = 0,52669 C.

1828. AUGUST 23.

SURI.

Inclination.

Nadel A. 12.

I = 70° 46',50   I' = 69° 41',00   I'' = 69° 44',37   I''' = 70° 14',62

i' = 70° 22',37
Δi' = — 2,00

Intensität.

Cylindrische Nadel.

17ʰ 32' 46",0	38' 0",4	τ'		3",14291	log T_0	= 0,493638
33 17,6	37 28,9	$\tau' E^2 . F$ (z)	—	1738	log A + cd	= 0,683415
33 49,2	36 57,6	$\tau' E^4 . F'$ (z)	—	11	b f^2. tg i	= 18
34 20,4	36 26,4	$\tau' E^6 . F''$(z)	—	0	log f	= 9,696157
34 52,0	35 54,8					
17ʰ 35' 23"4						

E = 27°,0   e = 9°,5   v = + 13°,3.

Resultate

für 1828. August 23. 20ʰ 10'

Breite	= 57° 33'	
Länge	= 50° 44'	
Inclination	= 70° 20',37	A.
Horiz. Intens.	= 0,49677	C.

1828. AUGUST 24.

DUBROWA.

Inclination.

Nadel B. 12.

I = 70° 6',25 I' = 70° 4',75 I'' = 69° 36',00 I''' = 69° 42',12

$$i' = 69^\circ\ 52',28$$
$$+\frac{F}{2} = +\ 0,08$$
$$-\frac{H}{2} = +\ 0,06.$$

Intensität.

Cylindrische Nadel.

17h 28' 45'',8	33' 56'',0	r'	3'',10109	log T_0	= 0,487128
29 16,8	33 24,8	$r'E^2.F(z)$	— 2147	log A+cd	= 0,683430
29 48,0	32 54,0	$r'E^4.F'(z)$	— 17	b $f^2.tg^2 i$	= 18
30 19,0	32 23,2	$r'E^6.F''(z)$	— 0	log f	= 9,709192
30 50,2	31 52,0				
17h 31' 21'',2					

E = 30°,0 e = 10°,5 v = + 13°,9.

Resultate

für 1828. August 23. 20h 11'

Breite	= 57° 42'
Länge	= 52° 10'
Inclination	= 69° 52',42 B.
Horiz. Intens.	= 0,51191 C.

1828. AUGUST 27.

PERM.

Inclination.

Nadel B, 13.

$I = 69^\circ\ 52',12$ $I' = 69^\circ\ 47',75$ $I'' = 70^\circ\ 13',50$ $I''' = 70^\circ\ 13',75$

$$i' = 70^\circ\ 1',77$$
$$+\frac{F}{2} = +0,06$$
$$-\frac{H}{2} = +0,05.$$

Intensität.

Cylindrische Nadel.

$3^h\ 50'\ 21'',6$	$55'\ 32'',0$	τ'	$3'',10746$	$\log T_0$	$= 0,488418$
$50\ \ 52,8$	$55\ \ 1,8$	$\tau' E^2.F\ (z)$	$-\ 1834$	$\log A + cd$	$= 0,683474$
$51\ \ 24,0$	$54\ \ 30,6$	$\tau' E^4.F'\ (z)$	$-\ 12$	$b.f^2\ tg^2\ i$	$=\ 17$
$51\ \ 55,2$	$53\ \ 59,4$	$\tau' E^6.F''(z)$	$-\ 0$	$\log f$	$= 9,706655$
$52\ \ 26,4$	$53\ \ 28,4$				
$3^h\ 52'\ 57',6$					

$E = 27^\circ,5$ $e = 10^\circ,0$ $v = +15^\circ,5.$

Resultat.

für 1828. August 27. $6^h\ 40'$

Breite	$= 58^\circ\ 1'\ 14''$
Länge	$= 53^\circ\ 53'\ 32''$
Inclination	$= 70^\circ\ 1',88$ B.
Horiz. Intens.	$= 0,50893$ C.

1828. AUGUST 28.

KRUILASOWO.

Inclination.

Nadel A. 13.

I = 70° 18',75 I' = 69° 24',00 I'' = 69° 21',75 I''' = 71° 18',87

i' = 70° 5',84

Δi' = — 5',25.

Intensität.

Cylindrische Nadel.

16ʰ 53' 27'',2	58' 33'',6	τ'	3'',07018	log T_0	= 0,482846
53 57,4	58 3,2	τ' E².F (z)	— 1938	logA+cd	= 0,683528
54 27,6	57 32,0	τ' E².F' (z)	— 15	b f².tg² i	= 18
54 58,0	57 1,4	τ' E⁶.F''(z)	— 0	log f	= 9,717854
55 28,8	56 30,8				
16ʰ 55' 59'',8					

E = 30°,0 e = 9°,5 v = + 16°,0.

Resultate

für 1828. August 28. 19ʰ 44'

Breite	= 57° 33' 45''
Länge	= 54° 17' 14''
Inclination	= 70° 0',59 A.
Horiz. Intens.	= 0,52222 C.

1828. AUGUST 29.

SLATOUSTOWO.

Intensität.

Cylindrische Nadel.

4^h 3′ 57″,6	9′ 2″,4	τ′	3″,04927	log T_0	= 0,480359
4 28,2	8 32,2	$τ' E^2 . F(z)$	— 1848	log A + cd	= 9,683522
4 58,8	8 1,8	$τ' E^4 . F'(z)$	— 13	$b f^2 . tg\, i$	= 18
5 29,4	7 31,4	$τ' E^6 . F''(z)$	— 0	log f	= 9,722822
6 0,0	7 1,2				
4^h 6′	30″,4				

E = 29°,0 e = 9°,5 v = + 12°,2.

Resultat

für 1828. August 29. 6^h 58′

Breite = 57° 1′
Länge = 54° 57′
Horiz. Intens. = 0,52824 C.

1828. AUGUST 29.

BUIKOWA.

Inclination.

Nadel B. 14.

$I = 69^\circ\ 52',25$ $I' = 69^\circ\ 44',00$ $I'' = 69^\circ\ 50',50$ $I''' = 69^\circ\ 54',00$

$$i' = 69^\circ\ 50',18$$
$$+ \frac{F}{2} = \quad -0,00$$
$$- \frac{H}{2} = \quad +0,00$$

Intensität.

Cylindrische Nadel.

$16^h\ 33'\ 6'',8$	$38'\ 13'',4$	r'	$3'',06727$	$\log T_0$	$= 0,482720$
33 37,2	37 42,8	$r'E^2.F(z)$	$-\ 2080$	$\log A + cd$	$= 0,683533$
34 8,4	37 12,4	$r'E^4.F'(z)$	$-\ 16$	$b\,f^2.tg^2\,i$	$=\ 19$
34 39,2	36 41,8	$r'E^6.F''(z)$	$-\ 0$	$\log f$	$= 9,718112$
35 9,6	36 11,0				
$16^h\ 35'\ 40'',4$					

$E = 29^\circ,0$ $e = 11^\circ,0$ $v = +10^\circ,7.$

Resultate

für 1828. August 29. $19^h\ 27'$

Breite	$= 56^\circ\ 53'$	
Länge	$= 55^\circ\ 6'$	
Inclination	$= 69^\circ\ 50',18$	B.
Horiz. Intens.	$= 0,52253$	C.

1828. AUGUST 30.

KIRGISCHANSK.

Inclination.

Nadel A. 14.

I = 70° 29′,75   I′ = 68° 52′,25   I″ = 69° 6′,00   I‴ = 70° 31′,75

i′ = 69° 44′,94

Δi′ = + 2,58

Intensität.

Cylindrische Nadel.

16ʰ 1′ 41″,6	6′ 46″,3	τ′		3″,04855	log T_0	=	0,480040
2 12,0	6 16,0	τ′E².F (z)	—	2005	log A+cd	=	0,683546
2 42,4	5 45,4	τ′E⁴.F′ (z)	—	19	b f².tg² i	=	19
3 13,2	5 15,2	τ′E⁶.F″(z)	—	0	log f	=	9,723485
3 43,6	4 44,5						
16ʰ 4′ 14″,1							

E = 30°,0   e = 10°,0   v = + 12°,0.

Resultate

für 1828. August 30. 19ʰ 2′

Breite	= 56° 50′ 30″	
Länge	= 56° 45′ 50″	
Inclination	= 69° 47′,52	A.
Horiz. Intens.	= 0,52904	C.

1828. SEPTEMBER 3.

JEKATERINBURG.

Inclination.

Nadel B. 15.

I = 69° 21',00 I' = 69° 16',25 I'' = 69° 26',50 I''' = 69° 37',62

$i' = 69°\ 25',34$

$+\frac{F}{2} = \quad + 0,01$

$-\frac{H}{2} = \quad + 0,02$

Intensität.

Cylindrische Nadel.

3ʰ 49' 12'',2	54' 16'',0	τ'		3'',03873	log To	=	0,479153
49 42,6	53 45,8	τ'E².F (z)	—	1736	log A + cd	=	0,683611
50 13,2	53 15,6	τ'E⁴.F'(z)	—	11	b f². tg² i	=	18
50 43,6	52 45,0	τ'E⁶.F''(z)	—	0	log f	=	9,725323
51 14,0	52 14,8						
3ʰ 51' 44'',4							

F = 26°,0 e = 10°,5 v = + 10°,6.

Resultate

für 1828. September 3. 6ʰ 57'

Breite	= 56° 50' 38''	
Länge	= 58° 13' 49''	
Inclination	= 69° 25',37	B.
Horiz. Intens.	= 0,53128	C.

1828. SEPTEMBER 25.

JEKATERINBURG.

Inclination.

Nadel B. 18.

$I = 69^\circ\ 14',25 \quad I' = 69^\circ\ 14',00 \quad I'' = 69^\circ\ 26',50 \quad I''' = 69^\circ\ 35',62$

$$i' = 69^\circ\ 22',59$$

$$+\frac{F}{2} = \quad + 0,03$$

$$-\frac{H}{2} = \quad + 0,03.$$

Intensität

2^h 38′ 54″,8	43′ 56″,4	τ'		3″,01655	$\log T_0$	=	0,475751
39 25,0	43 26,4	$\tau' E^2 . F\ (z)$	—	1984	$\log A + cd$	=	0,684040
39 55,4	42 56,4	$\tau' E^4 . F'\ (z)$	—	15	$b\, f^2 . tg^2\, i$	=	18
40 25,6	42 26,2	$\tau' E^6 . F''(z)$	—	0	$\log f$	=	0,732556
40 55,8	41 56,2						
2^h 41′ 26″,0							

$E = 30^\circ,0 \quad e = 10^\circ,0 \quad v = + 9^\circ,0.$

Resultate

für 1828. September 25. 5^h 45′

Breite	= 56° 50′ 38″	
Länge	= 58° 13′ 49″	
Inclination	= 69° 22′,65	B.
Horiz. Intens.	= 0,54020	C.

1828. SEPTEMBER 5.

Bei NEWJANSK, auf einem Serpentinfels. *)

Inclination.

Nadel B. 16.

I = 66° 32',37 I' = 66° 11',87 I'' = 66° 46',50 I''' = 67° 0',00

$$i' = 66^\circ\ 37',43$$
$$+\frac{F}{2} = +\ 0,07$$
$$-\frac{H}{2} = +\ 0,09$$

Intensität.

Cylindrische Nadel.

18h 27' 39'',2	32' 22'',8	r'	2'',83746	log T_0	=	0,449185
28 7,6	31 54,6	$r'E^2.F(z)$	— 1516	log A + cd	=	0,683669
28 36,0	31 26,4	$r'E^4.F'(z)$	— 10	$b\,f^2.tg^2\,i$	=	18
29 4,4	30 58,0	$r'E^6.F''(z)$	— 0	log f	=	9,785317
29 32,8	30 29,6					
18h 30' 1'',2						

E = 27°,0 e = 9°,0 v = + 14°,5.

Resultate

für 1828. September 5. 21h 32'

Breite	= 57° 24'	
Länge	= 57° 50'	
Inclination	= 66° 37',59	B.
Horiz. Intens.	= 0,60998	C.

*) Vergleiche I. 1. Seite 316 u. f.

1828. SEPTEMBER 12.

WERCHOTURA.

Inclination.

Nadel A. 15.

I = 71° 15',75 I' = 70° 33',50 I'' = 70° 2',50 I''' = 72° 11',75

i' = 71° 0',87

Δi' = — 3,16

Intensität.

Cylindrische Nadel.

1ʰ 51' 31'',2	56' 44'',0	τ'	3'',12873	log T_0	= 0,491590
52 2,4	56 12,8	$\tau' E^2 . F$ (z)	— 1526	log A + cd	= 0,683786
52 34,0	55 41,6	$\tau' E^4 . F'$ (z)	— 9	b f² . tg² i	= 19
53 5,2	55 10,4	$\tau' E^6 . F''$(z)	— 0	log f	= 9,700625
53 36,4	54 39,2				
1ʰ 54' 8'',4					

E = 27°,0 e = 8°,0 v = + 17,°0.

Resultate

für 1828. September 12. 4ʰ 59'

Breite	= 58° 52' 19''
Länge	= 58° 25' 41''
Inclination	= 70° 57',71 A.
Horiz. Intens.	= 0,50191 C.

1828. SEPTEMBER 15.

BOGOSLOWSK.

Inclination.

Nadel A. 16.

I = 72° 10',00 I' = 70° 25',25 I'' = 70° 53',75 I''' = 72° 4',50

i' = 71° 23',37

Δi' = + 1,12.

Intensität.

Cylindrische Nadel.

2^h 7' 40'',8	52' 58'',4	τ'	3'',17691	log T_0	= 0,498400
8 12,6	52 26,8	τ' E². F (z)	— 1771	logA + cd	= 0,683844
8 44,4	51 55,2	τ' E⁴. F' (z)	— 12	b f². tg²	= 19
9 16,4	51 23,4	τ' E⁶. F''(z)	— 0	log f	= 9,687063
9 48,2	50 51,6				
2^h 50' 20'',0					

E = 28°,0 e = 9°,0 v = + 12°,0.

Resultate

für 1828. September 15. 6^h 1'

Breite	= 59° 44' 36''
Länge	= 57° 39'
Inclination	= 71° 24',49 A.
Horiz. Intens.	= 0,48648 C.

1828. SEPTEMBER 16.

Bei der LATINSKER Gold- und Platin-wäsche.

Intensität.

Cylindrische Nadel.

23h 4′ 12″,4	9′ 25″,4	τ'	3″,12909	log T_0	= 0,491460
4 43,8	8 54,2	$\tau' E^2.F$ (z)	— 1413	logA+cd	= 0,683884
5 15,2	8 23,0	$\tau' E^4.F'$ (z)	— 8	b $f^2.tg^2$ i	= 20
5 46,4	7 51,2	$\tau' E^6.F''$(z)	— 0	log f	= 9,700984
6 17,7	7 20,1				
23h 6′ 49″,0					

E = 27°,5 e = 7°,5 v = + 20°,5.

Resultat

für 1828. September 17. 2h 10′

Breite	= 59° 20′
Länge	= 57° 49′
Horiz. Intens.	= 0,50232 C.

1828. SEPTEMBER 19.

KUSCHWA.

Inclination.

Nadel B. 17.

I = 70° 33',75 I' = 70° 56',50 I'' = 70° 46',00 I''' = 71° 7',25

$$i' = 70^\circ\ 50',87$$

$$+\frac{F}{2} = +0,02$$

$$-\frac{H}{2} = +0,01$$

Intensität.

Cylindrische Nadel.

18^h 10' 12'',8	15' 27'',6	r'	3'',14873	log T_0	=	0,495497
10 44,4	14 56,4	$r'E^2.F(z)$	— 1615	log A + cd	=	0,683942
11 16,0	14 24,8	$r'E^4.F'(z)$	— 10	b $f^2 . tg^2$ i	=	20
11 47,4	13 53,4	$r'E^6.F''(z)$	— 0	log f	=	9,692968
12 18,8	13 22,0					
18^h 12'	50'',4					

E = 28°,0 e = 8°,0 v = + 4°,0.

Resultate

für 1828. September 19. 21^h 13'

Breite	= 58° 17' 5''	
Länge	= 57° 22' 28''	
Inclination	= 70° 50',90	B.
Horiz. Intens.	= 0,49314	C.

1828. OCTOBER 1.

BJELAIKA.

Inclination.

Nadel A. 17.

I = 69° 47′,50 I′ = 68° 45′,50 I″ = 69° 10′,00 I‴ = 70° 6′,25

i′ = 69° 27′,31

Δi′ = + 2,07

Intensität.

Cylindrische Nadel.

17ʰ 31′ 45″,6	36′ 51″,2	τ′	3″,05164	log T_0	= 0,480793
32 16,4	36 20,4	τ′E².F (z) —	1994	log A + cd	= 0,684176
32 47,2	35 50,0	τ′E⁴.F′ (z) —	15	b f². tg² i	= 18
33 17,8	35 19,6	τ′E⁶.F″(z) —	0	log f	= 0,722608
33 48,4	34 49,2				
17ʰ 34′ 18″,8					

E = 29°,0 e = 10°,5 v = + 9°,0

Resultate

für 1828. October 1. 20ʰ 43′

Breite	= 56° 49′
Länge	= 59° 33′
Inclination	= 69° 29′,38 A.
Horiz. Intens.	= 0,52797 C.

1828. OCTOBER 2.

KAMUISCHLOW.

Intensität.

Cylindrische Nadel.

22h 24′ 24″,0	29′ 29″,6	τ'	3″,05291	log T_0	=	0,480937
24 54,8	28 58,8	$\tau' E^2.F(z)$	— 1921	log A + cd	=	0,684176
25 25,4	28 28,4	$\tau' E^4.F'(z)$	— 14	b $f^2.tg^2$ i	=	18
25 56,0	27 58,1	$\tau' E^6.F''(z)$	— 0	log f	=	9,722320
26 26,6	27 27,6					
22h 26′ 57″,0						

E = 29°,0 e = 10°,0 v = + 10°,5.

Resultate

für 1828. October 2. 1h 39′

Breite	=	56° 50′
Länge	=	60° 17′
Horiz. Intens.	=	0,52762 C.

1828. OCTOBER 2.

SUGAZK.

Inclination.

Nadel B. 19.

I = 69° 39',75 I' = 69° 26',75 I'' = 69° 23',00 I''' = 69° 51',75

$$i' = 69^\circ\ 35',31$$
$$+\frac{F}{2} = \quad -0,06$$
$$-\frac{H}{2} = \quad +0,05$$

Intensität.

Cylindrische Nadel.

16h 50' 45'',2	55' 51'',4	τ'	3'',06145	log T_0 =	0,482686
51 16,0	55 20,9	τ' E².F (z)	— 1521	log A + cd =	0,684195
51 46,8	54 50,4	τ' E⁴.F' (z)	— 10	b f².tg² i =	18
52 17,4	54 20,0	τ' E⁶.F''(z)	— 0	log f =	9,718841
52 48,2	53 49,2				
16h 53' 18'',8					

E = 28°,0 e = 7°,5 v = + 11°,0.

Resultate

für 1828. October 2. 20h 10'

Breite	= 56° 59' 48''
Länge	= 61° 23' 47''
Inclination	= 69° 35',30 B.
Horiz. Intens.	= 0,52341 C.

1828. OCTOBER 3.

TJUMEN.

Inclination.

Nadel A. 18.

$I = 70^\circ\ 21',25$ $\quad I' = 69^\circ\ 51',12$ $\quad I'' = 69^\circ\ 17',63$ $\quad I''' = 70^\circ\ 14',37$

$i' = 69^\circ\ 44',61$

$\Delta i' = +\ 0,18$

Intensität.

Cylindrische Nadel.

$18^h\ 2'\ 13'',2$	$7'\ 21'',0$	τ'	$3'',07582$	$\log T_0$	$= 0,484241$
$2\ \ 44,4$	$6\ \ 50,4$	$\tau' E^2.F(z)$	$-\ 1894$	$\log A + cd$	$= 0,684214$
$3\ \ 15,2$	$6\ \ 19,6$	$\tau' E^4.F'(z)$	$-\ \ 13$	$b\, f^2.tg^2\, i$	$=\ \ 18$
$3\ \ 46,0$	$5\ \ 48,8$	$\tau' E^6.F''(z)$	$-\ \ 0$	$\log f$	$= 9,715750$
$4\ \ 16,8$	$5\ \ 18,4$				
	$18^h\ 4'\ 47'',6$				

$E = 28^\circ,5$ $\quad c = 10^\circ,0$ $\quad v = +\ 10^\circ,5$

Resultate

für 1828. October 3. $21^h\ 28'$

Breite	$= 57^\circ\ 9'\ 35''$	
Länge	$= 63^\circ\ 6'\ 50''$	
Inclination	$= 69^\circ\ 44',79$	A.
Horiz. Intens.	$= 0,51970$	C.

1828. OCTOBER 5.

SOSNOWSK.

Intensität.

Cylindrische Nadel.

22h 3′ 7″,2	8′ 14″,2	τ'	3″,06982	log T_0	=	0,483111
3 38,0	7 43,6	$\tau' E^2 . F(z)$	— 2081	log A + cd	=	0,684235
4 9,0	7 13,2	$\tau' E^4 . F'(z)$	— 16	b $f^2 . tg^2$ i	=	19
4 39,8	6 42,4	$\tau' E^6 . F''(z)$	— 0	log f	=	9,718032
5 10,4	6 12,0					
22h 5′ 41″,2						

E = 29°,0 e = 11°,0 v = + 10°,6

Resultat

für 1828. October 5. 1h 31

Breite	=	57° 13′
Länge	=	63° 41′
Horiz. Intens.	=	0,52243 C.

1828. OCTOBER 5.

JUJAKOWO.

Inclination.

Nadel B. 20.

$I = 70^\circ\ 33',50 \quad I' = 70^\circ\ 22',75 \quad I'' = 70^\circ\ 16',50 \quad I''' = 70^\circ\ 43',50$

$$i' = 70^\circ\ 29',06$$
$$+\ \frac{F}{2} = \quad -0,04$$
$$-\ \frac{H}{2} = \quad +0,14$$

Intensität.

Cylindrische Nadel.

$16^h\ 33'$	$0'',4$	$38'$	$6'',8$	τ'	$3'',06728$	$\log T_0$	$= 0,483357$
33	30,8	37	36,4	$\tau' E^2 . F(z)$ —	1971	$\log A + cd$	$= 0,684254$
34	1,6	37	5,8	$\tau' E^4 . F'(z)$ —	10	$b f^2 . tg^2 i$	$=$ 20
34	32,4	36	35,2	$\tau' E^6 . F''(z)$ —	0	$\log f$	$= 9,717560$
35	3,2	36	4,6				

$16^h\ 35'\ 34'',0$

$E = 28^\circ,0 \quad e = 8^\circ,0 \quad v = +\ 6^\circ,0$

Resultate

für 1828. October 5. $20^h\ 5'$

Breite	$= 57^\circ\ 31'\ 30''$
Länge	$= 64^\circ\ 45'\ 59''$
Inclination	$= 70^\circ\ 29',16$ B.
Horiz. Intens.	$= 0,52187$ C.

1828. OCTOBER 7.

CHUTARBITKA.

Inclination.

Nadel A. 19.

I = 70° 27',50 I' = 69° 46',75 I'' = 69° 49',50 I''' = 71° 10',25

i' = 70° 18',50

Δi' = — 3,74

Intensität.

Cylindrische Nadel.

20ʰ 36' 28'',8	41' 40'',0	τ' 3'',08118	log T₀ = 0,484866
37 0,0	41 8,8	τ'E².F(z) — 2090	log A + cd = 0,684274
37 31,2	40 38,0	τ'E⁴.F'(z) — 16	b f².tg² i = 19
38 2,4	40 6,8	τ'E⁶.F''(z) — 0	log f = 9,714523
38 33,6	39 35,6		
20ʰ 39' 4'',6			

E = 26°,0 e = 10°,0 v = + 4°,0

Resultate

für 1828. October 7. 0ʰ 12'

Breite	= 57° 58'	
Länge	= 65° 38'	
Inclination	= 70° 14',76	A.
Horiz. Intens.	= 0,51823	C.

1828. OCTOBER 8.

TOBOLSK.

Inclination.

Nadel B. 21.

I = 70° 59',62   I' = 70° 51',00   I'' = 71° 7',50   I''' = 71° 27',12

$$i' = 71^\circ\ 6',31$$

$$+\frac{F}{2} = +\ 0,15$$

$$-\frac{H}{2} = +\ 0,18.$$

Intensität.

Cylindrische Nadel.

20h 36' 28'',8	41' 40'',0	τ'	3'',11127	log T₀	= 0,490133
37 0,0	41 8,8	τ'E².F(z)	— 1713	log A + cd	= 0,684294
37 31,2	40 38,0	τ'E⁴.F'(z)	— 11	b f².tg² i	= 20
38 2,4	40 6,8	τ'E⁶.F''(z)	— 0	log f	= 9,704048
38 33,6	39 35,6				
20h 39' 4'',6					

E = 26°,0   e = 10°,0   v = + 4°,0.

Resultate

für 1828. October 8. 0h 14'

Breite	= 58° 11' 24''
Länge	= 65° 55' 41''
Inclination	= 71° 6',64 B.
Horiz. Intens.	= 0,50588 C.

1828. NOVEMBER 22.

UWAZK.

Inclination.

Nadel A. 20.

I = 71° 38',75 I' = 70° 45',00 I'' = 70° 17',25 I''' = 72° 10',25

i' = 71° 12',81

Δi' = — 0',33

Intensität.

Cylindrische Nadel.

18ʰ 19' 28'',8	24' 39'',8	τ'		3'',10982	log T_0	= 0,491336
20 0,0	24 8,8	$\tau' E^2.F$ (z)	—	994	log A + cd	= 0,685191
20 31,2	23 37,8	$\tau' E^4.F'$ (z)	—	4	b $f^2.tg^2$ i	= 20
21 2,4	23 6,8	$\tau' E^6.F''$(z)	—	0	log f	= 9,702539
21 33,6	22 35,6					
18ʰ 22'	4'',7					

E = 20°,0 e = 7°,5 v = 0°,0.

Resultate

für 1828. November 22. 21ʰ 57'

Breite	= 59° 3'
Länge	= 66° 25'
Inclination	= 71° 12',48 A.
Horiz. Intens.	= 0,50413 C.

1828. NOVEMBER 23.

TUGALOWSK.

Inclination.

Nadel B. 22.

I = 72° 36',87 I' = 72° 27',12 I'' = 72° 9',37 I''' = 72° 31',50

i' = 72° 26',21

$+\frac{F}{2} = \quad -0{,}02$

$-\frac{H}{2} = \quad +0{,}04.$

Intensität.

Cylindrische Nadel.

17ʰ 44' 9'',6	49' 30'',4	τ'	3'',20782	log T_0	= 0,504696
44 41,8	48 58,4	$\tau' E^2 . F(z)$	— 896	log A + cd	= 0,685212
45 14,0	48 26,4	$\tau' E^4 . F'(z)$	— 3	b $f^2 . tg^2$ i	= 21
45 46,0	47 54,4	$\tau' E^6 . F''(z)$	— 0	log f	= 9,675841
46 18,0	47 22,2				
17ʰ 46' 50'',0					

E = 20°,0 e = 5°,5 v = + 3°,0.

Resultate

für 1828. November 23. 21ʰ 26'

Breite	= 59° 45'	
Länge	= 67° 35'	
Inclination	= 72° 26',23	B.
Horiz. Intens.	= 0,47407	C.

1828. NOVEMBER 24.

SAWODINSK.

Inclination.

Nadel A. 21.

$I = 73^\circ\ 18',25$ $I' = 72^\circ\ 18',00$ $I'' = 71^\circ\ 44',00$ $I''' = 73^\circ\ 5',50$

$i' = 72^\circ\ 43',94$

$\Delta i' = +\ 1,24.$

Intensität.

Cylindrische Nadel.

$17^h\ 36'$	$2'',4$	$41'$	$26'',0$	τ'	$3'',23727$	$\log T_0$	$= 0,58491$
36	34,8	40	53,8	$\tau' E^2 . F(z)$	$-\ 855$	$\log A + cd$	$= 0,85212$
37	7,2	40	21,6	$\tau' E^4 . F'(z)$	$-\ 3$	$b\, f^2 . tg^2\, i$	$= 22$
37	39,6	39	49,2	$\tau' E^6 . F''(z)$	$-\ 0$	$\log f$	$= 9,68252$
38	12,2	39	16,8				
17^h	$38'$	$44'',4$					

$E = 20^\circ,0$ $e = 5^\circ,8$ $v = +\ 5^\circ,5.$

Resultate

für 1828. November 24. 21^h 17

Breite	$= 60^\circ\ 13'$
Länge	$= 67^\circ\ 14'$
Inclination	$= 72^\circ\ 45',18$ A.
Horiz. Intens.	$= 0,46585$ C.

1828. NOVEMBER 25.

SAMAROWO.

Inclination.

Nadel B. 23.

I = 73° 4',62   I' = 73° 1',62   I'' = 73° 4',75   I''' = 73° 16',12

$$i' = 73^\circ\ 6',77$$
$$+\frac{F}{2} = +\ 0{,}00$$
$$-\frac{H}{2} = +\ 0{,}01$$

Intensität.

Cylindrische Nadel.

17ʰ 45' 52'',0	51' 18'',3	τ'	3'',26209	log T₀	= 0,511774
46 24,8	50 45,7	τ'E².F (z)	— 819	log A + cd	= 0,685251
46 57,6	50 13,2	τ'E⁴.F' (z)	— 3	b f². tg² i	= 22
47 30,0	49 40,6	τ E⁶.F''(z)	— 0	log f	= 9,661725
48 2,8	49 8,0				
17ʰ 48' 35'',4					

E = 20°,0   e = 5°,4   v = + 6°,4.

Resultate

für 1828. November 25. 21ʰ 24'

Breite	= 60° 45'
Länge	= 66° 22'
Inclination	= 73° 6',78 B.
Horiz. Intens.	= 0,45891 C.

1828. NOVEMBER 26.

KEWASCHINSK.

Inclination.

Nadel A. 22.

I = 73° 56',37 I' = 72° 51',25 I'' = 72° 37',12 I''' = 74° 23',12

i' = 73° 26',97

Δi' = — 0,76.

Intensität.

Cylindrische Nadel.

18^h 40' 10'',4	45' 39'',8	τ'		3'',29091	log T_0	=	0,515814
40 43,6	45 6,8	$\tau' E^2.F$ (z)	—	910	log A+cd	=	0,685270
41 16,4	44 33,6	$\tau' E^4.F'$ (z)	—	3	b $f^2.tg^2 i$	=	22
41 49,6	44 0,9	$\tau' E^6.F''$(z)	—	0	log f	=	9,653664
42 22,4	43 28,4						
18^h 42' 55'',4							

E = 20°,0 e = 6°,2 v = + 3°,0.

Resultate

für 1828. November 25. 22^h 14'

Breite	= 61° 37'		
Länge	= 65° 25'		
Inclination	= 73° 26',21	A.	
Horiz. Intens.	= 0,45047	C.	

1828. NOVEMBER 27.

KONDINSK.

Inclination.

Nadel B. 24.

I = 73° 46',50 I' = 73° 28',25 I'' = 73° 42',25 I''' = 73° 50',25

$$i' = 73^\circ\ 41',81$$
$$+\frac{F}{2} = \quad -0{,}00$$
$$-\frac{H}{2} = \quad +0{,}05.$$

Intensität.

Cylindrische Nadel.

19ʰ 39' 31'',2	45' 1'',6	τ'	3'',30573	log T_0	= 0,517712
40 4,0	44 28,6	$\tau' E^2.F$ (z)	— 737	log A + cd	= 0,684704
40 37,3	43 55,6	$\tau' E^4.F'$ (z)	— 2	b $f^2.tg^2$	= 22
41 10,4	43 22,8	$\tau' E^6.F''$ (z)	— 0	log f	= 9,649302
41 43,6	42 49,8				
19ʰ 42' 16'',7					

E = 19°,0 e = 5°,0 v = + 6°,0.

Resultate

für 1828. November 27. 23ʰ 9'

Breite	= 62° 24'	
Länge	= 64° 8'	
Inclination	= 73° 41',86	B.
Horiz. Intens.	= 0,44597	C.

1828. NOVEMBER 28.

KUNDUWANSK.

Inclination.

Nadel A. 23.

I = 74° 22',00 I' = 73° 30',75 I'' = 73° 46',00 I''' = 74° 31',50

i' = 74° 3',06

Δi' = + 0,25.

Intensität.

Cylindrische Nadel.

19h 47'	47'',2	53'	22'',2	τ'		3'',34982	log T_0	=	0,523823
48	20,6	52	48,6	$\tau' E^2 . F(z)$	—	849	log A + cd	=	0,685309
48	54,4	52	15,2	$\tau' E^4 . F'(z)$	—	3	b $f^2 . tg^2$ i	=	21
49	27,8	51	42,0	$\tau' E^6 . F''(z)$	—	0	log f	=	9,637684
50	1,2	51	8,2						
19h	50'	34'',8							

E = 20°,0 e = 5°,5 v = + 0°,8.

Resultate

für 1828. November 29. 23h 11'

Breite	= 63° 17'
Länge	= 62° 46'
Inclination	= 74° 3',31 A.
Horiz. Intens.	= 0,43419 C.

1828. DECEMBER 1.

BERESOW, während eines Nordlichtes.

Inclination.

Nadel B. 25.

$I = 74^\circ\ 58',50 \quad I' = 74^\circ\ 48',75 \quad I'' = 74^\circ\ 57',75 \quad I''' = 75^\circ\ 18',50$

$$i' = 75^\circ\ 0',87$$
$$+\frac{F}{2} = -0,00$$
$$-\frac{H}{2} = +0,05.$$

Intensität.

Cylindrische Nadel.

$6^h\ 34'\ 31'',6$	$40'\ 17'',6$	τ'	$3'',46018$	$\log T_0 = 0,538214$
35 6,4	39 43,2	$\tau' E^2.F(z)$	-969	$\log A + cd = 0,685368$
35 40,8	39 8,6	$\tau' E^4.F'(z)$	-3	$b\ f^2.tg^2\ i = 20$
36 15,6	38 34,0	$\tau' E^6.F''(z)$	-0	$\log f = 9,608960$
36 50,4	37 59,2			
$6^h\ 37'\ 24'',8$				

$E = 20^\circ,0 \quad e = 6^\circ,5 \quad v = -3^\circ,5$

$18^h\ 46'\ 15'',2$	$52'\ 1'',0$	τ'	$3'',45873$	$\log T_0 = 0,537543$
46 49,6	51 26,4	$\tau' E^2.F(z)$	-970	$\log A' + c'd = 0,685377$
47 24,4	50 52,0	$\tau' E^4.F'(z)$	-3	$b'\ f^2.tg^2\ i = 20$
47 59,0	50 17,2	$\tau' E^6.F''(z)$	-0	$\log f = 9,610311$
48 33,6	49 42,8			
$18^h\ 49'\ 8'',2$				

$E = 20^\circ,0 \quad e = 6^\circ,4 \quad v = +1^\circ,5.$

Resultate

für 1828. December 1.

Breite	$= 63^\circ\ 55'\ 59''$	
Länge	$= 62^\circ\ 43'\ 36''$	
Horiz. Intens.	$= 0,40641$ C	um $9^h\ 58'$
	$= 0,40770$ C	} - $22^h\ 10'$
Inclination	$= 75^\circ\ 0',82$ B	}

1828. DECEMBER 2.

BERESOW.

Inclination.

Nadel A. 24.

$I = 75^\circ\ 27',50$ $I' = 74^\circ\ 29',75$ $I'' = 73^\circ\ 58',12$ $I''' = 75^\circ\ 34',00$

$i' = 74^\circ\ 52',34$

$\Delta i' = +\ 1,56.$

Intensität.

Cylindrische Nadel.

$18^h\ 29'\ 55'',2$	$35'\ 39'',2$	τ'	$3'',44127$	$\log T_0$	$= 0,535607$
30 29,2	35 4,8	$\tau' E^2 . F(z)$	$-$ 872	$\log A + cd$	$= 0,685387$
31 4,0	34 30,4	$\tau' E^4 . F'(z)$	$-$ 3	$b\, f^2 . tg^2\, i$	$=$ 20
31 38,4	33 56,0	$\tau' E^6 . F''(z)$	$-$ 0	$\log f$	$= 9,614193$
32 13,0	33 21,6				
18^h 32′	47″,3				

$E = 20^\circ,0$ $e = 5^\circ,5$ $v = 0^\circ,0.$

Resultate

für 1828. December 2. 21^h 53′

Breite	$= 63^\circ\ 55'\ 59''$
Länge	$= 62^\circ\ 43'\ 36''$
Inclination	$= 74^\circ\ 53',90$ A.
Horiz. Intens.	$= 0,41133$ C.

1828. DECEMBER 4.

KATSCHEGATSK..

Inclination.

Nadel B. 26.

I = 75° 11',25   I' = 75° 9',25   I'' = 75° 15',50   I''' = 75° 25',25

$$i' = 75^\circ\ 15',31$$

$$+\frac{F}{2} = -0,01$$

$$-\frac{H}{2} = +0,02.$$

Intensität.

Cylindrische Nadel.

21ʰ 37' 19'',2	43' 8'',8	τ'	3'',49664	log T_0	= 0,542683
37 54,0	42 33,9	$\tau' E^2.F(z)$	— 886	log A + cd	= 0,685425
38 29,2	41 59,0	$\tau' E^4.F'(z)$	— 3	$b f^2 . tg^2 i$ =	19
39 4,3	41 24,0	$\tau' E^6.F''(z)$	— 0	log f	= 9,600078
39 39,3	40 49,2				
21ʰ 40' 14'',2					

E = 20°,0   e = 5°,5   v = — 1°,5.

Resultate

für 1828. December 4. 1ʰ 0'

Breite	= 65° 3'	
Länge	= 62° 29'	
Inclination	= 75° 15',32	B.
Horiz. Intens.	= 0,39818	C.

1828. DECEMBER 6.

SCHURUSCHKARSK.

Intensität.

Cylindrische Nadel.

16^h 7′ 43″,6	13′ 39″,6	τ'		3″,55855	$\log . T_0$	=	0,550594
8 19,2	13 4,0	$\tau' E^2 . F(z)$	—	902	$\log A + cd$	=	0,685456
8 55,2	12 28,4	$\tau' E^2 . F'(z)$	—	3	$b f^2 . tg^2 i$	=	21
9 30,8	11 53,0	$\tau' E^3 . F''(z)$	—	0	$\log f$	=	9,584289
10 6,4	11 17,6						
16^h 10′ 42″,0							

$E = 20°,0 \quad e = 5°,5 \quad v = -4°,5.$

Resultat

für 1828. December 6. 19^h 32′

Breite	=	66° 13′
Länge	=	62° 32′
Horiz. Intens.	=	0,38396 C.

1828. DECEMBER 7.

WANDIASK.

Inclination.

Nadel A. 25.

I = 76° 58',00 I' = 74° 54',00 I'' = 75° 0',75 I''' = 77° 2',50

i' = 75° 58',81

Δi' = — 0,21.

Intensität.

Cylindrische Nadel.

21ʰ 49' 37'',6	55' 31'',2	τ'	3'',53655	log T_0 = 0,548573
50 12,8	54 56,0	$\tau' E^2 . F(z)$	— 781	log A + cd = 0,685460
50 48,4	54 20,4	$\tau' E^4 . F'(z)$	— 2	b $f^2 . tg^2$ i = 21
51 23,6	53 44,9	$\tau' E^6 . F''(z)$	— 0	log f = 9,588335
51 59,2	53 10,0			
21ʰ 52' 34'',4				

E = 20°,0 e = 4°,5 v = — 10°,0.

Resultate

für 1828. December 7. 1ʰ 15'

Breite	= 66° 30'
Länge	= 63° 19'
Inclination	= 75° 58',60
Horiz. Intens.	= 0,38756 C.

1828. DECEMBER 9.

OBDORSK.

Inclination.

Nadel B. 27.

$I = 76^\circ\ 12',00 \quad I' = 75^\circ\ 54',87 \quad I'' = 76^\circ\ 6',00 \quad I''' = 76^\circ\ 14',50$

$$i' = 76^\circ\ 6',84$$
$$+\frac{F}{2} = -0,02$$
$$-\frac{H}{2} = +0,03.$$

Intensität.

Cylindrische Nadel.

$20^h\ 16'\ 5'',2$	$22'\ 3'',7$	τ'		$3'',58518$	$\log T_0$	$=$	$0,553734$
$16\ \ 41,0$	$21\ \ 28,0$	$\tau' E^2 . F\,(z)$	$-$	915	$\log A + cd$	$=$	$0,685521$
$17\ \ 16,8$	$20\ \ 52,0$	$\tau' E^4 . F'\,(z)$	$-$	3	$b\,f^2 . tg^2\,i$	$=$	22
$17\ \ 53,2$	$20\ \ 16,2$	$\tau' E^6 . F''(z)$	$-$	0	$\log f$	$=$	$9,578075$
$18\ \ 28,8$	$19\ \ 40,4$						
$20^h\ 19'\ 4'',4$							

$E = 20^\circ,0 \quad e = 5^\circ,5 \quad v = -3^\circ,5.$

Resultate

für 1828. December 10. $23^h\ 46'$

Breite	$= 66^\circ\ 31'\ 7''$	
Länge	$= 64^\circ\ 21'\ 31''$	
Inclination	$= 76^\circ\ 6',85$	B.
Horiz. Intens.	$= 0,37851$	C.

1829. JANUAR 5.

KOTOTSCHIKOWO.

Inclination.

Nadel A. 26.

I = 70° 53',50   I' = 69° 50',62   I'' = 69° 1',75   I''' = 71° 35',75

i' = 70° 20',40

Δi' = + 0,70

Intensität.

Cylindrische Nadel.

19ʰ 35' 35'',8	40' 41'',2	τ'	3'',04909	log T₀	= 0,483518
36 7,2	40 10,6	τ'E².F (z)	— 514	log A + cd	= 0,686044
36 38,0	39 40,4	τ'E⁴.F'(z)	— 2	b f².tg² i	= 19
37 8,8	39 10,4	τ'E⁶.F''(z)	— 0	log f	= 9,719027
37 39,2	38 40,2				
19ʰ 38' 9'',6					

E = 20°,0   e = 2°,9   v = — 1°,0.

Resultate

für 1829. Januar 5. 23ʰ 22'

Breite	= 56° 39'	
Länge	= 68° 25'	
Inclination	= 70° 21',10	A.
Horiz. Intens.	= 0,52363	C.

1829. JANUAR 13.

TARA.

Inclination.

Nadel B. 28.

I = 70° 28',50 I' = 70° 18',87 I'' = 70° 24',87 I''' = 70° 9',12

$$i' = 70°\ 27',84$$
$$+\frac{F}{2} = -\ 0{,}01$$
$$-\frac{H}{2} = +\ 0{,}02.$$

Intensität.

Cylindrische Nadel.

0^h 25' 28'',4	30' 33'',2	τ'		3'',04636	log T_0	=	0,43060
25 59,2	30 2,8	$\tau' E^2.F$ (z)	—	797	log A + cd	=	0,66188
26 29,8	29 32,4	$\tau' E^4.F'$ (z)	—	3	b $f^2.tg^2$ i	=	20
27 0,2	29 2,0	$\tau' E^6.F''$(z)	—	0	log f	=	9,20088
27 30,4	28 31,6						
0^h 28' 1'',2							

E = 20°,0 e = 5°,75 v = — 4°,5.

Resultate

für 1829. Januar 13. 5^h 58'

Breite	= 56° 54' 0''	
Länge	= 71° 44'	
Inclination	= 70° 27',85	B.
Horiz. Intens.	= 0,52491	C.

1829. JANUAR 15.

POKROWSK.

Inclination.

Nadel A. 27.

I = 70° 2',50   I' = 69° 0',50   I'' = 68° 54',00   I''' = 70° 53',25

i' = 69° 42',56

Δi' = — 3,77.

Intensität.

Cylindrische Nadel.

18^h 4' 32'',5	9' 26,''8	τ'	2'',94646	log T_0	= 0,469623
5 2,0	8 57,6	$\tau' E^2.F$ (z)	— 846	logA + cd	= 0,686241
5 32,0	8 29,2	$\tau' E^4.F'$ (z)	— 3	b $f^2.tg^2$ i	= 20
6 2,0	8 0,4	$\tau' E^6.F''$(z)	— 0	log f	= 9,746995
6 32,0	7 30,8				
18^h 7'	1'',4				

E = 20°,0   e = 6°,5   v = — 16°,0.

Resultate

für 1829. Januar 16. 0^h 0'

Breite	= 55° 42'	
Länge	= 75° 8'	
Inclination	= 69° 38',79	A.
Horiz. Intens.	= 0,55847	C.

1829. JANUAR 17.

TSCHULUIM.

Inclination.

Nadel B. 29.

$I = 69° \; 41',00 \quad I' = 69° \; 16',00 \quad I'' = 69° \; 30',00 \quad I''' = 69° \; 43',50$

$$i' = 69° \; 32',62$$
$$+ \frac{F}{2} = \; + 0,03$$
$$- \frac{H}{2} = \; + 0,04.$$

Intensität.

Cylindrische Nadel.

14^h 58′	4″,4	3′	1″,2	τ'		2″,97764	log T_0	=	0,474321
58	34,0	2	32,0	$\tau' E^2 . F(z)$	—	997	$\log \overline{A + cd}$	=	0,686275
59	4,0	2	2,8	$\tau' E^4 . F'(z)$	—	4	$b\, f^2 . tg^2\, i$	=	18
59	33,0	1	33,6	$\tau' E^6 . F''(z)$	—	0	log f	=	9,737651
60	2,2	1	4,4						
15^h	0′	33″,2							

$E = 20°,0 \quad e = 8°,0 \quad v = -20°,0.$

Resultate

für 1829. Januar 17. 21^h 24′

Breite	= 55° 5′ 41″
Länge	= 78° 54′
Inclination	= 69° 32′,63 B.
Horiz. Intens.	= 0,54658 C.

1829. JANUAR 18.

KOLUIWAN.

Inclination.

Nadel A. 28.

I = 70° 51',75   I' = 69° 7',75   I'' = 69° 13',75   I''' = 71° 14',12

i' = 70° 6',84

Δi' = — 0,52.

Intensität.

Cylindrische Nadel.

14h 9' 21'',0	14' 18'',8	r'	2'',97891	log T_0	= 0,473134
9 50,8	13 49,2	r'E².F (z)	— 980	log A+cd	= 0,686304
10 20,4	13 19,2	r'E⁴.F' (z)	— 3	b f².tg² i	= 19
10 50,4	12 49,6	r'E⁶.F''(z)	— 0	log f	= 9,740055
11 20,4	12 19,8				
14h 11' 50'',0					

E = 20°,0   e = 7°,75   v = — 5°,5.

Resultate

für 1829. Januar 18. 21h 4'

Breite	= 55° 20'
Länge	= 80° 43'
Inclination	= 70° 6',32 B.
Horiz. Intens.	= 0,54961 C.

1829. JANUAR 20.

TOMSK.

Inclination.

Nadel B. 30.

I = 70° 57',25 I' = 70° 49',62 I'' = 70° 59',50 I''' = 71° 8',75

$$i' = 70° \ 58',77$$
$$+ \frac{F}{2} = + 0{,}01$$
$$- \frac{H}{2} = + 0{,}02.$$

Intensität.

Cylindrische Nadel.

22h 40' 15'',2	45' 18'',7	τ'		3'',03509	log T_0	= 0,482703
40 45,6	44 48,4	τ'E².F (z)	—	1093	log A+cd	= 0,686340
41 16,0	44 18,1	τ'E⁴.F' (z)	—	4	b.f² tg² i	= 20
41 46.4	43 47,8	τ'E⁶.F''(z)	—	0	log f	= 9,720954
42 16,8	43 17,6					
22h 42' 47'',2						

E = 20°,0 ε = 8°.75 v = — 22°,0.

Resultate

für 1829. Januar 20. 22h 37'

Breite	= 56° 29' 39''	
Länge	= 82° 48' 36''	
Inclination	= 70° 58',80	B.
Horiz. Intens.	= 0,52596	C.

1829. JANUAR 23.

PODJELNIK.

Inclination.

Nadel A. 29.

I = 71° 43',75 I' = 69° 51',25 I'' = 70° 41',12 I''' = 72° 32',87

i' = 71° 12',25

Δi' = + 0,08.

Intensität.

Cylindrische Nadel.

20h 44' 24'',2	49' 30'',1	τ'	3'',05873	log T_0	=	0,483303
44 55,0	48 59.6	τ'E².F (z)	— 1134	logA+cd	=	0,686399
45 25,6	48 29,2	τ'E².F' (z)	— 4	b f².tg² i	=	21
45 56,1	47 58,5	τ'E⁴.F''(z)	— 0	log f	=	9,719814
46 26,8	47 27,9					
20h 46' 57'',4						

E = 20°,0 e = 9°,0 v = + 6°,3.

Resultate

für 1829. Januar 23. 23h 30'

Breite	= 56° 23'	
Länge	= 85° 42'	
Inclination	= 71° 12',33	A.
Horiz. Intens.	= 0,52458	C.

1829. JANUAR 27.

KRASNOJARSK.

Inclination.

Nadel B. 31.

I = 70° 50',00 I' = 70° 48',50 I'' = 70° 55',62 I''' = 70° 58',25

$$i' = 70^\circ\ 53',09$$

$$+\frac{F}{2} = +\ 0{,}01$$

$$-\frac{H}{2} = +\ 0{,}01.$$

Intensität.

Cylindrische Nadel

8ʰ 7' 11'',2	12' 12'',2	τ'	3'',00955	log T_0	= 0,477689
7 41,4	11 42,2	τ'E².F (z)	— 1115	log A+cd	= 0,686467
8 11,6	11 12,1	τ'E⁴.F' (z)	— 4	b f².tg² i	= 21
8 41,8	10 42,1	τ'E⁶.F''(z)	— 0	log f	= 9,731110
9 11,8	10 12,0				
8ʰ 9' 42'',0					

E = 20°,0 e = 8°,75 v = — 8°,5.

Resultate

für 1829. Januar 27. 5ʰ 40'

Breite	= 56° 1' 0''
Länge	= 90° 36' 55''
Inclination	= 70° 53',11 B.
Horiz. Intens.	= 0,53841 C.

1829. FEBRUAR 1.

KANSKJI OSTROG.

Inclination.

Nadel A. 30.

I = 71° 57',75 I' = 70° 46',25 I'' = 70° 49',00 I''' = 72° 32',50

i' = 71° 31',37

Δi' = — 1,71.

Intensität.

Cylindrische Nadel.

3h 47' 8'',4	52' 13'',6	τ'		3'',05036	log T_0	=	0,483355
47 39,2	51 43,2	τ'E².F (z)	—	855	log A+cd	=	0,686561
48 10,0	51 12,8	τ'E⁴.F'(z)	—	3	b f².tg i	=	22
48 40,4	50 42,4	τ'E⁶.F''(z)	—	0	log f	=	9,719873
49 11,0	50 12,0						
3h 49' 41'',4							

E = 20°,0 e = 6°,5 v = — 2°,5.

Resultate

für 1829. Februar 1. 1h 4'

Breite	= 55° 48'	
Länge	= 93° 46'	
Inclination	= 71° 29',66	A.
Horiz. Intens.	= 0,52465	C.

1829. FEBRUAR 4.

KURSAN.

Inclination.

Nadel A. 31.

$I = 70^\circ\ 42',50$ $I' = 69^\circ\ 27',50$ I'' und I''' wurden nicht beobachtet.

Nach den nächstgelegenen Beobachtungen:

$$i' = \frac{I + I'}{2} + 5',87 = 70^\circ\ 10',87$$

$$\Delta i' = -1,32.$$

Intensität.

Cylindrische Nadel.

2^h 43′	36″,8	48′	33″,6	τ'		2″,96545	$\log T_0$	=	0,469989
44	6,8	48	4,0	$\tau' E^2.F\,(z)$	—	993	$\log A + cd$	=	0,686600
44	36,8	47	34,4	$\tau' E^4.F'\,(z)$	—	3	$b\,f^2.tg^2\,i$	=	21
45	6,2	47	4,8	$\tau' E^6.F''(z)$	—	0	$\log f$	=	9,746643
45	36,0	46	35,2						
2^h 46′ 5″,4									

$E = 20^\circ,0$ $e = 8^\circ,0$ $v = +5^\circ,0.$

Resultate

für 1829. Februar 4. 0^h 0′

Breite	= 54°	31′	
Länge	= 97°	43′	
Inclination	= 70°	9′,55	A.
Horiz. Intens.	= 0,55801		C.

1829. FEBRUAR 4.

SALARJA.

Inclination.

Nadel A. 32.

I = 69° 41',00 I' = 68° 45',50 I'' = 68° 13',75 I''' = 70° 22',25

i' = 69° 15',62

Δi' = — 0,94.

Intensität.

Cylindrische Nadel.

1^{h} 8' 57'',6	13' 46'',8	τ'		2'',89127	log T_0	= 0,460307
9 26,8	13 18,0	$\tau' E^2.F\,(z)$	—	826	log A + cd	= 0,686618
9 55,6	12 49,2	$\tau' E^4.F'\,(z)$	—	3	b $f^2.\,tg^2$ i	= 21
10 24,8	12 20,4	$\tau' E^6.F''(z)$	—	0	log f	= 9,766025
10 53,6	11 51,2					
1^{h} 11' 22'',8						

E = 20°,0 e = 6°,75 v = — 5°,0.

Resultate

für 1829. Februar 4. 22^{h} 14'

Breite	= 53° 31'
Länge	= 99° 43'
Inclination	= 69° 14',68 A.
Horiz. Intens.	= 0,58348 C.

1829. FEBRUAR 11.

IRKUZK.

Inclination.

Nadel B. 32.

I = 67° 59',12 I' = 67° 50',87 I'' = 68° 11',00 I''' = 68° 25',00

$$i' = 68^\circ \quad 6',50$$

$$+\frac{F}{2} = \quad +0,04$$

$$-\frac{H}{2} = \quad +0,05.$$

Resultate

für 1829. Februar 11. 22ʰ 30'

Breite	=	52°	16'	20''	
Länge	=	101°	59'	30''	
Inclination	=	68°	6',59	B.	

1829. FEBRUAR 28.

IRKUZK.

Intensität.

Cylindrische Nadel.

2^h 19′ 13″,2	23′ 57″,4	τ'	2″,83982	$\log T_0$	= 0,452362
19 41,6	23 28,8	$\tau' E^2 . F(z)$	— 907	$\log A + cd$	= 0,687086
20 10,2	23 0,4	$\tau' E^4 . F'(z)$	— 3	$b f^2 . tg^2 i$	= 20
20 38,8	22 32,2	$\tau' E^6 . F''(z)$	— 0	$\log f$	= 9,782382
21 7,2	22 3,8				
2^h 21′ 35″,6					

E = 20°,0 e = 7°,5 v = — 5°,0.

Resultat

für 1829. Februar 28. 23^h 50′

Breite	= 52° 16′ 20″
Länge	= 101° 59′ 30″
Horiz. Intens.	= 0,60588 C.

1829. FEBRUAR 13.

WERCHNEI UDINSK.

Inclination.

Nadel A. 33.

I = 68° 10',12 I' = 67° 30',25 I'' = 66° 53',62 I''' = 69° 20',25

i' = 67° 58',56

Δi' = — 4,79.

Intensität.

Cylindrische Nadel.

22^h 37' 0'',0	41' 42'',0	τ'		2'',82100	log T_0	= 0.451344
37 28,4	41 14,8	τ'E².F (z)	—	1091	log A+cd	= 0,686812
37 56,6	40 45,8	τ'E⁴.F'(z)	—	4	b f².tg² i	= 20
38 24,4	40 17,8	τ'E⁶.F''(z)	—	0	log f	= 9,784144
38 53,2	39 49,5					
22^h 39' 21'',2						

E = 20°,0 e = 9°,5 v = — 27°,5.

Resultate

für 1829. Februar 13. 20^h 22'

Breite	=	51° 49' 15''	
Länge	=	105° 23' 46''	
Inclination	=	67° 53',77	A.
Horiz. Intens.	=	0,60834	C.

1829. FEBRUAR 16.

TROIZKOSAWSK.

Inclination.

Nadel B. 33.

I = 66° 11',75 I' = 65° 56',50 I'' = 66° 19',75 I''' = 66° 27',87

$$i' = 66° 13',96$$
$$+\frac{F}{2} = +0,03$$
$$-\frac{H}{2} = +0,03.$$

Intensität.

Cylindrische Nadel.

1^h 50' 36'',0	55' 29'',7	τ'		2'',73427	log T_0	=	0,436544
51 23,3	55 1,9	τ' E². F (z)	—	960	log A + cd	=	0,686854
51 50,7	54 34,7	τ' E⁴. F' (z)	—	4	b f². tg² i	=	20
52 18,0	54 7,1	τ' E⁶. F''(z)	—	0	log f	=	9,813786
52 45,4	53 40,0						
1^h 53' 12'',8							

E = 20°,0 e = 8°,5 v = — 13°,0.

Resultate

für 1829. Februar 16. 23^h 30'

Breite	=	50° 21' 5''
Länge	=	104° 8' 0''
Inclination	=	66° 14',02 B.
Horiz. Intens.	=	0,65131 C.

1829. FEBRUAR 22.

MONACHONOWO.

Inclination.

Nadel A. 34.

I = 67° 33',37 I' = 65° 54',12 I'' = 66° 13',62 I''' = 68° 12',50

i' = 66° 58',40

Δi' = − 1,45.

Intensität.

Cylindrische Nadel.

22ʰ 6' 28'',8	11' 5'',0	τ'		2'',76309	log T_0	=	0.441043
6 56,8	10 37,6	$\tau' E^2 . F(z)$	—	883	log A + cd	=	9,686986
7 24,0	10 10,2	$\tau' E^4 . F'(z)$	—	3	$b f^2 . tg\, i$	=	20
7 52,2	9 42,7	$\tau' E^6 . F''(z)$	—	0	log f	=	9,804920
8 19,6	9 15,2						
22ʰ 8' 47'',2							

E = 20°,0 e = 7°,5 v = − 11°,0.

Resultate

für 1829. Februar 22. 19ʰ 46'

Breite	=	50° 58' 6''
Länge	=	104° 8' 35''
Inclination	=	66° 56',95 A.
Horiz. Intens.	=	0,63815 C.

1829. FEBRUAR 24.

ARSENTCHEWA.

Inclination.

Nadel B. 34.

I = 67° 9',25 I' = 67° 5',50 I'' = 67° 23',37 I''' = 67° 24',38

i' = 67° 15',62

$= \frac{F}{2} =$ + 0,03

$- \frac{H}{2} =$ + 0,02.

Intensität.

Cylindrische Nadel.

23ʰ 7' 35'',6	12' 14'',4	τ'		2'',78927	log T_0	= 0,444486
8 3,4	11 46,4	τ' E².F (z)	—	754	log A+cd	= 0,687026
8 31,2	11 18,8	τ' E⁴.F' (z)	—	3	b f². tg² i	= 20
8 59,2	10 51,0	τ' E⁶.F''(z)	—	0	log f	= 9,798074
9 27,2	10 23,0					
23ʰ 9' 55'',2						

E = 20°,0 e = 6°,0 v = — 2°,0.

Resultate

für 1829. Februar 24. 20ʰ 48'

Breite	= 51° 16' 42''	
Länge	= 104° 35' 25''	
Inclination	= 67° 15',67	B.
Horiz. Intens.	= 0,62817	C.

1829. FEBRUAR 25.

TARAKANOWO.

Inclination.

Nadel B. 35.

I = 68° 18′,75 I′ = 68° 12′,50 I″ und I‴ wurden nicht beobachtet.

Nach den umgebenden Beobachtungen:

$$i' = \frac{I + I'}{2} + 6',72 = 68^{\circ}\ 22',34$$

$$+ \frac{F - H}{2} = \qquad + 0,03.$$

Intensität.

Cylindrische Nadel.

22ʰ 7′ 53″,2	12′ 35″,2	τ'		2″,82109	log T_0	=	0,451435
8 21,4	12 7,2	$\tau' E^2 . F(z)$	—	762	log A + cd	=	0,687045
8 49,6	11 39,0	$\tau' E^4 . F'(z)$	—	3	b f². tg² i	=	21
9 18,0	11 10,8	$\tau' E^6 . F''(z)$	—	0	log f	=	9,784196
9 46,2	10 42,4						
22ʰ 10′ 14″,9							

E = 20°,0 e = 6°,0 v = − 23°,0.

Resultate

für 1829. Februar 25. 19ʰ 49′

Breite	= 52° 3′	
Länge	= 104° 33′	
Inclination	= 68° 22′,37	B.
Horiz. Intens.	= 0,60841	C.

1829. FEBRUAR 26.

KADILNAJA.

Inclination.

Nadel B. 36.

I = 67° 36',37   I' = 67° 21',12   I'' = 67° 28',75   I''' = 67° 49',50

$$i' = 67^\circ\ 33',93$$
$$+\frac{F}{2} = 0,02$$
$$-\frac{H}{2} = +0,03.$$

Intensität

Cylindrische Nadel.

22h . 9' 2'',8	23' 42'',8	τ'	2'',80073	log T_0	= 0,447400
19 30,8	23 15,0	τ'E².F (z)	— 895	log A+cd	= 0,687064
19 59,0	22 47,0	τ'E⁴.F'(z)	— 3	b f².tg² i	= 20
20 27,0	22 19,0	τ'E⁶.F''(z)	— 0	log f	= 9,792284
20 55,2	21 51,2				
22h 21' 23'',2					

E = 20°,0   e = 7°,5   v = — 16°,0.

Resultate

für 1829. Februar 26. 19h 52'

Breite	= 51° 59'		
Länge	= 102° 39'		
Inclination	= 67° 33',94	B.
Horiz. Intens.	= 0,61985	C.

1829. MAERZ 19.

OLSONSK.

Inclination.

Nadel B. 37.

I = 68° 42,′00 I′ = 68° 26′,25 I″ = 68° 48′,75 I‴ = 68° 58′,75

i′ = 68° 43′,93

$+\frac{F}{2} =$ + 0,02

$-\frac{H}{2} =$ + 0,04.

Intensität.

Cylindrische Nadel.

23ʰ 42′ 48″,4	47′ 33″,8	τ′	2″,85055	log T_0	=	0,453874
43 17,6	47 5,2	τ′E².F (z)	— 771	logA+cd	=	0,687477
43 45,6	46 36,8	τ′E⁴.F′(z)	— 4	b f².tg² i	=	21
44 14,4	46 8,2	τ′E⁶.F″(z)	— 0	log f	=	9,779750
44 42,8	45 39,8					
23ʰ 45′ 11″,2						

E = 20°,0 e = 6°,0 v = — 1°,5.

Resultate

für 1829. März 19. 21ʰ 16′

Breite	=	53° 2′	
Länge	=	102° 39′	
Inclination	=	68° 43′,99	B.
Horiz. Intens.	=	0,60221	C.

1829. MAERZ 21.

TJUMENOWSK.

Inclination.

Nadel A. 35.

I = 71° 4',00 I' = 69° 30',25 I'' = 68° 48',50 I''' = 71° 19',00

i' = 70° 10',44

Δi' = + 1,55.

Intensität.

Cylindrische Nadel.

1ʰ 51' 46'',4	56' 42'',4	τ'	2'',95873	log $\frac{T_0}{A + cd}$	= 0.469480
52 16,2	56 12,8	τ' E².F(z)	— 830		= 0,687498
52 45,8	55 43,2	τ' E⁴.F'(z)	— 3	b f².tg² i	= 21
53 15,2	55 13,6	τ' E⁶.F''(z)	— 0	log f	= 9.748559
53 44,8	54 44,0				
1ʰ 54' 14'',4					

E = 20°,0 e = 6°,5 v = + 4°,0.

Resultate

für 1829. März 21. 23ʰ 26'

Breite	= 54° 15'	
Länge	= 102° 59'	
Inclination	= 70° 11',99	A.
Horiz. Intens.	= 0,56048	C.

1829. MAERZ 21.

BOTOWSK.

Inclination.

Nadel A. 36.

$I = 73^\circ\ 23',37$ $I' = 68^\circ\ 47',50$ $I'' = 69^\circ\ 43',12$ $I''' = 72^\circ\ 58',12$

$i' = 71^\circ\ 13',03$

$\Delta i' = +\ 1,30.$

Intensität.

Cylindrische Nadel.

1ʰ 13′ 12″,0 18′ 10″,0	τ' 2″,98045	$\log T_0$	= 0,473245
13 42,0 17 40,6	$\tau' E^2.F(z)$ — 828	$\log A + cd$	= 0,687515
14 11,8 17 10,7	$\tau' E^4.F'(z)$ — 3	$b f^2 . tg^2 i$	= 23
14 41,8 16 40,8	$\tau' E^6.F''(z)$ — 0	$\log f$	= 9,741048
15 11,6 16 11,0			
1ʰ 15′ 41″,4			

$E = 20^\circ,0$ $e = 6^\circ,25$ $v = -2^\circ,0.$

Resultate

für 1829. März 21. 23ʰ 8′

Breite	=	55° 9′ 58″
Länge	=	103° 2′
Inclination	=	71° 14′,33 A.
Horiz. Intens.	=	0,55087 C.

1829. MAERZ 22.

BOJARSK.

Inclination.

Nadel B. 38.

$I = 71°\ 39',25$ $I' = 71°\ 35',75$ $I'' = 71°\ 22',25$ $I''' = 71°\ 36',25$

$$i' = 71°\ 33',37$$

$$+\frac{F}{2} = -0,00$$

$$-\frac{H}{2} = +0,01.$$

Intensität

Cylindrische Nadel.

23h 43′	7″,6	48′	11″,2	τ'		3″,03673	$\log T_0$	= 0,481514
43	38,0	47	40,8	$\tau' E^2.F\,(z)$	—	844	$\log A + cd$	= 0,687534
44	8,4	47	10,8	$\tau' E^4.F'\,(z)$	—	3	$b\,f^2.tg^2\,i$	= 23
44	38,8	46	40,4	$\tau' E^6.F''\,(z)$	—	0	$\log f$	= 9,724529
45	9,2	46	10,0					
23h	45′	39″,6						

$E = 20°,0$ $e = 6°,25$ $v = -3°,5.$

Resultate

für 1829. März 22. 21h 40′

Breite	= 56° 16′	
Länge	= 103° 37′	
Inclination	= 71° 33′,38	B.
Horiz. Intens.	= 0,53031	C.

1829. MAERZ. 24

POTAPOWSK.

Inclination.

Nadel A. 37.

$I = 75^\circ\ 54',00$ $I' = 70^\circ\ 3',87$ $I'' = 71^\circ\ 2',75$ $I''' = 73^\circ\ 9',25$

$i' = 72^\circ\ 32',47$

$\Delta i' = -\ 12,41.$

Intensität.

Cylindrische Nadel.

23ʰ 46′	11″,8	51′	21″,3	τ'	3″,09455	log T_0	= 0,489593
46	42,8	50	50,4	$\tau' E^2 . F\,(z)$	— 837	log A + cd	= 0,687574
47	14,0	50	19,6	$\tau' E^4 . F'(z)$	— 3	$b\, f^2 . tg^2\, i$ =	23
47	44,9	49	48,6	$\tau' E^6 . F''(z)$	— 0	log f	= 9,708411
48	15,8	49	17,7				
23ʰ 48′ 46″,8							

$E = 20^\circ,0$ $e = 6^\circ,0$ $v = -\ 2^\circ,0.$

Resultate

für 1829. März 24. 21ʰ 54′

Breite	=	57° 23′
Länge	=	105° 18′
Inclination	=	72° 20′,06 A.
Horiz. Intens.	=	0,51099 C.

1829. MAERZ 25.

KIRENSK.

Inclination.

Nadel B. 39.

$I = 73^\circ\ 12',50 \quad I' = 73^\circ\ 13',00 \quad I'' = 72^\circ\ 45',50 \quad I''' = 73^\circ\ 1',50$

$$i' = 73^\circ\ 3',12$$
$$+\frac{F}{2} = +\ 0,03$$
$$-\frac{H}{2} = +\ 0,02.$$

Intensität.

Cylindrische Nadel.

$0^h\ 6'\ 58'',8$	$12'\ 15'',6$	τ'		$3'',16745$	$\log T_0$	$=$	$0,499679$
7 30,6	11 44.0	$\tau' E^2 . F\ (z)$	—	856	$\log A + cd$	$=$	$0,687594$
8 2,4	11 12.4	$\tau' E^4 . F'\ (z)$	—	3	$b\ f^2 . tg^2\ i$	$=$	23
8 34,2	10 40,8	$\tau' E^6 . F''(z)$	—	0	$\log f$	$=$	$9,688259$
9 5,8	10 9,2						
$0^h\ 9'\ 37'',6$							

$E = 20^\circ,0 \quad e = 6^\circ,0 \quad v = +\ 1^\circ,70.$

Resultate

für 1829. März 25. $22^h\ 21'$

Breite	$=$	$57^\circ\ 47'\ 18''$
Länge	$=$	$105^\circ\ 44'$
Inclination	$=$	$73^\circ\ 3',17$ B.
Horiz. Intens.	$=$	$0,48782$ C.

1829. MAERZ 27.

ITSCHORA.

Inclination.

Nadel A. 38.

I = 73° 59',50 I' = 72° 35',50 I'' = 72° 34',00 I''' = 73° 58',50

i' = 73° 16',88

Δi' = + 0,01.

Intensität.

Cylindrische Nadel.

2h 53' 53'',2	59' 10'',1	τ'	3'',16600	log T_0	= 0,499211
54 25,2	58 38,4	τ'E².F (z)	— 856	log A + cd	= 0,687615
54 57,1	58 6,8	τ'E⁴.F' (z)	— 3	b f².tg² i	= 23
55 28,8	57 35,2	τ'E⁶.F''(z)	— 0	log f	= 9,689216
56 0,4	57 3,8				
1h 56' 32'',4					

E = 20°,0 e = 6°,0 v = + 1°,2.

3h 1' 8'',0	6' 24'',0	τ'	3'',15973	log T_0	= 0,498587
1 39,6	5 52,4	τ'E².F (z)	— 827	log A + cd	= 0,687615
2 11,2	5 20,9	τ'E⁴.F' (z)	— 3	b f². tg i	= 23
2 43,2	4 49,2	τ'E⁶.F''(z)	— 0	log f	= 9,690464
3 14,6	4 18,0				
3h 3' 46'',2					

E = 20°,0 e = 5°,75 v = — 1°,0.

Resultate

für 1829. März 27. 1h 21'

Breite	= 58° 30'	
Länge	= 107° 15'	
Inclination	= 73° 16',89	A.
Horiz. Intens.	= 0,48890	C.
	= 0,49030	C.

1829. MAERZ 28.

PARSCHINSK.

Inclination.

Nadel B. 40.

$I = 74^\circ\ 0',75 \quad I' = 73^\circ\ 59',75 \quad I'' = 73^\circ\ 33',50 \quad I''' = 74^\circ\ 1',25$

$$i' = 73^\circ\ 53',81$$

$$+\frac{F}{2} = -0,01$$

$$-\frac{H}{2} = +0,04.$$

Intensität.

Cylindrische Nadel.

$6^h\ 52'\ 31'',2$	$57'\ 50'',9$	τ'		$3'',19519$	$\log T_0$	$= 0,503591$
53 3,4	57 18,9	$\tau' E^2.F(z)$	—	863	$\log A + cd$	$= 0,687638$
53 35,2	56 46,8	$\tau' E^4.F'(z)$	—	3	$b\, f^2.\, tg^2\, i$	$=$ 23
54 7,3	56 15,0	$\tau' E^6.F''(z)$	—	0	$\log f$	$= 9,680479$
54 39,2	55 43,2					
$6^h\ 55'\ 11'',2$						

$E = 20^\circ,0 \quad e = 6^\circ,0 \quad v = -3^\circ,0.$

Resultate

für 1829. März 28. $5^h\ 57'$

Breite	$=$	$59^\circ\ 7'\ 15''$
Länge	$=$	$109^\circ\ 11'$
Inclination	$=$	$73^\circ\ 53',84$ B.
Horiz. Intens.	$=$	0,47916 C.

1829. MAERZ 29.

KANTINSK.

Inclination.

Nadel A. 39.

$I = 75^\circ\ 29',50 \quad I' = 73^\circ\ 38',75 \quad I'' = 73^\circ\ 47',37 \quad I''' = 75^\circ\ 12',50$

$i' = 74^\circ\ 32',03$

$\Delta i' = \ - 0,27.$

Intensität.

Cylindrische Nadel.

18ʰ 37′ 17″,2	42′ 44″,6	τ'	3″,27382	$\log T_0$	= 0,513489
37 50,0	42 12,0	$\tau' E^2 . F\ (z)$ —	911	$\log A + cd$	= 0,687648
38 22,8	41 39,2	$\tau' E^4 . F'\ (z)$ —	3	$b\ f^2 . tg^2\ i$	= 24
38 55,6	41 6,4	$\tau' E^6 . F''(z)$ —	0	$\log f$	= 9,660694
39 28,4	40 33,8				
18ʰ 40′ 1″,2					

$E = 20^\circ,0 \quad e = 6^\circ,25 \quad v = + 3^\circ,5.$

Resultate

für 1829. März 29. 22ʰ 30′

Breite	=	59° 54′
Länge	=	111° 45′
Inclination	=	74° 31′,76 A.
Horiz. Intens.	=	0,45782 C.

1829. MAERZ 30.

ÆRBINSK.

Inclination.

Nadel B. 41.

I = 74° 30′,50   I′ = 74° 16′,00   I″ = 74° 5′,50   I‴ = 74° 15′,25

$$i' = 74° \quad 16',81$$

$$+ \frac{F}{2} = \quad + 0,00$$

$$- \frac{H}{2} = \quad + 0,04.$$

Intensität.

Cylindrische Nadel.

18h 4′ 56″,8	10′ 24″,3	τ'	3″,27536	log T_0	= 0,513800
5 29,4	9 51,6	$\tau' E^2.F(z)$	— 830	log A + cd	= 0,687686
6 2,4	9 18,8	$\tau' E^4.F'(z)$	— 3	$b f^2.tg^2 i$	= 24
6 35,2	8 46,0	$\tau' E^6.F''(z)$	— 0	log f	= 9,660110
7 7,8	8 13,6				
18h 7′ 40″,8					

E = 20°,0   e = 5°,5   v = + 3°,5.

Resultate

für 1829. März 30. 22h 14′

Breite	=	60° 28′	
Länge	=	113° 55′	
Inclination	=	74° 16′,85	B.
Horiz. Intens.	=	0,45720	C.

1829. MAERZ 31.

BERESOWSKJI OSTROW.

Inclination.

Nadel A. 40.

I = 75° 51',13 I' = 71° 45',63 I'' = 73° 25',75 I''' = 74° 56',50

i' = 73° 59',75

Δi' = + 5,23.

Intensität.

Cylindrische Nadel.

17h 12' 19'',6	17' 39'',4	τ'	3'',19836	log T_0	= 0,504213
12 51,6	17 7,6	τ' E².F (z)	— 864	logA+cd	= 0,687705
13 23,6	16 35,4	τ' E⁴.F' (z)	— 3	b f².tg²	= 25
13 55,6	16 3,5	τ' E⁶.F''(z)	— 0	log f	= 9,679304
14 27,6	15 31,6				
17h 14' 59'',6					

E = 20°,0 e = 6°,0 v = — 5°,0.

Resultate

für 1829. März 31. 21h 29'

Breite	=	59° 44'
Länge	=	115° 31'
Inclination	=	74° 4',98 A.
Horiz. Intens.	=	0,47786 C.

1829. APRIL 2.

OLEKMA.

Inclination.

Nadel B. 42.

I = 74° 14′,25 I′ = 74° 13′,50 I″ = 73° 52′,75 I‴ = 74° 14′,12

$$i' = 74^\circ\ 8',65$$

$$+\frac{F}{2} = -\ 0,00$$

$$-\frac{H}{2} = +\ 0,03.$$

Intensität.

Cylindrische Nadel.

16h 49′ 33″,0	54′ 58″,0	r′	3″,25018	log T_0	= 0,511307
50 5,6	54 25,6	$r'E^2.F(z)$	— 824	log A + cd	= 0,687741
50 38,2	53 53,2	$r'E^4.F'(z)$	— 3	b $f^2 . tg^2$ i	= 24
51 10,8	53 20,8	$r'E^6.F''(z)$	— 0	log f	= 9,665151
51 43,2	52 48,4				
16h 52′ 15″,6					

E = 20°,0 e = 5°,5 v = — 5°,5.

Resultate

für 1829. April 2. 21h 6′

Breite	=	60° 22′ 24″
Länge	=	117° 13′
Inclination	=	74° 8′,68 B.
Horiz. Intens.	=	0,46254 C.

1829. APRIL 4.

SANAJACHTATSK.

Inclination.

Nadel A. 41.

I = 75° 23',50 I' = 72° 10',50 I'' = 72° 46',50 I''' = 74° 26',50

i' = 73° 41',75

Δi' = — 1,18.

Intensität.

Cylindrische Nadel.

13h 32' 27'',6	37' 47'',6	τ'	3'',19636	log T_0	= 0,504320
33 0,0	37 15,6	$\tau' E^2 . F\,(z)$	— 864	log A + cd	= 0,687778
33 32,0	36 43,6	$\tau' E^4 . F'\,(z)$	— 3	b $f^2 . tg^2$ i	= 24
34 4,0	36 11,6	$\tau' E^6 . F''(z)$	— 0	log f	= 9,679162
34 36,0	35 39,6				
13h 35' 7'',8					

E = 20°,0 e = 6°,0 v = — 9°,0.

Resultate

für 1829. April 4. 21h 40'

Breite	= 60° 53'	
Länge	= 121° 24'	
Inclination	= 73° 40',57	A.
Horiz. Intens.	= 0,47771	C.

1829. APRIL 6.

TOJON - ARUIN.

Inclination.

Nadel B. 43.

I = 73° 59',37 I' = 73° 58',50 I'' = 73° 38',75 I''' = 73° 59',87

$$i' = 73^\circ\ 54',12$$

$$+\ \frac{F}{2} = \ +\ 0,00$$

$$-\ \frac{H}{2} = \ +\ 0,02.$$

Intensität.

Cylindrische Nadel.

13ʰ 14' 23'',6	19' 49'',0	τ'	3'',25200	log T_0	= 0,510677
14 56,4	19 16,4	$\tau' E^2 . F$ (z) —	880	log A + cd	= 0,687818
15 29,0	18 44,0	$\tau' E^4 . F'$(z) —	3	b f².tg² i	= 23
16 1,6	18 11,6	$\tau' E^6 . F''$(z) —	0	log f	= 9,666487
16 34,0	17 39,2				
13ʰ 17' 6'',8					

E = 20°,0 e = 6°,0 v = + 2°,8.

Resultate

für 1829. April 6. 21ʰ 40'

Breite	=	61° 40'
Länge	=	125° 26'
Inclination	=	73° 54',14 B.
Horiz. Intens.	=	0,46397 C.

1829. APRIL 13.

JAKUZK.

Inclination.

Nadel B. 44.

$I = 74^{\circ}\ 19',50 \quad I' = 74^{\circ}\ 18',50 \quad I'' = 74^{\circ}\ 17',50 \quad I''' = 74^{\circ}\ 18',25$

$i' = 74^{\circ}\ 18',43$

$+\frac{F}{2} = \quad +0,00$

$-\frac{H}{2} = \quad +0,00.$

Nadel A. 42.

$I = 76^{\circ}\ 23',75 \quad I' = 72^{\circ}\ 40',00 \quad I'' = 72^{\circ}\ 58',50 \quad I''' = 75^{\circ}\ 18',75$

$i' = 74^{\circ}\ 20',25$

$\Delta i' = \quad -2,67.$

Intensität.

Cylindrische Nadel.

$21^h\ 43'$	$43'',6$	$49'\ 10'',4$	τ'	$3'',26455$	$\log T_0$	$=$	$0,513046$
44	16,8	48 37,7	$\tau' E^2 . F(z)$	$-$ 852	$\log A + cd$	$=$	$0,687961$
44	49,2	48 5,0	$\tau' E^4 . F'(z)$	$-$ 3	$b\ f^2 . tg^2\ i$	$=$	23
45	22,0	47 32,4	$\tau' E^6 . F''(z)$	$-$ 0	$\log f$	$=$	$9,661892$
45	54,8	47 0,0					
21^h	$46'$	$27'',6$					

$E = 20^{\circ},0 \quad e = 5^{\circ},75 \quad v = -4^{\circ},0.$

Prismatische Nadel.

$22^h\ 22'$	$17'',6$	$30'\ 18'',8$	τ'	$4,''81309$	$\log T_0$	$=$	$0,681419$
23	6,0	29 31,2	$\tau' E^2 . F\ (z)$	$-$ 1612	$\log A' + c'd$	$=$	$1,022888$
23	54,4	28 43,2	$\tau' E^4 . F'(z)$	$-$ 6	$b'\ f^2 . tg^2\ i$	$=$	19
24	42,8	27 55,2	$\tau' E^6 . F''(z)$	$-$ 0	$\log f$	$=$	$9,660069$
25	30,8	27 7,2					
22^h	$26'$	$19'',2$					

$E = 20^{\circ},0 \quad e = 8^{\circ},0 \quad v = -5^{\circ},0.$

Resultate

für 1829. April 13. 6^h 36′

Breite	=	62° 1′ 29″	
Länge	=	127° 24′ 35″	
Inclination	=	74° 18′,43	B.
	=	74° 17′,58	A.
Horiz. Intens.	=	0,45908	C.
	=	0,45716	P.

1829. APRIL 24.

POROTOWSK.

Inclination.

Nadel B. 45.

$I = 74^\circ\ 8',00 \quad I' = 73^\circ\ 56',25 \quad I'' = 73^\circ\ 49',50 \quad I''' = 74^\circ\ 4',75$

$$i' = 73^\circ\ 59',62$$

$$+\frac{F}{2} = -\ 0,02$$

$$-\frac{H}{2} = +\ 0,02.$$

Intensität.

Cylindrische Nadel.

$18^h\ 38'$	3'',6	43'	26'',8	τ'		3'',23127	$\log T_0$	= 0,508233
38	36,0	42	54,4	$\tau' E^2 . F(z)$	—	819	$\log A + cd$	= 0,688155
39	8,4	42	22,4	$\tau' E^4 . F'(z)$	—	3	$b f^2 . tg^2 i$	= 24
39	40,8	41	50,0	$\tau' E^6 . F''(z)$	—	0	$\log f$	= 9,671713
40	13,2	41	17,6					
$18^h\ 40'$	45'',6							

$E = 20^\circ,0 \quad e = 5^\circ,5 \quad v = 0^\circ,0.$

Resultate

für 1829. April 24. 3^h 19'

Breite	=	62° 1' 10''
Länge	=	129° 29' 28''
Inclination	=	73° 59',62 B.
Horiz. Intens.	=	0,46958 C.

1829. APRIL 25.

LEBEGINE.

Inclination.

Nadel B. 46.

I = 74° 7',75 I' = 73° 59',00 I'' = 73° 38',50 I''' = 73° 59',25

$$i' = 73^\circ\ 56',12$$

$$+\frac{F}{2} = \quad -\ 0,00$$

$$-\frac{H}{2} = \quad +\ 0,05.$$

Intensität.

Cylindrische Nadel.

17ʰ 40' 35'',6	46' 1'',0	τ'		3'',25236	log T_0	=	0,510630
41 8,4	45 28,4	$\tau' E^2 . F\,(z)$	—	824	log A + cd	=	0,688175
41 40,8	44 56,0	$\tau' E^4 . F'(z)$	—	3	b f². tg² i	=	24
42 13,6	44 23,6	$\tau' E^6 . F''(z)$	—	0	log f	=	9,666939
42 46,0	43 51,0						
17ʰ 43' 18'',4							

E = 20°,0 e = 5°,5 v = + 4°,5.

Resultate

für 1829. April 25. 2ʰ 30'

Breite	=	62° 11' 18''
Länge	=	131° 21' 41''
Inclination	=	73° 56',17 B.
Horiz. Intens.	=	0,46444 C.

1829. APRIL 26.

NOCHINSK.

Inclination.

Nadel A. 43.

I = 75° 33',75 I' = 72° 2',50 I'' = 72° 21',50 I''' = 74° 38',50
i' = 73° 39',06
Δi' = — 2,22.

Intensität.

Cylindrische Nadel.

12h 25' 33'',2	30' 54'',8	τ'	3'',21445	log T_0	= 0,505151
26 5,6	30 22,6	τ'E². F (z)	— 923	logA+cd	= 0,688208
26 37,6	29 50,5	τ'E⁴. F'(z)	— 3	b f². tg² i	= 23
27 10,0	29 18,4	τ'E⁶. F''(z)	— 0	log f	= 9,677929
27 42,0	28 46,4				
12h 28' 14'',4					

E = 20°,0 e = 6°,5 v = + 7°,0.

Resultate

für 1829. April 26. 21h 18'

Breite	= 61° 56' 45''
Länge	= 132° 36' 29''
Inclination	= 73° 36',84 A.
Horiz. Intens.	= 0,47635 C.

1829. APRIL 28.

3 Werst oberhalb BJELSKJI PEREWOS.

Inclination.

Nadel B. 47.

$I = 73^\circ\ 31',75$ $I' = 73^\circ\ 27',50$ $I'' = 73^\circ\ 3',00$ $I''' = 73^\circ\ 20',37$

$$i' = 73^\circ\ 20',65$$
$$+\frac{F}{2} = +0,03$$
$$-\frac{H}{2} = +0,05.$$

Intensität.

Cylindrische Nadel.

$10^h\ 59'\ 5'',2$	$4'\ 26'',4$	τ'		$3'',21182$	$\log T_0$	$= 0,505347$
59 37,6	3 54,4	$\tau' E^2.F\ (z)$	—	763	$\log A + c d$	$= 0,688247$
0 9,6	3 22,4	$\tau' E^4.F'\ (z)$	—	3	$b\ f^2.tg^2$	$=$ 23
0 41,6	2 50,2	$\tau' E^6.F''(z)$	—	0	$\log f$	$= 9,677576$
1 14,0	2 18,2					
$11^h\ 1'\ 46'',2$						

$E = 20^\circ,0$ $e = 5^\circ,0$ $v = +3^\circ,5.$

Resultate

für 1829. April 28. $19^h\ 55'$

Breite	=	61° 53′ 22″
Länge	=	133° 13′ 43″
Inclination	=	73° 20′,73 B.
Horiz. Intens.	=	0,47597 C.

1829. APRIL 29.

TSCHERNOLJES.

Inclination.

Nadel B. 48.

I = 73° 16',00 I' = 73° 2',75 I'' = 73° 2',00 I''' = 73° 11',25

i' = 73° 8',00

$+\frac{F}{2} = -0{,}01$

$-\frac{H}{2} = +0{,}01.$

Intensität.

Cylindrische Nadel.

12h 47' 33'',2	52' 51'',2	τ' 3'',18091	log T₀	= 0,501040
48 5,2	52 19,6	τ' E². F (z) — 806	log A + cd	= 0,688268
48 37,0	51 48,0	τ' E⁴. F' (z) — 3	b f². tg² i	= 22
49 8,8	51 16,0	τ' E⁶. F'' (z) — 0	log f	= 9,686210
49 40,4	50 44,4			
12h 50' 12'',6				

E = 20°,0 e = 5°,5 v = + 4°,0.

Prismatische Nadel.

12h 57' 40'',4	5' 23'',4	τ' 4'',62782	log T₀	= 0,663807
58 27,2	4 37,2	τ' E². F (z) — 1174	log A' + c'd	= 1,022639
59 13,6	3 51,2	τ' E⁴. F' (z) — 4	b' f². tg² i	= 18
0 0,4	3 5,4	τ' E⁶. F'' (z) — 0	log f	= 9,695043
0 46,4	2 19,2			
13h 1' 32'',8				

E = 20°,0 e = 5°,5 v = + 4°,5.

Resultate

für 1829. April 29. 21h 52'

Breite	= 61° 31' 13''	
Länge	= 134° 2' 32''	
Inclination	= 73° 8',00	B.
Horiz. Intens.	= 0,48552	C.
	= 0,49550	P.

1829. MAI 1.

GARNASTACH.

Inclination.

Nadel A. 44.

I = 75° 17′,25 I′ = 71° 43′,50 I″ = 71° 19′,50 I‴ = 74° 31′,00

i′ = 73° 12′,81

Δi′ = — 0,96.

Intensität.

Cylindrische Nadel.

15ʰ 12′ 23″,6	17′ 42″,8	τ′		3″,19291	log T_0	=	0.502257
12 55,6	17 11,1	τ′E².F (z)	—	916	log A + cl	=	0,688290
13 27,6	16 39,2	τ′E⁴.F′ (z)	—	3	b l².lg² i	=	22
13 59,8	16 7,5	τ′E⁶.F″(z)	—	0	log f	=	9,683798
14 31,6	15 35,6						
15ʰ 15′ 3″,6							

E = 20°,0 e = 6°,5 v = + 6°,75.

Prismatische Nadel.

15ʰ 22′ 38″,8	30′ 22″,6	τ′		4″.63909	log T_0	=	0.664561
23 25,6	29 36,8	τ′E².F (z)	—	1344	log A′ + cl	=	1,022620
24 12,4	28 50,8	τ′E⁴.F′ (z)	—	5	b′ l².lg² i	=	18
24 59,2	28 4.8	τ′E⁶.F″(z)	—	0	log f	=	9.693516
25 45,6	27 18,4						
15ʰ 26′ 32″,0							

E = 20°,0 e = 6°,6 v = + 6°,0.

Resultate

für 1829. Mai 1. 0ʰ 20′

Breite	=	61° 29′ 36″	
Länge	=	134° 39′ 48″	
Inclination	=	73° 11′,85	A.
Horiz. Intens.	=	0,48283	C.
	=	0,49376	P.

1829. MAI 6.

ALLACHJUNA.

Inclination.

Nadel B. 49.

$I = 74^\circ\ 12',00 \quad I' = 72^\circ\ 1',90 \quad I'' = 72^\circ\ 24',50 \quad I''' = 72^\circ\ 34',50$

Mit Hinzuziehung der nächsten Beobachtungen:

$$i' = 72^\circ\ 34',80$$

$$+\frac{F-H}{2} = +\ 0,20.$$

Zwischen der ersten und zweiten Hälfte dieser Beobachtung wurde der Schwerpunktsfehler der Nadel durch einen Stofs geändert. Durch Vergleichung mit der folgenden und vorhergehenden erhält man respektive $i' = \frac{I+I'}{2} - 28',22$

und $i' = \frac{I''+I'''}{2} + 1',38.$

Intensität.

Cylindrische Nadel.

$19^h\ 29'\ 8'',8$	$34'\ 24'',8$	τ'		$3'',15873$	$\log T_0$	$=$	$0,498182$
$29\ \ 40,4$	$33\ \ 53,2$	$\tau'E^2.F\ (z)$	$-$	907	$\log A + cd$	$=$	$0,688370$
$30\ \ 12,2$	$33\ \ 21,6$	$\tau'E^4.F'\ (z)$	$-$	3	$b\,f^2.\mathrm{tg}\,i$	$=$	21
$30\ \ 44,0$	$32\ \ 50,0$	$\varsigma'E^6.F''(z)$	$-$	0	$\log f$	$=$	$9,692027$
$31\ \ 15,4$	$32\ \ 18,6$						
$19^h\ 31'\ 47'',0$							

$E = 20^\circ,0 \quad e = 6^\circ,5 \quad v = +\ 0^\circ,5.$

Prismatische Nadel.

$19^h\ 45'\ 45'',2$	$53'\ 28'',2$	τ'		$4'',62618$	$\log T_0$	$=$	$0,664111$
$46\ \ 32,0$	$52\ \ 42,0$	$\tau'E^2.F\ (z)$	$-$	1250	$\log A' + c'd$	$=$	$1,022554$
$47\ \ 18,8$	$51\ \ 56,0$	$\tau'E^4.F'\ (z)$	$-$	4	$b'\,f^2.\mathrm{tg}^2\,i$	$=$	17
$48\ \ \ 5,2$	$51\ \ 10,0$	$\tau'E^6.F''(z)$	$-$	0	$\log f$	$=$	$9,694349$
$48\ \ 51,4$	$50\ \ 24,0$						
$19^h\ 49'\ 37'',8$							

$E = 20^\circ,0 \quad e = 6^\circ,0 \quad v = -\ 1^\circ,0.$

Resultate

für 1829. Mai 6. 4^h 44′

Breite	=	61° 9′	
Länge	=	135° 50′	
Inclination	=	72° 35′,00	B.
Horiz. Intens.	=	0,49207	C.
	=	0,49471	P.

1829. MAI 11.

JUDOMSKAJA STANZIA.

Inclination.

Nadel B. 50.

$I = 73^\circ\ 34',37 \quad I' = 71^\circ\ 40',37 \quad I'' = 70^\circ\ 53',37 \quad I''' = 72^\circ\ 28',50$

$$i' = 72^\circ\ 9',15$$
$$+\frac{F}{2} = -\ 0,97$$
$$-\frac{H}{2} = +\ 1,37.$$

Intensität.

Cylindrische Nadel.

$11^h\ 4'\ 12'',0$	$9'\ 22'',4$	τ'	$3'',10127$	$\log T_0$	$= 0.490140$
4 43,2	8 51,2	$\tau' E^2 . F\ (z)$	— 737	$\log A + cd$	$= 0,688501$
5 14,4	8 20,4	$\tau' E^4 . F'\ (z)$	— 2	$b\ f^2 . tg^2\ i$	$= 23$
5 45,6	7 49,4	$\tau' E^6 . F''(z)$	— 0	$\log f$	$= 9,708244$
6 16,6	7 18,4				
$11^h\ 6'\ 47',6$					

$E = 20^\circ,0 \quad e = 5^\circ,0 \quad v = +\ 3^\circ,5.$

Prismatische Nadel.

$11^h\ 29'\ 37'',6$	$37'\ 12'',4$	τ'	$4'',54791$	$\log T_0$	$= 0.656243$
30 23,6	36 27,6	$\tau' E^2 . F\ (z)$	— 1153	$\log A' + c'd$	$= 1,022446$
31 9,6	35 42,4	$\tau' E^4 . F'\ (z)$	— 4	$b'\ f^2 . tg^2\ i$	$= 19$
31 55,6	34 57,6	$\tau' E^6 . F''(z)$	— 0	$\log f$	$= 9,709979$
32 41,6	34 12,8				
$11^h\ 33'\ 27'',2$					

$E = 20^\circ,0 \quad e = 5^\circ,5 \quad v = +\ 4^\circ,5.$

Resultate

für 1829. Mai 11. 20^h 34′

Breite	$= 60^\circ\ 54'\ 11''$		
Länge	$= 138^\circ\ 15'$		
Inclination	$= 72^\circ\ 9',55$	B.	
Horiz. Intens.	$= 0,51079$	C.	
	$= 0,51283$	P.	

1829. MAI 15.

ARKI.

Inclination.

Nadel A. 45.

I = 72° 31',75 I' = 70° 16',50 I'' = 70° 20',00 I''' = 72° 7',50

i' = 71° 18',94

Δi' = — 0,60.

Intensität.

Cylindrische Nadel.

13h 12' 18'',4	17' 26'',8	τ'		3'',08345	log T_0	=	0.487273
12 49,2	16 56,0	τ'E².F (z)	—	885	log A + cd	=	0,688579
13 20.2	16 25,2	τ'E⁴.F' (z)	—	3	b f².tg² i	=	21
13 51.4	15 54.4	τ'E⁶.F''(z)	—	0	log f	=	9,714054
14 22,0	15 23,6						
13h 14' 52''.8							

E = 20°,0 e = 6°,5 v = + 5°,0.

Prismatische Nadel.

13h 25' 33'',2	33' 1''.2	τ'		4''.49691	log T_0	=	0.651129
26 18,0	32 16.8	τ'E².F (z)	—	1362	log A' + c'd	=	1.022381
27 3,0	31 32,0	τ'E⁴.F' (z)	—	5	b' f².tg² i	=	17
27 48,0	30 47.4	τ'E⁶.F''(z)	—	0	log f	=	9,720140
28 33.2	30 2,8						
13h 29' 18'',0							

E = 20°,0 e = 7°,0 v = + 4°,5.

Resultate

für 1829. Mai 15. 22h 44'

Breite	=	60° 6'	
Länge	=	140° 0'	
Inclination	=	71° 18',34	A.
Horiz. Intens.	=	0,51767	C.
	=	0,52498	P.

1828. JUNI 16.

OCHOZK.

Inclination.

Nadel B. 51.

$I = 71^\circ\ 54',00$ $I' = 70^\circ\ 26',00$ $I'' = 69^\circ\ 27',25$ $I''' = 70^\circ\ 56',00$

$$i' = 70^\circ\ 40',81$$

$$+\frac{F}{2} = \quad -0,44$$

$$-\frac{H}{2} = \quad +0,76.$$

Intensität.

Cylindrische Nadel.

4^h 36′ 19″,2	41′ 25″,4	τ'	3″,06345	$\log T_0$	= 0,483801
36 49,6	40 54,8	$\tau' E^2 . F\,(z)$	— 928	$\log A + cd$	= 0,689198
37 20,4	40 24,4	$\tau' E^4 . F'(z)$	— 3	$b\ f^2 . tg^2\ i$	= 20
37 51,2	39 53,6	$\tau' E^6 . F''(z)$	— 0	$\log f$	= 9,721616
38 21,6	39 22,8				
4^h 38′ 52″,4					

$E = 20^\circ,0$ $e = 7^\circ,0$ $v = +11^\circ,0.$

Prismatische Nadel.

4^h 50′ 41″,6	58′ 8″,2	τ'	4″,46345	$\log T_0$	= 0,646778
51 26,6	57 23,8	$\tau' E^2 . F\,(z)$	— 1352	$\log A' + c'd$	= 1,021874
52 11,6	56 39,2	$\tau' E^4 . F'(z)$	— 5	$b'\ f^2 . tg^2\ i$	= 17
52 56,4	55 54,6	$\tau' E^6 . F''(z)$	— 0	$\log f$	= 9,728335
53 41,2	55 10,0				
4^h 54′ 25″,6					

$E = 20^\circ,0$ $e = 7^\circ,0$ $v = +16^\circ,0.$

Resultate

für 1828. Juni 16. 4^h 9′

Breite	=	59° 21′ 29″	
Länge	=	140° 51′ 10″	
Inclination	=	70° 41′,13	B.
Horiz. Intens.	=	0,52676	C.
	=	0,53498	P.

1829. JULI 18.

Bei OCHOZK am rechten Ufer des Kuchtui.

Intensität.

Cylindrische Nadel.

0h 14′ 13″,6	19′ 19″,4	r′	3″,05691	log T₀ = 0,482942
14 44,4	18 48,8	r′E².F (z)	— 877	log A + cd = 0,689820
15 15,2	18 18,6	r′E².F′ (z)	— 3	b f². tg² i = 20
15 45,6	17 48,0	r′E².F″(z)	— 0	log f = 9,723956
16 16,2	17 17,2			
0h 16′ 46″,8				

E = 20°,0 e = 6°,5 v = + 11°,0.

Prismatische Nadel.

0h 26′ 38″,0	34′ 4″,4	r′	4″,46527	log T₀ = 0,647506
27 22,8	33 20,0	r′E².F (z)	— 1282	log A′ + c′d = 1,021362
28 7,6	32 35,6	r′E⁴.F′ (z)	— 5	b′ f². tg² i = 16
28 52,4	31 51,2	r′E⁶.F″(z)	— 0	log f = 9,726366
29 37,2	31 6,6			
0h 30′ 22″,0				

E = 20°,0 e = 6°,5 v = + 11°,0.

Inclinations-Nadel A. *)

0h 54′ 44″,6	60′ 0″,6	r′	3″,15891	log T₀ = 0,497197
55 16,4	59 29,2	r′E².F (z)	— 907	π = 105° 41′,13
55 48,2	58 53,6	r′E⁴.F′ (z)	— 3	log cos(π + u) = 9,416846 n
56 20,0	58 26,4	r′E⁶.F″(z)	— 0	cp.log sin u = 2,018711 n
56 51,8	57 54,4			cp.log Φ = 8,767231
0h 57′ 22″,8				log F = 0,202788

E = 20°,0 e = 6°,5 v = + 11°,0.

Resultate

für 1829. Juli 18. 23h 51′

Breite	= 59° 22′
Länge	= 140° 52′ 50″
Horiz. Intens.	= 0,52961 C.
	= 0,53256 P.
Ganz Intens.	= 1,60567 C und P.
	= 1,59510 A.

*) Die Schwingungen dieser Nadel geschahen immer in der Ebne des magnetischen Meridianes, wenn sie ohne besondere Angabe des Azimutes angeführt werden.

1829. JULI 22.

OCHOZK, neben der vorgenannten Stelle
am Bord des Transportschiffes Jekatarina.

Inclination.

Nadel B. 52.

$I = 71^\circ\ 50',00$ $I' = 70^\circ\ 12',50$ $I'' = 69^\circ\ 16',25$ $I''' = 70^\circ\ 54',75$

$i' = 70^\circ\ 35',87$

$+\frac{F}{2} = -\ 0,74$

$-\frac{H}{2} = +\ 1,11.$

Intensität.

Cylindrische Nadel.

3^h 44′ 36″,8	49′ 42″,4	τ'	3″,06454	log T_0	= 0,483816
45 6,8	49 11,4	$\tau' E^2 . F(z)$	— 957	log A + cd	= 0,689902
45 35,6	48 40,8	$\tau' E^4 . F'(z)$	— 4	b $f^2 . tg^2$ i	= 20
46 6,8	48 10,0	$\tau' E^6 . F''(z)$	— 0	log f	= 9,722290
46 37,6	47 39,2				
3^h 47′ 8″,4					

E = 20°,0 e = 7°,25 v = + 12°,0.

Inclinations-Nadel A.

0^h 5′ 3″,2	10′ 18″,4	τ'	3″,15055	log T_0	= 0,496705
5 34,8	9 46,8	$\tau' E^2 . F(z)$	— 429	π	= 105° 36′,24
6 6,4	9 15,2	$\tau' E^4 . F'(z)$	— 1	log cos(π+u)	= 9,414656 n
6 37,8	8 43,8	$\tau' E^6 . F''(z)$	— 0	cp.log sin u	= 2,021911 n
7 9,2	8 12,4			cp.log Φ	= 8,768553
0^h 7′ 41″,0				log F	= 0,205120

E = 20°,0 e = 2°,0 v = + 11°,25.

Resultate

für 1829. Juli 22. 1^h 18′

Breite	=	59° 22′	
Länge	=	140° 52′ 50″	
Inclination	=	70° 36′,24	B.
Horiz. Intens.	=	0,52758	C.
Ganze Intens.	=	1,58864	C.
	=	1,60369	A.

1829. JULI 29.

OCHOZKER Meer.

Inclination.

Nadel B. 53.

$I = 70^\circ\ 30',00 \quad I' = 69^\circ\ 7',50 \quad I'' = 68^\circ\ 0',00 \quad I''' = 69^\circ\ 52',50$

$$i' = 69^\circ\ 22',50$$
$$+\frac{F}{2} = \quad -0,75$$
$$-\frac{H}{2} = \quad +1,02.$$

Intensität.

Inclinations-Nadel A.

22h 12′ 51″,6	18′ 2″,8	r′	3″,10855	log T_0	= 0,490976
13 22,8	17 31,6	r′E².F (z)	— 423	π	= 104° 23′
13 54,0	17 0,0	r′E⁴.F′ (z)	— 1	cos (π + u)	= 9,380420 n
14 25,2	16 29,2	r′E⁶.F″(z)	— 0	cp.sin u	= 2,067924 n
14 56,2	15 58,4			cp.log Φ	= 8,771168
22h 15′ 27″,2				log F	= 0,219512

E = 20°,0 e = 2°,0 v = + 10°,0

Inclinations-Nadel A. senkrecht auf dem Meridian.

Mit a = 90°, nach (13), Seite 44.

22h 18′ 57″,6	24′ 20,″0	r′	3″,21855	log T_0	= 0,506086
19 30,2	23 47,6	r′E².F (z)	— 438	tg χ	= 1,519229
20 2,8	23 15,6	r′E⁴.F′ (z)	— 1	$\log(2\sin^2\frac{\chi}{2}\sec\chi)$	= 1,506190
20 35,2	22 43,2				
21 7,2	22 11,6	r′E⁶.F″(z)	— 0	$\log\frac{n}{m^3}$	= 9,942109
22h 21′ 39″,2				cp.log Φ	= 8,771168
				log F	= 0,219467

E = 20°,0 e = 2°,0 v = + 10°,0.

Resultate

für 1828. Juli 29. 21h 50′

Breite	=	58° 45′ 0″	
Länge	=	143° 45′ 17″	
Inclination	=	69° 22′,77	B.
Ganze Intens.	=	1,65772	A.
	=	1,65755	A.

1829 JULI 31.

OCHOZKER Meer.

Inclination.

Nadel B. 54.

I = 70° 0',00   I' = 69° 22',50   I'' = 67° 52',50   I''' = 69° 15',00

$$i' = 69^\circ\ 7',50$$

$$+\frac{F}{2} = +\ 0,11$$

$$-\frac{H}{2} = +\ 0,67.$$

Resultate

für 1829. Juli 31. 23^h 45'

Breite	= 58°	14'	45''	
Länge	= 148°	14'	13''	
Inclination	= 69°	8',28	B.	

1829. AUGUST 1.

OCHOZKER Meer.

Inclination.

Nadel B. 55.

$I = 76^\circ\ 30',50 \quad I' = 68^\circ\ 7',50 \quad I'' = 67^\circ\ 52',50 \quad I''' = 69^\circ\ 5',00$

$$i' = 69^\circ\ 3',87$$
$$+\frac{F}{2} = -1,68$$
$$-\frac{H}{2} = +1,40.$$

Intensität.

Cylindrische Nadel.

$20^h\ 29'$	$1'',2$	$34'$	$19'',8$	τ'	$3'',18482$	$\log T_0$	$= 0,50095$
29	33,6	33	48,4	$\tau' E^2 . F(z)$	-660	π	$= 104^\circ\ 4'$
30	5,6	33	16,8	$\tau' E^4 . F'(z)$	$-\ 3$	$\log \cos(\pi + u)$	$= 9,37022\,n$
30	37,6	32	44,6	$\tau' E^6 . F''(z)$	$-\ 0$	$cp . \log \sin u$	$= 2,05755\,n$
31	9,3	32	12,8			$cp . \log \Phi$	$= 8,77285$
20^h	$31'$	$41'',0$				$\log F$	$= 0,19962$

$E = 23^\circ,0 \quad e = 3^\circ,0 \quad v = +12^\circ,0.$

Resultate

für 1829. August 1. $20^h\ 28'$

Breite	=	58°	16′	17″	
Länge	=	149°	28′	41″	
Inclination	=	69°	3′,59		B.
Horiz. Intens.	=	1,58403			A.

1829. AUGUST 7.

OCHOZKER Meer.

Inclination.

Nadel B. 56.

I = 69° 7',50   I' = 67° 15',00   I'' = 67° 27',50   I''' = 69° 0',00

$$i' = 68^\circ\ 12',50$$
$$+\frac{F}{2} = -1,11$$
$$-\frac{H}{2} = +0,80.$$

Intensität.

Inclinations-Nadel A.

4ʰ 37'	5'',6	42' 25'',6	τ'	3'',19109	log T_0	= 0,502271
37	38,0	41 53,2	$\tau' E^2 . F(z)$	— 600	π	= 103° 12'
38	10,4	41 20,8	$\tau' E^4 . F'(z)$	— 2	log cos(π+u)	= 9,342975 n
38	42,4	40 49,6	$\tau' E^6 . F''(z)$	— 0	cp.log sin u	= 2,081897 n
39	13,8	40 17,6			cp.log Φ	= 8,773898
4ʰ 39'	46'',0				log F	= 0,198770

E = 20°,0   e = 3°,5   v = + 8°,5.

Resultate

für 1829. August 7. 4ʰ 57'

Breite	=	58° 15' 54''
Länge	=	154° 51' 35''
Inclination	=	68° 12',19 B.
Ganze Intens.	=	1,58042 A.

1829. AUGUST 13.

MAGASEINSKJI PADJ, an der Mündung des TIGIL-Flusses.

Inclination.

Nadel B. 57. um 1^h 10′ K.

I = 69° 21′,50 I′ = 67° 22′,50 I″ = 68° 19′,50 I‴ = 68° 46′,75

$$i' = 68^\circ\ 27',56$$

$$+\frac{F}{2} = -0,56$$

$$-\frac{H}{2} = +0,44.$$

Nadel A. 46. um 2^h 0′ K.

I = 70° 18′,75 I′ = 68° 6′,25 I″ = 66° 58′,00 I‴ = 68° 47′,50

$$i' = 68^\circ\ 32',62$$

$$\Delta i' = -3,79.$$

Intensität.

Cylindrische Nadel.

1^h 26′ 24″,4	31′ 20″,0	τ′		2″,95582	log T_0	= 0,468350
26 54,0	30 50,4	τ′E².F (z)	—	774	log A + cd	= 0,690329
27 23,8	30 21,0	τ′E⁴.F′ (z)	—	3	b f².tg² i	= 19
27 53,2	29 51,6	τ′E⁶.F″(z)	—	0	log f	= 9,753648
28 22,6	29 22,0					
1^h 28′ 52″,4						

E = 20°,0 e = 5°,75 v = + 12°,0.

Prismatische Nadel.

1^h 41′ 20″,0	48′ 28″,0	τ′		4″,28036	log T_0	= 0,629036
42 3,2	47 45,6	τ′E².F (z)	—	1235	log A′ + c′d	= 1,020944
42 46,4	47 3,6	τ′E⁴.F′ (z)	—	4	b′ f².tg² i	= 16
43 29,6	46 20,4	τ′E⁶.F″(z)	—	0	log f	= 9,762888
44 12,4	45 38,0					
1^h 44′ 55″,6						

E = 21°,0 e = 6°,0 v = + 12°,0.

1829. AUGUST 13.

MAGASEINSKJI PADJ, an der Mündung des TIGIL-Flusses.

Inclinations-Nadel A.

1h 34′ 16″,4	39′ 38″,8	τ′	3″,21528	log T_0		= 0,505811	
34 48,4	39 5,6	τ′E².F (z)	— 236	π		= 103° 27′	
35 20,4	38 32,8	τ′E⁴.F′ (z)	— 1	log cos(π+u)		= 9,350733 n	
35 52,4	38 0,0	τ′E⁶.F″(z)	— 0	cp. log sin u		= 2,066816 n	
36 24,4	37 28,0			cp. log Φ		= 8,775826	
1h 36′ 56″,4				log F		= 0,193375	

E = 20°,0 e = 0°,5 v = + 11°,0.

Resultate

für 1829. August 12. 1h 55′

Breite	= 58° 1′ 25″		
Länge	= 155° 54′ 19″		
Inclination	= 68° 27′,44	B.	
	= 68° 28′,83	A.	
Horiz. Intens.	= 0,56706	C.	
	= 0,57930	P.	
Ganze Intens.	= 1,56090	C und P.	
	= 1,56090	A.	

1829. AUGUST 28.

JELOWKA.

Inclination.

Nadel A. 47.

$I = 70^\circ\ 5',00$ $I' = 67^\circ\ 26',50$ $I'' = 66^\circ\ 42',00$ $I''' = 68^\circ\ 10',37$

$i' = 68^\circ\ 5',97$

$\Delta i' = -12,86.$

Nadel B. 58.

$I = 68^\circ\ 55',37$ $I' = 66^\circ\ 52',75$ $I'' = 66^\circ\ 47',75$ $I''' = 68^\circ\ 43',50$

$i' = 67^\circ\ 49',84$

$+\frac{F}{2} = -1,47$

$-\frac{H}{2} = +1,06.$

Intensität.

Cylindrische Nadel.

$22^h\ 2'\ 14'',0$	$7'\ 8'',1$	τ'		$2'',93736$	$\log T_0$	$= 0,465095$
2 43,6	6 38,2	$\tau' E^2 . F\ (z)$	—	966	$\log A + cd$	$= 0,690639$
3 13,2	6 9,2	$\tau' E^4 . F'\ (z)$	—	4	$b\, f^2 . tg^2\, i$	$=$ 18
3 42,4	5 40,1	$\tau' E^6 . F''(z)$	—	0	$\log f$	$= 9,760467$
4 11,6	5 10,4					
$22^h\ 4'\ 41'',2$						

$E = 20^\circ,0$ $e = 7^\circ,75$ $v = +14^\circ,5.$

Prismatische Nadel.

$22^h\ 17'\ 28''.4$	$24'\ 38''.2$	τ'		$4'',29672$	$\log T_0$	$= 0.630041$
18 11.6	23 55.2	$\tau' E^2 . F\ (z)$	—	1596	$\log A + cd$	$= 1,020689$
18 54,8	23 12.4	$\tau' E^4 . F'\ (z)$	—	6	$b\, f^2 . tg\, i$	$=$ 15
19 37,6	22 29,6	$\tau' E^6 . F''(z)$	—	0	$\log f$	$= 9,760622$
20 20,4	21 46,6					
$22^h\ 21'\ 4'',0$						

$E = 20^\circ,0$ $e = 9^\circ,0$ $v = +15^\circ,0.$

Resultate

für 1829. August 28. $22^h\ 44'$

Breite	$=$	$56^\circ\ 53'\ 53''$	
Länge	$=$	$158^\circ\ 34'\ 20''$	
Inclination	$=$	$67^\circ\ 53',11$	A.
	$=$	$67^\circ\ 49',43$	B.
Horiz. Intenz.	$=$	0,57606	C.
	$=$	0,57627	P.

1829. SEPTEMBFR 7.

CHARTSCHINSK.

Inclination.

Nadel A. 48.

I = 70° 43',75 I' = 67° 33',50 I'' = 66° 41',25 I''' = 68° 34',75

i' = 68° 23',31

Δi' = — 12,17.

Intensität.

Cylindrische Nadel.

5ʰ 55' 38'',4	60' 32'',6	τ'	2'',94109	log T_0	= 0,466616
56 7,8	60 3,2	τ'E².F (z)	— 866	log A+cd	= 0,690822
56 37,4	59 33,6	τ'E⁴.F' (z)	— 3	b f².tg i	= 18
57 6,8	59 4,4	τ'E⁶.F''(z)	— 0	log f	= 9,757608
57 36,2	58 35,0				
5ʰ 58' 5'',6					

E = 20°,0 e = 6°,75 v = + 6°,0.

Prismatische Nadel.

6ʰ 40' 45'',2	47' 58'',8	τ'	4'',33654	log T_0	= 0,635102
41 28,7	47 15,6	τ'E².F (z)	— 1425	log A'+c'd	= 1,020539
42 12,2	46 32,4	τ'E⁴.F' (z)	— 5	b' f².tg² i	= 15
42 55,6	45 49,2	τ'E⁶.F''(z)	— 0	log f	= 9,750350
43 38,8	45 5,6				
6ʰ 44' 22''.4					

E = 20°,0 e = 7°,75 v = + 6°,0.

Resultate

für 1829. September 7. 6ʰ 52'

Breite	= 56° 31' 6''		
Länge	= 158° 23' 1''		
Inclination	= 68° 11',14	A.	
Horiz. Intens.	= 0,57228	C.	
	= 0,56279	P.	

1829. SEPTEMBER 15.

KOSUIREWSK.

Inclination.

Nadel B. 59.

I = 68° 7',00 I' = 66° 9',75 I'' = 65° 48',75 I''' = 67° 25',50

$$i' = 66^\circ\ 52',75$$

$$+\frac{F}{2} = -0,59$$

$$-\frac{H}{2} = +0,41.$$

Intensität.

Cylindrische Nadel.

22^h 35' 48'',8	40' 37'',2	τ'	2'',88345	log T_0	= 0,457777
36 17,8	40 8,4	τ' E². F (z)	— 755	log A+cd	= 0,690991
36 46,7	39 39,6	τ' E⁴. F'(z)	— 3	b f². tg² i	= 18
37 15,6	39 11,0	τ' E⁶. F''(z)	— 0	log f	= 9,775455
37 44,5	38 42,4				
22^h 38' 13'',2					

E = 20°,0 e = 5°,75 v = + 10°,0.

Resultate

für 1829. September 15. 23^h 5'

Breite	= 55°	52'	5''	
Länge	= 157°	13'	48''	
Inclination	= 66°	52',57		B.
Horiz. Intens.	= 0,59628			C.

1829. SEPTEMBER 19.

MASCHURA.

Inclination.

Nadel A. 49.

I = 69° 0',62 I' = 65° 28',75 I'' = 64° 39',75 I''' = 66° 30',62

i' = 66° 24',93

Δi' = − 15,56.

Intensität.

Cylindrische Nadel.

3h 0' 8'',0	4' 52'',8	τ'	2'',84691	log T_0 = 0,451566
0 36,4	4 24,0	τ'E².F (z)	− 745	log A+cd = 0,691054
1 5,2	3 56,0	τ'E⁴.F'(z)	− 2	b f².tg² i = 17
1 33,6	3 27,6	τ'E⁶.F''(z)	− 0	log f = 9,787939
2 2,4	2 59,2			
3h 2' 30'',8				

E = 20°,0 e = 5°,75 v = + 17°,0.

Prismatische Nadel.

3h 14' 17'',6	21' 14'',0	τ'	4'',16218	log T_0 = 0,616549
14 59,6	20 32,6	τ'E².F (z)	− 1055	log A'+c'd = 1,020349
15 41,6	19 51,2	τ'E⁴.F'(z)	− 3	b' f².tg² i = 14
16 23,4	19 9,6	τ'E⁶.F''(z)	− 0	log f = 9,787265
17 5,0	18 28,2			
3h 17' 46'',4				

E = 20°,0 e = 5°,50 v = + 17°,0.

Resultate

für 1829. September 19. 3h 31'

Breite	= 55° 4' 21''	
Länge	= 156° 34' 58''	
Inclination	= 66° 9',37	A.
Horiz. Intens.	= 0,61368	C.
	= 0,61272	P.

1829. SEPTEMBER 27.

NATSCHIKA.

Inclination.

Nadel B. 60.

I = 65° 34',37   I' = 63° 24',87   I'' = 61° 50',75   I''' = 65° 32',00

i' = 64° 5',49

$$+\frac{F}{2} = -0{,}26$$

$$-\frac{H}{2} = +0{,}19.$$

Intensität.

Cylindrische Nadel.

19h 12' 25'',6	17' 1'',6	τ'	2'',76255	$\log T_0$	= 0,439573
12 53,2	16 34,2	$\tau' E^2 . F(z)$	− 837	$\log A + cd$	= 0,691221
13 20,8	16 6,8	$\tau' E^4 . F'(z)$	− 3	$b f^2 . tg^2 i$	= 16
13 48,6	15 39,2	$\tau' E^6 . F''(z)$	− 0	$\log f$	= 9,812091
14 16,0	15 11,6				
19h 14' 44'',0					

E = 20°,0   e = 7°,0   v = + 4°,0.

Prismatische Nadel.

19h 22' 38'',0	29' 23'',6	τ'	4'',05363	$\log T_0$	= 0,606052
23 18,2	28 42,8	$\tau' E^2 . F(z)$	− 1458	$\log A' + c'd$	= 1,020210
23 59,2	28 2,4	$\tau' E^4 . F'(z)$	− 4	$b' f^2 . tg^2 i$	= 13
24 40,0	27 21,0	$\tau' E^6 . F''(z)$	− 0	$\log f$	= 9,808119
25 20,4	26 41,6				
19h 26' 1'',2					

E = 20°,0   e = 8°,75   v = + 2°,0.

Resultate

für 1829. September 27. 19h 41'

Breite	= 53° 6' 30''	
Länge	= 155° 55' 14''	
Inclination	= 69° 5',42	B.
Horiz. Intens.	= 0,64877	C.
	= 0,64298	P.

1829. OCTOBER 13.

PETROPAULSHAFEN.

Inclination.

Nadel B. 61.

I = 64° 50',12   I' = 62° 57',50   I'' = 61° 38',00   I''' = 65° 56',75

$$i' = 63^\circ\ 50',59$$

$$+\frac{F}{2} = -\ 3,16$$

$$-\frac{H}{2} = +\ 1,94.$$

Intensität.

Cylindrische Nadel.

0^h 23' 53'',6	28' 31'',8	τ'	2'',77191	log T_0 = 0,440516
24* 21,6	28 4,0	τ'E².F (z)	— 928	log A+cd = 0,691519
24 49,6	27 36,4	τ'E⁴.F' (z)	— 4	b.f² tg² i = 16
25 17,4	27 8,8	τ'E⁶.F''(z)	— 0	log f = 9,810503
25 45,2	26 40,6			
0^h 26' 12'',9				

E = 20°,0   e = 8°,0   v = + 8°,0.

Prismatische Nadel.

0^h 42' 36'',4	49' 18'',8	τ'	4'',02218	log T_0 = 0,602266
43 17,2	48 38,8	τ'E².F (z)	— 1285	log A'+c'd = 1,019965
43 57,8	47 59,0	τ'E⁴.F' (z)	— 5	b f². tg² i = 13
44 38,4	47 19,2	τ'E⁶. F''(z)	— 0	log f = 9,815446
45 18,4	46 39,2			
0^h 45' 59'',2				

E = 20°,0   e = 7°,5   v = + 8°,0.

1829. OCTOBER 13.

PETROPAULSHAFEN.

Inclinations-Nadel A.

$23^h\ 53'\ 51''{,}2$	$59'\ 8''{,}8$	τ'	$3''{,}17309$	$\log T_0$	$= 0{,}500101$
$54\ 23{,}4$	$58\ 37{,}2$	$\tau' E^2.F\ (z)$	$-\ 353$	π	$= 98^\circ\ 50'$
$54\ 55{,}8$	$58\ 5{,}6$	$\tau' E^4.F'\ (z)$	$-\ 1$	$\log\cos(\pi+u)$	$= 9{,}170581\,n$
$55\ 27{,}2$	$57\ 34{,}4$	$\tau' E^6.F''(z)$	$-\ 0$	cp. log sin u	$= 2{,}258560\,n$
$55\ 59{,}6$	$57\ 3{,}0$			cp. log. Φ	$= 8{,}739268$
$23^h\ 56'\ 31''{,}3$				log F	$= 0{,}168409$

$E = 20^\circ{,}0 \quad e = 1^\circ{,}0 \quad v = +\ 9^\circ{,}0.$

Resultate

für 1829. October 13. $0^h\ 44'$

Breite	=	53° 0′ 27″	
Länge	=	156° 19′ 48″	
Inclination	=	63° 49′,37	B.
Horiz. Intens.	=	0,64640	C.
	=	0,65380	P.
Ganze Intens.	=	1,47370	C und P.
	=	1,47370	A.

1829. OCTOBER 29. 18^h 57′ K.

NOERDLICHE GROSSE OCEAN.

Inclination.

Nadel B. 62.

$I = 68^\circ\ 0',00 \quad I' = 66^\circ\ 30',00 \quad I'' = 66^\circ\ 22',50 \quad I''' = 68^\circ\ 15',00$

$$i' = 67^\circ\ 16',87$$

$$+\frac{F}{2} = -\ 1,04$$

$$-\frac{H}{2} = +\ 0,74.$$

Intensität.

Inclinations-Nadel A.

19^h 6′	29″,0	11′	44″,0	τ'	3″,14627	$\log T_0$	$= 0,495031$
7	0,6	11	12.3	$\tau' E^2 . F(z)$	— 1594	π	$= 102^\circ\ 17'$
7	32,7	10	41,2	$\tau' E^2 . F'(z)$	— 14	$\log \cos(\pi + u)$	$= 9,312640\,n$
8	4,1	10	9,7	$\tau' E^6 . F''(z)$	— 0	cp. log. sin u	$= 2,127116$
8	35,4	9	37,8			cp. log. Φ	$= 8.740438$
19^h	9′	7″,3				log F	$= 0,180194$

$E = 33^\circ,0 \quad e = 5^\circ,0 \quad v = +\ 5^\circ,3.$

Die Durchgänge der Nadel wurden an einer andern Uhr beobachtet, und dann für den Stand und Gang der Kessel'schen reducirt.

Resultate

für 1829. October 29. 22^h 12′

Breite	=	51° 2′ 47″
Länge	=	201° 3′ 36″
Inclination	=	67° 16′,57 B.
Ganze Intens.	=	1,53530 A.

1829. NOVEMBER 1. 17h 40′ K.

NOERDLICHE GROSSE OCEAN.

Inclination.

Nadel B. 63.

I = 71° 45′,00   I′ = 70° 37′,50   I″ = 70° 30′,00   I‴ = 71° 30′,00

$$i' = 71°\ 5',62$$

$$+\frac{F}{2} = -0{,}46$$

$$-\frac{H}{2} = +0{,}50.$$

Intensität.

Inclinations-Nadel A.

17h 52′ 55″,0	58′ 4″,5	τ′ 3″,08227	log T_0 = 0,486617
53 26,6	57 33,9	τ′E².F (z) — 1339	π = 106° 6′
53 57,2	57 2,3	τ′E⁴.F′ (z) — 9	log cos(π+u) = 9,428640 n
54 28,3	56 31,7	τ′E⁶.F″(z) — 0	cp. log sin u = 2,028833 n
54 58,9	56 0,6		cp. log Φ = 8,747748
17h 55′ 29″,5			log F = 0,205221

E = 30°,0   e = 5°,5   v = + 3°,33.

Die Durchgänge der Nadel wurden an einer andern Uhr beobachtet, und auf die Kesselsche reducirt.

Resultate

für 1829. November 1. 21h 34′

Breite	= 53° 34′ 37″
Länge	= 211° 4′ 59″
Inclination	= 71° 5′,66 B.
Horiz. Intens.	= 1,60408 A.

1829. NOVEMBER 3. 16^h 19′ K.

NOERDLICHE GROSSE OCEAN.

Inclination.

Nadel B. 64.

I = 75° 52′,50 I′ = 74° 53′,50 I″ = 74° 57′,50 I‴ = 76° 29′,00

$$i' = 75^\circ\ 33',12$$
$$+\frac{F}{2} = -0,79$$
$$-\frac{H}{2} = +1,04.$$

Intensität.

Inclinations-Nadel A.

16^h 30′59″,0	36′ 5″,5	τ′	3″,06364	log T_0	= 0,482120
31 30,1	35 34,9	τ′E².F (z)	— 2190	π	= 110° 33′
32 0,7	35 4,8	τ′E⁴.F′ (z)	— 21	log cos(π+u)	= 9,531653 n
32 31,8	34 33,7	τ′E⁶.F″(z)	— 0	cp. log sin u	= 1,935462 n
33 1,4	34 3,6			cp. log Φ	= 8.748559
16^h 33′ 32″,5				log F	= 0,215674

E = 35°,0 e = 8°,0 v = + 9°,8.

Die Durchgänge der Nadel wurden an einer anderen Uhr beobachtet, und auf die Kessel'sche reducirt.

Resultate

für 1829. November 3. 20^h 43′

Breite	=	55° 33′ 15″
Länge	=	218° 24′ 57″
Inclination	=	75° 33′,37 B.
Ganze Intens.	=	1,64314 A.

1829. NOVEMBER 4. 18^h 0′ K.

NOERDLICHE GROSSE OCEAN.

Inclination.

Nadel B. 65.

I = 77° 45′,00 I′ = 76° 11′,25 I″ = 75° 58′,12 I‴ = 78° 1′,7

$$i' = 76^\circ\ 59',06$$
$$+\frac{F}{2} = \quad -2,11$$
$$-\frac{H}{2} = \quad +1,93.$$

Intensität.

Inclinations-Nadel A.

18^h 8′	0″,0	13′	6″,5	τ'	3″,06045	$\log T_0$	= 0.48327:
8	31,1	12	35,9	$\tau' E^2.F\,(z)$	— 1097	π	= 111° 59
9	1,7	12	5,3	$\tau' E^4.F'\,(z)$	— 7	$\log\cos(\pi+u)$	= 9.559637n
9	32,8	11	34,2	$\tau' E^6.F''(z)$	— 0	cp. log sin u	= 1.905235n
10	2.9	11	4,1			cp. log Φ	= 8.749057
18^h 10′ 33″,5						log F	= 0,213927

E = 30°,0 e = 4°,0 v = + 9°,5.

Die Durchgänge der Nadel sind an einer andern Uhr beobactet, und auf die Kessel'sche reduzirt.

Resultate

für 1829. November 4. 22^h 5′

Breite	= 56° 54′ 10″
Länge	= 221° 14′ 47″
Inclination	= 76° 58′,88 B.
Horiz. Intens.	= 1,63654 A.

Diese magnetischen Resultate sind zweifelhaft, weil die Beobachtungen zu denselben unter dem Verdecke angestellt wurden

1829. NOVEMBER 9.

Bei SITCHA vor Anker.

Inclination.

Nadel B. 66.

I = 76° 52',50   I' = 75° 11',00   I'' = 74° 45',00   I''' = 76° 36',00

$$i' = 75^\circ\ 51',12$$
$$+\frac{F}{2} = \quad -2,09$$
$$-\frac{H}{2} = \quad +1,99.$$

Intensität.

Inclinations-Nadel A.

13h 58'	4'',5	3'	7'',5	τ'	3'',02591	log T_0	= 0,479067
58	35,1	2	36,4	τ'E².F (z) —	1084	π	= 110° 51'
59	5,7	2	7,3	τ'E⁴.F' (z) —	6	log cos(π + u)	= 9,537894 n
59	35,8	1	37,2	τ'E⁶.F''(z) —	0	cp. log sin u	= 1,935552 n
60	6,4	1	7,1			cp. log Φ	= 8,751185
14h	0'	36'',5				log F	= 0,224631

E = 30°,0   e = 4°,0   v = + 2°,0.

Resultate

für 1829. November 9. 18h 39'

Breite	= 57°	2'	0''	
Länge	= 222°	13'	10''	
Inclination	= 75°	51',02		B.
Ganze Intens.	= 1,67737			A.

1829. NOVEMBER 12.

NEU ARCHANGELSK auf SITCHA. Hinter der Kirche.

Inclination.

Nadel B. 67.

I = 77° 6',00 I' = 74° 56',12 I'' = 74° 41',00 I''' = 76° 39',88

$$i' = 75^\circ\ 50',75$$

$$+\frac{F}{2} = \quad -2,33$$

$$-\frac{H}{2} = \quad +2,17.$$

Intensität.

Cylindrische Nadel.

16ʰ 28' 51'',6	34' 34'',4	τ' 3'',42782	log T_0	= 0,533736
29 26,0	34 0,2	τ'E².F (z) — 984	log A+cd	= 0,692117
30 0,4	33 26,0	τ'E⁴.F' (z) — 3	b f².tg² i	= 25
30 34,6	32 51,7	τ'E⁶.F''(z) — 0	log f	= 9,624670
31 8,8	32 17,6			
16ʰ 31' 43'',4				

E = 20°,0 e = 6°,5 v = 0°,0.

Prismatische Nadel.

16ʰ 45' 51'',2	54' 12,''4	τ' 5'',01055	log T_0	= 0,698412
46 41,6	53 22,4	τ'E².F (z) — 1601	logA'+c'd	= 1,019473
47 31,8	52 32,2	τ'E⁴.F' (z) — 6	b' f².tg² i	= 21
48 22,0	51 42,4	τ'E⁶.F''(z) — 0	log f	= 9,622670
49 12,0	50 52,4			
16ʰ 50' 2'',2				

E = 20°,0 e = 7°,5 v = + 0°,5.

1829. NOVEMBER 12.

NEU ARCHANGELSK auf SITCHA. Hinter der Kirche.

Inclinations-Nadel A.

16ʰ 56′ 34″,0	61′ 33″,2	τ'	2″,99073	log T_0	= 0,474535
57 4,0	61 3,7	$\tau' E^2.F\,(z)$	— 829	π	= 110° 51′
57 35,2	60 33,8	$\tau' E^4.F'\,(z)$	— 5	log cos(π+u)	= 9,538177 n
58 4,0	60 3,6	$\tau' E^6.F''(z)$	— 0	cp. log sin u	= 1,944614 n
58 33,6	59 33,6			cp. log Φ	= 8.752450
16ʰ 59′ 3″,6				log F	= 0,235241

E = 28°,0   e = 3,0   v = 0,0.

Resultate

für 1829. November 12. 21ʰ 29′

Breite	=	57° 2′ 44″	
Länge	=	222° 14′ 20″	
Inclination	=	75° 50′,59	B.
Horiz. Intens.	=	0,42137	C.
	=	0.41944	P.
Ganze Intens.	=	1,71882	C und P.
	=	1,71882	A.

1829. NOVEMBER 12.

NEU ARCHANGELSK auf SITCHA. Hinter der Kirche.
Während eines Nordlichtes.

Intensität.

Inclinations-Nadel A.

$5^h\ 49'\ 26'',4$	$52'\ 26'',2$	τ'	$2'',99357$	$\log T_0$	$= 0,474485$
49 56,4	51 56,0	$\tau' E^2 . F\ (z)$ —	1113	π	$= 110^\circ\ 51'$
50 26,4	51 26,0	$\tau' E^4 . F'\ (z)$ —	7	$\log\cos(\pi + u)$	$= 9,538180\,n$
$5^h\ 50'\ 56'',2$		$\tau' E^6 . F''(z)$ —	0	$cp. \log \sin u$	$= 1,944716\,n$
				$cp. \log \Phi$	$= 8,752459$
				$\log F$	$= 0,235355$

$E = 30^\circ,0 \quad e = 4^\circ,07 \quad v = + 0^\circ,5.$

Cylindrische Nadel.

$6^h\ 5'\ 7'',8$	$10'\ 50'',6$	τ'	$3'',42982$	$\log T_0$	$= 0,533575$
5 42,0	10 16,4	$\tau' E^2 . F\ (z)$ —	1271	$\log A + cd$	$= 0,692125$
6 16,4	9 42,4	$\tau' E^4 . F'(z)$ —	5	$b f^2 . tg^2 i$	$=$ 25
6 51,0	9 8,2	$\tau' E^6 . F''(z)$ —	0	$\log f$	$= 9,625000$
7 25,0	8 33,8				
$6^h\ 7'\ 59'',2$					

$E = 20^\circ,0 \quad e = 9^\circ,0 \quad v = + 0^\circ,5.$

Resultate

für 1829. November 12. $10^h\ 40'$ beim Nordlicht.

Breite	=	$57^\circ\ 2'\ 44''$
Länge	=	$222^\circ\ 14'\ 20''$
Horiz. Intens.	=	0,42170 C um $10^h\ 47'$
Ganze Intens.	=	1,71932 A um $10^h\ 30'$

1829. NOVEMBER 20. 21h 38′ W. Zt.

NOERDLICHE GROSSE OCEAN.

Inclination.

Nadel B. 68.

I = 74° 41′,15 I′ = 73° 5′,62 I″ = 72° 55′,50 I‴ = 73° 42′,00

$$i' = 73^\circ\ 36',07$$
$$+\frac{F}{2} = \quad -0,52$$
$$-\frac{H}{2} = \quad +0,71.$$

Intensität.

Inclinations-Nadel A.

17h 2′ 38″,0	6′ 42″,0	τ'	3″,04667	log T_0	= 0,481635
3 9,0	6 11,5	$\tau' E^2.F$ (z)	— 1227	π	= 108° 36′
3 40,0	5 42,0	$\tau' E^4.F'$ (z)	— 8	log cos(π+u)	= 9,489920 n
4 10,5	5 11,0	$\tau' E^6.F''$(z)	— 0	cp. log. sin u	= 1,978037 n
17h 4′ 41″,5				cp. log Φ	= 8,752734
				log F	= 0,220691

E = 30°,0 e = 4°,75 v = + 4°,0.

Resultate

für 1829. November 20. 21h 24′

Breite	=	54° 26′ 41″
Länge	=	218° 40′ 54″
Inclination	=	73° 36′,26 B.
Ganze Intens.	=	1,66223 A.

1829. NOVEMBER 29. 19^h 55′ K.

NOERDLICHE GROSSE OCEAN.

Inclination.

Nadel B. 69.

I = 67° 39′,00 I′ = 66° 0′,00 I″ und I‴ wurden nicht beobachtet.

Nach den nächsten Beobachtungen:

$$i' = \frac{I + I'}{2} - 9',40 = 66^\circ\ 40',10$$

$$+ \frac{F - H}{2} \qquad = \quad - 0,15.$$

Intensität.

Inclinations-Nadel A.

20^h 2′ 5″,0	6′ 15″,9	τ'	3″,13685	log T_0	= 0,493732
2 36,0	5 45,4	$\tau' E^2.F(z)$	— 1301	π	= 101° 40′
3 7,5	5 12,0	$\tau' E^4.F'(z)$	— 8	log cos(π+u)	= 9,290718 n
3 40,0	4 41,3	$\tau' E^6.F''(z)$	— 0	cp.log.sin u	= 2,151759 n
20^h 4′ 10″,6				cp.log.Φ	= 8,753054
				log F	= 0,195531

E = 30°,0 e = 5°,5 v = + 8°,66.

Resultate

für 1829. November 29. 1^h 16′

Breite	=	43° 18′ 29″
Länge	=	227° 44′ 42″
Inclination	=	66° 39′,95 B.
Ganze Intens.	=	1,56876 A.

1829. NOVEMBER 30. 17ʰ 55′ K.

NOERDLICHE GROSSE OCEAN.

Inclination.

Nadel B. 70.

I = 65° 10′,00 I′ = 62° 48′,13 I″ = 63° 9′,62 I‴ = 64° 42′,50

$$i' = 63^\circ\ 57',56$$

$$+\frac{F}{2} = \ -\ 1,27$$

$$-\frac{H}{2} = \ +\ 0.78.$$

Intensität.

Inclinations-Nadel A.

17ʰ 59′ 22″,5	2′ 33″,0	τ′	3″,17679	log T_0	= 0,498187
59 54,5	2 1.5	τ′E².F (z) —	2067	π	= 98° 57
60 26,5	1 30,5	τ′E⁴.F′ (z) —	19	log cos(π + u)	= 9,176386 n
18ʰ 0′ 58″,0		τ′E⁶.F″(z) —	0	cp. log. sin u	= 2,256735 n
				cp. log Φ	= 8,753129
				log F	= 0,186256

E = 33°,0 e = 8°,1 v = + 9°,33.

18ʰ 9′ 12″,5	13′ 58″,0	τ′	3″,17302	log T_0	= 0,498718
9 44,0	13 26,5	τ′E².F (z) —	1314	π	= 98° 57
10 16,0	12 54,5	τ′E⁴.F′ (z) —	10	log cos(π + u)	= 9,176344 n
10 47,5	12 22,5	τ′E⁶.F″(z) —	0	cp. log. sin u	= 2,255675 n
11 19,0	11 50,0			cp. log Φ	= 8,753129
				log F	= 0,185146

E = 33°,0 e = 4°,0 v = + 9°,33.

Resultate

für 1829. November 30. 23ʰ 29′

Breite	=	40° 3′ 25″	
Länge	=	231° 0′ 14″	
Inclination	=	63° 57′,07	B.
Ganze Intens.	=	1,53550	A.
	=	1,53160	A.

1829. DECEMBER 1. 16^h 50′ K.

NOERDLICHE GROSSE OCEAN.

Inclination.

Nadel B. 71.

$I = 65^0\ 41,'87 \quad I' = 62^0\ 48',75 \quad I'' = 63^0\ 54',12 \quad I''' = 62^0\ 33',75$

$$i' = 63^0\ 44',62$$
$$+\frac{F}{2} = +0,58$$
$$-\frac{H}{2} = +1,50.$$

Intensität.

Inclinations-Nadel A.

$16^h\ 55'54'',0$	$58'\ 34'',0$	τ'	$3'',20143$	$\log T_0$	$= 0,502160$
56 26,5	58 2,5	$\tau' E^2.F$ (z)	— 1639	π	$= 98^0\ 47'$
56 58,0	57 30,5	$\tau' E^4.F'$ (z)	— 13	$\log\cos(\pi + u)$	$= 9,167983$ n
		$\tau' E^6.F''(z)$	— 0	cp.log sin u	$= 2,256888$ n
				cp.log Φ	$= 8,753166$
				log F	$= 0,178037$

$E = 31^0,0 \quad e = 12^0,5 \quad v = +9^0,3.$

$17^h\ 0'\ 33'',0$	$5'\ 53'',5$	τ'	$3'',20545$	$\log T_0$	$= 0,501340$
1 5,0	5 22,0	$\tau' E^2.F$ (z)	— 2623	π	$= 98^0\ 47'$
1 37,0	4 49,5	$\tau' E^4.F'(z)$	— 32	$\log\cos(\pi + u)$	$= 9,168050$ n
2 9,0	4 16,5	$\tau' E^6.F''(z)$	— 1	cp.log sin u	$= 2,258528$ u
2 40,5	3 43,5			cp.log Φ	$= 8,753166$
$17^h\ 3'\ 12'',5$				log F	$= 0,179744$

$E = 40^0,0 \quad e = 8^0,0 \quad v = +9^0,3.$

Resultate

für 1829. December 1. 22^h 31′

Breite	=	39° 12′ 9″
Länge	=	232° 49′ 19″
Inclination	=	63° 46′,70
Ganze Intens.	=	1,50673 A.
	=	1,51266 A.

1829. DECEMBER 2. 11h 40′ K.

NOERDLICHE GROSSE OCEAN.

Intensität.

Nadel B. 72.

I = 64° 58′,50 I′ = 63° 23′,25 I″ = 61° 25′,50 I‴ = 64° 57′,72

$$i' = 63°\ 41',24$$

$$+\frac{F}{2} = -1,84$$

$$-\frac{H}{2} = +2,29.$$

Intensität.

Inclinations-Nadel A.

11h 25′ 30″,5	29′ 10″,0	τ′	3″,15477	log T_0	= 0,493517
26 2,0	28 41,5	τ′E².F (z)	— 3313	π	= 98° 42′
26 34,5	28 9,0	τ′E⁴.F′ (z)	— 39	logcos(π+u)	= 9,164493 n
27 5,5	27 38,0	τ′E⁶.F″(z)	— 0	cp.log.sin u	= 2,278281 n
				cp.log Φ	= 8,753200
				log F	= 0,195974

E = 35,°0 e = 14°,4 v = + 8°,0.

Resultate

für 1829. December 2. 17h 22′

Breite	= 38° 0′ 13″
Länge	= 233° 5′ 12″
Inclination	= 63° 41′,69 B.
Ganze Intens.	= 1,57027 A.

1829. DECEMBER 11.

Bei SAN-FRANCISCO am Strande.

Inclination.

Nadel B. 73.

$I = 63^\circ\ 29',62 \quad I' = 62^\circ\ 30',50 \quad I'' = 60^\circ\ 54',12 \quad I''' = 63^\circ\ 38',12$

$$i' = 62^\circ\ 38',09$$
$$+\frac{F}{2} = \quad -0,94$$
$$-\frac{H}{2} = \quad +0,73.$$

Intensität.

Cylindrische Nadel.

17ʰ 33′ 32″,5	37′ 55″,0	τ'	2″,62791	$\log T_0 = 0,417524$
33 59,0	37 29,4	$\tau' E^2.F$ (z)	— 710	$\log A + cd = 0,692687$
34 25,0	37 3,2	$\tau' E^4.F'$ (z)	— 2	$b f^2.tg^2 i =$ 18
34 52,0	36 36,8	$\tau' E^6.F''$(z)	— 0	$\log f = 9,857657$
35 18,0	36 10,4			
17ʰ 35′ 44″,0				

$E = 20^\circ,0 \quad e = 6^\circ,0 \quad v = +9^\circ,0.$

Prismatische Nadel.

17ʰ 47′ 24″,0	52′ 31″,2	$0,8\,\tau'$	3,″07127	$\log T_0 = 0,582102$
47 54,8	52 0,4	$0,8\,\tau' E^2.F$ (z)	— 830	$\log A' + c'd = 1,019004$
48 25,6	51 30,0	$0,8\,\tau' E^4.F'$ (z)	— 3	$b' f^2.tg^2 i =$ 15
48 56,4	50 59,2	$0,8\,\tau' E^6.F''$(z)	— 0	$\log f = 9,854815$
49 27,2	50 28,4			
17ʰ 49′ 58″,0				

$E = 20^\circ,0 \quad e = 6^\circ,0 \quad v = +9^\circ,0.$

Die vorstehenden Durchgangsmomente traten nach je 8 Schwingungen der Nadel ein.

1829. DECEMBER 11.

Bei SAN-FRANCISCO am Strande.

Inclinations-Nadel A.

$17^h\ 11'\ 31'',0$	$16'\ 44'',5$	τ'	$3'',13682$	$\log T_0$	$= 0,494954$
12 2,5	16 13,5	$\tau' E^2 . F\ (z)$	$-\ 450$	π	$= 97^\circ\ 38'$
12 34,5	15 43,0	$\tau' E^4 . F'\ (z)$	$-\ 3$	$\log \cos(\pi + u)$	$= 9,107941\,n$
13 5,5	15 11,0	$\tau' E^6 . F''(z)$	$-\ 0$	$cp. \log \sin u$	$= 2,331828\,n$
13 37,0	14 39,5			$cp. \log \Phi$	$= 8,753583$
17^h	$14'\ 8'',0$			$\log F$	$= 0,193352$

$E = 30^\circ,0 \quad e = 0^\circ,5 \quad v = +\ 9^\circ,0.$

Resultate

für 1829. December 11. $23^h\ 30'$

Breite	$= 37^\circ\ 48'\ 44''$	
Länge	$= 235^\circ\ 15'\ 0''$	
Inclination	$= 62^\circ\ 37',88$	B.
Horiz. Intens.	$= 0,72045$	C.
	$= 0,71584$	P.
Ganze Intens.	$= 1,56227$	C und P.
	$= 1,56082$	A.

1829. DECEMBER 13.

Bei SAN-FRANCISCO am Strande.

Intensität.

Cylindrische Nadel.

16h 39′ 36″,0	43′ 59″,2	τ′	2″,63927	log T_0	=	0,419086
40 2,0	43 33,6	τ′E².F(z)	— 843	log A + cd	=	0,692668
40 28,0	43 7,2	τ′E⁴.F′(z)	— 3	b f². tg² i	=	18
40 55,2	42 40,8	τ′E⁶.F″(z)	— 0	log f	=	9,854514
41 22,0	42 14,0					
16h 41′ 48″,0						

E = 20°,0 e = 7°,5 v = + 10°,0.

Prismatische Nadel.

16h 50′ 45″,6	57′ 9″,2	τ′	3″,83564	log T_0	=	0,581302
51 24,4	56 31,2	τ′E².F (z)	— 1346	log A′ + c′d	=	1,018988
52 3,2	55 53,2	τ′E⁴.F′ (z)	— 5	b′ f². tg i	=	15
52 41,6	55 15,2	τ′E⁶.F″(z)	— 0	log f	=	9,856399
53 20,0	54 36,8					
16h 53′ 58″,4						

E = 20°,0 e = 8°,5 v = + 10°,0.

Resultate

für 1829. December 13. 22h 40′

Breite	=	37° 48′ 44″
Länge	=	235° 15′ 0″
Horiz. Intens.	=	0,71534 C.
	=	0,71845 P.
Ganze Intens.	=	1,55926 C und P.

1829. DECEMBER 29. 13^h 30′ K.

NOERDLICHE GROSSE OCEAN.

Inclination.

Nadel B. 74.

I = 57° 49′,21 I′ = 55° 46′,87 I″ = 54° 44′,53 I‴ = 56° 41′,72

i′ = 56° 15′,58

$+\frac{F}{2} = -0{,}80$

$-\frac{H}{2} = +0{,}56.$

Intensität.

Inclinations-Nadel A.

13^h 43′ 2″,4 46′ 19″,2	τ′ 3″,27500	log T_0	= 0,512057
43 35,6 45 46,2	τ′E².F (z) — 1706	π	= 91° 15′
44 8,4 45 13,8	τ′E⁴.F′ (z) — 13	log cos(π+u)	= 8,321936 n
13^h 44′ 42″,0	τ′E⁶.F″(z) — 0	cp. log sin u	= 3,082175 n
		cp. log Φ	= 8,746441
		log F	= 0,150552

E = 30°,0 e = 7°,0 v = + 8°,9.

13^h 48′ 12″,8 51′ 30″,0	τ′ 3″,29607	log T_0	= 0,513899
48 45,4 50 58,0	τ′E².F (z) — 2405	π	= 91° 15′
49 18,7 50 24,8	τ′E⁴.F′ (z) — 31	log cos(π+u)	= 8,321810 n
13^h 49′ 52″,0	τ′E⁶.F″(z) — 0	cp. log sin u	= 3,078491 n
		cp. log Φ	= 8,746441
		log F	= 0,146742

E = 35°,0 e = 8°,5 v = + 8°,9.

Resultate

für 1829. December 29. 19^h 2′

Breite	=	31° 50′ 34″	
Länge	=	231° 54′ 32″	
Inclination	=	56° 15′,34	B.
Ganze Intens.	=	1,41434	A.
	=	1,40198	A.

1829. DECEMBER 30. 16^h 0′ K.

NOERDLICHE GROSSE OCEAN.

Inclination.

Nadel B. 75.

I = 56° 3′,72   I′ = 54° 16′,71   I″ = 54° 15′,40   I‴ = 55° 36′,47

i′ = 55° 3′,07

$+\frac{F}{2} = \quad -0,73$

$-\frac{H}{2} = \quad +0,24.$

Intensität.

Inclinations-Nadel. A.

16^h 0′ 57″,2	5′ 23″,6	τ′	3″,32600	log T_0	= 0,518839
1 31,2	4 50,8	τ′E².F (z)	— 1410	π	= 90° 3′
2 4,8	4 17,2	τ′E⁴.F′ (z)	— 12	log cos(π+u)	= 6,923511 n
2 38,0	3 44,4	τ′E⁶.F″(z)	— 0	cp.log.sin u	= 4,466517 n
16^h 3′ 11″,6				cp.log Φ	= 8,745980
				log F	= 0,136008

E = 34°,0   e = 4°,0   v = + 12°,5.

Resultate

für 1829. December 30. 21^h 38′

Breite	= 30° 31′ 20″
Länge	= 233° 17′ 36″
Inclination	= 55° 2′,58 B.
Ganze Intens.	= 1,36775 A.

1829. JANUAR 1. 15^h 0′ K.

NOERDLICHE GROSSE OCEAN.

Inclination.

Nadel B. 76.

I = 54° 25′,07 I′ = 53° 11′,78 I″ = 52° 46′,07 I‴ = 53° 33′,21

i′ = 53° 29′,03

$+\frac{F}{2} =$ — 0,16

$-\frac{H}{2} =$ + 0,11.

Intensität

Inclinations-Nadel A.

15^h 10′ 54″,4	15 55″,6	τ′	3″,33467	log T_0	= 0,519800
11 29,4	15 23,0	τ′E².F (z)	— 1578	π	= 88° 29′
12 4,8	14 50,4	τ′E⁴.F′ (z)	— 14	log cos (π+u)	= 8,405298
12 38,6	14 17,2	τ′E⁶.F″(z)	— 0	cp. log sin u	= 2,982725
13 12,0	13 44,4			cp. log Φ	= 8,744148
				log F	= 0,132171

E = 35°,0 e = 4°,37 v = + 12°,0.

Resultate

für 1829. Januar 1. 20^h 49′

Breite	= 29° 3′ 53″	
Länge	= 235° 58′ 39″	
Inclination	= 53° 28′,98	B.
Ganze Intens.	= 1,35573	A.

1830. JANUAR 2. 12^h 45′ K.

NOERDLICHE GROSSE OCEAN.

Inclination.

Nadel B. 77.

$I = 53^\circ\ 58',75 \quad I' = 52^\circ\ 25',54 \quad I'' = 52^\circ\ 11',62 \quad I''' = 53^\circ\ 20',62$

$$i' = 52^\circ\ 59',13$$
$$+\frac{F}{2} = -0,45$$
$$-\frac{II}{2} = +0,15.$$

Intensität

Inclinations-Nadel A.

$13^h\ 10'22'',8$	$13'\ 43'',2$	τ'	$3'',33429$	$\log T_0$	$= 0.517318$
$10\ 56,4$	$13\ \ 9,6$	$\tau' E^2.F\ (z)$	-3262	π	$= 87^\circ\ 59'$
$11\ 30,4$	$12\ \ 36,4$	$\tau' E^4.F'\ (z)$	$-\ \ 36$	$\log\cos(\pi + u)$	$= 8.529213$
$13^h\ 12'\ 3'',6$		$\tau' E^6.F''(z)$	$-\ \ 0$	cp. log sin u	$= 2,863984$
				cp. log Φ	$= 8,743782$
				log F	$= 0,136979$

$E = 35^\circ,0 \quad e = 13^\circ,0 \quad v = +14^\circ,0.$

Resultate

für 1830. Januar 2. 18^h 36′

Breite	$= 28^\circ\ 40'\ 58''$
Länge	$= 236^\circ\ 34'\ 45''$
Inclination	$= 52^\circ\ 58',83$ B.
Horiz. Intens.	$= 1,37081$ A.

1830. JANUAR 2. 15^h 5′ K.

NOERDLICHE GROSSR OCEAN.

Intensität.

Inclinations-Nadel A.

15^h 0′ 16″,0	4′ 43″,2	τ'	3″,33917	log T_0	= 0,519003
0 50,0	4 10,4	$\tau' E^2.F(z)$	— 2463	π	= 87° 55′
1 23,8	3 37,3	$\tau' E^4.F'(z)$	— 30	log cos(π+u)	= 8,543197
1 57,3	3 3,8	$\tau' E^6.F''(z)$	— 0	cp. log sin u	= 2,846496
15^h 2′ 30″,6				cp. log Φ	= 8,743746
				log F	= 0,133439

E = 40°,0 e = 6°,66 v = + 14°,0.

15^h 6′ 23″,6	10′ 49″,6	τ'	3″,33000	log T_0	= 0.517825
6 57,2	10 17,2	$\tau' E^2.F(z)$	— 2455	π	= 87° 55′
7 31,0	9 44,4	$\tau' E^4.F'(z)$	— 29	log cos(π+u)	= 8,543291
8 4,2	9 11,4	$\tau' E^6.F''(z)$	— 0	cp. log sin u	= 2,848852
15^h 8′ 38″,0				cp. log Φ	= 8,743746
				log F	= 0,135889

E = 40°,0 e = 6°,66 v = + 14°,0.

Resultate

für 1830. Januar 2. 21^h 0′

Breite	= 28°	35′	8″	
Länge	= 236°	39′	25″	
Ganze Intens.	= 1,35969	A.		
	= 1,36738	A.		

1830. JANUAR 4. 21^h 55′ K.

NOERDLICHE GROSSE OCEAN.

Inclination.

Nadel B. 78.

I = 53° 24′,37 I′ = 51° 48′,00 I″ = 51° 11′,70 I‴ = 52° 11′,62

$$i' = 52^\circ\ 8',92$$

$$+\frac{F}{2} = -0,23$$

$$-\frac{H}{2} = +0,06.$$

Intensität.

Inclinations-Nadel A.

22^h 1′ 46″,0	6′ 16″,0	τ'	3″,36167	log T_0	= 0,523181
2 20,4	5 42,4	$\tau'E^2.F$ (z)	— 1426	π	= 87° 9′
2 54,4	5 8,8	$\tau'E^4.F'$ (z)	— 13	log cos (π+u)	= 8,678611
3 28,4	4 35,6	$\tau'E^6.F''$(z)	— 0	cp. log sin u	= 2,702137
22^h 4′ 2″,0				cp. log Φ	= 8,742792
				log F	= 0,123540

E = 35°,0 e = 3°,5 v = + 15°,5.

Resultate

für 1830. Januar 4. 3^h 56′

Breite	= 28° 4′ 9″
Länge	= 236° 42′ 52″
Inclination	= 52° 8′,75 B.
Horiz. Intens.	= 1,32905 A.

1830. JANUAR 5. 15^h 55′ K.

NOERDLICHE GROSSE OCEAN.

Inclination.

Nadel B. 79.

I = 51° 31′,86 I′ = 49° 42′,85 I″ = 49° 16′,50 I‴ = 50° 25′,14

i′ = 50° 14′,09

$+\frac{F}{2} =$ — 0,42

$-\frac{H}{2} =$ + 0,13.

Intensität.

Inclinations-Nadel A.

16^h 3′ 48″,0	7′ 42″,8	τ′ 3″,35477	log T_0	= 0,522762
4 22,0	7 9,8	τ′E².F (z) — 1135	π	= 85° 14′
4 55,8	6 36,4	τ′E⁴.F′ (z) — 10	log cos (π+u)	= 8,901981
5 29,2	6 2,8	τ′E⁶.F″(z) — 0	cp.log sin u	= 2,479927
			cp.log Φ	= 8,742480
			log F	= 0,124388

E = 35°,0 e = 2°,0 v = + 14°,5.

16^h 10′ 8″,6	14′ 3″,6	τ′ 3″,35714	log T_0	= 0,523096
10 42,8	13 30,6	τ′E².F (z) — 1137	π	= 85° 14′
11 16,4	12 57,2	τ′E⁴.F′ (z) — 10	log cos (π+u)	= 8,901948
11 50,0	12 23,6	τ′E⁶.F″(z) — 0	cp.log sin u	= 2,479059
			cp.log Φ	= 8,742480
			log F	= 0,123487

E = 35°,0 e = 2°,0 v = + 14°,5.

Resultate

für 1830. Januar 5. 21^h 47′

Breite	= 26° 36′ 25″	
Länge	= 236° 42′ 12″	
Inclination	= 50° 13′,80	B.
Ganze Intens.	= 1,33101	A.
	= 1,32826	A.

1830. JANUAR 6. 15^h 10′ K.

NOERDLICHE GROSSE OCEAN.

Inclination.

Nadel B. 80.

I = 50° 2′,23 I′ = 48° 54′,36 I″ = 48° 44′,25 I‴ = 49° 30′,00

$$i' = 49^\circ\ 17',71$$

$$+\frac{F}{2} = -0,20$$

$$-\frac{H}{2} = +0,04.$$

Intensität.

Inclinations-Nadel A.

15^h 25′	17″,6	29′	17″,4	τ′	3″,42428	log T_0	= 0,531493
25	52,4	28	43,6	$\tau' E^2.F\ (z)$	— 1404	π	= 84° 18′
26	27,2	28	19,6	$\tau' E^4.F'\ (z)$	— 16	log cos (π + u)	= 8,978730
27	1,2	27	35,8	$\tau' E^6.F''(z)$	— 0	cp. log sin u	= 2,385020
						cp. log Φ	= 8,742078
						log F	= 0,105828

E = 40°,0 e = 2°,0 v = + 13°,0.

Resultate

für 1830. Januar 6. 21^h 1′

Breite	= 25° 59′ 43″	
Länge	= 236° 28′ 12″	
Inclination	= 49° 17′,55	B.
Ganze Intens.	= 1,27593	A.

1830. JANUAR 7. 15^h 48′ K.

NOERDLICHE GROSSE OCEAN.

Inclination.

Nadel B. 81.

I = 49° 37′,86 I′ = 47° 52′,86 I″ = 47° 6′,00 I‴ = 48° 50′,64

$$i' = 48° \; 21',84$$

$$+\frac{F}{2} = \; - \; 0,64$$

$$-\frac{H}{2} = \; + \; 0,11.$$

Intensität.

Inclinations-Nadel A.

15^h 58′ 14″,4	62′ 11″,2	τ′ 3″,38500	log T_0	= 0,525726
58 48,4	61 38,0	τ′E². F (z) — 1955	π	= 83° 21′
59 23,0	61 4,4	τ′E⁴. F′(z) — 18	log cos (π+u)	= 9,045932
59 57,2	60 30,8	τ′E⁶. F″(z) — 0	cp. log sin u	= 2,329866
			cp. log Φ	= 8,741646
			log F	= 0,117444

E = 35°,0 e = 6°,0 v = + 13°,2.

16^h 10′ 19″,6	14′ 17″,0	τ′ 3″,38786	log T_0	= 0.526158
10 54,0	13 43,2	τ′E². F (z) — 1917	π	= 83° 21′
11 28,0	13 9,4	τ′E⁴. F′(z) — 18	log cos(π+u)	= 9,045890
12 2,0	12 35,8	τ′E⁶. F″(z) — 0	cp. log sin u	= 2,329002
			cp. log Φ	= 8,741646
			log F	= 0,116538

E = 35°,0 e = 6°,0 v = + 13°,2.

Resultate

für 1830. Januar 7. 21^h 38′

Breite	= 25°	21′	27″	
Länge	= 236°	11′	26″	
Inclination	= 48°	21′,31		B.
Ganze Intens.	= 1,31052			A.
	= 1,307.9			A

1830. JANUAR 9. 19^h 15′ K.

NOERDLICHE GROSSE OCEAN.

Inclination.

Nadel B. 82.

I = 45° 58′,11 I′ = 45° 19′,65 I″ = 44° 36′,00 I‴ = 45° 24′,00

$$i' = 45° \; 19',44$$

$$+ \frac{F}{2} = - \; 0,02$$

$$- \frac{H}{2} = + \; 0,00.$$

Intensität.

Inclinations-Nadel A.

19^h 22′ 17″,8 25′ 45″,4	τ′	3,44857	log T_0	= 0,534642
22 52,8 25 10,0	τ′E².F (z)	— 1286	π	= 80° 19′
23 27,0 24 35,4	τ′E⁴. F′ (z)	— 12	log cos (π+u)	= 9,207418
19^h 24′ 1,″2	τ′E⁶.F″(z)	— 0	cp.log sin u	= 2,149925
			cp.log Φ	= 8,741811
			log F	= 0,099154

E = 35°,0 e = 2°,5 v = + 14°,0.

19^h 27′ 27″,6 30′ 19″,6	τ′	3,43543	log T_0	= 0,533428
28 2,4 29 45,2	τ′E².F (z)	— 927	π	= 80° 19′
28 37,2 29 11,2	τ′E⁴.F′ (z)	— 9	log cos (π+u)	= 9,207525
	τ′E⁶.F″(z)	— 0	cp.log sin u	= 2,152353
			cp.log Φ	= 8,741811
			log F	= 0,101689

E = 35°,0 e = 1°,0 v = + 14°,0.

Resultate

für 1830. Januar 9. 1^h 3′

Breite	= 23°	12′ 26″	
Länge	= 235°	49′ 9″	
Inclination	= 45°	19′,42	B.
Ganze Intens.	= 1,25647		A.
	= 1,26383		A.

1830. JANUAR 9. 0h 45′ K.

NOERDLICHE GROSSE OCEAN.

Inclination.

Nadel B. 83.

I = 44° 41′,46   I′ = 43° 33′,60   I″ = 43° 35′,22   I‴ = 45° 18′,00

i′ = 44° 17′,07

$-\frac{F}{2} =$ − 0,51

$+\frac{H}{2} =$ − 0,01.

Intensität.

Inclinations-Nadel A.

Wegen fehlerhaften Steuerns: bei α = 8°,5, nach [13.] S. 44.

0h 45′ 36″,8	50′ 16″,4	τ′	3″,49733	log T_0	= 0,539361
46 12,4	49 42,0	τ′E².F (z) —	2424	tg χ	= 1,373122
46 47,6	49 8,2	τ′E⁴.F′ (z) —	29	$\log(2\sin\frac{2\chi}{2}\sec\chi)$	= 1,354731
47 23,2	48 33,2				
0h 47′ 58″,2		τ′E⁶.F″(z) —	0	$\log\frac{n}{m^2}$	= 9,995247
				cp.log Φ	= 8,740817
				log F	= 0,090795

E = 40°,0   e = 6°,0   v = + 13°,5.

Inclinations-Nadel A.

0h 50′ 36″,4	54′ 4″,6	τ′	3″,46930	log T_0	= 0,535510
51 11,6	53 30,4	τ′E².F (z) —	2682	π	= 79° 17′
51 46,4	52 55,6	τ′E⁴.F′ (z) —	33	log cos(π+u)	= 9,250966
0h 52′ 21″,2		τ E⁶.F″(z) —	1	cp.log cos u	= 2,104620
				cp.log Φ	= 8,740817
				log F	= 0,096403

E = 40°,0   e = 7°,0   v = + 13°,5.

Resultate

für 1830. Januar 9. 6h 33′

Breite	=	22° 59′ 58″
Länge	=	235° 45′ 7″
Inclination	=	44° 16′, 55 B.
Ganze Intens.	=	1,23252 A.
	=	1,24854 A.

1830. JANUAR 9. 15h 40' K.

NOERDLICHE GROSSE OCEAN.

Inclination.

Nadel B. 84.

I = 42° 28',80   I' = 41° 31',08   I'' = 41° 51',42   I''' = 43° 10',92

i' = 42° 15',55

$+ \frac{F}{2} =$ — 0,27

$- \frac{H}{2} =$ — 0,04.

Intensität.

Inclinations-Nadel A.

15h 44'	49",2	50'	4",0	τ'	3",49176	log T_0	= 0,540065
45	24,4	49	28,4	τ'E².F (z)	— 1275	π	= 77° 15'
46	0,0	48	54,4	τ'E⁴.F' (z)	— 10	log cos (π+u)	= 9,325103
46	34,8	48	19,4	τ'E⁶.F''(z)	— 0	cp. log sin u	= 2,021115
47	10,0	47	44,4			cp. log Φ	= 8,741813
						log F	= 0,088031

E = 35°,0   e = 2°,66   v = + 14°,2.

Resultate

für 1830. Januar 9. 21h 27'

Breite	= 21°	3'	37''	
Länge	= 235°	29'	35''	
Inclination	= 42°	15',24		B.
Ganze Intens.	= 1,22470			A.

1830. JANUAR 10. 5^h 0′ K.

NOERDLICHE GROSSE OCEAN.

Inclination.

Nadel B. 85.

I = 40° 28′,50 I′ = 39° 8′,70 I″ = 39° 56′,40 I‴ = 41° 27′,60

i′ = 40° 15′,30

$+\frac{F}{2} =$ − 0,33

$-\frac{H}{2} =$ − 0,14.

Intensität.

Inclinations-Nadel A.

Wegen fehlerhaften Steuerns: bei α = 5° 38′; nach [13.] S. 44.

5^h 14′ 48″,8	18′ 21,″2	τ'	3″,54857	log T_0	= 0,545589
15 24,4	17 46,8	$\tau' E^2.F(z)$ —	2507	tg χ	= 1,367725
16 0,0	17 11,6	$\tau' E^4.F'(z)$ —	31	$\log(2\sin\frac{^2\chi}{2}\sec\chi)$	= 1,349109
5^h 16′ 35″,8					
		$\tau' E^6.F''(z)$—	0	$\log\frac{n}{m^2}$	= 9,986936
				cp.log Φ	= 8,741604
				log F	= 0,077649

E = 40°,0 e = 6°,0 v = + 13°,8.

Inclinations-Nadel A.

5^h 20′ 20″,4	23′ 52″,4	τ'	3″,53570	log T_0	= 0,544010
20 55,6	23 17,2	$\tau' E^2.F(z)$ —	2498	π	= 75° 15′
21 31,6	22 42,4	$\tau' E^4.F'(z)$ —	31	log cos (π + u)	= 9,386968
5^h 22′ 6″,0		$\tau' E^6.F''(z)$ —	0	cp. log sin u	= 1,951160
				cp. log Φ	= 8,741604
				log F	= 0,079732

E = 40°,0 e = 6°,0 v = + 13°,8.

Resultate

für 1830. Januar 10. 10^h 46′ *)

Breite	=	19° 39′ 31″
Länge	=	235° 17′ 49″
Inclination	=	40° 14′,83 B.
Ganze Intens.	=	1,19577 A.
	=	1,20152 A.

*) Bei dieser und bei den später vorkommenden Nachtbeobachtungen wurde Lampenlicht angewendet.

1830. JANUAR 10. 15ʰ 5′ K.

NOERDLICHE GROSSE OCEAN.

Inclination.

Nadel B. 86.

I = 39° 22′,02 I′ = 38° 1′,20 I″ = 39° 1′,50 I‴ = 39° 47′,82

i′ = 39° 3′,14

$+ \frac{F}{2} = - 0,16$

$- \frac{H}{2} = - 0,09.$

Intensität.

Inclinations-Nadel A.

15ʰ 19′21″,2	22′ 21″,2	τ′	3″,58458	log T_0	= 0,548047
19 59,2	21 45,6	τ′E².F (z)	— 3839	π	= 74° 3′
20 35,0	21 10,4	τ′E⁴.F′ (z)	— 40	log cos(π+u)	= 9,419868
		τ′E⁶.F″(z)	— 1	cp. log sin u	= 1,909934
				cp. log Φ	= 8,741496
				log F	= 0,071298

E = 40°,0 e = 8°,0 v = + 17°,0.

15ʰ 23′ 57″,2	28′ 42″,7	τ′	3″,57267	log T_0	= 0,548282
24 32,2	28 7,1	τ′E².F (z)	— 2476	π	= 74° 3′
25 8,8	27 31,5	τ′E⁴.F′ (z)	— 29	log cos (π+u)	= 9,419845
25 44,4	26 55,9	τ′E⁶.F″(z)	— 0	cp. log sin u	= 1,909464
15ʰ 26′ 20″,7				cp. log Φ	= 8,741496
				log F	= 0,070805

E = 40°,0 e = 6°,0 v = + 17°,0.

Resultate

für 1830. Januar 10. 20ʰ 51′

Breite	= 18°	36′	21″	
Länge	= 235°	7′	0″	
Inclination	= 39°	2′,89		B.
Horiz. Intens.	= 1,17842			A.
	= 1,17708			A.

1830. JANUAR 11. 7^h 0′ K.

NOERDLICHE GROSSE OCEAN.

Inclination.

Nadel B. 87.

I = 35° 49′,92 I′ = 34° 9′,00 I″ = 35° 25′,08 I‴ = 36° 55′,20

i′ = 35° 34′,80

$+\frac{F}{2} = -0,32$

$-\frac{H}{2} = -0,35.$

Intensität.

Inclinations-Nadel A.

7^h 6′ 58″,0 11′ 8″,8	τ′ 3″,59333	log T_0	= 0,552346
7 34,0 10 34,4	τ′E².F (z) — 1126	π	= 70° 34′
8 10,4 9 58,8	τ′E⁴.F′ (z) — 7	log cos (π+u)	= 9,502902
8 46,8 9 22,4	τ′E⁶.F″(z) — 0	cp.log sin u	= 1,818322
		cp.log Φ	= 8,741130
E = 30°,0 e = 3°,0 v = + 18°,5.		log F	= 0,062354
7^h 13′ 6″,8 16′ 45″,6	τ′ 3″,65572	log T_0	= 0,551489
13 43,6 16 10,4	τ′E².F (z) — 7786	π	= 70° 34′
14 20,4 15 34,0	τ′E⁴.F′ (z) — 272	log cos (π+u)	= 9,502608
7^h 14′ 57″,2	τ′E⁶.F″(z) — 4	cp.log sin u	= 1,819998
		cp.log Φ	= 8,741130
E = 40°,0 e = 14°,0 v = + 18°,5.		log F	= 0,063736
7^h 20′ 55″,2 26′ 57″,8	τ′ 3″,62145	log T_0	= 0,554063
21 31,8 26 21,6	τ′E².F (z) — 2475	π	= 70° 34′
22 8,8 25 45,6	τ′E⁴.F′ (z) — 33	log cos (π+u)	= 9,502733
22 44,8 25 9,2	τ′E⁶.F″(z) — 1	cp.log sin u	= 1,814850
23 20,8 24 33,0		cp.log Φ	= 8,741130
7^h 23′ 57″,2		log F	= 0,058713
E = 40°,0 e = 6°,0 v = + 18°,5.			

Resultate

für 1830. Januar 11. 12^h 45′

Breite	= 16° 55′ 51″	
Länge	= 234° 46′ 2″	
Inclination	= 35° 34′,13	B.
Ganze Intens.	= 1,15438	A.
	= 1,15815	A.
	= 1,14473	A

1830. JANUAR 12. 21^h 35′ K.

NOERDLICHE GROSSE OCEAN

Inclination.

Nadel B. 88.

$I = 32^\circ\ 35',76 \quad I' = 32^\circ\ 20',22 \quad I'' = 31^\circ\ 46',50 \quad I''' = 33^\circ\ 9',00$

$$i' = 32^\circ\ 27',87$$

$$+\frac{F}{2} = \quad -0,19$$

$$-\frac{H}{2} = \quad -0,09.$$

Intensität.

Inclinations-Nadel A.

2^h 33′ 15″,2	37′ 28″,9	τ'	3″,62905	log T_0	= 0,556092
33 51,6	36 53,6	$\tau' E^2.F\ (z)$ —	1488	π	= 67° 28′
34 28,4	36 17,2	$\tau' E^4.F'\ (z)$ —	17	log cos(π+u)	= 9,564328
35 4,8	35 41,6	$\tau' E^6.F''(z)$ —	0	cp. log sin u	= 1,749409
				cp. log Φ	= 8,740875
E = 40°,0	e = 2°,0	v = + 19°,5.		log F	= 0,054612
21^h 39′ 40″,0	43′ 17,″9	τ'	3″,62965	log T_0	= 0,554855
40 16,8	42 41,6	$\tau' E^2.F\ (z)$ —	2560	π	= 67° 28′
40 52,8	42 5,8	$\tau' E^4.F'\ (z)$ —	32	log cos(π+u)	= 9,564417
21^h 41′ 29″,0		$\tau' E^6.F''(z)$ —	1	cp. log sin u	= 1,751883
				cp. log Φ	= 8,740875
E = 40°,0	e = 6°,0	v = + 19°,5.		log F	= 0,057175
12^h 50′ 8″,4	53′ 45″,8	τ'	3″,62283	log T_0	= 0,554031
50 44,8	53 9,6	$\tau' E^2.F\ (z)$ —	2563	π	= 67° 28′
51 21,2	52 33,8	$\tau' E^4.F'\ (z)$ —	31	log cos(π+u)	= 9,564511
21^h 51′ 57″,6		$\tau' E^6.F''(z)$ —	0	cp. log sin π	= 1,753531
				cp. log Φ	= 8,740875
				log F	= 0,058817
E = 40°,0	e = 6°,0	v = + 19°,5.			

Resultate

für 1830. Januar 12. 3^h 18′

Breite	= 15° 15′ 9″	
Länge	= 234° 27′ 34″	
Inclination	= 32° 27′,59	B.
Ganze Intens.	= 1,13400	A.
	= 1,14071	A.
	= 1,14503	A.

1830. JANUAR 12. 15^h 45′ K.

NOERDLICHE GROSSE OCEAN.

Inclination.

Nadel B. 89.

I = 30° 21′,24 I′ = 30° 9′,36 I″ = 28° 58′,26 I‴ = 29° 31′,74

$$i' = 29^\circ\ 45',15$$

$$+\frac{F}{2} = +0,27$$

$$-\frac{H}{2} = -0,18.$$

Intensität.

Inclinations-Nadel A.

15^h 53′ 8″,8	56′ 49″,6	τ'	3″,67714	log T_0	= 0,560541
53 46,0	56 12,8	$\tau' E^2 . F(z)$ —	2128	π	= 64° 45′
54 22,8	55 36,4	$\tau' E^4 . F'(z)$ —	20	log cos(π + u)	= 9,610857
15^h 54′	59″,6	$\tau' E^6 . F''(z)$ —	0	cp. log sin u	= 1,693971
				cp. log Φ	= 8,740561
				log F	= 0,045389

E = 35°,0 e = 6°,0 v = + 25°,0.

15^h 58′ 17″,8	1′ 58″,4	τ'	3″,67430	log T_0	= 0,560201
58 54,8	1 21,6	$\tau' E^2 . F(z)$ —	2128	π	= 64° 45′
59 31,8	0 45,2	$\tau' E^4 . F'(z)$ —	20	log cos(π + u)	= 9,610887
16^h 0′	8″,4	$\tau' E^6 . F''(z)$ —	0	cp. log sin u	= 1,694651
				cp. log Φ	= 8,740561
				log F	= 0,046099

E = 35°,0 e = 6°,0 v = + 25°,0.

Resultate

für 1830. Januar 12. 21^h 27′

Breite	=	13° 37′ 28″	
Länge	=	234° 8′ 13″	
Inclination	=	29° 45′,24	B.
Ganze Intens.	=	1,11017	A.
	=	1,11198	A.

1830. JANUAR 13. 6^h 40′ K.

NOERDLICHE GROSSE OCEAN.

Inclination.

Nadel B. 90.

I = 28° 8′,25 I′ = 27° 43′,77 I″ = 26° 19′,98 I‴ = 26° 46′,47

i′ = 27° 14′,62

$+\frac{F}{2} = + 0{,}55$

$-\frac{H}{2} = - 0{,}36.$

Intensität.

Inclinations-Nadel A.

6^h 39′ 14″,4	42′ 56″,8	τ'	3″,71430	log T_0	=	0,565388
39 51,6	42 20,2	$\tau' E^2 . F(z)$ —	2148	π	=	62° 15′
40 29,2	41 42,8	$\tau' E^2 . F'(z)$ —	21	log cos(π+u)	=	9,648858
6^h 41′ 6″,0		$\tau' E^6 . F''(z)$ —	0	cp.log.sin u	=	1,646239
				cp.log.Φ	=	8,740353
				log F	=	0,035450

E = 35°,0 e = 6°,0 v = + 20°,0.

Resultate

für 1830. Januar 13. 12^h 21′

Breite	=	12° 17′ 34″
Länge	=	233° 59′ 49″
Inclination	=	27° 14′,81 B.
Ganze Intens.	=	1,08505 A.

1830. JANUAR 13. 17h 15' K.

NOERDLICHE GROSSE OCEAN.

Inclination.

Nadel B. 91.

I = 26° 34',44 I' = 26° 10',02 I'' = 24° 56',22 I''' = 25° 20',76

i' = 25° 45',36

$+\frac{F}{2} =$ + 0,45

$-\frac{H}{2} =$ — 0,35.

Intensität.

Inclinations-Nadel A.

16h 53' 2'',0	57' 21'',4	τ'	3'',70632	log T₀	= 0,564563
53 39,3	56 44,8	τ'E².F (z) —	2143	π	= 60° 45'
54 16,8	56 7,8	τ'E⁴.F' (z) —	20	log cos (π+u)	= 9,670143
54 54,2	55 31,2	τ'E⁶.F''(z) —	0	cp.log sin u	= 4,626944
				cp.log Φ	= 8,740249
				log F	= 0,037336

E = 35°,0 e = 6°,0 v = + 18°,5.

16h 59' 22'',4	63' 40'',4	τ'	3'',68238	log T₀	= 0,562223
60 0,0	63 4,0	τ'E².F (z) —	1760	π	= 60° 45'
60 37,2	62 27,2	τ'E⁴.F' (z) —	14	log cos(π+u)	= 9,670350
61 14,0	61 51,2	τ'E⁶.F''(z) —	0	cp.log sin u	= 1.631624
				cp.log Φ	= 8,740249
				log F	= 0,042223

E = 33°,0 e = 5°,0 v = + 18°,5.

16h 12' 38'',0	16' 56'',4	τ'	3'',69286	log T₀	= 0,563808
13 15,2	16 20,0	τ'E².F (z) —	1478	π	= 60° 45'
13 52,4	15 43,2	τ'E⁴.F' (z) —	13	log cos(π+u)	= 9,670207
14 29,6	15 6,4	τ'E⁶.F''(z) —	0	cp.log sin u	= 1,628454
				cp.log Φ	= 8,740249
				log F	= 0,038910

E = 35°,0 e = 3°,0 v = + 18°,5.

1830. JANUAR 13. 17ʰ 15′ K.

NOERDLICHE GROSSE OCEAN.

Cylindrische Nadel.

18ʰ 16′ 6″,0	18′ 43″,2	τ'	2″,25310	log T_0	= 0,349152
16 28,0	18 21,0	$\tau' E^2 . F(z)$	— 941	log A + cd	= 0,693316
16 50,8	17 58,8	$\tau' E^2 . F'(z)$	— 6	$b f^2 . tg^2 i$	= 2
17 13,2	17 36,4	$\tau' E^3 . F''(z)$	— 0	log f	= 9,995014

E = 30°,0 e = 5°,0 v = + 18°,5.

Resultate

für 1830. Januar 13. 22ʰ 55′

Breite	=	11° 17′ 56″	
Länge	=	233° 54′ 4″	
Inclination	=	25° 45′,46	B.
Ganze Intens.	=	1,08977	A.
	=	1,10211	A.
	=	1,09374	A.
	=	1,09764	C.

1830. JANUAR 14. 14h 10' K.

NOERDLICHE GROSSE OCEAN.

Inclination.

Nadel B. 92.

I = 23° 56',46 I' = 23° 22',74 I'' = 22° 21',24 I''' = 22° 44',70

i' = 23° 6',28

$+\frac{F}{2} = + 0,35$

$-\frac{H}{2} = - 0,35.$

Intensität.

Inclinations-Nadel A.

14h 13' 16'',4	17' 38'',6	τ'	3'',74333	log T_0	= 0,568323
13 54,4	17 1,2	τ'E².F (z) —	2612	π	= 58° 6'
14 32,4	16 24,8	τ'E⁴.F' (z) —	31	log cos(π+u)	= 9,704330
15 9,4	15 47,2	τ'E⁶.F''(z) —	0	cp.log sin u	= 1,585402
				cp.log Φ	= 8,739649
				log F	= 0,029381

E = 40°,0 e = 6°,0 v = + 19°,2.

Resultate

für 1830 Januar 14. 19h 49'

Breite	=	9°	42'	38''	
Länge	=	233°	29'	5''	
Inclination	=	23°	6',28		B.
Ganze Intens.	=	1,06999			A.

1830. JANUAR 15. 7h 15′ K.

NOERDLICHE GROSSE OCEAN.

Inclination.

Nadel B. 93.

I = 22° 30′,69 I′ = 21° 45′,72 I″ = 19° 44′,52 I‴ = 19° 49′,98

i′ = 20° 57′,79

$+\frac{F}{2} = + 1,34$

$-\frac{H}{2} = - 1,00.$

Intensität.

Inclinations-Nadel A.

7h 25′ 26″,4	29′ 53″,0	τ′	3″,80548	log T_0	= 0,575388
26 4,6	29 14,4	τ′E².F (z) —	2655	π	= 55° 58′
26 42,4	28 36,8	τ′E⁴.F′ (z) —	31	log cos (π+u)	= 9,729083
27 20,4	27 58,6	τ′E⁶.F″(z) —	1	cp.log sin u	= 1,546330
				cp.log Φ	= 8,739298
E = 40°,0	e = 6°,0	v = + 20°,0.		log F	= 0,014711
7h 32′ 49″,2	35′ 20″,8	τ′	3″,78600	log T_0	= 0,574288
33 27,6	34 43,0	τ′E².F (z) —	1687	π	= 55° 58′
7h 34′ 5″,6		τ′E⁴.F′ (z) —	2	log cos (π+u)	= 9,729181
				cp.log sin u	= 1,548568
				cp.log Φ	= 8,739298
E = 40°,0	e = 6°,0	v = + 20°,0.		log F	= 0,017047
7h 36′ 54″,8	40′ 4″,8	τ′	3″,79714	log T_0	= 0,573753
37 33,0	39 26,8	τ′E².F (z) —	3230	π	= 55° 58′
38 10,6	38 48,4	τ′E⁴.F′ (z) —	42	log cos (π+u)	= 9,729227
		τ′E⁶.F″(z) —	1	cp.log sin u	= 1,549600
				cp.log Φ	= 8,739298
E = 40°,0	e = 8°,0	v = + 20°,0.		log F	= 0,018125

Resultate

für 1830. Januar 15. 12h 54′

Breite	= 8° 55′ 29″	
Länge	= 233° 28′ 30″	
Inclination	= 20° 58′,13	B.
Ganze Intens.	= 1,03422	A.
	= 1,04003	A.
	= 1,04262	A.

1830. JANUAR 16. 3^h 30′ W. Zt.

NOERDLICHE GROSSE OCEAN.

Inclination.

Nadel B. 94.

I = 20° 25′,50 I′ = 20° 17′,70 I″ = 18° 34′,32 I‴ = 18° 49′,32

i′ = 19° 31′,71

$+\frac{F}{2} = + 1,13$

$-\frac{H}{2} = - 0,90.$

Resultat

für 1830. Januar 16. 3^h 40′

Breite	=	8° 10′ 27″
Länge	=	233° 34′ 27″
Inclination	=	19° 31′,94 B.

1830. JANUAR 18. 23ʰ 0′ K.

NOERDLICHE GROSSE OCEAN.

Inclination.

Nadel B. 95.

$I = 18^{\circ}\ 33',72 \quad I' = 18^{\circ}\ 5',46 \quad I'' = 17^{\circ}\ 3',92 \quad I''' = 17^{\circ}\ 39',20$

$$i' = 17^{\circ}\ 50',57$$

$$+\frac{F}{2} = +0,29$$

$$-\frac{H}{2} = -0,29.$$

Intensität.

Inclinations-Nadel. A.

22ʰ 58′ 50″,8	64′ 34″,0	τ'	3″,81043	log T_0	= 0,576065
59 30,8	63 56,8	$\tau' E^2.F$ (z)	— 2736	π	= 52° 51′
60 9,2	63 20,4	$\tau' E^4.F'$ (z)	— 28	log cos(π+u)	= 9,762761
60 48,0	62 42,0	$\tau' E^6.F''$(z)	— 0	cp. log. sin u	= 1,511944
61 25,6	62 4,0			cp. log Φ	= 8,737937
				log F	= 0,012642

E = 36°,0 e = 8°,0 v = + 18°,0.

23ʰ 6′ 27″,6	10′ 56″,6	τ'	3″,85667	log T_0	= 0,580042
7 4,4	10 18,6	$\tau' E^2.F$ (z)	— 3442	π	= 52° 51′
7 43,2	9 40,0	$\tau' E^4.F'$ (z)	— 39	log cos (π+u)	= 9,762406
8 21,2	9 0,4	$\tau' E^6.F''$(z)	— 0	cp. log sin u	= 1,503990
				cp. log Φ	= 8,737937
				log F	= 0,004333

E = 36°,0 e = 11°,0 v = + 23°,0.

Resultate

für 1830. Januar 18. 4ʰ 41′

Breite	=	7° 15′ 28″	
Länge	=	233° 56′ 39″	
Inclinnation	=	17° 50′,57	B.
Ganze Intens.	=	1,02953	A.
	=	1,01003	A.

1830. JANUAR 19. 22^h 0′ K.

NOERDLICHE GROSSE OCEAN.

Inclination.

Nadel B. 96.

I = 18° 3,′25 I′ = 17° 10′,75 I″ = 16° 1′,87 I‴ = 17° 10′,30

i′ = 17° 6′,54

$$+\frac{F}{2} = +0,01$$

$$-\frac{H}{2} = -0,80.$$

Intensität.

Inclinations-Nadel A.

22^h 3′ 39″,2	6′ 12″,6	τ' 3″,8300	log T_0 = 0.580042
4 18,4	5 34,6	$\tau' E^2.F$ (z) — 808	π = 52° 6′
22^h 4′ 56″,8		$\tau' E^4.F'$ (z) — 6	log cos (π+u) = 9,769985
		$\tau' E^6.F''$(z) — 0	cp. log sin u = 1,496588
			cp. log Φ = 8,737483
E = 30°,0	e = 1°,0	v = + 23°,0.	log F = 0,004056

22^h 8′ 10″,4	11′ 59″,6	τ' 3″,81572	log T_0 = 0.578462
8 48,6	11 21,0	$\tau' E^2.F$ (z) — 770	π = 52° 6′
9 26,4	10 42,4	$\tau' E^4.F'$ (z) — 5	log cos (π+u) = 9,770126
22^h 10′ 4″,6		$\tau' E^6.F''$(z) — 0	cp. log sin u = 1,499748
			cp. log Φ = 8,737483
E = 30°,0	e = 1°,0	v = + 23°,0.	log F = 0,007357

22^h 14′ 1″,4	18′ 30″,0	τ' 3″,84071	log T_0 = 0,579102
14 39,2	17 51,6	$\tau' E^2.F$ (z)—2680	π = 52° 6′
15 17,6	17 12,6	$\tau' E^4.F'$ (z)— 32	log cos (π+u) = 9,770070
15 55,4	16 34,4	$\tau' E^6.F''$(z)— 0	cp. log sin u = 1,498468
			cp. log Φ = 8,737483
E = 40°,0	e = 6°,0	v = + 23°,0.	log F = 0,006021

Resultate

für 1830. Januar 19. 3^h 42′

Breite	= 6° 27′ 14″	
Länge	= 234° 12′ 20″	
Inclination	= 17° 5′,75	B.
Ganze Intens.	= 1,00939	A.
	= 1,01708	A.
	= 1,01396	A.

1830. JANUAR 19. 16^h 15′ K.

NOERDLICHE GROSSE OCEAN.

Inclination.

Nadel B. 97.

I = 16° 24′,48   I′ = 16° 0′,24   I″ = 14° 34′,50   I‴ = 15° 7′,74

$$i' = 15^\circ\ 31',74$$

$$+\frac{F}{2} = +0,82$$

$$-\frac{H}{2} = -0,90.$$

Intensität

Inclinations-Nadel A.

16^h 22′ 37″,2	27′	6″,0	τ'	3″,83905	log T_0	= 0,578448
23 16,4	26	27,6	$\tau' E^2.F\ (z)$	— 3084	π	= 50° 32′
23 54,8	25	49,6	$\tau' E^4.F'\ (z)$	— 36	log cos (π+u)	= 9,785343
24 33,6	25	11,4	$\tau' E^6.F''(z)$	— 0	cp.log sin u	= 1,484942
					cp.log Φ	= 8,737106
					log F	= 0,007391

E = 38°,0   c = 8°,5   v = + 23°,0.

Resultate

für 1830. Januar 19. 21^h 57′

Breite	=	5°	49′	1″
Länge	=	234°	7′	44″
Inclination	=	15°	31′,66	B.
Ganze Intens.	=	1,01719		A.

1830. JANUAR 20. 16h 32′ K.

NOERDLICHE GROSSE OCEAN.

Inclination.

Nadel B. 98.

I = 13° 38′,46 I′ = 13° 30′,00 I″ = 12° 25′,74 I‴ = 12° 36′,48

$$i' = 13^\circ\ 2',62$$

$$+\frac{F}{2} = +0,64$$

$$-\frac{H}{2} = -0,64.$$

Inclination.

Inclinations-Nadel A.

16h 35′ 31″,2 38′ 5″,2	τ′	3″,85600	log T_0	= 0,582247
36 10,8 37 28,4	τ′E².F (z)	— 1362	π	= 48° 3′
16h 36′ 50″,4	τ′E⁴.F′ (z)	— 22	log cos (π+u)	= 9,807547
	τ′E⁶.F″(z)	— 0	cp. log sin u	= 1,455458
			cp. log Φ	= 8,736603
			log F	= 9,999608

E = 40°,0 e = 2°,1 v = + 24°,0.

16h 40′ 6″,8 43′ 17″,6	τ′	3″,83943	log T_0	= 0,580453
40 46,0 42 42,4	τ′E².F (z)	— 1294	π	= 48° 3′
41 24,2 42 4,8	τ′E⁴.F′ (z)	— 17	log cos (π+u)	= 9,807697
	τ′E⁶.F″(z)	— 0	cp. log sin u	= 1,459046
			cp. log Φ	= 8,736603
			log F	= 0,003346

E = 40°,0 e = 1°,0 v = + 24°,0.

Resultate

für 1830. Januar 20. 22h 10′

Breite	= 4° 35′ 0″	
Länge	= 233° 16′ 43″	
Inclinat.	= 13° 2′,66	B.
Ganze Intens.	= 0,99909	A.
	= 1,00772	A.

1830. JANUAR 21. 12^h 30′ K.

NOERDLICHE GROSSE OCEAN.

Inclination.

Nadel B. 99.

I = 9° 48′,96   I′ = 9° 14′,46   I″ = 8° 57′,72   I‴ = 9° 16′,20

i′ = 9° 19′,33

$+\frac{F}{2} = -0,02$

$-\frac{H}{2} = -0,31.$

Intensität.

Inclinations-Nadel A.

12^h 35′ 42″,8	39′ 37″,6	τ′	3″,90642	log T_0	= 0,585815
36 23,6	38 58,8	τ′E².F (z)	— 3484	π	= 44° 19′
37 3,2	38 22,2	τ′E⁴.F′ (z)	— 66	log cos (π+u)	= 9,837804
12^h 37′ 42″,2		τ′E⁶.F″(z)	— 1	cp.log sin u	= 1,418809
				cp.log Φ	= 8,736155
				log F	= 9,992768

E = 50°,0   e = 5°,0   v = + 19°,5.

12^h 41′ 51″,2	45′ 5″,2	τ′	3″,87029	log T_0	= 0,583501
42 30,2	44 25,6	τ′E².F (z)	— 1973	π	= 44° 19′
43 9,2	43 47,6	τ′E⁴.F′ (z)	— 24	log cos (π+u)	= 9,837989
		τ′E⁶.F″(z)	— 0	cp.log sin u	= 1,423437
				cp.log Φ	= 8,736155
				log F	= 9,997581

E = 40°,0   e = 3°,0   v = + 19°,5.

Resultate

für 1830. Januar 21. 18^h 2′

Breite	= 2° 41′ 46″	
Länge	= 231° 45′ 39″	
Inclination	= 9° 19′,00	B.
Ganze Intens.	= 0,98349	A.
	= 0,99445	A.

1830. JANUAR 22. 1^h 30′ K.

NOERDLICHE GROSSE OCEAN.

Inclination.

Nadel B. 100.

I = 8° 30′,72 I′ = 7° 49′,50 I″ = 6° 26′,22 I‴ = 6° 39′,48

$$i' = 7^\circ\ 21',48$$

$$+\frac{F}{2} = +\ 2,50$$

$$-\frac{H}{2} = -\ 2,84.$$

Intensität.

Inclinations-Nadel A.

1^h 40′ 27″,6	43′ 3″,2	τ′	3″,88800	log T_0	= 0,587003
41 7,2	42 24,8	$\tau' E^2 . F$ (z) —	820	π	= 42° 22′
1^h 41′ 46″,2		$\tau' E^4 . F'$ (z) —	6	log cos (π + u)	= 9,852186
		$\tau' E^6 . F''$(z) —	0	cp . log . sin u	= 1,402481
				cp . log Φ	= 8,735890
				log F	= 9,990567

E = 30°,0 e = 1°,0 v = + 18°,5.

1^h 44′ 47″,2	48′ 2″,0	τ′	3″,90171	log T_0	= 0,585409
45 27,2	47 24,8	$\tau' E^2 . F$ (z) —	3551	π	= 42° 22′
46 7,2	46 46,0	$\tau' E^4 . F'$ (z) —	69	log cos(π + u)	= 9,852361
		$\tau' E^6 . F''$(z) —	2	cp . log . sin u	= 1,405669
				cp . log Φ	= 0,735890
				log F	= 9,993920

E = 50°,0 e = 5°,0 v = + 18°,5.

Resultate

für 1830. Januar 22. 6^h 59′

Breite	=	1° 33′ 6″
Länge	=	230° 57′ 31″
Inclination	=	7° 21′,14 B.
Ganze Intens.	=	0,97852 A.
	=	0,98610 A.

1830. JANUAR 22. 9^h 18′ K.

NOERDLICHE GROSSE OCEAN.

Inclination.

Nadel B. 101.

I = 6° 24′,48 I′ = 5° 37′,98 I″ = 4° 16′,74 I‴ = 4° 38′,52

$$i' = 5^\circ\ 14',43$$
$$+\frac{F}{2} = +3,04$$
$$-\frac{H}{2} = -3,90.$$

Intensität.

Inclinations-Nadel A.

9^h 27′59″,2	32′ 37″,2	τ'	3″,95714	log T_0	= 0,591720
28 40,2	31 57,2	$\tau' E^2.F$ (z)	— 3463	π	= 40° 14′
29 20,0	31 17,8	$\tau' E^4.F'$ (z)	— 64	log cos (π+u)	= 9,866736
29 59,6	30 39,2	$\tau' E^6.F''$(z)	— 0	cp. log sin u	= 1,378811
				cp. log Φ	= 8,735723
				log F	= 9,981270

E = 50°,0 c = 5°,0 v = + 18°,2.

Resultate

für 1830. Januar 22. 14^h 43′

Breite	=	0° 45′ 51″
Länge	=	230° 22′ 48″
Inclination	=	5° 13′,57 B.
Ganze Intens.	=	0,95779 A.

1830. JANUAR 22. 15^h 2′ K.

NOERDLICHE GROSSE OCEAN.

Inclination.

Nadel B. 102.

I = 4° 24′,72 I′ = 3° 57′,48 I″ = 2° 25′,26 I‴ = 3° 12′,96

$$i' = 3^\circ\ 30',10$$
$$+\frac{F}{2} = +\ 3,17$$
$$-\frac{H}{2} = -\ 4,81.$$

Intensität.

Inclinations-Nadel A.

15^h 16′ 58″,0 19′ 40″,4	τ' 4″,05200	log T_0 = 0,598549
17′ 40,4 19 0.8	$\tau' E^2.F\ (z)$ — 6375	π = 38° 28′
15^h 18′ 21″,0	$\tau' E^4.F'\ (z)$ — 250	log cos(π+u) = 9,877779
	$\tau' E^6.F''(z)$ — 15	cp.log.sin u = 1,354400
		cp.log Φ = 8,735600
		log F = 9,967779

E = 70°,0 c = 5°,0 v = + 20°,0.

Resultate

für 1830. Januar 22. 20^h 26′

Breite	=	0° 8′ 59″
Länge	=	229° 55′ 33″
Inclination	=	3° 28′,46 B.
Ganze Intens.	=	(0,92849 A.)

Die Schwingungsbeobachtung war bedeutend erschwert, weil das Schiff dicht am Winde und zugleich fast im magnetischen Meridiane anlag.

1830. JANUAR 23. 19ʰ 15′ K.

SUEDLICHE GROSSE OCEAN.

Inclination.

Nadel B. 103.

I = 4° 46′,74 I′ = 4° 7′,74 I″ = 1° 50′,22 I‴ = 1° 52′,74

$$i' = 3^\circ\ 9',36$$

$$+\frac{F}{2} = +15,73$$

$$-\frac{H}{2} = -16,19.$$

Intensität.

Inclinations-Nadel A.

19ʰ 19′ 32″,8	24′ 8″,4	τ′ 3″,94047	log T_0	= 0,589942
20 12,8	23 30,4	τ′E².F (z) — 3259	π	= 38° 9′
20 53,6	22 51,2	τ′E⁴.F′ (z) — 49	log cos(π+u)	= 9,880415
21 33,2	22 13,2	τ′E⁶.F″(z) — 1	cp.log.sin u	= 1,369490
			cp.log Φ	= 8,734890
			log F	= 9,984795

E = 45,°0 e = 6°,0 v = + 20°,0.

19ʰ 31′ 7″,2	37′ 41″,6	τ′ 3″,92800	log T_0	= 0,589827
31 47,2	37 0,0	τ′E².F (z) — 2141	π	= 38° 9′
32 26,4	36 22,4	τ′E⁴.F′ (z) — 24	log cos (π+u)	= 9,880425
33 6,6	35 42,4	τ′E⁶.F″(z) — 0	cp.log sin u	= 1,369720
33 46,0	35 2,8		cp.log Φ	= 8,734890
19ʰ 34′ 24″,0			log F	= 9,985035

E = 40°,0 e = 4°,0 v = + 20°,0.

Resultate

für 1830. Januar 23. 0ʰ 38′

Breite	=	— 0° 12′ 1″
Länge	=	229° 37′ 10″
Inclination	=	3° 8′,90 B.
Ganze Intens.	=	0,96560 A.
	=	0,96613 A.

Das von hier an vorkommende Minuszeichen vor der Breitenangabe bedeutet südliche Breiten.

1830. JANUAR 23. 22^h 55′ K.

SUEDLICHE GROSSE OCEAN.

Inclination.

Nadel B. 104.

I und I′ wurden nicht beobachtet. I″ = 1° 41′,76 I‴ = 2° 0′,96

Nach den nächsten Beobachtungen:

$$i' = \frac{I'' + I'''}{2} + 1^\circ\, 11',27 = 3^\circ\, 2',63$$

$$+ \frac{F - H}{2} \qquad = -0,37.$$

Intensität.

Inclinations-Nadel A.

23^h 12′ 51″,2	16′ 51,″6	τ'	3″,99000	log T_0	= 0,591717
13 33,2	16 11,6	$\tau' E^2.F\,(z)$	— 6452	π	= 38° 3′
14 12,4	15 31,6	$\tau' E^4.F'\,(z)$	— 237	log cos (π+u)	= 9,880916
18^h 14′	51″,6	$\tau' E^6.F''(z)$	— 15	cp. log sin u	= 1,365345
				cp. log Φ	= 8,735470
				log F.	= 9,981731

E = 70°,0 e = 6°,0 v = + 19°,5.

Resultate

für 1830. Januar 23. 4^h 16′

Breite	= — 0°	6′	31″	
Länge	= 229°	11′	13″	
Inclination	= 3°	2′,26		B.
Horiz. Intens.	= 0,95881			A.

1830. JANUAR 23. 0^h 20′ K.

SUEDLICHE GROSSE OCEAN.

Inclination.

Nadel B. 105.

I = 4° 35′,46 I′ = 3° 56′,46 I″ = 2° 4′,50 I‴ = 2° 8′,76

$$i' = 3° \; 11',29$$

$$+\frac{F}{2} = +10,61$$

$$-\frac{H}{2} = -10,90.$$

Resultate

für 1830. Januar 23. 5^h 41′

Breite	=	− 0° 5′ 5″
Länge	=	229° 8′ 10″
Inclination	=	3° 11′,00 B.

1830. JANUAR 23. 7ʰ 15′ W. Zt.

SUEDLICHE GROSSE OCEAN.

Intensität.

Nadel B. 106.

I = 4° 42′,00	I′ = 4° 34′,74	I″ = 2° 0′,96	I‴ = 2° 14′,28
I = 4° 34′,74	I = 4° 24′,00		

Es wurde zweimal umgestrichen.

$$i' = 3^\circ\ 20',74$$

$$+\frac{F}{2} = +\ 13,30$$

$$-\frac{H}{2} = -\ 13,37.$$

Resultate

für 1830. Januar 23. 7ʰ 27′

Breite	=	— 0° 2′ 56″
Länge	=	228° 58′ 19″
Inclination	=	3° 20′,67 B.

1830. JANUAR 23. 10^h 30′ W. Zt.

NOERDLICHE GROSSE OCEAN.

Inclination.

Nadel B. 107.

I = 4° 30′,96 I′ = 4° 24′,72 I″ = 2° 9′,48 I‴ = 2° 23′,76

$$i' = 3° \ 22',23$$

$$+\frac{F}{2} = +10,61$$

$$-\frac{H}{2} = -10,67.$$

Resultate

für 1830. Januar 23. 10^h 42′

Breite	= 0°	1′	17″	
Länge	= 228°	39′	22″	
Inclination	= 3°	22′,17		B.

1830. JANUAR 23. 11h 15′ K.

NOERDLICHE GROSSE OCEAN.

Inclination.

Nadel B. 108.

I = 4° 57′,48 | I′ = 4° 40′,74 | I″ = 2° 40′,74 | I‴ = 2° 43′,92

$$i' = 3^\circ\ 45',72$$
$$+\frac{F}{2} = +8,87$$
$$-\frac{H}{2} = -8,93.$$

Intensität.

Inclinations-Nadel A.

11h 33′	54″,0	40′ 25″,6	τ′	3″,90419	log T_0	= 0,587079
34	35,2	39 47,4	τ′E².F (z)	— 2402	π	= 38° 46′
35	15,6	39 8,8	τ′E⁴.F′ (z)	— 27	log cos (π + u)	= 9,876716
35	54,8	38 30,2	τ′E⁶.F″(z)	— 0	cp. log sin u	= 1,378928
36	34,0	37 51,4			cp. log Φ	= 8,735245
11h 37′	13″,2				log F	= 9,990889

E = 40°,0 e = 5°,0 v = + 17°,8.

Resultate

für 1830. Januar 23. 16h 31′

Breite	=	0° 6′ 52″
Länge	=	228° 8′ 32″
Inclination	=	3° 45′,66 B.
Ganze Intens.	=	0,97924 A.

1830. JANUAR 23. 21^h 30′ und 22^h 0′ W. Zt.

NOERDLICHE GROSSE OCEAN.

Inclination.

Nadel B. 109 und 110.

I = 5° 27′,48	I′ = 5° 1′,86	I″ = 3° 13′,80	I‴ = 3° 18′,96
I = 5° 31′,26	I′ = 4° 59′,76	I″ = 2° 46′,98	I‴ = 2° 57′,48

$$i' = 4^\circ\ 15',52$$
$$+\frac{F}{2} = +\ 8,87$$
$$-\frac{H}{2} = -\ 10,05.$$

und:

$$i' = 4^\circ\ 3',87$$
$$+\frac{F}{2} = +\ 10,35$$
$$-\frac{H}{2} = -\ 10,67.$$

Resultate

für 1830. Januar 23. 21^h 42′ und 22^h 12′

Breite	=	0° 12′ 1″
	=	0° 11′ 45″
Länge	=	227° 44′ 10″
	=	227° 41′ 37″
Inclination	=	4° 14′,34
	=	4° 3′,87

1830. JANUAR 24. 19ʰ 48′ K.

NOERDLICHE GROSSE OCEAN.

Inclination.

Nadel B. 111.

I = 4° 48′,00   I′ = 4° 31′,25   I″ = 2° 52′,25   I‴ = 2° 54′,00

i′ = 3° 46′,37

$+\frac{F}{2} = + 6,24$

$-\frac{H}{2} = - 6,28.$

Intensität.

Inclinations-Nadel A.

19ʰ 51′ 54″,4	58′ 44″,0	τ′ 4″,06527		log T_0	= 0,596878
52 38,4	58 3,2	τ′E².F (z) — 9232		π	= 38° 46′
53 21,6	57 22,8	τ′E⁴.F′ (z) — 334		log cos (π + u)	= 9,875983
54 4,0	56 44,4	τ′E⁶.F″(z) — 19		cp. log sin u	= 1,359357
54 44,8	56 6,0			cp. log Φ	= 8,735094
19ʰ 55′ 25″,0				log F	= 9,970434

E = 70°,0   e = 12°,0   v = + 19°,0.

19ʰ 59′ 32″,0	63′ 31″,8	τ′ 4″,00143		log T_0	= 0,599754
60 10,8	62 52,2	τ′E².F (z) — 564		π	= 38° 46′
60 50,2	62 8,4	τ′E⁴.F′ (z) — 1		log cos(π + u)	= 9,875760
19ʰ 61′ 27″,4		τ′E⁶.F″(z) — 0		cp. log sin u	= 1,353579
				cp. log Φ	= 8,735094
				log F	= 9,964433

E = 15°,0   e = 4°,0   v = + 19°,0.

Resultate

für 1830. Januar 24. 1ʰ 4′

Breite	= 0° 10′ 10″	
Länge	= 227° 44′ 1″	
Inclination	= 3° 46′,33	B.
Ganze Intens.	= 0,93419	A.
	= 0,92137	A.

1830. JANUAR 24. 23^h 35′ K.

NOERDLICHE GROSSE OCEAN.

Inclination.

Nadel B. 112.

I = 5° 35′,22	I′ = 5° 29′,46	I″ = 2° 51′,50	I‴ = 3° 28′,74
		I″ = 2° 53′,46	I‴ = 3° 19′,74

Es wurde zweimal umgestrichen.

$$i' = 4^\circ\ 20',35$$

$$+\frac{F}{2} = +\ 9,85$$

$$-\frac{H}{2} = -\ 10.08.$$

Intensität.

Inclinations-Nadel A.

23^h 40′ 51″,2	47′ 25″,1	τ'	3″,94282	log T_0	= 0,591258
41 31,2	46 46.3	$\tau' E^2.F$ (z) —	2426	π	= 39° 20′
42 9,4	46 7,5	$\tau' E^4.F'$ (z) —	28	log cos (π+u)	= 9.872739
42 50,0	45 27.9	$\tau' E^6.F''$ (z) —	0	cp. log sin u	= 1,374057
43 31,8	44 48,9			cp. log Φ	= 8,734960
23^h 44′ 11″,6				log F	= 9,981756

E = 40°,0 e = 5°,0 v = + 18°.8.

Resultate

für 1830. Januar 24. 4^h 48′

Breite	=	0° 8′ 10″
Länge	=	227° 11′ 56″
Inclination	=	4° 20′,12 B.
Ganze Intens.	=	0,95886 A.

1830. JANUAR 24. 5^h 58′ K.

NOERDLICHE GROSSE OCEAN.

Inclination.

Nadel B. 113.

I = 5° 8′,22 I′ = 4° 59′,70 I″ = 2° 39′,24 I‴ = 2° 43′,26

$$i' = 3^\circ\ 52',60$$
$$+\frac{F}{2} = +10,94$$
$$-\frac{H}{2} = -10,85.$$

Intensität.

Inclinations-Nadel A.

6^h 1′ 23″,2	5′ 19″,6	τ'	3″,92643	$\log T_0$	= 0,589507
2 1,2	4 37,6	$\tau' E^2 . F(z)$	−2512	π	= 38° 53′
2 41,6	3 59,0	$\tau' E^4 . F'(z)$	− 31	$\log\cos(\pi + u)$	= 9,875787
6^h 3′ 20″,4		$\tau' E^6 . F''(z)$	− 0	cp. log sin u	= 1,374784
				cp. log Φ	= 8,734760
				log F	= 9,985331

E = 40°,0 e = 5°,0 v = + 17°,3.

6^h 7′ 35″,8	11′ 29″,2	τ'	3″,87358	$\log T_0$	= 0,583599
8 14,8	10 48,4	$\tau' E^2 . F(z)$	− 2477	π	= 38° 53′
8 52,8	10 10,0	$\tau' E^4 . F'(z)$	− 30	$\log\cos(\pi + u)$	= 9,876219
6^h 9′ 30″,8		$\tau' E^6 . F''(z)$	− 0	cp. log sin u	= 1,386600
				cp. log Φ	= 8,734760
				log F	= 9,997579

E = 40°,0 e = 5°,0 v = + 17°,3.

Resultate

für 1830. Januar 24. 11^h 9′

Breite	=	0° 0′ 28″	
Länge	=	226° 49′ 32″	
Inclination	=	3° 52′,69	B.
Ganze Intens.	=	0,96679	A.
	=	0,99444	A.

1830. JANUAR 24. 12^h 20′ K.

SUEDLICHE GROSSE OCEAN.

Inclination.

Nadel B. 114.

I = 4° 55′,26 I′ = 4° 14′,76 I″ = 1° 47′,52 I‴ = 1° 56′,00

$$i' = 3^\circ\ 13',38$$
$$+\frac{F}{2} = +\ 16,87$$
$$-\frac{H}{2} = -\ 17,53.$$

Resultat

für 1830. Januar 24. 17^h 29′

Breite	= − 0° 15′ 0″
Länge	= 226° 24′ 51″
Inclination	= 3° 12′,72 B.

1830. JANUAR 24. 16^h 10′ K.

SUEDLICHE GROSSE OCEAN.

Inclination.

Nadel B. 115.

$I = 3^\circ\ 59',76 \qquad I' = 3^\circ\ 43',26 \qquad I'' = 1^\circ\ 24',00 \qquad I''' = 1^\circ\ 288',26$

$$i' = 2^\circ\ 38',82$$

$$+\frac{F}{2} = +16,66$$

$$-\frac{H}{2} = -16,76.$$

Intensität.

Inclinations-Nadel A.

16^h 19′ 46″,0	24′ 24″,0	τ'		3″,97428	$\log T_0$	$= 0.5944201$
20 26,0	23 44.8	$\tau' E^2 . F(z)$	—	2915	π	$= 37^\circ\ 39'$
21 5,6	23 5,2	$\tau' E^4 . F'(z)$	—	45	$\log\cos(\pi + u)$	$= 9,8883217$
21 46,0	22 25,6	$\tau E^6 . F''(z)$	—	1	cp. log cos u	$= 1,3558021$
					cp. log Φ	$= 8,7334590$
					log F	$= 9,9775828$

$E = 45^\circ,0 \quad e = 5^\circ,0 \quad v = +18^\circ,5.$

Resultate

für 1830. Januar 24. 21^h 19′

Breite	$= -0^\circ\ 29'\ 16''$
Länge	$= 226^\circ\ 8'\ 29''$
Inclination	$= 2^\circ\ 38',72$ B.
Ganze Intens.	$= 0,94586$ A.

1830. JANUAR 25. 19^h 40′ K.

SUEDLICHE GROSSE OCEAN.

Inclination.

Nadel B. 116.

I = 3° 46′,39   I′ = 3° 12′,37   I″ = 0° 57′,50   I‴ = 1° 11′,00

$$i' = 2^\circ\ 16',81$$

$$+\frac{F}{2} = +\ 18,77$$

$$-\frac{H}{2} = -\ 19,74.$$

Intensität.

Inclinations-Nadel A.

19^h 50′	2″,8	56′ 44″,8	τ′		4″,02191	log T_0	=	0,595070
50	42,4	56 4,0	τ′E².F (z)	—	6790	π	=	37° 16′
51	21,6	55 23,6	τ′E⁴.F′ (z)	—	107	log cos(π+u)	=	9,885510
52	2,4	54 43,4	τ′E⁶.F″(z)	—	2	cp. log sin u	=	1,354084
52	42,8	54 2,4				cp. log Φ	=	8,734510
18^h 53′	22″,0					log F	=	9,974104

E = 35°   e = 25°   v = + 19°,0.

Resultate

für 1830. Januar 25. 0^h 48′

Breite	=	— 0° 40′ 31″
Länge	=	225° 57′ 18″
Inclination	=	2° 15′,84 B.
Ganze Intens.	=	0,94212 A.

1830. JANUAR 25. 0^h 0′ K.

SUEDLICHE GROSSE OCEAN.

Inclination.

Nadel B. 117.

I = 3° 42′,12 I′ = 3° 11′,22 I″ = 0° 48′,24 I‴ = 1° 6′,66

$$i' = 2^\circ\ 12',06$$
$$+\frac{F}{2} = +\ 20,45$$
$$-\frac{H}{2} = -\ 21,55.$$

Intensität.

Inclinations-Nadel A.

0^h 17′ 46″,4	23′ 43″,2	τ'	3″,91570	log T_0	= 0,589798
18 28,4	21 3,6	$\tau' E^2.F$ (z)	— 1040	π	= 37° 11′
19 9,6	20 25,2	$\tau' E^4.F'$ (z)	— 7	log cos(π+u)	= 9,886401
0^h 19′ 48″,0		$\tau' E^6.F''$(z)	— 0	cp. log sin u	= 1,364148
				cp. log Φ	= 8,734430
				log F	= 9,984979

E = 30°,0 e = 2°,0 v = + 18°,0.

Resultate

für 1830 Januar 25. 5^h 7′

Breite	= — 0° 52′ 55″
Länge	= 225° 43′ 32″
Inclination	= 2° 10′,96 B.
Ganze Intens.	= 0,96600 A.

1830. JANUAR 25. 6^h 15′ K.

SUEDLICHE GROSSE OCEAN.

Inclination.

Nadel B. 118.

$I = 2^\circ\ 30',96 \quad I' = 1^\circ\ 43',50 \quad I'' = 0^\circ\ 56',46 \quad I''' = 1^\circ\ 0',00$

$$i' = 1^\circ\ 32',73$$
$$+\frac{F}{2} = +\ 5,53$$
$$-\frac{H}{2} = -\ 7,27.$$

Intensität.

Inclinations-Nadel A.

6^h 25′ 32″,8	29′ 27″,6	τ'	3″,90286	$\log T_0$	= 0,583055
26 12,8	28 48,4	$\tau' E^2 . F(z)$ —	5936	π	= 36° 31′
26 52,0	28 9,2	$\tau' E^2 . F'(z)$ —	12	$\log\cos(\pi + u)$	= 9,890875
6^h 27′	31″,2	$\tau' E^6 . F''(z)$ —	3	cp.log.sin u	= 1,373847
				cp.log.Φ	= 8,734305
				log F	= 9,999027

$E = 50^\circ,0 \quad e = 10^\circ,0 \quad v = +\ 17^\circ,0.$

Resultate

für 1830. Januar 25. 11^h 21′

Breite	=	— 1° 6′ 43″
Länge	=	225° 27′ 51″
Inclination	=	1° 30′,99 B.
Ganze Intens.	=	0,99776 A.

1830. JANUAR 25. 18h 30′ W. Zt.

SUEDLICHE GROSSE OCEAN.

Inclination.

Nadel B. 119 *).

$I = 2^\circ\ 43',26 \quad I' = 2^\circ\ 13',20 \quad I'' = -0^\circ\ 13',74 \quad I''' = -0^\circ\ 7',98$

$$i' = 1^\circ\ 8',68$$

$$+\frac{F}{2} = +\ 40,23$$

$$-\frac{H}{2} = -\ 42,55.$$

Resultate

für 1830. Januar 25. 18h 43′

Breite	= − 1° 30′ 18″	
Länge	= 225° 3′ 4″	
Inclination	= 1° 6′,36	B.

*) Das Minuszeichen bedeutet sowohl vor den einzelnen Neigungswinkeln als auch vor den Inclinationen, dafs sich das nach Süden gekehrte Ende der Nadel unter dem Horizonte befand.

1830. JANUAR 25. 16^h 55′ K.

SUEDLICHE GROSSE OCEAN.

Inclination.

Nadel B. 120.

$I = 1^\circ\ 7',98 \quad I' = 0^\circ\ 53',46 \quad I'' = -1^\circ\ 30',72 \quad I''' = -1^\circ\ 2',00$

$$i' = -0^\circ\ 13',32$$

$$+\frac{F-II}{2} = 0,00.$$

Intensität.

Inclinations-Nadel A.

17^h 1′ 5″,2	7′ 36″,8	τ'	3″,89600	log T_0	= 0,58104
1 45,6	6 57,4	$\tau' E^2 . F(z)$ —	3144	π	= 34° 7′
2 27,2	6 18,4	$\tau' E^4 . F'(z)$ —	46	log cos$(\pi + u)$	= 9,90727
3 3,2	5 38,2	$\tau' E^6 . F''(z)$ —	0	cp. log sin u	= 1,36297
3 42,0	4 58,8			cp. log Φ	= 8,73090
17^h 4′ 20″,8				log F	= 9,99114

$E = 45^\circ,0 \quad e = 6^\circ,0 \quad v = +20^\circ,0.$

Resultate

für 1830. Januar 25. 21^h 58′

Breite	=	— 1° 47′ 31″
Länge	=	224° 45′ 22″
Inclination	=	— 0° 13′,32 B.
Ganze Intens.	=	0,98881 A.

1830. JANUAR 10. 23^h 15′ W. Zt.

SUEDLICHE GROSSE OCEAN.

Inclination.

Nadel B. 121.

$I = 1^\circ\ 18',24$ $I' = 1^\circ\ 10',50$ $I'' = -1^\circ\ 5',76$ $I''' = -1^\circ\ 2',76$

$$i' = 0^\circ\ 5',06$$

$$+\frac{F-H}{2} = 0,00.$$

Resultate

für 1830. Januar 25. 23^h 28′

Breite	=	− 1° 51′ 14″
Länge	=	224° 41′ 42″
Inclination	=	0° 5′,06 B.

1830. JANUAR 25. 23^h 30′ W. Zt.

SUEDLICHE GROSSE OCEAN.

Inclination.

Nadel B. 122.

$I = 1^\circ\ 6',84 \quad I' = 1^\circ\ 1',20 \quad I'' = -1^\circ\ 25',62 \quad I''' = -1^\circ\ 21',84$

$$i' = -0^\circ\ 10',10$$

$$+\frac{F-H}{2} = 0,00.$$

Resultate

für 1830. Januar 25. 23^h 43′

Breite	=	— 1° 52′ 18″
Länge	=	224° 40′ 34″
Inclination	=	— 0° 10′,10

1830. JANUAR 26. 0^h $0'$ W. Zt.

SUEDLICHE GROSSE OCEAN.

Inclination.

Nadel B. 123.

$I = 1^\circ\ 1',98$ $I' = 0^\circ\ 51',72$ $I'' = -1^\circ\ 34',74$ $I''' = -1^\circ\ 9',48$

$$i' = -0^\circ\ 12',62$$

$$+\frac{F-H}{2} = 0,00.$$

Resultate

für 1830. Januar 26. 0^h $13'$

Breite	$= -1^\circ\ 54'\ 25''$
Länge	$= 224^\circ\ 38'\ 27''$
Inclination	$= -0^\circ\ 12',62$ B.

1830. JANUAR 26. 4h 15′ W. Zt.

SUEDLICHE GROSSE OCEAN.

Inclination.

Nadel B. 124.

I = 1° 22′,75 I′ = 0° 45′,25 I″ = − 1° 23′,75 I‴ = − 1° 1′,00

i′ = − 0° 4′,18

$+ \frac{F-H}{2} =$ 0,00.

Resultate

für 1830. Januar 26. 4h 28′

Breite = − 1° 53′ 22″
Länge = 224° 17′ 27″
Inclination = − 0° 4′,18 B.

1830. JANUAR 26. 2^h 53′ K.

SUEDLICHE GROSSE OCEAN.

Inclination.

Nadel B. 125.

I = 1° 25′,39 I′ = 1° 16′,50 I″ = — 0° 52′,25 I‴ = — 0° 39′,00

$$i' = 0^\circ\ 17',66$$

$$+\ \frac{F-H}{2} = 0.00.$$

Intensität.

Inclinations-Nadel A.

2^h 58′	48″,0	63′	22″,4	τ'	3″,92047	log T_0	= 0,588712
59	28,0	62	43,6	$\tau' E^2.F\ (z)$	— 2472	π	= 35° 18′
60	7,6	62	6,2	$\tau' E^4.F'\ (z)$	— 29	log cos (π + u)	= 9,897564
60	47,6	61	26,2	$\tau' E^6.F''(z)$	— 0	cp. log sin u	= 1,355828
						cp. log Φ	= 8,733940
						log F	= 9,987332

E = 40°,0 c = 5°,0 v = + 19°,0.

Resultate

für 1830. Januar 26. 7^h 52′

Breite	=	— 1° 52′ 0″
Länge	=	223° 55′ 0″
Inclination	=	0° 17′,66 B.
Ganze Intens.	=	0,97125 A.

1830. JANUAR 26. 11^h 45′ W. Zt.

SUEDLICHE GROSSE OCEAN.

Inclination.

Nadel B. 126.

$I = 1^\circ\ 32',00 \quad I' = 1^\circ\ 8',50 \quad I'' = -1^\circ\ 36',75 \quad I''' = -1^\circ\ 9',25$

$$i' = -0^\circ\ 1',37$$

$$+\frac{F-H}{2} = 0,00.$$

Resultate

für 1830. Januar 26. 11^h 58′

Breite	=	-1° 54′ 40″
Länge	=	223° 35′ 43″
Inclination	=	-0° 1′,37 B.

1830. JANUAR 26. 12^h 22′ K.

SUEDLICHE GROSSE OCEAN.

Inclination.

Nadel B. 127.

$I = 1^\circ\ 20',50 \quad I' = 0^\circ\ 56',75 \quad I'' = -2^\circ\ 11',50 \quad I''' = -1^\circ\ 31',75$

$$i' = -0^\circ\ 21',50$$

$$+\frac{F-H}{2} = 0,00.$$

Intensität.

Inclinations-Nadel A.

12^h 28′	1″,6	34′	51″,4	τ'	4″,10891	$\log T_0$	= 0.594117
28	43,6	34	12,4	$\tau' E^2 . F\ (z)$	— 15833	π	= 34° 39′
29	25,2	33	32,4	$\tau' E^4 . F'\ (z)$	— 568	$\log \cos(\pi + u)$	= 9,900859
30	7,2	32	52,0	$\tau' E^6 . F''(z)$	— 22	cp. log sin u	= 1,341571
30	46,2	32	10,6			cp. log Φ	= 8,733770
12^h 31′	29″,2					log F	= 9,976200

$E = 45^\circ \quad e = 45^\circ \quad v = +\ 19^\circ,5.$

Der Schwingungsbogen erhielt sich durch Wechsel von Ab- und Zunehmen in seiner ursprünglichen Gröfse.

Resultate

für 1830. Januar 26. 17^h 18′

Breite	= — 1° 52′ 38″
Länge	= 222° 59′ 27″
Inclination	= — 0° 21′,50 B.
Ganze Intens.	= 0,94667 A.

1830. JANUAR 26. 14h 10′ K.

SUEDLICHE GROSSE OCEAN.

Inclination.

Nadel B. 128.

I = 1° 35′,50 I′ = 1° 18′,75 I″ = − 1° 27′,25 I‴ = − 1° 13′,37
I″ = − 1° 23′,39 I‴ = − 1° 2′,71

Es wurde zweimal umgestrichen.

$$i' = 0^\circ\ 5',22$$

$$+\frac{F-H}{2} = 0{,}00.$$

Resultate

für 1830. Januar 26. 19h 1′

Breite	=	− 1° 52′ 24″
Länge	=	221° 47′ 39″
Inclination	=	0° 5′,22 B.

1830. JANUAR 26. 17^h 2′ K.

SUEDLICHE GROSSE OCEAN.

Inclination.

Nadel B. 129.

I = 1° 46′,25   I′ = 1° 8′,46   I″ = − 1° 44′,75   I‴ = − 1° 6′,50

$$i' = 0^\circ\ 0',86$$

$$+\frac{F-H}{2} = 0{,}00.$$

Intensität.

Inclinations-Nadel A.

17^h 9′ 6″,4	15′ 44″,8	τ'	3″,97982	log T_0	=	0,587737
9 47,2	15 5,6	$\tau'E^2.F\ (z)$ —	9027	π	=	35° 1′
10 27,6	14 26,4	$\tau'E^4.F'\ (z)$ —	173	log cos(π+u)	=	9,899239
11 8,0	13 46,4	$\tau'E^6.F''(z)$ —	7	cp. log sin u	=	1,346265
11 47,8	13 6,8			cp. log Φ	=	8,733560
17^h 12′ 27″,2				log F	=	9,979064

E = 50°,0   e = 22°,0   v = + 20°,0.

Resultate

für 1830. Januar 26. 21^h 55′

Breite	=	− 1° 51′ 50″	
Länge	=	222° 29′ 47″	
Inclination	=	0° 0′,86	B.
Ganze Intens.	=	0,95294	A.

1830. JANUAR 27. 0^h 0′ W. Zt.

SUEDLICHE GROSSE OCEAN.

Inclination.

Nadel B. 130.

$I = 1^\circ\ 45',82 \quad I' = 1^\circ\ 26',00 \quad I'' = -1^\circ\ 2',50 \quad I''' = -0^\circ\ 47',75$

$$i' = 0^\circ\ 20',39$$

$$+\frac{F-H}{2} = 0,00.$$

Resultate

für 1830. Januar 27. 0^h 13′

Breite	$= -1^\circ\ 51'\ 14''$
Länge	$= 222^\circ\ 18'\ 26''$
Inclination	$= 0^\circ\ 20',39$ B.

1830. JANUAR 27. 4^h 15′ W. Zt.

SUEDLICHE GROSSE OCEAN.

Inclination.

Nadel B. 131.

$I = 2^\circ\ 6',45 \quad I' = 1^\circ\ 53',40 \quad I'' = -0^\circ\ 56',10 \quad I''' = -0^\circ\ 48',00$

$$i' = 0^\circ\ 33',94$$

$$+\frac{F-H}{2} = 0,00.$$

Resultate

für 1830. Januar 27. 4^h 28′

Breite	=	-1° 48′ 30″
Länge	=	221° 41′ 7″
Inclination	=	0° 33′,94 B.

1830. JANUAR 27. 7^h 29′ K.

SUEDLICHE GROSSE OCEAN.

Inclination.

Nadel B. 132.

$I = 1^\circ\ 55',50 \quad I' = 1^\circ\ 32',50 \quad I'' = -0^\circ\ 44',00 \quad I''' = -0^\circ\ 14',75$

$$i' = 0^\circ\ 37',32$$

$$+\frac{F-H}{2} = +0,01.$$

Intensität.

Inclinations-Nadel A.

7^h 36′ 28″,4	43′ 29″,6	τ'	4″,25273	log T_0	= 0,587937
37 8,4	42 49,2	$\tau' E^2.F$ (z)	— 33213	π	= 35° 37′
37 49,6	42 7,6	$\tau' E^4.F'$ (z)	— 3133	log cos (π+u)	= 9,895803
38 31,2	41 24,8	$\tau' E^6.F''$(z)	— 204	cp. log sin u	= 1,359114
39 13,6	40 41,2			cp. log Φ	= 8,733220
7^h 39′ 56″,4				log F	= 9,988137

E = 80°,0 e = 50°,0 v = + 17°,5.

Resultate

für 1830. Januar 27. 12^h 18′

Breite	= — 1° 29′ 38″	
Länge	= 221° 12′ 39″	
Inclination	= 0° 37′,33	B.
Ganze Intens.	= 0,97305	A.

1830. JANUAR 27. 15^h 5′ K.

SUEDLICHE GROSSE OCEAN.

Inclination.

Nadel B. 133.

$I = 2^\circ\ 22',50$ $\quad I' = 1^\circ\ 55',12$ $\quad I'' = -0^\circ\ 9',75$ $\quad I''' = 0^\circ\ 4',25$

$$i' = 1^\circ\ 3',03$$

$$+\frac{F-H}{2} = -0,01.$$

Intensität.

Inclinations-Nadel A.

15^h 15′ 54″,6	20′ 37,″6	τ' 3″,97190	$\log T_0 = 0,591869$
16 35,6	19 58,4	$\tau' E^2.F\,(z)$ — 4543	$\pi = 36^\circ\ 3'$
17 17,4	19 20,4	$\tau' E^4.F'\,(z)$ — 93	$\log\cos(\pi + u) = 9,893361$
17 55,8	18 35,6	$\tau' E^6.F''(z)$ — 1	$cp.\log\sin u = 1,363622$
			$cp.\log \Phi = 8,733090$
			$\log F = 9,990073$

$E = 45^\circ$ $\quad e = 10^\circ$ $\quad v = +20^\circ,8.$

Resultate

für 1830. Januar 27. 19^h 50′

Breite	=	$-1^\circ\ 27'\ 51''$
Länge	=	$220^\circ\ 25'\ 15''$
Inclination	=	$1^\circ\ 3',02$ B.
Ganze Intens.	=	0,97740 A.

1830. JANUAR 28. 0^h 15′ W. Zt.

SUEDLICHE GROSSE OCEAN.

Inclination.

Nadel B. 134 und 135.

I = 2° 18′,25	I′ = 2° 13′,25	I″ = − 0° 9′,75	I‴ = 0° 16′,75
I = 2° 34′,37	I′ = 2° 13′,12	I″ = − 0° 2′,41	I‴ = 0° 0′,00

$$i' = 1^\circ\ 10',44$$

$$+\frac{F-II}{2} = +\ 0,03.$$

Resultate

für 1830. Januar 28. 0^h 28′

Breite	= − 1° 26′ 29″
Länge	= 220° 5′ 38″
Inclination	= 1° 10′,47 B.

1830. JANUAR 28. 1h 12′ K.

SUEDLICHE GROSSE OCEAN.

Inclination.

Nadel B. 136.

I = 2° 18′,75   I′ = 2° 8′,75   I″ = − 0° 27′,50   I‴ = 0° 0′,62

$$i' = 1^\circ\ 0',15$$

$$+\frac{F-H}{2} = +\ 0,02.$$

Intensität.

Inclinations-Nadel A.

1h 21′ 42″,4	25′ 38″,1	τ′	3″,95392	log T₀	= 0,591711
22 22,8	24 58,8	τ′E².F (z) −	3011	π	= 36° 0′
23 1,2	24 19,2	τ′E⁴.F′ (z) −	46	log cos (π + u)	= 9,893316
1h 23′ 40″,4		τ′E⁶.F″ (z) −	1	cp. log sin u	= 1,353662
				cp. log Φ	= 8,732880
				log F	= 9,979858

E = 45°,0   e = 5°,0   v = + 20°,0.

Resultate

für 1830. Januar 28. 5h 54′

Breite	= − 1°	37′	10″	
Länge	= 219°	38′	39″	
Inclination	= 1°	0′,17		B.
Ganze Intens.	=	0,95468		A.

1830. JANUAR 28. 8^h 30′ W. Zt.

SUEDLICHE GROSSE OCEAN.

Inclination.

Nadel B. 137.

I = 1° 24′,00 I′ = 1° 10′,25 I″ = – 0° 53′,25 I‴ = – 0° 44′,50

i′ = 0° 14′,12

$+ \frac{F - H}{2} =$ 0,00.

Resultate

für 1830. Januar 28. 8^h 43′

Breite	= – 1° 40′ 37″
Länge	= 219° 31′ 35″
Inclination	= 0° 14′,12 B.

1830. JANUAR 28. 7^h 7′ K.

SUEDLICHE GROSSE OCEAN.

Inclination.

Nadel B. 138.

I = 1° 24′,00 I′ = 1° 18′,75 I″ = − 1° 29′,75 I‴ = − 1° 28′,00

i′ = − 0° 3′,75

$+ \frac{F - H}{2} =$ 0,00.

Intensität.

Inclinations-Nadel A.

7^h 14′ 3″,6	17′ 58″,6	τ′	3″,90782	log T_0	= 0,587265
14 43,6	17 19,6	$\tau' E^2.F$ (z) —	2501	π	= 34° 56′
15 24,0	16 41,2	$\tau' E^4.F'$ (z) —	30	log cos (π + u)	= 9,899740
7^h 16′ 3″,8		$\tau' E^6.F''$(z) —	0	cp. log sin π	= 1,356794
				cp. log Φ	= 8,732770
				log F	= 9,989304

E = 40°,0 e = 5°,0 v = + 19°,0.

Resultate

für 1830. Januar 28. 11^h 48′

Breite	= − 1° 48′ 25″		
Länge	= 219° 16′ 2″		
Inclination	= − 0° 3′,75	B.	
Ganze Intens.	= 0,97567	A.	

1830. JANUAR 28. 15^h 39′ K.

SUEDLICHE GROSSE OCEAN.

Inclination.

Nadel B. 139.

I = 1° 0′,62 I′ = 0° 53′,12 I″ = − 1° 43′,00 I‴ = − 1° 29′,75

$$i' = -0^\circ\ 19',75$$

$$+\frac{F-II}{2} = 0,00.$$

Intensität.

Inclinations-Nadel A.

15^h 46′ 42″,4	50′ 37″,6	τ'	3″,92000	log T_0	=	0,587630
47 21,6	49 58,2	$\tau' E^2 . F(z)$ —	3286	π	=	34° 40′
48 0,8	49 19,6	$\tau' E^4 . F'(z)$ —	49	log cos (π+u)	=	9,901210
15^h 48′ 40″,0		$\tau' E^5 . F''(z)$ —	1	cp.log sin u	=	1,354659
				cp.log Φ	=	8,732580
				log F	=	9,988449

E = 45°,0 e = 15°,0 v = + 20°,0.

Resultate

für 1830. Januar 28. 20^h 18′

Breite	= − 2° 11′ 10″
Länge	= 218° 39′ 5″
Inclination	= − 0° 19′,75 B.
Ganze Intens.	= 0,97375 A.

1830. JANUAR 28. 22^h 50′ W. Zt.

SUEDLICHE GROSSE OCEAN.

Inclination.

Nadel B. 140.

I = 1° 20′,50 I′ = 1° 14′,50 I″ = — 1° 29′,00 I‴ = — 1° 13′,50

$$i' = -0^\circ\ 1',87$$

$$+\frac{F-H}{2} = 0,00.$$

Resultate

für 1830. Januar 28. 23^h 3′

Breite	=	— 2° 0′ 54″
Länge	=	218° 32′ 51″
Inclination	=	— 0° 1′,87 B.

1830. JANUAR 28. 19^h 0′ K.

SUEDLICHE GROSSE OCEAN.

Intensität.

Inclinations-Nadel A.

18^h 56′ 46″,4	60′ 47″,2	τ'	3″,99858	log T_0	= 0,587653
57 27,6	60 6,4	$\tau'E^2.F(z)$ —	10648	π	= 34° 58′
58 7,2	59 26,8	$\tau'E^4.F'(z)$ —	338	log cos(π+u)	= 9,899527
18^h 58′ 46″,4		$\tau'E^6.F''(z)$ —	15	cp.log sin u	= 1,356195
				cp.log Φ	= 8,732540
				log F	= 9,988262

E = 60° e = 20° v = + 22°,0.

19^h 2′ 11″,6	6′ 7″,6	τ'	3″,93430	log T_0	= 0.589020
2 51,2	5 28,6	$\tau'E^2.F(z)$ —	3299	π	= 34° 58′
3 30,8	4 49,6	$\tau'E^4.F'(z)$ —	49	log cos(π+u)	= 9,899434
19 4′ 9″,6		$\tau'E^6.F''(z)$ —	1	cp.log sin u	= 1,353461
				cp.log Φ	= 8,732540
				log F	= 9,985435

E = 45° e = 6° v = + 22°,0.

Resultate

für 1830. Januar 28. 23^h 38′

Breite	= — 1° 58′ 37″	
Länge	= 218° 30′ 5″	
Ganze Intens.	= 0,97333	A.
	= 0,96702	A.

1830. JANUAR 29. 0^h 0′ W. Zt.

SUEDLICHE GROSSE OCEAN.

Inclination.

Nadel B. 141.

I = 1° 18′,75 I′ = 0° 59′,86 I″ = − 1° 22′,50 I‴ = − 0° 46′,00

$$i' = 0° 2',52$$

$$+ \frac{F - H}{2} = 0,00.$$

Resultate

für 1830. Januar 29. 0^h 13′

Breite	= − 1° 56′ 27″
Länge	= 218° 27′ 28″
Inclination	= 0° 2′,52 B.

1830. JANUAR 29. 0^h 52′ K.

SUEDLICHE GROSSE OCEAN.

Inclination.

Nadel B. 142.

$I = 1^\circ\ 21',75 \quad I' = 1^\circ\ 10',50 \quad I'' = -0^\circ\ 44',00 \quad I''' = -0^\circ\ 47',50$

$$i' = 0^\circ\ 15',18$$

$$+ \frac{F-H}{2} = 0,00.$$

Resultate

für 1830. Januar 29. 5^h 28′

Breite	$= -1^\circ$ 53′ 16″
Länge	$= 218^\circ$ 2′ 45″
Inclination	$= 0^\circ$ 15′,18 B.

1830. JANUAR 29. 6^h 52′ K.

SUEDLICHE GROSSE OCEAN.

Inclination.

Nadel B. 143.

I = 0° 48′,75 I′ = 0° 42′,00 I″ = — 1° 51′,25 I‴ = — 1° 44′,25

$$i' = -0^\circ\ 31',18$$

$$+\frac{F-H}{2} = -0,02.$$

Intensität.

Inclinations-Nadel A.

6^h 59′ 42″,4	63′ 40″,2	τ'	3″,95930	$\log T_0$	= 0,592781
60 23,8	63 1,2	$\tau' E^2.F(z)$ —	2597	π	= 34° 29′
61 2,4	62 22,8	$\tau' E^4.F'(z)$ —	32	$\log\cos(\pi+u)$	= 9,901881
6^h 61′ 43″,2		$\tau' E^6.F''(z)$ —	0	cp. log sin u	= 1,343399
				cp. log Φ	= 8,732268
				log F	= 9,977548

E = 40°,0 e = 5°,0 v = + 19°,0.

Resultate

für 1830. Januar 29. 11^h 27′

Breite	= — 2° 19′ 28″
Länge	= 217° 42′ 1″
Inclination	= — 0° 31′,20 B.
Ganze Intens.	= 0,94959 A.

1830. JANUAR 29. 16^h 12′ K.

SUEDLICHE GROSSE OCEAN.

Inclination.

Nadel B. 144.

$I = -0^\circ\, 20',50 \quad I' = -0^\circ\, 32',00 \quad I'' = -3^\circ\, 7',50 \quad I''' = -3^\circ\, 0',75$

$i' = -1^\circ\, 45',18$

$+\frac{F-H}{2} = -0,05.$

Intensität.

Inclinations-Nadel A.

16^h 17′ 26″,8	22′ 40″,0	τ'	3″,91316	log T_0	= 0,587119
18 6,8	22 1,3	$\tau' E^2.F$ (z)	— 2902	π	= 33° 15′
18 46,0	21 22,4	$\tau' E^4.F'$ (z)	— 43	log cos(π+u)	= 9,908954
19 25,2	20 44,0	$\tau' E^6.F''$(z)	— 1	cp.log.sin u	= 1,348449
16^h 20′ 4″,4				cp.log Φ	= 8,732080
				log F	= 9,989483

$E = 45^\circ,0 \quad e = 5^\circ,0 \quad v = +22^\circ,0.$

Resultate

für 1830. Januar 29. 20^h 43′

Breite	= — 3° 12′ 13″	
Länge	= 216° 53′ 36″	
Inclination	= — 1° 45′,23	B.
Ganze Intens.	= 0,97607	A.

1830. JANUAR 30. 20^h 12′ K.

SUEDLICHE GROSSE OCEAN.

Inclination.

Nadel B. 145.

I = − 1° 46,′00 I′ = − 1° 57′,75 I″ = − 4° 26′,00 I‴ = − 4° 0′,00

$$i' = -3^\circ\ 2',43$$
$$+\frac{F}{2} = -\ 13,48$$
$$-\frac{H}{2} = +\ 13,89.$$

Intensität.

Inclinations-Nadel A.

20^h 17′ 29″,6	20′ 6″,4	τ'	3″,91100	log T_0	= 0.588261
18 8,8	19 26,3	$\tau'E^2.F$ (z) —	1676	π	= 31° 57′
20^h 18′	47″,5	$\tau'E^4.F'$ (z) —	23	log cos (π+u)	= 9,915629
		$\tau'E^6.F''$(z) —	0	cp. log sin u	= 1.339863
				cp. log Φ	= 8,731950
				log F	= 9,987442

E = 40°,0 e = 2°,0 v = + 22°,0.

Resultate

für 1830. Januar 30. 0^h 43′

Breite	= − 3° 31′ 25″	
Länge	= 216° 41′ 8″	
Inclination	= − 3° 2′,02	B.
Ganze Intens.	= 0,97150	A.

1830. JANUAR 30. 5^h 18′ K.

SUEDLICHE GROSSE OCEAN.

Inclination.

Nadel B. 146.

$I = -3^o\ 30',50 \quad I' = -3^o\ 45',25 \quad I'' = -6^o\ 37',25 \quad I''' = -6^o\ 20',75$

$$i' = -5^o\ 3',41$$
$$+\frac{F}{2} = -\ 11,24$$
$$-\frac{H}{2} = +\ 11,40.$$

Intensität

Inclinations-Nadel A.

5^h 35′ 35″,2	39′ 29″,2	τ'	3″,89572	log T_0	= 0,585105
36 15,2	38 50,4	$\tau' E^2.F\ (z)$	− 2963	π	= 29° 56′
36 55,0	38 13,4	$\tau' E^4.F'\ (z)$	− 45	log cos (π + u)	= 9,925689
5^h 37′ 33″,4		$\tau' E^6.F''(z)$	− 1	cp . log sin u	= 1,337010
				cp . log Φ	= 8,731780
				log F	= 9,994479

E = 45°,0 e = 5°,0 v = + 21°,8.

Resultate

für 1830. Januar 30. 9^h 46′

Breite	= − 4° 29′ 49″	
Länge	= 216° 8′ 11″	
Inclination	= − 5° 3′,25	B.
Ganze Intens.	= 0,98737	A.

1830. JANUAR 30. 16h 45′ K.

SUEDLICHE GROSSE OCEAN.

Inclination.

Nadel B. 147.

I = −6° 34′,32 I′ = −6° 27′,22 I″ = −8° 38′,50 I‴ = −8° 18′,50

i′ = − 7° 29′,63

$+\frac{F}{2} =$ − 38,92

$-\frac{H}{2} =$ + 37,82.

Intensität.

Inclinations-Nadel. A.

16h 54′ 18″,4	58′ 11″,2	r′ 3″,87358		log T₀	= 0,583777
54 58,0	57 32,4	r′E².F (z) — 1934		π	= 27° 30′
55 36,6	56 54,0	r′E⁴.F′ (z) — 23		log cos(π+u)	= 9,936755
16h 56′ 15″,6		r′E⁶.F″(z) — 0		cp.log.sin u	= 1,329559
				cp.log Φ	= 8,731570
				log F	= 9,997884

E = 40°,0 e = 3°,0 v = + 22°,0.

Resultate

für 1830. Januar 30. 21h 10′

Breite = − 5° 33′ 31″
Länge = 215° 29′ 51″
Inclination = − 7° 30′,73 B.
Ganze Intens. = 0,99514 A.

1830. JANUAR 31. 0^h 0′ W. Zt.

SUEDLICHE GROSSE OCEAN.

Inclination.

Nadel B. 148.

$I = -6^\circ\ 29',00$ $I' = -7^\circ\ 4',50$ $I'' = -9^\circ\ 31',00$ $I''' = -9^\circ\ 29',25$

$$i' = -8^\circ\ 8',43$$

$$+\frac{F}{2} = -6,84$$

$$-\frac{H}{2} = +6,74.$$

Resultate

für 1830. Januar 31. 0^h 14′

Breite	$= -5^\circ\ 51'\ 7''$
Länge	$= 215^\circ\ 19'\ 57''$
Inclination	$= -8^\circ\ 8',53$ B.

1830. JANUAR 31. 6^h 55′ K.

SUEDLICHE GROSSE OCEAN.

Inclination.

Nadel B. 149.

$I = -8^\circ\ 42',00 \quad I' = -8^\circ\ 45',62 \quad I'' = -11^\circ\ 46',87 \quad I''' = -11^\circ\ 11',87$

$$i' = -10^\circ\ 6',64$$

$$+\frac{F}{2} = \quad -3,84$$

$$-\frac{H}{2} = \quad +3,65.$$

Intensität.

Inclinations-Nadel A.

$7^h\ 5'\ 11'',2$	$11'\ 38'',8$	τ'	$3'',87073$	log T_0	= 0,582418
5 50,8	11 1,2	$\tau' E^2.F\ (z)$	— 3011	π	= $24^\circ\ 53'$
6 30,2	10 22,4	$\tau' E^4.F'\ (z)$	— 36	log cos ($\pi + u$)	= 9,947489
7 9,6	9 42,4	$\tau' E^6.F''(z)$	— 0	cp. log. sin u	= 1,322519
7 48,4	9 4,4			cp. log Φ	= 8,731487
$7^h\ 8'\ 27'',2$				log F	= 0,001495

$E = 40^\circ,0 \quad e = 7^\circ,5 \quad v = +20^\circ,0.$

Resultate

für 1830. Januar 31. 11^h 17′

Breite	=	$-7^\circ\ 2'\ 37''$
Länge	=	$214^\circ\ 39'\ 21''$
Inclination	=	$-10^\circ\ 6',83$ B.
Ganze Intens.	=	1,00345 A.

1830. JANUAR 31. 15^h 0′ K.

SUEDLICHE GROSSE OCEAN.

Inclination.

Nadel B. 150.

$I = -9^\circ\ 49',50 \quad I' = -10^\circ\ 20',50 \quad I'' = -12^\circ\ 35',75 \quad I''' = -13^\circ\ 2',49$

$$i' = -11^\circ\ 27',06$$

$$+\frac{F}{2} = -0,40$$

$$-\frac{H}{2} = +0,40.$$

Intensität.

Inclinations-Nadel A.

$15^h\ 24'\ 19'',2$	$29'\ 32'',8$	τ'	$3'',91467$	log T_0	$= 0,586791$
24 58,8	28 53,2	$\tau' E^2.F$ (z)	-2908	π	$= 23^\circ\ 33'$
25 38,2	28 14,8	$\tau' E^4.F'$ (z)	-43	log cos $(\pi + u)$	$= 9,952315$
26 17,6	27 35,6	$\tau' E^6.F''$(z)	-1	cp. log sin u	$= 1,309227$
$15^h\ 26'\ 56'',0$				cp. log Φ	$= 8,731084$
				log F	$= 9,992626$

$E = 45^\circ,0 \quad c = 5^\circ,0 \quad v = +27^\circ,0.$

Resultate

für 1830. Januar 31. 19^h 21′

Breite	$= -$	7° 45′ 3″	
Länge	$=$	214° 18′ 31″	
Inclination	$= -$	11° 27′,06	B.
Ganze Intens.	$=$	0,98316	A.

1830. FEBRUAR 1. 20h 0' K.

SUEDLICHE GROSSE OCEAN.

Inclination.

Nadel B. 151.

$I = -11^\circ\,48',00 \quad I' = -12^\circ\,5',25 \quad I'' = -14^\circ\,8',50 \quad I''' = -13^\circ\,34',00$

$i' = -12^\circ\,53',93$

$+\frac{F}{2} = \quad -2,07$

$-\frac{H}{2} = \quad +2,31.$

Inclination.

Inclinations-Nadel A.

20h 15' 41",6	20' 13",2	τ'	3",87286	log T_0	= 0,583602
16 20,8	19 34,8	$\tau' E^2.F$ (z)	— 1933	π	= 22° 6'
16 59,4	18 54,0	$\tau' E^4.F'$ (z)	— 22	log cos(π+u)	= 9,957628
17 37,4	18 15,6	$\tau' E^6.F''$(z)	— 0	cp. log sin u	= 1,310979
				cp. log Φ	= 8,730940
				log F	= 9,999547

E = 40°,0 c = 3°,0 v = + 23°,0.

Resultate

für 1830. Februar 1. 0h 21'

Breite	=	— 8° 5' 39"
Länge	=	214° 6' 14"
Inclination	=	— 12° 53',69 B.
Ganze Intens.	=	0,99896 A.

1830. FEBRUAR 1. 8^h 20′ K.

SUEDLICHE GROSSE OCEAN.

Inclination.

Nadel B. 152.

I = − 14° 14′,75 I′ = − 14° 15′,75 I″ = − 16° 30′,50 I‴ = − 16° 13′,25

$i' = -15°\ 18',56$

$+\frac{F}{2} = \quad -2,28$

$-\frac{H}{2} = \quad +2,27.$

Intensität.

Inclinations-Nadel A.

8^h 30′ 46″,4	35′ 11″,2	τ′	3″,78322	log T_0	= 0,573596
31 25,6	34 34,8	τ′E².F (z)	− 1888	π	= 19° 41′
32 4,0	33 57,2	τ′E⁴.F′ (z)	− 21	log cos (π + u)	= 9,965928
32 41,4	33 20,0	τ′E⁶.F″(z)	− 0	cp. log. sin u	= 1,323998
				cp. log Φ	= 8,730750
				log F	= 0,020676

E = 40°,0 e = 3°,0 v = + 21°,3.

8^h 38′ 45″,2	42′ 30″,8	τ′	3″,75500	log T_0	= 0,571348
39 24,6	41 54,4	τ′E².F (z)	− 1020	π	= 19° 41′
40 2,6	41 17,6	τ′E⁴.F′ (z)	− 10	log cos (π + u)	= 9,966015
8^h 40′ 40″,4		τ′E⁶.F″(z)	− 0	cp. log sin u	= 1,328494
				cp. log Φ	= 8,730750
				log F	= 0,025259

E = 36°,0 e = 1°,0 v = + 21°,3.

Resultate

für 1830. Februar 1. 12^h 37′

Breite	=	− 9° 21′ 56″	
Länge	=	213° 23′ 8″	
Inclination	=	− 15° 18′,57	B.
Ganze Intens.	=	1,04875	A.
	=	1,05988	A.

1830. FEBRUAR 2. 0^h 0′ W. Zt.

SUEDLICHE GROSSE OCEAN.

Inclination.

Nadel B. 153.

$$I = -16^\circ\ 14',75 \quad I' = -16^\circ\ 42',50 \quad I'' = -18^\circ\ 22',00 \quad I''' = -17^\circ\ 47',75$$

$$i' = -17^\circ\ 16',74$$

$$+\frac{F}{2} = \quad -1,06$$

$$-\frac{H}{2} = \quad +1,08.$$

Intensität.

Inclinations-Nadel A.

20^h 24′ 4″,0	29′ 4″,7	τ'	3″,76300	log T_0	= 0.571154
24 42,2	28 28,1	$\tau' E^2.F\ (z)$	− 2081	π	= 17° 43′
25 20,0	27 51,1	$\tau' E^4.F'\ (z)$	− 24	log cos $(\pi + u)$	= 9,971771
25 57,8	27 12,9	$\tau' E^6.F''(z)$	− 0	cp. log sin u	= 1,323836
20^h 26′ 34″,8				cp. log Φ	= 8,730508
				log F	= 0,026115

$E = 40^\circ,0 \quad e = 4^\circ,0 \quad v = +20^\circ,0.$

Resultate

für 1830. Februar 2. 0^h 14′

Breite	= − 10° 22′ 25″		
Länge	= 212° 45′ 47″		
Inclination	= − 17° 16′,72	B.	
Ganze Intens.	= 1,06198	A.	

1830. FEBRUAR 2. 7^h 25′ K.

SUEDLICHE GROSSE OCEAN.

Inclination.

Nadel B. 154.

I = — 16° 59′,00 I′ = — 17° 27′,50 I″ = — 19° 45′,75 I‴ = — 18° 59′,75

$$i' = -18^\circ\ 18',00$$

$$+\frac{F}{2} = \quad -1,88$$

$$-\frac{H}{2} = \quad +1,78.$$

Intensität.

Inclinations-Nadel A.

7^h 34′	53″,2	39′	16″,8	τ′	3″,76405	log T_0	= 0,572405
35	31,2	38	38,8	τ′E².F (z) —	1000	π	= 16° 42′
36	8,0	38	1,6	τ′E⁴.F′ (z) —	6	log cos (π + u)	= 9,974483
36	46,0	37	23,8	τ′E⁶.F″(z) —	0	cp. log sin u	= 1,318947
						cp. log Φ	= 8,730240
						log F	= 0,023670

B = 30″,0 e = 2°,0 v = + 21°,3.

Resultate

für 1830. Februar 2. 11^h 38′

Breite	= — 11° 13′ 4″	
Länge	= 212° 23′ 49″	
Inclination	= — 18° 17′,90	B.
Ganze Intens.	= 1,05602	A.

1830. FEBRUAR 2. 17^h 0′ K.

SUEDLICHE GROSSE OCEAN.

Intensität.

Nadel B. 155.

$I = -17^\circ\ 51',25 \quad I' = -17^\circ\ 56',25 \quad I'' = -20^\circ\ 44',38 \quad I''' = -20^\circ\ 7',50$

$$i' = -19^\circ\ 9',85$$

$$+\frac{F}{2} = \quad -2,66$$

$$-\frac{H}{2} = \quad +2,17.$$

Intensität.

Inclinations-Nadel A.

17^h 10′ 20″,0	14′ 45″,0	τ'	3″,78643	log T_0	= 0,572663
10 58,4	14 8,0	$\tau' E^2 . F(z)$ —	2820	π	= 15° 50′
11 37,0	13 30,2	$\tau' E^4 . F'(z)$ —	27	log cos $(\pi + u)$	= 9,976707
12 14,8	12 52,8	$\tau' E^6 . F''(z)$ —	0	cp . log sin u	= 1,316514
				cp . log Φ	= 8,730040
				log F	= 0,023261

$E = 33^\circ,0 \quad e = 10^\circ,0 \quad v = +23^\circ,6.$

Resultate

für 1830. Februar 2. 21^h 13′

Breite	= — 11° 54′ 10″	
Länge	= 212° 17′ 7″	
Inclination	= — 19° 10′,34	B.
Ganze Intens.	= 1,05510	A.

1830. FEBRUAR 3. 20ʰ 15′ K.

SUEDLICHE GROSSE OCEAN.

Inclination.

Nadel B. 156.

$I = -18^\circ\ 11',00 \quad I' = -18^\circ\ 21',00 \quad I'' = -21^\circ\ 13',25 \quad I''' = -20^\circ\ 34',75$

$$i' = -19^\circ\ 35',00$$
$$+\frac{F}{2} = \quad -\ 2,81$$
$$-\frac{II}{2} = \quad +\ 2,27.$$

Intensität.

Inclinations-Nadel A.

20ʰ 28′	6″,8	32′	26″,4	τ'	3″,71060	$\log T_0$	= 0,565027
28	43,1	31	49,2	$\tau' E^2 . F\,(z)$	− 1522	π	= 15° 24′
29	21,6	31	12,4	$\tau' E^4 . F'\,(z)$	− 13	$\log\cos(\pi + u)$	= 9,978022
29	58,8	30	35,6	$\tau' E^6 . F''(z)$	− 0	cp. log sin u	= 1,330868
						cp. log Φ	= 8,729978
						log F	= 0,038868

$E = 35^\circ,0 \quad e = 3^\circ,0 \quad v = +\ 27^\circ,0.$

Resultate

für 1830. Februar 3. 0ʰ 28′

Breite	= − 12° 2′ 10″	
Länge	= 212° 16′ 58″	
Inclination	= − 19° 35′,54	B.
Ganze Intens.	= 1,09355	A.

1830. FEBRUAR 3. 15h 48′ K.

SUEDLICHE GROSSE OCEAN.

Inclination.

Nadel B. 157.

$I = -20^{\circ}\,8',50 \quad I' = -20^{\circ}\,14',50 \quad I'' = -22^{\circ}\,36',75 \quad I''' = -22^{\circ}\,16',75$

$$i' = -21^{\circ}\,19',12$$

$$+\frac{F}{2} = \quad -1,95$$

$$-\frac{H}{2} = \quad +1,46.$$

Intensität.

Inclinations-Nadel A.

5h 58′ 35″,6	62′ 57″,6	τ'	3″,74572	log T_0	= 0,565626
59 13,6	62 21,8	$\tau' E^2.F$ (z)	— 5025	π	= 13° 40′
59 51,2	61 43,6	$\tau' E^4.F'$ (z)	— 82	log cos (π + u)	= 9,982028
60 28,8	61 6,0	$\tau' E^6.F''$ (z)	— 2	cp. log sin u	= 1,326264
				cp. log Φ	= 8,729561
				log F	= 0,037853

E = 42°,0 e = 15°,0 v = + 20°,0.

Resultate

für 1830. Februar 3. 20h 0′

Breite	= — 12° 56′ 24″
Länge	= 212° 1′ 53″
Inclination	= — 21° 19′,61 B.
Ganze Intens.	= 1,09107 A.

1830. FEBRUAR 4. 20^h 30′ K.

SUEDLICHE GROSSE OCEAN.

Inclination.

Nadel B. 158.

I = — 20° 9′,62 I′ = — 20° 25′,63 I″ = — 22° 19′,37 I‴ = — 22° 14′,38

i′ = — 21° 17′,25

$+\frac{F}{2} =$ — 1,50

$-\frac{H}{2} =$ + 1,12.

Intensität.

Inclinations-Nadel A.

20^h 40′ 28″,0	45′ 24″,8	τ′ 3″,70033		log T_0	= 0,563380
41 5,6	44 47,4	$\tau E^2.F(z)$ — 2045		π	= 13° 42′
41 42,8	44 10,0	$\tau E^4.F'(z)$ — 24		log cos (π + u)	= 9,982017
42 20,0	43 33,2	$\tau E^6.F''(z)$ — 0		cp. log sin u	= 1,330817
20^h 42′ 56″,8				cp. log Φ	= 8,729478
				log F	= 0,042312

E = 40°,0 e = 4°,0 v = + 25°,0.

Resultate

für 1830. Februar 4. 0^h 42′

Breite	= — 13° 6′ 39″
Länge	= 212° 1′ 6″
Inclination	= — 21° 17′,63 B.
Ganze Intens.	= 1,10234 A.

1830. FEBRUAR 4. 15^h 30′ K.

SUEDLICHE GROSSE OCEAN.

Inclination.

Nadel B. 150.

$$I = -21^\circ\ 18',50 \quad I' = -21^\circ\ 27',25 \quad I'' = -23^\circ\ 28',75 \quad I''' = -23^\circ\ 20',00$$

$$i' = -22^\circ\ 23',62$$

$$+\frac{F}{2} = \quad -1,52$$

$$-\frac{H}{2} = \quad +1,09.$$

Intensität.

Inclinations-Nadel A.

15^h 45′ 19″,6	51′ 36″,0	τ'	3″,76018	log T_0	= 0,569340
45 58,8	50 59,8	$\tau' E^2.F(z)$	— 2436	π	= 12° 36′
46 37,6	50 22,6	$\tau' E^4.F'(z)$	— 34	log cos (π + u)	= 9,984200
47 15,2	49 45,6	$\tau' E^6.F''(z)$	— 0	cp. log sin u	= 1,316949
47 53,2	49 7,6			cp. log Φ	= 8,729059
15^h 48′ 30″,4				log F	= 0,030208

E = 45°,0 e = 4°,0 v = + 30°,0.

Resultate

für 1830. Februar 4. 19^h 42′

Breite	= — 13° 43′ 59″	
Länge	= 212° 5′ 0″	
Inclination	= — 22° 24′,05	B.
Ganze Intens.	= 1,07203	A.

1830. FEBRUAR 5. 20h 30′ K.

SUEDLICHE GROSSE OCEAN.

Inclination.

Nadel B. 160.

$I = -22^\circ\ 29',75$ $I' = -22^\circ\ 35',50$ $I'' = -24^\circ\ 48',25$ $I''' = -24^\circ\ 1',00$

$$i' = -23^\circ\ 28',62$$

$$+\frac{F}{2} = \quad -1,18$$

$$-\frac{H}{2} = \quad +0,90.$$

Intensität.

Inclinations-Nadel A.

20h 40′	28″,4	44′	52″,4	τ'		3″,75857	log T_0	= 0.570680
41	6,2	44	15,4	$\tau' E^2 . F(z)$	—	1731	π	= 11° 31′
41	44,8	43	38,0	$\tau' E^4 . F'(z)$	—	16	log cos(π+u)	= 9,986316
42	23,2	43	0,8	$\tau E^6 . F''(z)$	—	0	cp.log cos u	= 1,312489
							cp.log Φ	= 8,738972
							log F	= 0,037777

$E = 35^\circ,0$ $e = 4^\circ,0$ $v = +24^\circ,0.$

Resultate

für 1830. Februar 5. 0h 41′

Breite	=	− 14° 1′ 14″	
Länge	=	211° 54′ 23″	
Inclination	=	− 23° 28′,90	B.
Ganze Intens.	=	1,09088	A.

1830. FEBRUAR 6. 15^h 35′ K.

SUEDLICHE GROSSE OCEAN.

Inclination.

Nadel B. 161.

I = − 23° 21′,25 I′ = − 24° 21′,25 I″ = − 26° 25′,00 I‴ = − 25° 29′,83

$$i' = -24°\ 54',33$$
$$+\frac{F}{2} = \quad -1,20$$
$$-\frac{H}{2} = \quad +0,94.$$

Intensität.

Inclinations-Nadel A.

15^h 46′ 1″,7	52′ 12″,8	τ'	3″,71136	log T_0	= 0,564106
46 39,2	51 36,2	$\tau' E^2 . F(z)$	− 2285	π	= 10° 6′
47 17,2	50 59,6	$\tau' E^4 . F'(z)$	− 26	log cos(π + u)	= 9,989037
47 54,4	50 23,0	$\tau' E^6 . F''(z)$	− 0	cp. log sin u	= 1,323613
48 31,8	49 46,4			cp. log Φ	= 8,728050
15^h 49′ 9″,2				log F	= 0,040700

E = 40°,0 e = 5°,0 v = + 28°,0.

Resultate

für 1830. Februar 6. 19^h 44′

Breite	= − 14° 54′ 43″
Länge	= 211° 22′ 55″
Inclination	= − 24° 54′,59 B.
Ganze Intens.	= 1,09825 A.

1830. FEBRUAR 9. 21ʰ 19′ K.

SUEDLICHE GROSSE OCEAN.

Inclination.

Nadel B. 162.

I = − 22° 47′,75 I′ = − 24° 1′,50 I″ = − 25° 55′,75 I‴ = − 24° 49′,25

$$i' = -24^\circ\ 23',56$$
$$+\frac{F}{2} = \quad -0,83$$
$$-\frac{H}{2} = \quad +1,11.$$

Intensität.

Inclinations-Nadel A.

21ʰ 32′ 19″,2	38′ 34″,8	τ′	3″,75773	log T_0	= 0.570781
32 57,6	37 58,0	τ′E².F (z)	— 1537	π	= 10° 36′
33 35,6	37 20,4	τ′E⁴.F′ (z)	— 14	log cos(π + u)	= 9,988013
34 12,8	36 44,4	τ′E⁶.F″(z)	— 0	cp. log sin u	= 1,310955
34 50,5	36 6,8			cp. log Φ	= 8,727430
21ʰ 35′ 28″,6				log F	= 0,026398

E = 45°,0 e = 4°,0 v = + 21°,8.

Resultat

für 1830. Februar 9. 1ʰ 22′

Breite	= − 14° 42′ 51″	
Länge	= 209° 48′ 29″	
Inclination	= − 24° 23′,28	B.
Ganze Intens.	= 1,06292	A.

1830. FEBRUAR 13. 1^h 10′ K.

SUEDLICHE GROSSE OCEAN.

Inclination.

Nadel B. 163.

I = — 25° 49′,00 I′ = — 26° 33′,50 I″ = — 28° 15′,00 I‴ = — 27° 42′,25

$$i' = -27^\circ\ 4',93$$

$$+\frac{F}{2} = -0,90$$

$$-\frac{H}{2} = +0,68.$$

Intensität.

Inclinations-Nadel A.

1^h 18′25″,2	24′ 31″,6	τ'	3″,66346	log T_0	= 0,558872
19 3,2	23 56,0	$\tau' E^2 . F$ (z)	— 2395	π	= 7° 55′
19 40,4	23 20,4	$\tau' E^4 . F'$ (z)	— 28	log cos (π + u)	= 9,992543
20 17,8	22 44,4	$\tau' E^6 . F''$ (z)	— 0	cp. log sin u	= 1,331457
20 54,6	22 8,0			cp. log Φ	= 8,724842
1^h 21′ 31″,6				log F	= 0,048842

E = 40°,0 e = 6°,0 v = + 22°,0.

Resultate

für 1830. Februar 13. 5^h 6′

Breite	= — 16° 27′ 25″	
Länge	= 208° 6′ 10″	
Inclination	= — 27° 5′,15	B.
Ganze Intens.	= 1,11903	A.

1830. FEBRUAR 18.

POINT VENUS auf OTAEITI.

Inclination.

Nadel B. 164.

I = −29° 1′,88 I′ = −29° 50′,75 I″ = −31° 46′,37 I‴ = −31° 0′,00

$$i' = -30^\circ\, 24',75$$

$$+\frac{F}{2} = \quad -0,95$$

$$-\frac{H}{2} = \quad +0,65.$$

Intensität.

Cylindrische Nadel.

0^h 47′ 45″,4	51′ 30″,6	τ'	2″,25173	$\log T_0$	= 0,348570
48 8,0	51 8,0	$\tau' E^2 . F(z)$	− 835	$\log A + cd$	= 0,694019
48 30,6	50 45,7	$\tau' E^4 . F'(z)$	− 3	$b f^2 . tg^2 i$	= 2
48 53,2	50 23,4	$\tau' E^6 . F''(z)$	− 0	$\log f$	= 9,996881
49 15,6	50 0,8				
0^h 49′ 38″,2					

E = 20°,0 e = 9°,0 v = + 24°,0.

0^h 56′ 41″,2	60′ 26″,4	τ'	2″,25273	$\log T_0$	= 0,348763
57 3,8	60 4,0	$\tau' E^2 . F(z)$	− 835	$\log A + cd$	= 0,694019
57 26,4	59 41,6	$\tau' E^4 . F'(z)$	− 3	$b f^2 . tg^2 i$	= 2
57 48,8	59 19,2	$\tau' E^6 . F''(z)$	− 0	$\log f$	= 9,996495
58 11,6	58 56,4				
0^h 58′ 34″,0					

E = 20°,0 e = 9°,0 v = + 24°,0.

1^h 3′ 22″,0	7′ 7″,2	τ'	2″,25218	$\log T_0$	= 0,348611
3 44,8	6 44,8	$\tau' E^2 . F(z)$	− 907	$\log A + cd$	= 0,694019
4 7,2	6 22,4	$\tau' E^4 . F'(z)$	− 4	$b f^2 . tg^2 i$	= 2
4 29,8	6 0,0	$\tau' E^6 . F''(z)$	− 0	$\log f$	= 9,996799
4 52,4	5 37,4				
1^h 5′ 14″,8					

E = 20°,0 e = 10°,0 v = + 23°,0.

Prismatische Nadel.

1^h 17′ 52″,0	23′ 20″,4	τ'	3″,28364	$\log T_0$	= 0,512388
18 24,8	22 47,6	$\tau' E^2 . F(z)$	− 1269	$\log A' + 'cd$	= 0,017911
18 57,8	22 14,8	$\tau' E^4 . F'(z)$	− 5	$b' . f^2 tg^2 i$	= 2
19 30,8	21 42,0	$\tau' E^6 . F''(z)$	− 0	$\log f$	= 9,993137
20 3,8	21 9,2				
1^h 20′ 36″,4					

E = 20°,0 e = 9°,5 v = + 23°,5.

1830. FEBRUAR 18.

POINT VENUS auf OTAEITI.

Prismatische Nadel.

$1^h\ 24'\ 29'',6$	$29'\ 58'',0$	τ'	$3'',28200$	$\log T_0$	$=$	$0,512267$
$25\quad 2,8$	$29\quad 25,2$	$\tau' E^2 . F(z)$	$-\ 1268$	$\log A' + c'd$	$=$	$1,017911$
$25\quad 35,6$	$28\quad 52,4$	$\tau' E^4 . F'(z)$	$-\quad 5$	$b' f^2 . tg^2\, i$	$=$	2
$26\quad 8,4$	$28\quad 19,6$	$\tau' E^6 . F''(z)$	$-\quad 0$	$\log f$	$=$	$9,993379$
$26\quad 41,2$	$27\quad 47,0$					
$1^h\ 27'\ 14'',0$						

$E = 20^\circ,0 \quad e = 9^\circ,5 \quad v = +\ 22^\circ,5.$

Inclinations-Nadel A.

$1^h\ 31'\ 30'',4$	$37'\ 30'',8$	τ'	$3'',60255$	$\log T_0$	$=$	$0,553421$
$32\quad 6,8$	$36\quad 55,2$	$\tau' E^2 . F(z)$	$-\ 788$	π	$=$	$4^\circ\ 35'$
$32\quad 43,0$	$36\quad 19,0$	$\tau' E^4 . F'(z)$	$-\quad 5$	$\log \cos(\pi + u)$	$=$	$9,996557$
$33\quad 19,2$	$35\quad 43,0$	$\tau' E^6 . F''(z)$	$-\quad 0$	$\text{cp.} \log \sin u$	$=$	$1,339591$
$33\quad 55,2$	$35\quad 6,8$			$\text{cp.} \log \Phi$	$=$	$8,722143$
$1^h\ 34'\ 31'',2$				$\log F$	$=$	$0,058291$

$E = 30^\circ,0 \quad e = 1^\circ,5 \quad v = +\ 23^\circ,0.$

$1^h\ 40'\ 14'',0$	$46'\ 14'',4$	τ'	$3'',60091$	$\log T_0$	$=$	$0,553224$
$40\quad 50,4$	$45\quad 38,4$	$\tau' E^2 . F(z)$	$-\ 787$	π	$=$	$4^\circ\ 35'$
$41\quad 26,8$	$45\quad 2,8$	$\tau' E^4 . F'(z)$	$-\quad 5$	$\log \cos(\pi + u)$	$=$	$9,996560$
$42\quad 3,2$	$44\quad 26,8$	$\tau' E^6 . F''(z)$	$-\quad 0$	$\text{cp.} \log \sin u$	$=$	$1,339985$
$42\quad 39,2$	$43\quad 51,0$			$\text{cp.} \log \Phi$	$=$	$8,722143$
$1^h\ 43'\ 15'',2$				$\log F$	$=$	$0,058688$

$E = 30^\circ,0 \quad e = 1^\circ,5 \quad v = +\ 23^\circ,0.$

Resultate

für 1830. Februar 18. $5^h\ 6'$

Breite	$=$	$-\ 17^\circ\ 29'\ 17''$	
Länge	$=$	$208^\circ\ 9'\ 30''$	
Inclination	$=$	$-\ 30^\circ\ 25',05$	B.
Horiz. Intens.	$=$	0,99249	C.
	$=$	0,98460	P.
Ganze Intens.	$=$	1,14632	C. u. P.
	$=$	1,14364	A.
	$=$	1,14469	A.

1830. FEBRUAR 20.

POINT VENUS auf OTAEITI. *)

Inclination.

Nadel B.

$I = -29^\circ\ 31',25$ $I' = -30^\circ\ 12',25$ $I'' = -31^\circ\ 28',62$ $I''' = -30^\circ\ 25',25$

$$i' = -30^\circ\ 26',84$$
$$+\frac{F}{2} = -0,22$$
$$-\frac{H}{2} = +0,29.$$

Intensität.

Cylindrische Nadel.

$3^h\ 18'\ 29'',2$	$22'\ 13'',6$	τ'		$2'',24527$	$\log T_0$	=	0,347744
18 51,6	21 51,2	$\tau' E^2.F\ (z)$	—	832	$\log A + cd$	=	0,694057
19 14,0	21 28,8	$\tau' E^4.F'(z)$	—	3	$b\ f^2.\mathrm{tg}\ i$	=	2
19 36,4	21 6,4	$\tau' E^6.F''(z)$	—	0	$\log f$	=	9,998571
19 59,0	20 44,0						
$3^h\ 20'\ 21'',6$							

$E = 20^\circ,0$ $e = 9^\circ,0$ $v = +19^\circ,6.$

Prismatische Nadel.

$3^h\ 31'\ 57'',6$	$37'\ 24'',8$	τ'		$3'',27455$	$\log T_0$	=	0,511608
32 30,2	36 52,4	$\tau' E^2.F\ (z)$	—	1213	$\log A' + c'd$	=	1,017879
33 2,8	36 19,6	$\tau' E^4.F'(z)$	—	5	$b'\ f^2.\mathrm{tg}^2\ i$	=	2
33 36,0	35 46,8	$\tau' E^6.F''(z)$	—	0	$\log f$	=	9,994665
34 8,8	35 14,0						
$3^h\ 34'\ 41'',8$							

$E = 20^\circ,0$ $e = 9^\circ,0$ $v = +19^\circ,6.$

*) Zwischen dieser Beobachtung und der vorigen war, bei einer Ueberschwemmung des Vorgebirges, das Zelt in welchem sich meine Instrumente befanden, zerstört und die Inclinations-Nadeln etwas nafs geworden.

1830. FEBRUAR 20.

POINT VENUS auf OTAEITI.

Inclinations-Nadel A.

$3^h\,40'\,50'',2$	$43'\,59'',2$	τ'	$3'',59250$	$\log T_0$	$= 0,550487$
41 36,0	43 23,2	$\tau' E^2 . F\,(z)$	$-\,2194$	π	$= 4^\circ\,35'$
42 12,4	42 48,2	$\tau' E^4 . F'\,(z)$	$-\,17$	$\log\cos(\pi + u)$	$= 9,996591$
		$\tau' E^6 . F''(z)$	$-\,0$	cp. log sin u	$= 1,345453$
				cp. log Φ	$= 8,719814$
				log F	$= 0,061858$

$E = 30^\circ,0 \quad e = 8^\circ,7 \quad v = +\,19^\circ,6.$

Resultate

für 1830. Februar 20. 2^h 45′

Breite	=	$-\,17^\circ\,29'\,17''$	
Länge	=	$208^\circ\,9'\,30''$	
Inclination	=	$-\,30^\circ\,26',77$	B.
Horiz. Intens.	=	0,99671	C.
	=	0,98779	P.
Ganze Intens.	=	1,15095	C und P.
	=	1,15531	A.

1830. FEBRUAR 23. 1^h 15′ W. Zt.

SUEDLICHE GROSSE OCEAN.

Inclination.

Nadel B. 166.

I = −27° 48′,25 I′ = −28° 30′,50 I″ = −31° 8′,50 I‴ = −29° 36′,25

$$i' = -29^\circ\ 15',87$$
$$+\frac{F}{2} = \quad -1,11$$
$$-\frac{H}{2} = \quad +0,99.$$

Resultate

für 1830. Februar 23. 1^h 29′

Breite	= −17° 25′ 15″
Länge	= 207° 53′ 10″
Inclination	= −29° 15′,99 B.

1830. FEBRUAR 24. 1^h 45′ K.

SUEDLICHE GROSSE OCEAN.

Inclination.

Nadel B. 167.

I = −30° 44′,50 I′ = −31° 45′,50 I″ = −33° 2′,50 I‴ = −32° 23′,50

$$i' = -31^\circ\, 59',00$$

$$+\frac{F}{2} = \quad -0,53$$

$$-\frac{H}{2} = \quad +0,38.$$

Intensität.

Inclinations-Nadel A.

1^h 58′ 54″,4 62′ 25″,2	τ′ 3″,50785	log T_0	= 0,538158
59 30,8 61 50,8	τ′E².F (z) — 3618	π	= 3° 1′
60 6,4 61 16,2	τ′E².F′ (z) — 79	log cos(π+u)	= 9,998022
1^h 60′ 41″,6	τ′E⁶.F″(z) — 3	cp.log.sin u	= 1,369328
		cp.log.Φ	= 8,720945
		log F	= 0,088295

E = 55°,0 e = 5°,0 v = + 23°,5.

Resultate

für 1830. Februar 24. 0^h 58′

Breite	= − 19° 6′ 18″
Länge	= 207° 32′ 31″
Inclination	= − 31° 59′,15 B.
Ganze Intens.	= 1,22545 A.

1830. FEBRUAR 25. 19h 15′ K.

SUEDLICHE GROSSE OCEAN.

Inclination.

Nadel B. 168.

I = —35° 14′,75	I′ = —36° 13′,25	I″ u. I‴ wurden nicht beobachtet.
I = —35° 31′,25	I′ = —36° 19′,75	

Nach den nächsten Beobachtungen:

$$i' = \frac{I + I'}{2} - 43',47 = -36^\circ\ 33',22$$

$$+ \frac{F - H}{2} \quad = \quad -0,13.$$

Durch ein Versehen beim Streichen ist die Stellung der Pole ungeändert geblieben.

Intensität.

Inclinations-Nadel A.

19h 29′ 20″,4	31′ 43″,4	τ′	3″,57800	log T_0	= 0,549216
29 57,2	31 9,0	τ′E².F (z) —	1928	π	= — 1° 33′
19h 30′ 33″,2		τ′E⁴.F′ (z) —	31	log cos (π + u)	= 9,999929
		τ′E⁶.F″(z) —	0	cp. log sin u	= 1,346769
				cp. log Φ	= 8,720679
				log F	= 0,067377

E = 45°,0 e = 2°,0 v = + 21°,0.

Resultate

für 1830. Februar 25. 18h 27′

Breite	=	— 22° 17′ 9″	
Länge	=	207° 12′ 53″	
Inclination	=	— 36° 33′,35	B.
Ganze Intens.	=	1,16782	A.

1830. FEBRUAR 26. 0^h 40′ K.

SUEDLICHE GROSSE OCEAN.

Inclination.

Nadel B. 169.

$I = -39° 8',75$ $I' = -40° 4',25$ $I'' = -41° 37',75$ $I''' = -40° 27',00$

$$i' = -40° 19',44$$
$$+\frac{F}{2} = -0,25$$
$$-\frac{H}{2} = +0,14.$$

Intensität.

Inclinations-Nadel A.

0^h 43′	2″,4	49′	24″,0	τ'	3″,48245	log T_0	=	0,536450
43	37,2	48	50,2	$\tau' E^2.F(z)$ —	2523	π	=	— 5° 19′
44	11,6	48	16,4	$\tau' E^4.F'(z)$ —	35	log cos(π+u)	=	9,999446
44	46,4	47	43,2	$\tau' E^6.F''(z)$ —	0	cp.log sin u	=	1,374014
45	24,4	47	8,8			cp.log Φ	=	8,720640
46	0,8	46	35,2			log F	=	0,094100

E = 45°,0 e = 5°,0 v = + 23°,0.

Resultate

für 1830. Februar 26. 23^h 54′

Breite	=	— 24° 50′ 52″
Länge	=	207° 43′ 53″
Inclination	=	— 40° 19′,55 B.
Ganze Intens.	=	1,24194 A.

1830. FEBRUAR 28. 0^h 10′ K.

SUEDLICHE GROSSE OCEAN.

Inclination.

Nadel B. 170.

$I = -41^\circ\,41',00 \quad I' = -43^\circ\,9',50 \quad I'' = -44^\circ\,24',00 \quad I''' = -43^\circ\,7',50$

$$i' = -43^\circ\,5',50$$

$$+\frac{F}{2} = +\,0,03$$

$$-\frac{H}{2} = -\,0,06.$$

Intensität.

Inclinations-Nadel A.

0^h 2′ 3″,2	6′ 32″,8	τ'	3″,37667	$\log T_0$	= 0,524931
2 37,6	6 0,4	$\tau' E^2.F\,(z)$ —	1051	π	= -8° 5′
3 11,6	5 27,2	$\tau' E^4.F'\,(z)$ —	7	$\log\cos(\pi+u)$	= 9,997772
3 45,6	4 53,6	$\tau' E^6.F''(z)$ —	0	cp. log sin u	= 1,399516
0^h 4′ 19″,6				cp. log Φ	= 8,720180
				log F	= 0,117468

$E = 30^\circ,0 \quad e = 3^\circ,0 \quad v = +\,22^\circ,6.$

0^h 7′ 48″,0	13′ 24″,0	τ'	3″,35091	$\log T_0$	= 0,521138
8 22,8	12 51,0	$\tau' E^2.F\,(z)$ —	1398	π	= -8° 5′
8 57,2	12 17,2	$\tau' E^4.F'\,(z)$ —	19	$\log\cos(\pi+u)$	= 9,997750
9 30,8	11 43,6	$\tau' E^6.F''(z)$ —	0	cp. log sin u	= 1,407102
10 5,2	11 12,8			cp. log Φ	= 8,720180
0^h 10′ 39″,2				log F	= 0,125032

$E = 45^\circ,0 \quad e = 1^\circ,5 \quad v = +\,22^\circ,6.$

Resultate

für 1830. Februar 82. 23^h 24′

Breite	=	$-\,26^\circ$ 56′ 4″	
Länge	=	207° 40′ 1″	
Inclination	=	$-\,43^\circ$ 5′,53	B.
Ganze Intens.	=	1,31056	A.
	=	1,33362	A.

1830. MAERZ 2. 6h 25′ K.

SUEDLICHE GROSSE OCEAN.

Inclination.

Nadel B. 171.

I = —42° 23′,25 I′ = —44° 6′,00 I″ = —45° 26′,50 I‴ = —44° 17′,50

$$i' = -44^\circ\, 3',31$$
$$+\frac{F}{2} = -0,19$$
$$-\frac{H}{2} = +0,04.$$

Intensität.

Inclinations-Nadel A.

6h 27′ 18″,8	31′ 17″,6	τ'	3″,39976	log T_0	= 0.527070
27 54,0	30 43,4	$\tau' E^2.F$ (z)	— 1673	π	= — 9° 3′
28 28,0	30 9,2	$\tau' E^4.F'$ (z)	— 26	log cos (π + u)	= 9,996979
29 2,0	29 35,6	$\tau' E^6.F''$(z)	— 0	cp. log sin u	= 1,396342
				cp. log Φ	= 8,719988
				log F	= 0,113309

E = 45°,0 e = 2°,0 v = + 22°,7.

Resultate

für 1830. März 2. 5h 39′

Breite	=	— 27° 42′ 30″
Länge	=	207° 43′ 31″
Inclination	=	— 44° 3′,46 B.
Ganze Intens.	=	1,29812 A.

1830. MAERZ 4. 6^h 15′ K.

SUEDLICHE GROSSE OCEAN.

Inclination.

Nadel B. 172.

$I = -44^\circ\ 35',50 \quad I' = -45^\circ\ 2',50 \quad I'' = -46^\circ\ 25',00 \quad I''' = -45^\circ\ 29',00$

$$i' = -45^\circ\ 23',00$$

$$+\frac{F}{2} = \quad -0,26$$

$$-\frac{H}{2} = \quad +0,00.$$

Intensität.

Inclinations-Nadel A.

6^h 22′	56″,8	25′	51″,2	r'	3″,47886	log T_0	= 0,536928
23	32,8	25	16,4	$r'E^2.F$ (z)	— 1815	π	= −10° 23′
24	8,0	24	42,8	$r'E^4.F'$ (z)	— 28	log cos (π+u)	= 9,995768
				$r'E^6.F''$(z)	— 0	cp. log sin u	= 1,378357
						cp. log Φ	= 8,719833
						log F	= 0,093958

$E = 45^\circ,0 \quad e = 2^\circ,0 \quad v = +22^\circ,7.$

6^h 26′	56″,8	29′	51″,2	r'	3″,49256	log T_0	= 0,538635
27	32,8	29	18,0	$r'E^2.F$ (z)	— 1822	π	= −10° 23′
28	8,4	28	43,2	$r'E^4.F'$ (z)	— 28	log cos (π+u)	= 9,995788
				$r'E^6.F''$(z)	— 0	cp. log. sin u	= 1,374943
						cp. log Φ	= 0,719833
						log F	= 0,090564

$E = 45^\circ,0 \quad e = 2^\circ,0 \quad v = +22^\circ,7.$

Resultate

für 1830. März 4. 5^h 42′

Breite	=	− 28° 47′ 48″
Länge	=	210° 55′ 24″
Inclination	=	− 45° 23′,26 B.
Ganze Intens.	=	1,24153 A.
	=	1,23187 A.

1830. MAERZ 4. 18^h 0′ K.

SUEDLICHE GROSSE OCEAN.

Inclination.

Nadel B. 173.

I = − 44° 19′,50 I′ = − 45° 10′,25 I″ = − 46° 21′,75 I‴ = − 45° 51′,75

$$i' = -45^\circ\ 25',81$$
$$+\frac{F}{2} = \quad -0,37$$
$$-\frac{H}{2} = \quad +0,01.$$

Intensität.

Inclinations-Nadel A.

18^h 10′ 22″,0	12′ 36″,8	τ'	3″,37800	log T_0	= 0.525874
10 56,2	12 4,4	$\tau' E^2.F\,(z)$ —	571	π	= − 10° 26′
18^h 11′ 29″,6		$\tau' E^4.F'\,(z)$ —	118	log cos(π+u)	= 9,995588
		$\tau' E^6.F''(z)$ —	0	cp. log sin u	= 1,400534
				cp. log Φ	= 8,719607
				log F	= 0,115729

E = 35°,0 e = 2°,0 v = + 18°,5.

18^h 14′ 35″,2	17′ 25″,6	τ'	3″,41084	log T_0	= 0.527624
15 9,2	16 51,8	$\tau' E^2.F\,(z)$ —	2646	π	= − 10° 26′
15 43,6	16 17,6	$\tau' E^4.F'\,(z)$ —	42	log cos (π+u)	= 9.995607
		$\tau' E^6.F''(z)$ —	1	cp. log sin u	= 1.397034
				cp. log Φ	= 8,719607
				log F	= 0,112248

E = 45°,0 e = 5°,0 v = + 18°,5.

Resultate

für 1830. März 4. 17^h 28′

Breite	=	− 29° 3′ 47″
Länge	=	211° 12′ 52″
Inclination	=	− 45° 26′,17 B.
Ganze Intens.	=	1,30535 A.
	=	1,29494 A.

1830. MAERZ 5. 19^h 45′ K.

SUEDLICHE GROSSE OCEAN.

Inclination.

Nadel B. 174.

I = − 46° 5′,00 I′ = − 47° 33′,50 I″ = − 48° 29′,00 I‴ = − 47° 18′,50

$$i' = -47^\circ\ 21',50$$

$$+\frac{F}{2} = +\ 0,16$$

$$-\frac{H}{2} = -\ 0,05.$$

Intensität.

Inclinations-Nadel A.

19^h 51′ 22″,8	54′ 9″,6	τ'	3″,33144	log T_0	= 0,517791
51 56,8	53 36,6	$\tau' E^2 . F(z)$ —	2266	π	= − 12° 21′
52 30,8	53 3,4	$\tau' E^4 . F'(z)$ —	45	log cos(π + u)	= 9,993123
		$\tau' E^6 . F''(z)$ —	0	cp. log sin u	= 1,419628
				cp. log Φ	= 8,719436
E = 45° e = 3°,8 v = + 18°,8.				log F	= 0,132187

19^h 56′ 34″,0	58′ 48″,2	τ'	3″,34800	log T_0	= 0,519419
57 8,4	58 14,8	$\tau' E^2 . F(z)$ —	2671	π	= − 12° 21′
19^h 57′ 41″,6		$\tau' E^4 . F'(z)$ —	44	log cos(π + u)	= 9,993144
		$\tau' E^6 . F''(z)$ —	1	cp. log sin u	= 1,416372
				cp. log Φ	= 8,719436
E = 45°,0 e = 5°,0 v = + 18°,8.				log F	= 0,128952

19^h 59′ 52″,2	64′ 17″,6	τ'	3″,32133	log T_0	= 0,516563
60 25,4	63 44,8	$\tau' E^2 . F(z)$ —	2190	π	= − 12° 21′
60 58,4	63 11,6	$\tau' E^4 . F'(z)$ —	34	log cos(π + u)	= 9,993106
61 31,8	62 38,4	$\tau' E^6 . F''(z)$ —	1	cp. log sin u	= 1,422084
19^h 62′ 5″,2				cp. log Φ	= 8,719436
E = 47°,0 e = 3°,5 v = + 18°,8.				log F	= 0,134626

Resultate

für 1830. März 5. 19^h 11′

Breite	= − 30° 32′ 49″
Länge	= 210° 46′ 31″
Inclination	= − 47° 21′,39
Ganze Intens.	= 1,35577 A.
	= 1,34571 A.
	= 1,36341 A.

1830. MAERZ 8. 5^h 30′ K.

SUEDLICHE GROSSE OCEAN.

Inclination.

Nadel B. 175.

$I = -49^\circ\ 8',75 \quad I' = -50^\circ\ 3',75 \quad I'' = -51^\circ\ 15',75 \quad I''' = -49^\circ\ 54',00$

$$i' = -50^\circ\ 5',56$$
$$+\frac{F}{2} = +\ 0,09$$
$$-\frac{H}{2} = -\ 0,10.$$

Resultate

für 1830. März 8. 5^h 1′

Breite	$= -32^\circ\ 19'\ 35''$
Länge	$= 211^\circ\ 56'\ 34''$
Inclination	$= -50^\circ\ 5',57$ B.

1830. MAERZ 8. 0^h 10′ K.

SUEDLICHE GROSSE OCEAN.

Inclination.

Nadel B. 176.

$I = -47^\circ 57',50$ $I' = -47^\circ 10',50$ $I'' = -50^\circ 48',00$ $I''' = -48^\circ 27',00$

$$i' = -49^\circ 5',75$$
$$+\frac{F}{2} = +0,54$$
$$-\frac{H}{2} = -0,16.$$

Intensität.

Inclinations-Nadel A.

$0^h 24' 32'',8$	$27' 18'',0$	τ'	$3'',29943$	$\log T_0$	$= 0,515076$
25 6,8	26 45,4	$\tau' E^2 . F(z)$	-1196	π	$= -14^\circ 5'$
25 40,2	26 13,2	$\tau' E^4 . F'(z)$	-11	$\log\cos(\pi + u)$	$= 9,990492$
		$\tau' E^6 . F''(z)$	-0	cp. log sin u	$= 1,428144$
				cp. log Φ	$= 8,718902$
				log F	$= 0,137538$

$E = 35^\circ,0$ $e = 2^\circ,0$ $v = +18^\circ,2.$

Resultate

für 1830. März 8. 23^h 43′

Breite	$=$	$-32^\circ 22' 21''$
Länge	$=$	$212^\circ 26' 23''$
Inclination	$=$	$-49^\circ 5',37$ B.
Ganze Intens.	$=$	1,37258 A.

1830. MAERZ 10. 23h 45′ K.

SUEDLICHE GROSSE OCEAN.

Inclination.

Nadel B. 177.

I = — 49° 58′,50 I′ = — 51° 11′,00 I″ = — 52° 44′,50 I‴ = — 50° 59′,50

$$i' = -51^\circ\ 13',37$$

$$+\frac{F}{2} = \quad -0{,}14$$

$$-\frac{H}{2} = \quad -0{,}22.$$

Intensität.

Inclinations-Nadel A.

0h 0′ 23″,0	3′ 11″,0	τ′	3″,36057	log T₀	= 0,519661
0 57,2	2 38,0	τ′E².F (z)	— 3858	π	= — 16° 14′
1 31,4	2 5,2	τ′E⁴.F′ (z)	— 64	log cos (π + u)	= 9,986768
		τ′E⁶.F″(z)	— 1	cp.log sin u	= 1,423389
				cp.log Φ	= 8,718640
				log F	= 0,128797

E = 45°,0 e = 10°,0 v = + 17°,0.

0h 5′ 15″,2	10′ 48″,4	τ′	3″,34546	log T₀	= 0,520523
5 46,0	10 14,8	τ′E².F (z)	— 1724	π	= — 16° 14′
6 20,4	9 42,0	τ′E⁴.F′ (z)	— 24	log cos (π + u)	= 9,986803
6 54,4	9 8,2	τ′E⁶.F″(z)	— 0	cp.log sin u	= 1,421665
7 28,0	8 34,4			cp.log Φ	= 8,718640
0h 8′ 1″,6				log F	= 0,127108

E = 45°,0 e = 2°,5 v = + 17°,0.

Resultate

für 1830. März 10. 23h 26′

Breite	= — 34° 22′ 41″	
Länge	= 214° 18′ 32″	
Inclination	= — 51° 13′,73	B.
Ganze Intens.	= 1,34523	A.
	= 1,34001	A.

1830. MAERZ 12. 5h 5′ K.

SUEDLICHE GROSSE OCEAN.

Inclination.

Nadel B. 178.

$I = -51^\circ\,15',75 \quad I' = -52^\circ\,50',25 \quad I'' = -53^\circ\,11',75 \quad I''' = -52^\circ\,27',50$

$$i' = -52^\circ\,26',31$$
$$+\frac{F}{2} = +0,20$$
$$-\frac{H}{2} = -0,17.$$

Intensität.

Inclinations-Nadel A.

5h 18′ 59″,2	24′ 33″,2	τ'	3″,33273	log T_0	=	0,518031
19 33,4	24 0,0	$\tau' E^2.F\,(z)$	— 2419	π	=	$-17^\circ\,26'$
20 7,2	23 26,8	$\tau' E^4.F'\,(z)$	— 35	log cos $(\pi+u)$	=	9,984325
20 41,2	22 53,6	$\tau' E^6.F''(z)$	— 1	cp. log sin u	=	1,429401
21 14,6	22 20,6			cp. log Φ	=	8,718435
5h 21′ 47″,6				log F	=	0,132161

$E = 45^\circ,0 \quad e = 5^\circ,0 \quad v = +16^\circ,0.$

Resultate

für 1830. März 12. 4h 54′

Breite	=	$-34^\circ\,55'\,18''$
Länge	=	$216^\circ\,22'\,48''$
Inclination	=	$-52^\circ\,26',28$ B.
Ganze Intens.	=	1,35569 A.

1830. MAERZ 15. · 4^h 30′ K.

SUEDLICHE GROSSE OCEAN.

Inclination.

Nadel B. 179.

$I = -48^\circ\ 48',75 \quad I' = -50^\circ\ 35',25 \quad I'' = -52^\circ\ 4',75 \quad I''' = -50^\circ\ 44',00$

$$i' = -50^\circ\ 33',18$$

$$+\frac{F}{2} = -0,12$$

$$-\frac{H}{2} = -0,27.$$

Intensität.

Inclinations-Nadel A.

4^h 40′ 20″,0	43′ 4″,0	τ'	3″,28000	$\log T_0$	= 0,511305
40 53,4	42 32,0	$\tau' E^2 . F(z)$	− 2131	π	= −15° 34′
41 26,8	41 59,0	$\tau' E^4 . F'(z)$	− 26	$\log \cos(\pi + u)$	= 9,987868
		$\tau' E^6 . F''(z)$	− 0	cp. log sin u	= 1,438662
				cp. log Φ	= 8,717987
				log F	= 0,144517

$E = 40^\circ,0 \quad e = 5^\circ,0 \quad v = +17^\circ,5.$

4^h 44′ 51″,8	47′ 35″,6	τ'	3″,27486	$\log T_0$	= 0,509443
45 25,6	47 3,6	$\tau' E^2 . F(z)$	− 2978	π	= −15° 34′
45 58,4	46 31,6	$\tau' E^4 . F'(z)$	− 58	$\log \cos(\pi + u)$	= 9,987836
		$\tau' E^6 . F''(z)$	− 2	cp. log sin u	= 1,442386
				cp. log Φ	= 8,717987
				log F	= 0,148209

$E = 50^\circ,0 \quad e = 5^\circ,0 \quad v = +17^\circ,5.$

Resultate

für 1830. März 15. 4^h 26′

Breite	= −34° 28′ 25″
Länge	= 218° 13′ 10″
Inclination	= −50° 33′,57 B.
Ganze Intens.	= 1,39482 A.
	= 1,40673 A.

1830. MAERZ 17. 5^h 20′ K.

SUEDLICHE GROSSE OCEAN.

Inclination.

Nadel B. 180.

$I = -51^\circ\, 0',00 \quad I' = -52^\circ\, 19',50 \quad I'' = -53^\circ\, 30',00 \quad I''' = -52^\circ\, 21',75$

$$i' = -52^\circ\ 17',81$$
$$+\frac{F}{2} = \quad -\ 0,03$$
$$-\frac{H}{2} = \quad -\ 0,21.$$

Intensität.

Inclinations-Nadel A.

5^h 29′	55″,6	35′	23,″8	τ'	3″,29382	log T_0	= 0,513908
30	29,6	34	53,6	$\tau' E^2.F\,(z)$ —	1795	π	= $-17^\circ 18'$
31	3,0	34	21,4	$\tau' E^4.F'\,(z)$ —	20	log cos(π+u)	= 9,984522
31	36,4	33	49,2	$\tau' E^6.F''(z)$ —	0	cp. log sin u	= 1,437331
32	9,6	33	15,0			cp. log Φ	= 8,717659
5^h	32′	44″,2				log F	= 0,139512

$E = 410^\circ,0 \quad e = 4^\circ,0 \quad v = +\ 14^\circ,25.$

Resultate

für 1830. März 17. 5^h 14′

Breite	= $-\ 36^\circ$ 16′ 35″
Länge	= 217° 44′ 33″
Inclination	= $-\ 52^\circ$ 18′,05 B.
Ganze Intens.	= 1,37884 A.

1830. MAERZ 18. 5^h 0′ W. Zt.

SUEDLICHE GROSSE OCEAN.

Inclination.

Nadel B. 181.

$I = -53^\circ\ 15',75 \quad I' = -54^\circ\ 48',97 \quad I'' = -55^\circ\ 0',50 \quad I''' = -54^\circ\ 0',75$

$$i' = -54^\circ\ 16',49$$

$$+\frac{F}{2} = +0,38$$

$$-\frac{H}{2} = -0,15.$$

Intensität.

Inclinations-Nadel A.

5^h 20′ 16″,8	24′ 34″,4	τ'	3″,21667	log T_0	= 0,502733
20 50,0	24 2,8	$\tau' E^2 . F(z)$ —	2381	π	= $-19^\circ 16'$
21 22,8	23 31,2	$\tau' E^4 . F'(z)$ —	35	log cos (π + u)	= 9,979893
21 55,2	22 59,6	$\tau' E^6 . F''(z)$ —	1	cp. log sin u	= 1,464607
5^h 22′ 27″,6				cp. log Φ	= 8,717504
				log F	= 0,162004

$E = 45^\circ,0 \quad e = 5^\circ,0 \quad v = +14^\circ,0.$

Resultate

für 1830. März 18. 5^h 8′

Breite	=	-37° 38′ 58″	
Länge	=	215° 57′ 47″	
Inclination	=	-54° 16′,26	B.
Ganze Intens.	=	1,45213	A.

1830. MAERZ 20. 4^h 48′ K.

SUEDLICHE GROSSE OCEAN.

Inclination.

Nadel B. 182.

I = −57° 31′,25 I′ = −58° 30′,25 I″ = −60° 5′,00 I‴ = −59° 7′,00

$$i = -58^\circ\ 48',37$$
$$+\frac{F}{2} = -0,47$$
$$-\frac{H}{2} = -0,48.$$

Intensität.

Inclinations-Nadel A.

5^h 0′ 41″,6	6′ 34″,0	τ′	3″,20021	log T_0	= 0,500828
1 15,2	6 2,8	τ′E².F (z) —	3217	π	= −23°49′
1 46,8	5 31,2	τ′E⁴.F′ (z) —	32	log cos (π+u)	= 9,967385
2 20,0	4 59,4	τ′E⁶.F″(z) —	1	cp. log sin u	= 1,482040
2 52,0	4 28,0			cp. log Φ	= 8,717213
3 24,0	3 56,0			log F	= 0,166638

E = 45°,0 e = 5°,0 v = + 11°,75.

Resultate

für 1830. März 20. 4^h 38′

Breite	= −42° 4′ 18″
Länge	= 216° 37′ 32″
Inclination	= −58° 49′,32 B.
Ganze Intens.	= 1,46770 A.

1830. MAERZ 21. 18ʰ 40′ K.

SUEDLICHE GROSSE OCEAN.

Inclination.

Nadel B. 183.

I = −59° 54′,25 I′ = −61° 7′,75 I″ = −62° 0′,75 I‴ = −61° 7′,50

$$i' = -61^\circ\ 2',56$$
$$+\frac{F}{2} = -0,00$$
$$-\frac{H}{2} = +0,24$$

Intensität.

Inclinations-Nadel A.

18ʰ 53′ 54″,4	59′ 10″,8	τ′	3″,15709	log T_0	= 0,495040
54 27,2	58 39,6	τ′E².F (z) —	2299	π	= − 26° 2′
54 59,2	58 8,0	τ′E⁴.F′ (z) —	32	log cos (π + u)	= 9,959965
55 31,0	57 36,8	τ′E⁶.F″(z) —	1	cp. log sin u	= 1,501425
56 2,4	57 5,6			cp. log Φ	= 8,716958
18ʰ 56′ 34″,0				log F	= 0,178348

E = 45°,0 e = 5°,0 v = + 10°,5.

Resultate

für 1830. März 21. 18ʰ 42′

Breite	= − 44° 24′ 24″
Länge	= 219° 52′ 58″
Inclination	= − 61° 2′,32 B.
Ganze Intens.	= 1,50781 A.

1830. MAERZ 23. 4^h 25′ K.

SUEDLICHE GROSSE OCEAN.

Inclination.

Nadel B. 184.

$I = -60^\circ\, 7',00 \quad I' = -62^\circ\, 8',50 \quad I'' = -63^\circ\, 35',75 \quad I''' = -61^\circ\, 57',25$

$$i' = -61^\circ\, 57',12$$
$$+\frac{F}{2} = \quad + 0,21$$
$$-\frac{H}{2} = \quad - 0,12.$$

Intensität.

Inclinations-Nadel A.

$4^h\, 37'\, 56'',4$	$40'\, 33'',6$	τ'	$3'',14086$	$\log T_0$	$= 0,491745$
38 28,4	40 2,3	$\tau' E^2.F\,(z)$ —	3145	π	$= -26^\circ 57'$
39 0,0	39 31,6	$\tau' E^4.F'\,(z)$ —	51	$\log\cos(\pi + u)$	$= 9,956618$
		$\tau' E^6.F''(z)$ —	1	$\text{cp.}\log\sin\pi$	$= 1,511478$
				$\text{cp.}\log\Phi$	$= 8,716742$
				$\log F$	$= 0,184838$

$E = 45^\circ,0 \quad e = 8^\circ,0 \quad v = +8^\circ,75.$

Resultate

für 1830. März 23. 4^h 40′

Breite	$= -45^\circ\ 6'\ 12''$
Länge	$= 223^\circ\ 5'\ 43''$
Inclination	$= -61^\circ\ 57',03$ B.
Ganze Intens.	$= 1,53052$ A.

1830. MAERZ 24. 21h 50′ K.

SUEDLICHE GROSSE OCEAN.

Inclination.

Nadel B. 185.

I = −60° 46′,20 I′ = −61° 57′,95 I″ = −62° 48′,50 I‴ = −61° 19′,00

$$i' = -61^\circ\ 42',91$$
$$+\frac{F}{2} = +\ 0,41$$
$$-\frac{H}{2} = -\ 0,39.$$

Um I und I′ zu erhalten sind zu den Mitteln der abgelesnen Winkel + 5′,55 addirt worden, weil die Axe der Nadel um 5° 2′ von dem ersten Vertikale entfernt war.

Intensität.

Inclinations-Nadel A.

19h 2′ 6″,8	7′ 16″,0	τ′ 3″,09091	log T_0 = 0,486501
2 38,0	6 45,2	τ′E².F (z) — 1739	π = −26°43′
3 9,2	6 14,0	τ′E⁴.F′ (z) — 24	log cos(π+u) = 9,957309
3 40,0	5 44,0	τ′E⁶.F″(z) — 0	cp.log sin u = 1,521075
4 11,2	5 14,0		cp.log Φ = 8,716472
22h 4′ 43″,2			log F = 0,194856

E = 45°,0 e = 3°,0 v = + 11°,25.

Resultate

für 1830. März 24. 22h 18′

Breite	= −45° 4′ 59″	
Länge	= 226° 17′ 40″	
Inclination	= −61° 42′,89	B.
Ganze Intens.	= 1,56623	A.

1830. MAERZ 26. 22^h 30′ K.

SUEDLICHE GROSSE OCEAN.

Inclination.

Nadel B. 186.

$I = -62^\circ\,57',00 \quad I' = -63^\circ\,42',00 \quad I'' = -64^\circ\,30',50 \quad I''' = -62^\circ\,6',75$

$$i' = -63^\circ\,19',06$$
$$+\frac{F}{2} = +0,64$$
$$-\frac{H}{2} = -0,39.$$

Intensität.

Inclinations-Nadel A.

Durch ein Versehen beim Einstellen mit $\alpha = 4^\circ\,40'$. Vergl. [13] S. 44.

$22^h 40' 19'',6$ $42' 56'',4$	τ' $3'',13028$	$\log T_0$	$= 0,491233$
40 51,6 42 25,2	$\tau' E^2 . F\,(z)$ — 2426	$\operatorname{tg} \chi$	$= 1,786200\,n$
41 23,2 41 54,0	$\tau' E^4 . F'(z)$ — 38	$\log(2 \sin\frac{2\chi}{2} \sec\chi)$	$= 1,793296\,n$
	$\tau' E^2 . F''(z)$ — 1	$\log \frac{n}{m^2}$	$= 9,677411\,n$
		cp. $\log \Phi$	$= 8,716013$
$E = 45^\circ,0$ $e = 5^\circ,0$ $v = +9^\circ,3.$		$\log F$	$= 0,186720$

Resultate

für 1830. März 26. 23^h 35′

Breite	$= -47^\circ$ 13′ 25″	
Länge	$= 235^\circ$ 29′ 8″	
Inclination	$= -63^\circ$ 18′,81	B.
Ganze Intens.	$=$ 1,53716	A.

1830. MAERZ 29. 4^h 0′ K.

SUEDLICHE GROSSE OCEAN.

Inclination.

Nadel B. 187.

$I = -61^\circ\, 56',75 \quad I' = -64^\circ\, 17',25 \quad I'' = -65^\circ\, 3',75 \quad I''' = -63^\circ\, 20',75$

$$i' = -63^\circ\, 39',62$$

$$+\frac{F}{2} = +0,96$$

$$-\frac{H}{2} = -1,05.$$

Intensität.

Inclinations-Nadel A.

4^h 9′ 35″,2	12′ 41″,2	τ'	3″,09429	log T_0	= 0,486493
10 6,4	12 10,0	$\tau' E^2.F(z)$ —	2359	π	= − 28°40′
10 38,0	11 39,2	$\tau' E^4.F'(z)$ —	36	log cos($\pi + \imath$)	= 9,949992
4 11′ 8″,6		$\tau' E^6.F''(z)$ —	1	cp.log sin u	= 1,528846
				cp.log Φ	= 8,715823
				log F	= 0,194661

E = 45°,0 e = 5°,0 v = + 7°,0.

Resultate

für 1830. März 29. 5^h 24′

Breite	= − 48°	10′	51″	
Länge	= 240°	18′	16″	
Inclination	= − 63°	39′,71		B.
Ganze Intens.	= 1,56552			A.

1830. MAERZ 30. 23^h 30′ K.

SUEDLICHE GROSSE OCEAN.

Inclination.

Nadel B. 188.

I = − 62° 20′,00 I′ = − 64° 45′,50 I″ = − 66° 14′,00 I‴ = − 64° 22′,50

$$i' = -64^\circ\ 25',50$$

$$+\frac{F}{2} = +\ 0,50$$

$$-\frac{H}{2} = -\ 0,36.$$

Intensität.

Inclinations-Nadel A.

23^h 46′ 22″,4	47′ 24″,8	τ′	3″,04000	log T_0	= 0,479542
46 53,2	48 54,4	τ′E².F (z) —	1817	π	= −29°25
47 23,2	48 24,8	τ′E⁴.F′ (z) —	27	log cos(π+u)	= 9,946791
17^h 47′ 54″,8		τ′E⁶.F″(z) —	0	cp. log sin u	= 1,545904
				cp. log Φ	= 8,715530
				log F	= 0,208225

E = 45°,0 e = 3°,0 v = + 8°,0.

Resultate

für 1830. März 30. 1^h 7′

Breite	= − 48° 50′ 21″
Länge	= 243° 24′ 39″
Inclination	= − 64° 25′,36 B.
Ganze Intens.	= 1,61520 A.

1830. APRIL 1. 22h 7′ K.

SUEDLICHE GROSSE OCEAN.

Inclination.

Nadel B. 189.

I = —64° 6′,75 I′ = —65° 53′,50 I″ = —67° 40′,25 I‴ = —66° 0′,25

$$i' = -65° \; 55',18$$

$$+\frac{F}{2} = \quad -0,14$$

$$-\frac{H}{1} = \quad -0,15.$$

Intensität.

Inclinations-Nadel A.

22h 14′	6″,0	19′	15″,4	τ'	3″,08382	log T_0	= 0,484733
14	38,4	18	44.0	$\tau' E^2 . F(z)$ —	2196	π	= —30°55′
15	9,6	18	14,4	$\tau' E^4 . F'(z)$ —	35	log cos (π + u)	= 9,940669
15	40,8	17	44,0	$\tau' E^6 . F''(z)$ —	1	cp. log sin u	= 1.542125
16	11,6	17	13,6			cp. log Φ	= 8,714964
22h 16′ 42″,8						log F	= 0,197758

E = 48°,0 e = 2°,0 v = + 12°,4.

Resultate

für 1830. April 1. 0h 11′

Breite	= — 51° 2′ 36″	
Länge	= 250° 18′ 24″	
Inclination	= — 65° 55′,47	B.
Ganze Intens.	= 0,57672	A.

1830. APRIL 4. 0^h 45′ W. Zt.

SUEDLICHE GROSSE OCEAN.

Inclination.

Nadel B. 190.

$I = -65^\circ\ 17',25 \quad I' = -66^\circ\ 49',75 \quad I'' = -66^\circ\ 49',70 \quad I''' = -65^\circ\ 57',75$

$$i' = -66^\circ\ 13',61$$
$$+\frac{F}{2} = \quad -0,06$$
$$-\frac{H}{2} = \quad -0,29$$

Intensität.

Inclinations-Nadel A.

$22^h\ 0'\ 47'',6$	$3'\ 53'',8$	τ'	$3'',09929$	$\log T_0$	$= 0,485624$
1 19,2	3 22,8	$\tau' E^2.F\ (z)$	-3519	π	$= -31^\circ 14'$
1 50,4	2 52,4	$\tau' E^4.F'\ (z)$	-58	$\log\cos(\pi + u)$	$= 9,939321$
$22^h\ 2'\ 21'',6$		$\tau' E^6.F''(z)$	-1	cp. log. sin u	$= 1,541790$
				cp. log Φ	$= 8,714917$
				log F	$= 0,196028$

$E = 45^\circ,0 \quad e = 10^\circ,0 \quad v = +6^\circ,0.$

Bei sehr hohem Seegang, starkem Rollen und Ost-Kurs, durch welchen die Ebene des Neigungskreises, mit der der Schwankungen des Schiffes zusammenfiel.

Resultate

für 1830. April 4. 0^h 48′

Breite	$= -55^\circ\ 3'\ 0''$
Länge	$= 264^\circ\ 21'\ 51''$
Inclination	$= -66^\circ\ 13',96$ B.
Ganze Intens.	$= 1,57046$ A.

1830. APRIL 7. 5^h 0′ K.

SUEDLICHE GROSSE OCEAN.

Inclination.

Nadel B. 191.

I = − 62° 59′,00 I′ = − 65° 30′,75 I″ = − 66° 42′,25 I‴ = − 64° 59′,25

$$i' = -65^\circ\ 2',81$$

$$+\frac{F}{2} = +0,67$$

$$-\frac{H}{2} = -1,54.$$

Intensität.

Inclinations-Nadel A.

Mit $\alpha = 90^\circ$; nach [13.] S. 44.

5^h 16′43″,6	20′ 1″,0	τ′	3″,28643	log T_0	= 0,513200
17 16,8	19 28,0	τ′E².F (z) —	2359	tg χ	= 1,504961 n
17 49,6	18 55,2	τ′E⁴.F′ (z) —	29	log (2sin $\frac{2\chi}{2}$ sec χ)	= 1,514240 n
5^h 18′ 22″,4		τ′E⁶.F″(z) —	0	log $\frac{n}{m^2}$	= 9,955872
				cp. log Φ	= 8,714402
				log F	= 0,184514

E = 40°,0 e = 6°,0 v = + 3°,5.

Die Schwingungen wurden im ersten Vertikale beobachtet, weil die Lage und Bewegung des Schiffes so wie bei der vorigen Beobachtung waren.

Resultate

für 1830. April 7. 8^h 41′

Breite	= − 56°	28′	30″
Länge	= 247°	34′	31″
Inclination	= − 65°	3′,68	B.
Ganze Intens.	= 1,52937		A.

1830. APRIL 10. 17^h 48′ K.

SUEDLICHE GROSSE OCEAN.

Inclination.

Nadel B. 192.

I = − 60° 39′,75 I′ = − 63° 40′,20 I″ = − 64° 38′,61 I‴ = − 62° 26′,25

i′ = − 61° 51′,21

$+\frac{F}{2} =$ + 1,58

$-\frac{H}{2} =$ − 1,63.

Intensität

Inclinations-Nadel A.

17^h 57′ 35″,2	61′ 7″,4	τ′	3″,17429	log T_0	= 0,497847
58 29,2	60 36,0	τ′E².F (z)	− 2242	π	= −27°51′
59 0,8	60 4,2	τ′E⁴.F′ (z)	− 28	log cos (π+u)	= 9,953476
17^h 59′ 32″,4		τ′E⁶.F″(z)	− 0	cp. log sin u	= 1,502810
				cp. log Φ	= 8,713858
				log F	= 0,170144

E = 40°,0 c = 6°,0 v = + 7°,0.

Resultate

für 1830. April 10. 22^h 1′

Breite	= − 56° 5′ 8″
Länge	= 282° 36′ 26″
Inclination	= − 62° 51′,26 B.
Ganze Intens.	= 1,47960 A.

1830. APRIL 14. 20^h 10′ K.

SUEDLICHE ATLANTISCHE OCEAN.

Inclination.

Nadel B. 193.

I = −59° 2′,50 I′ = −62° 13′,25 I″ = −62° 56′,50 I‴ = −60° 58′,25

$$i' = -61^\circ\ 17',63$$
$$+\frac{F}{2} = +1,52$$
$$-\frac{H}{2} = -1,40.$$

Intensität.

Inclinations-Nadel. A.

20^h 20′ 54″,4	24′ 6″,4	τ′	3″,19282	log T_0	= 0,500147
21 26,8	23 34,0	$\tau' E^2.F$ (z)	− 2255	π	= −26° 18′
21 58,8	23 2,4	$\tau' E^4.F'$ (z)	− 28	log cos(π+u)	= 9,959176
20^h 22′ 30″,4		$\tau' E^6.F''$(z)	− 0	cp.log.sin u	= 1,492204
				cp.log Φ	= 8,713224
				log F	= 0,164604

E = 40°,0 e = 6°,0 v = + 5°,0.

Resultate

für 1830. April 14. 0^h 43′

Breite	= − 58° 31′ 12″
Länge	= 278° 36′ 50″
Inclination	= − 61° 17′,51 B.
Ganze Intens.	= 1,46084 A.

1830. APRIL 17. 20h 18′ K.

SUEDLICHE ATLANTISCHE OCEAN.

Inclination.

Nadel B. 194.

I = —58° 35′,75 I′ = —60° 19′,75 I″ = —61° 38′,25 I‴ = —59° 56′,25

$$i' = -60^\circ\ 7',50$$

$$+\frac{F}{2} = +\ 1,20$$

$$-\frac{H}{2} = -\ 0,85.$$

Intensität.

Inclinations-Nadel A.

20h 31′46″,0	34′ 30″,8	τ′	3″,29372	log T_0	= 0.514459
32 19,6	33 58,4	τ′E².F (z)	— 2297	π	= —25° 7′
32 52,8	33 25,2	τ′E⁴.F′ (z)	— 36	log cos (π+u)	= 9,963618
		τ′E⁶.F″(z)	— 1	cp.log sin u	= 1,459262
				cp.log Φ	= 8,712760
E = 45°,0	e = 4°,0	v = + 1°,25.		log F	= 0,135640

20h 36′22″,4	40′ 40″,4	τ′	3″,22367	log T_0	= 0.506085
36 55,6	40 8,8	τ′E².F (z)	— 1553	π	= —25° 7′
37 28,4	39 37,6	τ′E⁴.F′ (z)	— 22	log cos (π+u)	= 9,963374
38 0,8	39 5,0	τ′E⁶.F″(z)	— 0	cp.log sin u	= 1,476010
20h 38′ 33″,2				cp.log Φ	= 8,712760
				log F	= 0,152144

E = 45°,0 e = 2°,0 v = + 1°,25.

Resultate

für 1830. April 17. 1h 17′

Breite	= — 57° 26′ 23″
Länge	= 293° 58′ 51″
Inclination	= — 60° 7′,15 B.
Ganze Intens.	= 1,36658 A.
	= 1,41954 A.

1830. APRIL 19. 19h 25′ K.

SUEDLICHE ATLANTISCHE OCEAN.

Inclination.

Nadel B. 195.

I = —56° 49′,75 I′ = —58° 32′,25 I″ = —60° 9′,00 I‴ = —58° 30′,25

$$i' = -58^\circ\ 30',31$$

$$+\frac{F}{2} = +0,03$$

$$-\frac{H}{2} = -0,75.$$

Intensität.

Inclinations-Nadel A.

0h 33′ 57″,6	40′ 1″,5	τ′	3″,33115	log T_0	= 0,518806
34 31,6	39 32,4	$\tau' E^2 . F$ (z)	— 2423	π	= —23° 31′
35 5,6	38 59,0	$\tau' E^4 . F'$ (z)	— 34	log cos (π + u)	= 9,968795
35 39,2	38 26,0	$\tau' E^6 . F''$ (z)	— 1	cp. log. sin u	= 1,445087
36 12,2	37 52,8			cp. log Φ	= 8,712450
36 45,9	37 19,6			log F	= 0,126332

ζ = 45°,0 e = 5°,0 v = + 5°,75.

Resultate

für 1830. April 19. 0h 38′

Breite	= —56° 2′ 27″	
Länge	= 297° 37′ 10″	
Inclination	= —58° 31′,03	B.
Ganze Intens.	= 1,33762	A.

1830. APRIL 20. 15h 10′ K.

SUEDLICHE ATLANTISCHE OCEAN.

Inclination.

Nadel B. 196.

$I = -55^\circ 46',25$ $I' = -57^\circ 27',37$ $I'' = -59^\circ 15',37$ $I''' = -57^\circ 22',45$

$$i' = -57^\circ 27',86$$

$$+\frac{F}{2} = +0,08$$

$$-\frac{H}{2} = -0,73.$$

Intensität.

Inclinations-Nadel A.

15h 22′36″,0	28′ 8″,6	r'	3″,31891	log T_0	= 0,516297
23 10,2	27 35,6	$r'E^2.F(z)$	− 3188	π	= −22°29′
23 44,0	27 2,8	$r'E^4.F'(z)$	− 48	log cos $(\pi + u)$	= 9,971770
24 17,6	26 29,6	$r'E^6.F''(z)$	− 1	cp. log sin u	= 1,446780
24 51,0	25 56,8			cp. log Φ	= 8,712325
15h 25′ 24′,0				log F	= 0,130870

$E = 45^\circ,0$ $e = 8^\circ,0$ $v = + 4^\circ,4.$

Resultate

für 1830. April 20. 20h 33′

Breite	= − 55° 35′ 40″	
Länge	= 300° 5′ 54″	
Inclination	= − 57° 28′,51	B.
Ganze Intens.	= 1,35167	A.

1830. APRIL 23. 23ʰ 0′ K.

SUEDLICHE ATLANTISCHE OCEAN.

Inclination.

Nadel B. 197.

I = −52° 4′,87 I′ = −54° 5′,25 I″ = −56° 37′,50 I‴ = −55° 8′,62

$$i' = -54°\ 29',06$$
$$+\frac{F}{2} = -1,32$$
$$-\frac{H}{2} = -0,98.$$

Intensität.

Inclinations-Nadel A.

23ʰ 7′ 20″,2	13′ 6″,8	τ′	3″,46200	log T_0	= 0,535654
7 55,6	12 32,4	τ′E².F (z)	— 2521	π	= −19°31′
8 30,8	11 58,0	τ′E⁴.F′ (z)	— 36	log cos (π+u)	= 9,980053
9 5,6	11 24,0	τ′E⁶.F″(z)	— 1	cp. log sin u	= 1,399432
9 40,0	10 49,6			cp. log Φ	= 8,711812
23ʰ 10′ 14″,8				log F	= 0,091297

E = 45°,0 c = 5°,0 v = + 4°,5.

Resultate

für 1830. April 23. 4ʰ 33′

Breite	= − 52° 44′ 22″
Länge	= 302° 30′ 39″
Inclination	= − 54° 31′,36 B.
Ganze Intens.	= 1,23389 A.

1830. APRIL 24. 21h 50′ K.

SUEDLICHE ATLANTISCHE OCEAN.

Inclination.

Nadel B. 198.

I = −48° 3′,00 I′ = −51° 16′,63 I″ = −54° 4′,63 I‴ = −51° 43′,87

$$i' = -51^\circ\ 17',03$$

$$+\frac{F}{2} = \quad -0,74$$

$$-\frac{H}{2} = \quad -1,07.$$

Intensität.

Inclinations-Nadel A.

22h 6′ 26″,4	12′ 16″,0	τ′	3″,49146	log T_0	= 0,539996
7 2,0	11 41,2	τ′E².F (z)	− 1964	π	= −16°28′
7 37,6	11 6,4	τ′E⁴.F′ (z)	− 27	log cos (π+u)	= 9,986722
8 12,6	10 32,4	τ′E⁶.F″(z)	− 0	cp.log sin u	= 1,383238
8 47,4	9 57,2			cp.log Φ	= 8,711660
22h 9′ 22″,0				log F	= 0,081620

E = 45°,0 e = 3°,0 v = + 5°,30.

Resultate

für 1830. April 24. 3h 23′

Breite	= − 50° 12′ 17″
Länge	= 302° 22′ 30″
Inclination	= − 51° 18′,84 B.
Ganze Intens.	= 1,20676 A.

1830. APRIL 25. 15^h 15′ K.

SUEDLICHE ATLANTISCHE OCEAN.

Inclination.

Nadel B. 199.

$I = -46^\circ\ 51',00 \quad I' = -47^\circ\ 58',87 \quad I'' = -50^\circ\ 51',75 \quad I''' = -49^\circ\ 10',87$

$$i' = -48^\circ\ 40',62$$

$$+\frac{F}{2} = \quad -1,27$$

$$-\frac{H}{2} = \quad -0,30.$$

Intensität.

Inclinations-Nadel A.

15^h 30′ 2″,8	33′36″,0	τ'	3″,55857		log T_0	= 0,548183
30 38,0	33 0,4	$\tau' E^2.F$ (z)	— 2124		π	= —13°42′
31 13,6	32 25,6	$\tau' E^4.F'$ (z)	— 32		log cos (π+u)	= 9,991640
15^h 31′ 49″,6		$\tau' E^6.F''$(z)	— 1		cp. log sin u	= 1,361211
					cp. log Φ	= 8,711549
					log F	= 0,064400

$E = 45^\circ,0 \quad e = 3^\circ,0 \quad v = +4^\circ,5.$

Resultate

für 1830. April 25. 20^h 55′

Breite	= — 47° 10′ 42″	
Länge	= 304° 26′ 0″	
Inclination	= — 48° 42′,19	B.
Ganze Intens.	= 1,15984	A.

1830. APRIL 27. 21^h 25′ K.

SUEDLICHE ATLANTISCHE OCEAN.

Inclination.

Nadel B. 200.

I = — 41° 39′,26 I′ = — 44° 25′,25 I″ = — 45° 54′,00 I‴ = — 43° 45′,50

i′ = — 43° 56′,00

$+\frac{F}{2} =$ + 0,60

$-\frac{H}{2} =$ + 0,05.

Intensität.

Inclinations-Nadel A.

21^h 36′ 2″,0	39′ 52″,4	τ′	3″,84000	log T_0	= 0,581093
36 · 41,2	39 15,2	τ′E².F (z)	— 2293	π	= — 8° 55′
37 20,4	38 36,4	τ′E⁴.F′ (z)	— 35	log cos (π + u)	= 9,997642
21^h 37′ 58″,4		τ′E⁶.F″(z)	— 1	cp. log sin u	= 1,288136
				cp. log Φ	= 8,711206
				log F	= 9,996984

E = 45°,0 e = 3°,0 v = + 6°,0.

Bei sehr hoher See unter Reffmarssegel-Wind aus SSO.

Resultate

für 1830. April 27. 3^h 10′

Breite	= — 43° 5′ 33″	
Länge	= 305° 26′ 30″	
Inclination	= — 43° 55′,35	B.
Ganze Intens.	= 0,99308	A.

1830. APRIL 28. 23^h 0′ K.

SUEDLICHE ATLANTISCHE OCEAN.

Intensität.

Nadel B. 201.

$I = -37^\circ\ 34',75 \quad I' = -39^\circ\ 45',25 \quad I'' = -41^\circ\ 3',00 \quad I''' = -42^\circ\ 43',00$

$$i' = -40^\circ\ 16',50$$
$$+\frac{F}{2} = -2,73$$
$$-\frac{H}{2} = +0,45.$$

Intensität.

Inclinations-Nadel A.

23^h 8′ 37″,2	14′ 30″,0	τ' 3″,92170	log T_0 = 0,588803
9 16,8	13 51,2	$\tau' E^2 . F(z)$ — 3491	π = −5° 19′
9 56,4	13 12,4	$\tau' E^4 . F'(z)$ — 43	log cos $(\pi+u)$ = 9,999670
10 35,2	12 33,6	$\tau' E^6 . F''(z)$ — 1	cp. log sin u = 1,269308
11 14,4	11 54,0		cp. log Φ = 8,711028
			log F = 9,980006

$E = 40^\circ,0 \quad e = 9^\circ,0 \quad v = +7^\circ,5.$

Resultate

für 1830. April 28. 4^h 49′

Breite	= − 39° 47′ 45″
Länge	= 306° 37′ 16″
Inclination	= − 40° 18′,78 B.
Ganze Intens.	= 0,95501 A.

1830. APRIL 29. 19h 18′ K.

SUEDLICHE ATLANTISCHE OCEAN.

Inclination.

Nadel B. 202.

I = − 35° 53′,25 I′ = − 37° 29′,62 I″ = − 40° 8′,25 I‴ = − 37° 59′,25

i′ = − 37° 52′,59

$+\frac{F}{2} =$ − 0,44

$-\frac{H}{2} =$ + 0,38.

Intensität.

Inclinations-Nadel A.

19h 28′ 6″,0	32′ 1″,0	τ′	3″,91500	log T_0	= 0,588896
28 46,0	31 22,4	τ′E².F (z)	− 2337	π	= − 2° 53′
29 25,2	30 43,6	τ′E⁴.F′ (z)	− 35	log cos (π + u)	= 9,999997
19h 30′ 4″,5		τ′E⁶.F″(z)	− 1	cp. log. sin u	= 1,267800
				cp. log Φ	= 8,710928
E = 45°,0	e = 3°,0	v = + 12°,25.		log F	= 0,978725

Cylindrische Nadel.

19h 36′ 12″,4	40′ 34″,9	τ′	2″,62100	log T_0	= 0,407855
36 39,2	40 8,6	τ′E².F(z)	− 5489	log A + cd	= 0,695384
37 5,2	39 43,8	τ′E⁴.F′(z)	− 127	b f². tg² i	= 3
37 31,6	39 14,8	τ′E⁶.F″(z)	− 4	log f	= 9,879677
37 57,6	38 48,4				
19h 38′ 22″,4					
E = 50°,0	e = 20°,0	v = + 12°,25.			

Resultate

für 1830. April 29. 1h 10′

Breite	= − 38° 17′ 23″		
Länge	= 307° 20′ 14″		
Inclination	= − 37° 52′,65	B.	
Horiz. Intens.	= 0,75801	C.	
Ganze Intens.	= 0,96033	C allein.	
	= 0,95219	A.	

1830. APRIL 30. 20h 32′ K.

SUEDLICHE ATLANTISCHE OCEAN.

Inclination.

Nadel B. 203.

I = −34° 23′,62 I′ = −36° 29′,25 I″ = −38° 58′,12 I‴ = −36° 56′,62

$$i' = -36^\circ 41',90$$

$$+\frac{F}{2} = -0,05$$

$$-\frac{H}{2} = +0,02.$$

Intensität.

Inclinations-Nadel A.

20h 47′ 9″,6	53′ 43″,2	τ′	3″,92473	log T_0	= 0,590081
47 50,0	53 3,6	τ′E².F (z) −	2207	π	= − 1° 42′
48 29,6	52 24,4	τ′E⁴.F′ (z) −	30	log cos (π + u)	= 9,999867
49 8,8	51 45,0	τ′E⁶.F″(z) −	1	cp. log sin u	= 1,265065
49 48,0	51 6,0			cp. log Φ	= 8,712444
20h 50′ 27″,2				log F	= 9,977376

E = 45°,0 e = 3°,0 v = + 12°,75.

Resultate

für 1830. April 30. 2h 25′

Breite	= − 37° 8′ 45″	
Länge	= 307° 34′ 46″	
Inclination	= − 36° 41′,93	B.
Ganze Intens.	= 0,94924	A.

1830. APRIL 30. 13^h 16′ K.

SUEDLICHE ATLANTISCHE OCEAN.

Inclination.

Nadel B. 204.

$I = -32^\circ\,30',37 \quad I' = -33^\circ\,53',44 \quad I'' = -36^\circ\,5',25 \quad I''' = -34^\circ\,53',6$

$$i' = -34^\circ\,20',66$$
$$+\frac{F}{2} = \quad -1,02$$
$$-\frac{H}{2} = \quad +0,71.$$

Intensität.

Inclinations-Nadel A.

$13^h\,26'\,50'',4$	$32'\,16'',4$	τ'	$4'',07733$	$\log T_0$	$= 0,60664$
27 31,6	31 36,4	$\tau' E^2.F\,(z)$ —	2347	π	$= 0^\circ\,39'$
28 12,8	30 56,0	$\tau' E^4.F'\,(z)$ —	35	$\log\cos(\pi+u)$	$= 9,99893$
28 54,0	30 15,6	$\tau' E^6.F''(z)$ —	1	cp. log sin u	$= 1,23264$
$13^h\,29'\,34'',4$				cp. log Φ	$= 8,71327$
				log F	$= 9,94484$

$E = 45^\circ,0 \quad e = 3^\circ,0 \quad v = +12^\circ,25.$

Resultate

für 1830. April 30. 19^h 12′

Breite	$= -35^\circ\,44'\,25''$		
Länge	$= 308^\circ\,16'\,36''$		
Inclination	$= -34^\circ\,20',97$	B.	
Ganze Intens.	$= 0,88074$	A.	

1830. MAI 1. 14h 50′ K.

SUEDLICHE ATLANTISCHE OCEAN.

Inclination.

Nadel B. 205.

I = − 28° 7′,25 I′ = − 29° 54′,75 I″ = − 31° 43′,87 I‴ = − 30° 26′,62

$$i' = -30^\circ\ 3',12$$

$$+\frac{F}{2} = -0,58$$

$$-\frac{H}{2} = +0,30.$$

Intensität.

Inclinations-Nadel A.

15h 9′ 47″,2	16′ 29″,6	τ′	4″,02419	log T₀	= 0,599343
10 28,4	15 50,2	τ′E².F (z)	− 3714	π	= 4° 57′
11 9,2	15 10,4	τ′E⁴.F′ (z)	− 56	log cos (π + u)	= 9,995551
11 50,0	14 31,8	τ′E⁶.F″(z)	− 1	cp. log sin u	= 1,247979
12 30,4	13 50,6			cp. log Φ	= 8,713354
15h 13′ 10″,6				log F	= 9,956884

E = 45°,0 e = 7°,5 v = + 12°,75.

Resultate

für 1830. Mai 1. 20h 53′

Breite	= − 33° 4′ 29″	
Länge	= 309° 55′ 27″	
Inclination	= − 30° 3′,40	B.
Ganze Intens.	= 0,90549	A.

1830. MAI 3. 22h 40′ K.

SUEDLICHE ATLANTISCHE OCEAN.

Inclination.

Nadel B. 206.

I = −23° 9′,00 I′ = −24° 37′,82 I″ = −28° 6′,00 I‴ = −26° 19′,00

$$i' = -25° 32',95$$
$$+\frac{F}{2} = -2,81$$
$$-\frac{H}{2} = +2,88.$$

Intensität.

Inclinations-Nadel A.

23h 2′ 46″,0	7′ 35″,6	τ′ 4″,12811	log T₀	= 0,611597
3 28,4	6 54,4	τ′E². F (z) −2468	π	= 9° 27′
4 10,4	6 13,6	τ′E⁴. F′(z) − 36	log cos(π+u)	= 9,989001
4 51,6	5 32,4	τ′E⁶. F″(z) − 1	cp. log sin u	= 1,227782
			cp. log Φ	= 8,716190
			log F	= 9,932973

E = 45°,0 e = 3°,0 v = + 15°,5.

Resultate

für 1830. Mai 3. 4h 45′

Breite	= −29° 53′ 2″
Länge	= 311° 23′ 25″
Inclination	= −25° 32′,88 B.
Ganze Intens.	= 0,85698 A.

1830. MAI 4. 21^h 15′ K.

SUEDLICHE ATLANTISCHE OCEAN.

Inclination.

Nadel B. 207.

$I = -19° 59',25$ $I' = -20° 51',37$ $I'' = -24° 35',25$ $I''' = -22° 40',12$

$$i' = -22° 1',50$$
$$+\frac{F}{2} = -3,95$$
$$-\frac{H}{2} = +4,17.$$

Intensität.

Inclinations-Nadel A.

21^h 28′ 29″,2	33′ 23″,2	τ'	4″,21119	log T_0	= 0,618312
29 10,6	32 42,4	$\tau' E^2 . F(z)$	— 4066	π	= 12° 59′
29 52,0	31 58,4	$\tau' E^4 . F'(z)$	— 75	log cos(π+u)	= 9,981875
30 34,2	31 15,4	$\tau' E^6 . F''(z)$	— 2	cp. log sin u	= 1,219665
				cp. log Φ	= 8,717260
				log F	= 9,918800

$E = 50°,0$ $e = 6°,0$ $v = +18°,5.$

Resultat

für 1830. Mai 4. 3^h 27′

Breite	=	− 27° 58′ 30″	
Länge	=	312° 15′ 31″	
Inclination	=	− 22° 1′,29	B.
Ganze Intens.	=	0,82947	A.

1830. MAI 5. 0^h 15′ W. Zt.

SUEDLICHE ATLANTISCHE OCEAN.

Inclination.

Nadel B. 208.

I = — 17° 37′,12 I′ = — 18° 25′,50 I″ = — 20° 55′,87 I‴ = — 22° 0′,37

$$i' = -19^\circ\,44',69$$

$$+\frac{F}{2} = \quad -3{,}88$$

$$-\frac{H}{2} = \quad +3{,}00.$$

Intensität.

Inclinations-Nadel A.

18^h 22′ 20″,8	30′ 48″,8	τ'	4″,23253	log T_0	= 0,622354
23 4,8	30 7,4	$\tau' E^2.F$ (z)	— 2419	π	= 15° 15′
23 47,6	29 26,0	$\tau' E^4.F'$ (z) —	42	log cos (π + u)	= 9,976356
24 30,0	28 44,6	$\tau' E^6.F''$ (z) —	1	cp. log sin u	= 1,215902
25 12,4	28 2,4			cp. log Φ	= 8,718208
25 55,6	27 20,4			log F	= 9,910466
18^h 26′ 38″,2					

E = 45°,0 e = 5°,0 v = + 17°,6.

Resultate

für 1830. Mai 5. 0^h 12′

Breite	= — 26° 22′ 0″
Länge	= 313° 25′ 43″
Inclination	= — 19° 45′,57 B.
Ganze Intens.	= 0,81370 A.

1830. MAI 8. 5^h 40′ K.

SUEDLICHE ATLANTISCHE OCEAN.

Inclination.

Nadel B. 209.

$I = -14^\circ\ 19',87 \quad I' = -14^\circ\ 49',50 \quad I'' = -17^\circ\ 55',50 \quad I'' = -17^\circ 0',75$

$$i' = -16^\circ\ 1',40$$

$$+\frac{F}{2} = \quad -3,88$$

$$-\frac{H}{2} = \quad +3,70.$$

Intensität.

Inclinations-Nadel A.

$5^h\ 56'\ 25''6$,	$60'\ 45'',2$	τ'	$4'',32857$	$\log T_0$	$= 0,632509$
57 10,2	60 3,6	$\tau' E^2 . F\ (z)$	$-$ 2585	π	$= 18^\circ\ 58'$
57 53,6	59 20,0	$\tau' E^4 . F'\ (z)$	$-$ 39	$\log \cos(\pi + u)$	$= 9,965508$
$5^h\ 58'\ 36'',4$		$\tau\ E^6 . F''(z)$	$-$ 1	cp. log sin u	$= 1,204267$
				cp. log Φ	$= 8,719826$
				log F	$= 9,889601$

$E = 45^\circ,0 \quad e = 3^\circ,0 \quad v = +12^\circ,2.$

Resultate

für 1830. Mai 8. 12^h 0′

Breite	$=$	$-24^\circ\ 12'\ 12''$
Länge	$=$	$314^\circ\ 15'\ 10''$
Inclination	$=$	$-16^\circ\ 1',58$ B.
Ganze Intens.	$=$	0,77553 A.

1830. MAI 9. 14^h 20′ K.

SUEDLICHE ATLANTISCHE OCEAN.

Inclination.

Nadel B. 210.

$I = -13^\circ\ 21',75\quad I' = -14^\circ\ 24',00\quad I'' = -18^\circ\ 23',25\quad I''' = -17^\circ\ 2',62$

$$i' = -15^\circ\ 47',90$$

$$+\frac{F}{2} = \quad -6,64$$

$$-\frac{H}{2} = \quad +6,86.$$

Resultate

für 1830. Mai 9. 20^h 40′

Breite	$= -24^\circ\ 24'\ 12''$
Länge	$= 314^\circ\ 9'\ 2''$
Inclination	$= -15^\circ\ 47',68$ B.

1830. MAI 13.

Vor Anker in der Bucht von RIO - JANEIRO *)

Inclination.

Nadel B. 211.

I und I' wurden nicht beobachtet. $I'' = -14^\circ\ 11',62$ $I''' = -15^\circ\ 19',87$
$I'' = -14^\circ\ 49',87$ $I''' = -15^\circ\ 51',37$

Die Nadel ist zweimal gestrichen, die Lage der Pole aber durch ein Versehen nicht umgekehrt worden.

Mit Hülfe der nächsten Beobachtungen folgt:

$$i' = \frac{I'' + I'''}{2} - 1^\circ\ 30',29 = -13^\circ\ 32',89$$

$$+ \frac{F - H}{2} \qquad = \qquad +0,04.$$

Resultate

für 1830. Mai 13. 19^h 30'

Breite	$= -23^\circ\ 1'\ 40''$
Länge	$= 314^\circ\ 38'\ 22''$
Inclination	$= -13^\circ\ 32',85$

*) Dem Leuchtthurm auf Ila rasa gegenüber. Die Lage des Schiffes ist durch Peilungen von Küstenpunkten bestimmmt.

1830. MAI 14.

Vor Anker auf der Rhede von RIO - JANEIRO. *)

Inclination.

Nadel B. 212.

$I = -12^\circ\ 29',12$ $I' = -12^\circ\ 39',00$ $I'' = -15^\circ\ 4',11$ $I''' = -14^\circ\ 26',25$

$i' = -13^\circ\ 39',62$

$+\frac{F}{2} = -2,64$

$-\frac{H}{2} = +2,50.$

Intensität.

Cylindrische Nadel.

15ʰ 15′ 45″,6	19′ 48″,8	τ'	2″,43400	log T_0	= 0,383005
16 10,0	19 24,8	$\tau' E^2.F$ (z)	— 818	log A + cd	= 0,695679
16 34,6	19 0,6	$\tau' E^4.F'$ (z)	— 3	b f^2. tg i	= 2
16 59,4	18 36,8	$\tau' E^6.F''$(z)	— 0	log f	= 9,929671
17 23,2	18 12,6				
15ʰ 17′ 48″,4					

E = 20°,0 e = 8°,0 v = + 19°,0.

Prismatische Nadel.

15ʰ 25′ 46″,8	31′ 43″,8	τ'	3″,56854	log T_0	= 0,544513
26 22,6	31 8,0	$\tau' E^2.F$ (z)	— 4934	log A′ + c′d	= 1,016547
26 58,5	30 32,5	$\tau' E^4.F'$ (z)	— 66	b′ f^2. tg^2 i	= 2
27 34,4	29 57,2	$\tau' E^6.F''$(z)	— 1	log f	= 9,927523
28 10,4	29 21,6				
15ʰ 28′ 45″,8					

E = 35°,0 e = 20°,0 v = + 19 °,0.

Resultate

für 1830. Mai 14. 21ʰ 40′

Breite	= —	22° 53′ 50″
Länge	=	314° 35′ 0″
Inclination	=	13° 39′,76 B.
Horiz. Intens.	=	0,85049 C.
	=	0,84630 P.

*) Ila das cobras gegenüber.

1830. MAI 26.

Bei RIO-JANEIRO, auf ila das Cobras.

Inclination.

Nadel B. 213.

$I = -9^\circ\ 48',62 \quad I' = -10^\circ\ 35',75 \quad I'' = -17^\circ\ 13',00 \quad I''' = -16^\circ\ 21',75$

$$i' = -13^\circ\ 29',77$$

$$+\frac{F}{2} = \quad -2,63$$

$$-\frac{H}{2} = \quad +2,50.$$

Intensität.

Cylindrische Nadel.

$17^h\ 35'\ 32'',4$	$39'\ 35'',6$	τ'		$2'',42964$	$\log T_0$	$= 0,382748$
35 56,8	39 11,2	$\tau' E^2 . F\ (z)$	—	575	$\log A + cd$	$= 0,695923$
36 21,2	38 46,8	$\tau' E^4 . F'\ (z)$	—	2	$b\ f^2 . tg^2\ i$	$=$ 2
36 45,6	38 22,5	$\tau' E^6 . F''(z)$	—	0	$\log f$	$= 9,930429$
37 10,0	37 58,4					
$17^h\ 37'\ 34'',2$						

$E = 18^\circ,0 \quad e = 6^\circ,0 \quad v = +18^\circ,1.$

Prismatische Nadel.

$17^h\ 41'\ 16'',0$	$47'\ 9'',2$	τ'		$3'',53018$	$\log T_0$	$= 0,544660$
41 51,6	46 34,0	$\tau' E^2 . F\ (z)$	—	1123	$\log A' + c'd$	$= 1,016360$
42 27,2	45 58,8	$\tau' E^4 . F'\ (z)$	—	4	$b' . f^2\ tg^2\ i$	$=$ 2
43 2,4	45 23,6	$\tau' E^6 . F''(z)$	—	0	$\log f$	$= 9,927042$
43 38,0	44 48,4					
$17^h\ 44'\ 13'',2$						

$E = 20^\circ,0 \quad e = 7^\circ,5 \quad v = +18^\circ,0.$

1830. MAI 26.

Bei RIO-JANEIRO, auf ila das Cobras.

Inclinations-Nadel A.

17^h 52′ 4″,8	56′ 16″,4	τ'	4″,19573	log T_0 = 0,618562
52 47,2	55 35,2	$\tau' E^2 . F$ (z) —	2392	π = 21° 30′
53 29,6	54 53,6	$\tau' E^4 . F'$ (z) —	29	log cos (π+u) = 9,957963
17^h 54′ 11″,6		$\tau' E^6 . F''$(z) —	0	cp. log sin u = 1,239240
				cp. log Φ = 8,743690
				log F = 9,940893

E = 40°,0 e = 4°,0 v = + 18°,0.

Resultate

für 1830. Mai 26. 0^h 5′

Breite	=	— 22° 53′ 54″	
Länge	=	314° 34′ 39″	
Inclination	=	— 13° 29′,90	B.
Horiz. Intens.	=	0,85198	C.
	=	0,84536	P.
Ganze Intens.	=	0,87276	C. u. P.
	=	0,87276	A.

1830. JUNI 21. 6^h 30′ W. Zt..

SUEDLICHE ATLANTISCHE OCEAN.

Inclination.

Nadel B. 214.

I = − 13° 59′,62 I′ = − 14° 31′,87 I″ = − 18° 55′,12 I‴ = − 18° 21′,75

$$i' = -16^\circ\ 27',08$$

$$+\frac{F}{2} = \quad -15,87$$

$$-\frac{H}{2} = \quad +15,97.$$

Resultate

für 1830. Juni 21. 6^h 31′

Breite	=	− 23° 50′ 58″
Länge	=	316° 31′ 5″
Inclination	=	− 16° 26′,98 B.

1830. JUNI 21. 20^h 22′ K.

SUEDLICHE ATLANTISCHE OCEAN.

Inclination.

Nadel B. 215.

I = − 13° 12′,37 I′ = − 13° 32′,25 I″ = − 19° 54′,07 I‴ = − 19° 39′,37

i′ = − 16° 34′,52

$+\frac{F}{2} = -19{,}61$

$-\frac{H}{2} = +19{,}29.$

Intensität.

Inclinations-Nadel A.

20^h 37′ 10″,0 40′ 2″,4	τ′ 4″,30000	log T_0	= 0,627096
37 52,8 39 18,0	τ′E².F (z) − 4214	π	= 18° 25′
20^h 38′ 35″,6	τ′E⁴.F′ (z) − 58	log cos (π + u)	= 9,967412
	τ′E⁶.F″(z) − 1	cp. log sin u	= 1,213683
		cp. log Φ	= 8,739562
		log F	= 9,920657

E = 40°,0   c = 10°,0   v = + 21°,0.

20^h 42′ 15″,2 46′ 31″,4	τ′ 4″,26928	log T_0	= 0,625201
42 57,6 45 48,0	τ′E².F (z) − 3016	π	= 18° 25′
43 40,0 45 6,0	τ′E⁴.F′ (z) − 37	log cos (π + u)	= 9,967504
20^h 44′ 22″,0	τ′E⁶.F″(z) − 1	cp. log. sin u	= 1,217473
		cp. log Φ	= 8,739562
		log F	= 9,924539

E = 40°,0   c = 6°,0   v = + 21°,0.

Resultate

für 1830. Juni 21. 22^h 48′

Breite	=	− 24° 18′ 17″	
Länge	=	317° 17′ 1″	
Inclination	=	− 16° 34′,84	B.
Ganze Intens.	=	0,83302	A.
	=	0,84050	A.

1830. JUNI 22. 0h 50′ K.

SUEDLICHE ATLANTISCHE OCEAN.

Inclination.

Nadel B. 216.

I = − 13° 26′,25 I′ = − 14° 19′,12 I″ = − 22° 25′,13 I‴ = − 19° 40′,50

$$i' = -17^\circ\ 27',74$$

$$+\frac{F}{2} = \quad -21,91$$

$$-\frac{H}{2} = \quad +22,87.$$

Intensität.

Inclinations-Nadel A.

1h	4′	34″,0	8′	7″,2	τ′	4″,26286	log T₀	= 0,622829
	5	18,0	7	26,0	τ′E².F (z)	— 4628	π	= 17° 33′
	6	1,2	6	44,0	τ′E⁴.F′ (z)	— 91	log cos(π+u)	= 9,970147
					τ′E⁶.F″(z)	— 3	cp. log sin u	= 1,220084
							cp. log Φ	= 8,739147
							log F	= 9,929378

E = 50°,0 e = 10°,0 v = + 21°,0.

1h	9′	45″,4	16′	9″,6	τ′	4″,26224	log T₀	= 0,621046
	10	29,6	15	27,5	τ′E².F (z)	— 6240	π	= 17° 33′
	11	13,2	14	45,4	τ′E⁴.F′ (z)	— 141	log cos (π+u)	= 9,970229
	11	55,2	14	3,8	τ′E⁶.F″(z)	— 5	cp. log sin u	= 1,223650
	12	38,4	13	21,2			cp. log Φ	= 8,739147
							log F	= 9,933026

E = 55°,0 e = 10°,0 v = + 21°,0.

Resultate

für 1830. Juni 22. 3h 23′

Breite	=	− 24° 49′ 31″	
Länge	=	318° 11′ 23″	
Inclination	=	− 17° 26′,78	B.
Ganze Intens.	=	0,84992	A.
	=	0,85709	A.

1830. JUNI 25. 22^h 35′ K.

SUEDLICHE ATLANTISCHE OCEAN.

Inclination.

Nadel B. 217.

I = — 14° 22′,75 I′ = — 14° 51′,00 I″ = — 22° 55′,12 I‴ = — 21° 51′,00

i′ = — 18° 29′,96

$+\frac{F}{2}$ = — 25,43

$-\frac{H}{2}$ = + 20,44.

Intensität.

Inclinations-Nadel A.

22^h 44′ 49″,2 47′ 41″,2	τ′ 4″,30200	log T_0	= 0,628898
45 32,4 46 58,6	τ′E².F (z) — 2854	π	= 16° 25′
22^h 46′ 15,4	τ′E⁴.F′ (z) — 36	log cos(π+u)	= 9,973020
	τ′E⁶.F″(z) — 1	cp. log sin u	= 1,205318
		cp. log Φ	= 8,738655
		log F	= 9,916993

E = 40°,0 e = 5°,0 v = + 19°,0.

22^h 49′ 1″,2 56′ 13″,4	τ′ 4″,31709	log T_0	= 0.628956
49 45,6 55 31,0	τ′E².F (z) — 4234	π	= 16° 25′
50 28,8 54 47,8	τ′E⁴.F′ (z) — 104	log cos(π+u)	= 9,973017
51 12,0 54 3,8	τ′E⁶.F″(z) — 4	cp. log sin u	= 1,205202
51 55,0 53 20,6		cp. log Φ	= 8,738655
22^h 52′ 38,4		log F	= 9,916874

E = 55°,0 e = 5°,0 v = + 19°,0.

Resultate

für 1830. Juni 25. 1^h 24′

Breite	= — 24° 53′ 26″	
Länge	= 322° 5′ 31″	
Inclination	= — 18° 34′,95	B.
Ganze Intens.	= 0,82602	A.
	= 0,82580	A.

1830. JUNI 28. 22^h 0′ K.

SUEDLICHE ATLANTISCHE OCEAN.

Inclination.

Nadel B. 218.

I = −9° 15′,60 I′ = −9° 55′,80 I″ = −22° 46′,80 I‴ = −21° 30′,30

$$i' = -15^\circ\ 52',62$$
$$+\frac{F}{2} = -1\ \ 18,45$$
$$-\frac{H}{2} = +1\ \ 7,53.$$

Intensität.

Inclinations-Nadel A.

22^h 13′ 20″,0	19′ 12″,4	τ′	4″,39733	log T_0	= 0,639235
14 5,2	18 28,0	τ′E².F (z)	— 2108	π	= 18° 56′
14 49,6	17 45,6	τ′E².F′ (z)	— 24	log cos(π + u)	= 9,965217
15 33,8	17 2,2	τ′E⁶.F″(z)	— 0	cp. log. sin u	= 1,190728
22^h 16′	18″,0			cp. log. Φ	= 8,738338
				log F	= 9,894283

E = 40°,0 e = 3°,0 v = + 19°,0.

Resultate

für 1830. Juni 28. 0^h 53′

Breite	= −24° 25′ 51″
Länge	= 322° 50′ 42″
Inclination	= −16° 3′,54 B.
Ganze Intens.	= 0,78394 A.

1830. JUNI 28. 1^h 28′ K.

SUEDLICHE ATLANTISCHE OCEAN.

Inclination.

Nadel B. 219.

$I = -9^\circ\ 34',75 \quad I' = -9^\circ\ 41',25 \quad I'' = -22^\circ\ 18',75 \quad I''' = -22^\circ\ 12',50$

$$i' = -15^\circ\ 56',81$$
$$+\frac{F}{2} = -1\ \ 19,66$$
$$-\frac{H}{2} = +1\ \ 7,66.$$

Intensität.

Inclinations-Nadel A.

1^h 32′ 23″,2 35′ 18″,4	τ' 4″,38400	log T_o	$= 0,636671$
33 7,2 34 35,2	$\tau' E^2.F\ (z) - 3454$	π	$= 18^\circ\ 51'$
1^h 33′ 51″,2	$\tau' E^4.F'\ (z) - 55$	log cos $(\pi + u)$	$= 9,965611$
	$\tau' E^6.F''(z) - 1$	cp. log sin u	$= 1,195641$
		cp. log Φ	$= 8,738308$
		log F	$= 9,899560$

$E = 45^\circ,0 \quad e = 5^\circ,0 \quad v = +17^\circ,7.$

1^h 36′ 50″,2 42′ 2″,0	τ' 4″,44000	log T_o	$= 0,640421$
37 36,4 41 18.0	$\tau' E^2.F\ (z) - 5189$	π	$= 18^\circ\ 51'$
38 22,0 40 33,8	$\tau' E^4.F'\ (z) - 135$	log cos $(\pi + u)$	$= 9,965411$
39 6,4 39 50,0	$\tau' E^6.F''(z) - 6$	cp. log sin u	$= 1,188140$
		cp. log Φ	$= 8,738308$
		log F	$= 9,891859$

$E = 60^\circ,0 \quad e = 5^\circ,0 \quad v = +17^\circ,7.$

Resultate

für 1830. Juni 28. 4^h 21′

Breite	=	$-24^\circ\ 5'\ 54''$	
Länge	=	$322^\circ\ 53'\ 7''$	
Inclination	=	$-16^\circ\ 8',81$	B.
Ganze Intens.	=	0,79352	A.
	=	0,77958	A.

1830. JULI 1. 5^h 35′ W. Zt.

SUEDLICHE ATLANTISCHE OCEAN.

Inclination.

Nadel B. 220.

I = − 3° 25′,00 I′ = − 3° 23′,00 I″ = − 15° 55′,00 I‴ = − 15° 54′,25

$$i' = -\ 9^\circ\ 39',31$$

$$+\frac{F}{2} = -\ 2\quad 4,96$$

$$-\frac{H}{2} = +\ 1\quad 57,92.$$

Intensität.

Inclinations-Nadel A.

2^h 47′ 17″,6	50′ 57″,6	τ'	4″,39428	log T_0	= 0,637823
48 2,4	50 14,0	$\tau' E^2 . F(z)$ —	3185	π	= 25° 14′
48 46,4	49 29,6	$\tau' E^4 . F'(z)$ —	62	log cos (π + u)	= 9,942887
		$\tau' E^6 . F''(z)$ —	2	cp. log sin u	= 1,212949
				cp. log Φ	= 8,737798
				log F	= 9,893634

E = 50°,0 e = 3°,0 v = + 19°,0.

Resultate

für 1830. Juli 1. 5^h 38′

Breite	= − 20° 55′ 43″	
Länge	= 322° 21′ 50″	
Inclination	= − 9° 46′,35	B.
Ganze Intens.	= 0,78277	A.

1830. JULI 2. 0^h 45′ K.

SUEDLICHE ATLANTISCHE OCEAN.

Inclination.

Nadel B. 221.

I = −1° 26′,62 I′ = −2° 0′,00 I″ = −14° 22′,12 I‴ = −13° 36′,75

$$i' = -\ 7°\ 51',37$$
$$+\frac{F}{2} = -\ 2\ \ 26,34$$
$$-\frac{H}{2} = +\ 1\ \ 21,85.$$

Intensität.

Inclinations-Nadel A.

0^h 59′ 59″,6	65′ 23″,2	τ'	4″,61666	log T_0	= 0,658785
60 46,0	64 36,4	$\tau' E^2 . F(z)$ —	4050	π	= 27° 4′
61 32,2	63 50,4	$\tau' E^4 . F'(z)$ —	29	log cos (π + u)	= 9,933639
62 17,8	63 4,0	$\tau' E^6 . F''(z)$ —	2	cp . log sin u	= 1,177849
				cp . log Φ	= 8,737482
				log F	= 9,848970

E = 50°,0 e = 5°,0 v = + 17°,4.

Resultate

für 1830. Juli 2. 3^h 36′

Breite	= − 19° 59′ 47″
Länge	= 322° 36′ 6″
Inclination	= − 7° 55′,86 B.
Ganze Intens.	= 0,70627 A.

1830. JULI 3. 16^h 20′ K.

SUEDLICHE ATLANTISCHE OCEAN.

Inclination.

Nadel B. 222.

I = −0° 14′,25 I′ = −0° 47′,25 I″ = −15° 7′,12 I‴ = −14° 9′,00

$i' = -7°\ 34',40$

$+\frac{F}{2} = -3\ \ 21,27$

$-\frac{H}{2} = +3\ \ 15,57.$

Intensität.

Inclinations-Nadel A.

16^h 30′ 14″,8	34′ 42″,4	τ'	4″,45715	log T_0	=	0,644590
31 0,4	37 58,4	$\tau' E^2.F$ (z)	− 2664	π	=	27° 20′
31 45,2	33 14,4	$\tau' E^4.F'$ (z)	− 50	log cos(π+u)	=	9,933567
16^h 32′ 29″,6		$\tau' E^6.F''$ (z)	− 2	cp. log sin u	=	1,207378
				cp. log Φ	=	8,737204
				log F	=	9,878149

E = 50°,0 e = 2°,0 v = + 18°,7.

16^h 36′ 29″,2	41′ 42″,0	τ'	4″,46262	log T_0	=	0,644718
37 14,8	40 57,6	$\tau' E^2.F$ (z)	− 3072	π	=	27° 20′
38 0,0	40 13,6	$\tau' E^4.F'$ (z)	− 56	log cos(π+u)	=	9,933553
38 44,0	39 28,2	$\tau' E^6.F''$ (z)	− 2	cp. log sin u	=	1,207022
				cp. log Φ	=	8,737204
				log F	=	9,877779

E = 45°,0 e = 3°,0 v = + 18°,7.

Resultate

für 1830. Juli 3. 19^h 11′

Breite	=	− 19° 38′ 20″	
Länge	=	322° 31′ 11″	
Inclination	=	− 7° 40′,10	B.
Ganze Intens.	=	0,75535	A.
	=	0,75471	A.

1830. JULI 4. 19h 14′ K.

SUEDLICHE ATLANTISCHE OCEAN.

Inclination.

Nadel B. 223.

I = − 0° 36′,00 I′ = − 0° 51′,52 I″ = − 14° 5′,62 I‴ = − 13° 43′,87

$$i' = -\ 7^\circ\ 19',25$$

$$+\frac{F}{2} = -\ 3\ \ 1,50$$

$$-\frac{H}{2} = +\ 2\ \ 55,83.$$

Intensität.

Inclinations-Nadel A.

19h 22′ 54″,0	27′ 20″,8	τ' 4″,44286	log T_0	= 0,643244
23 38,8	26 36,0	$\tau' E^2.F$ (z) − 2485	π	= 27° 35′
24 23,2	25 52,4	$\tau' E^4.F'$ (z) − 43	log cos (π + u)	= 9,932608
19h 25′ 8″,6		$\tau' E^6.F''$(z) − 1	cp. log sin u	= 1,211954
			cp. log Φ	= 8,737019
			log F	= 9,881581

E = 48°,0 e = 2°,0 v = + 20°,0.

Resultate

für 1830. Juli 4. 22h 7′

Breite	= − 18° 57′ 33″
Länge	= 322° 32′ 25″
Inclination	= − 7° 24′,92 B.
Ganze Intens.	= 0,76134 A.

1830. JULI 6. 2^h 0′ K.

SUEDLICHE ATLANTISCHE OCEAN.

Inclination.

Nadel B. 224.

$I = 2^\circ\ 2',62 \quad I' = 2^\circ\ 0',75 \quad I'' = -11^\circ\ 8',25 \quad I''' = -10^\circ\ 58',12$

$$i' = -\ 4^\circ\ 30',75$$
$$+\frac{F-H}{2} = -\ 0\ \ 3,46$$

Intensität.

Inclinations-Nadel A.

2^h 11′ 10″,4	14′ 55″,2	τ'	4″,49200	$\log T_0$	= 0,646739
11 56,8	14 11,2	$\tau' E^2 . F(z)$ —	3781	π	= 30° 26′
12 42,2	13 27,2	$\tau' E^4 . F'(z)$ —	89	$\log\cos(\pi + u)$	= 9,918992
		$\tau' E^6 . F''(z)$ —	4	cp. log sin u	= 1,215946
				cp. log Φ	= 8,736806
				log F	= 9,871744

$E = 55^\circ,0 \quad e = 3^\circ,0 \quad v = +\ 20^\circ,0.$

Resultate

für 1830. Juli 6. 4^h 50′

Breite	=	− 17° 32′ 49″
Länge	=	323° 28′ 53″
Inclination	=	− 4° 34′,21 B.
Ganze Intens.	=	0,74429 A.

1830. JULI 7. 1^h 15′ W. Zt.

SUEDLICHE ATLANTISCHE OCEAN.

Inclination.

Nadel B. 225.

$I = 4°\ 20',25 \quad I' = 3°\ 48',75 \quad I'' = -9°\ 17',25 \quad I''' = -8°\ 39',00$

$$i' = -\ 2°\ 26',81$$

$$+\frac{F-H}{2} = +\quad 0,09$$

Intensität.

Inclinations-Nadel A.

22^h 30′ 17″,6	34′ 0″,8	r'	4″,46743	log T_0	= 0,643749
31 4,0	33 18,4	$r'E^2.F$ (z) —	4334	π	= 32° 33′
31 49,2	32 33,6	$r'E^4.F'$ (z) —	122	log cos(π+u)	= 9,908465
		$r'E^6.F''$(z) —	6	cp. log sin u	= 1,231756
				cp. log Φ	= 8,736665
E = 60° e = 3°,0 v = + 20°,0.				log F	= 9,876886

22^h 36′ 49″,6	40′ 33″,8	r'	4″,46572	log T_0	= 0.644486
37 36,8	39 49,6	$r'E^2.F$ (z) —	3437	π	= 32° 33′
38 21,6	39 5,2	$r'E^4.F'$ (z) —	107	log cos(π+u)	= 9,908403
		$r'E^6.F''$(z) —	6	cp. log sin u	= 1,230282
				cp. log Φ	= 8,736665
E = 60°,0 e = 2°,0 v = + 20°,0.				log F	= 9,875350

Resultate
für 1830. Juli 7. 1^h 19′

Breite	= — 16° 16′ 47″	
Länge	= 324° 4′ 16″	
Inclination	= — 2° 26′,72	B.
Ganze Intens.	= 0,75316	A.
	= 0,75050	A.

1830. JULI 7. 2h 40′ K.

SUEDLICHE ATLANTISCHE OCEAN.

Inclination.

Nadel B. 226.

I = 4° 37′,12 I′ = 4° 15′,37 I″ = — 7° 39′,75 I‴ = — 7° 26′,61

i′ = — 1° 33′,47

$+\frac{F-H}{2}$ = — 0,48

Intensität.

Inclinations-Nadel A.

2h 48′	34″,8	52′	14″,8	τ'	4″,38743	log T_0	= 0,636606
49	20,0	51	30,8	$\tau' E^2.F(z)$ —	3693	π	= 34° 26′
50	4,0	50	47,2	$\tau' E^4.F'(z)$ —	87	log cos(π+u)	= 9,898798
				$\tau' E^6.F''(z)$ —	3	cp.log sin u	= 1,255489
						cp.log Φ	= 8,736632
						log F	= 9,890919

E = 55°,0 e = 3°,0 v = + 19°,0.

Resultate

für 1830. Juli 7. 5h 37′

Breite	= — 15° 56′ 7″	
Länge	= 324° 6′ 34″	
Inclination	= — 1° 33′,95	B.
Ganze Intens.	= 0,77789	A.

1830. JULI 7. 17^h 45′ K.

SUEDLICHE ATLANTISCHE OCEAN.

Inclination.

Nadel B. 227.

$I = 6^\circ\ 49',50 \quad I' = 6^\circ\ 31',12 \quad I'' = -5^\circ\ 47',63 \quad I''' = -5^\circ\ 42',37$

$i' = 0^\circ\ 27',65$

$+ \frac{F-H}{2} = -\ 0,50$

Intensität.

Inclinations-Nadel A.

17^h 56′ 2″,8	59′ 41″,2	τ'	4″,35486	$\log T_0$	= 0,631714
56 48,4	58 58,2	$\tau' E^2 . F(z)$ —	5238	π	= 35° 27′
57 32,4	58 15,2	$\tau' E^4 . F'(z)$ —	145	$\log\cos(\pi + u)$	= 9,893400
		$\tau' E^6 . F''(z)$ —	7	cp. log sin u	= 1,270658
				cp. log Φ	= 8,736528
				log F	= 9,900586

$E = 60^\circ,0 \quad e = 5^\circ,0 \quad v = +\ 19^\circ,1.$

Resultate

für 1830. Juli 7. 20^h 43′

Breite	=	— 14° 53′ 2″
Länge	=	324° 22′ 43″
Inclination	=	0° 27′,15 B.
Ganze Intens.	=	0,79540 A.

1830. JULI 8. 1^h 45′ K.

SUEDLICHE ATLANTISCHE OCEAN.

Inclination.

Nadel B. 228.

$I = 7^\circ 36',00 \quad I' = 7^\circ 23',00 \quad I'' = -4^\circ 23',40 \quad I''' = -4^\circ 37',50$

$$i' = 1^\circ 29',52$$

$$+\frac{F-H}{2} = +\ 1,00$$

Intensität.

Inclinations-Nadel A.

1^h 55′ 7″,2	59′ 24,″8	τ'	4″,29072	log T_0	= 0,626931
55 50,4	58 41,8	$\tau' E^2.F$ (z) —	3483	π	= 36° 31′
56 34,0	57 59,8	$\tau' E^4.F'$ (z) —	78	log cos(π+u)	= 9,887520
1^h 57′ 16″,8		$\tau' E^6.F''$(z) —	3	cp. log sin u	= 1,286095
				cp. log Φ	= 8,736480
				log F	= 9,910095

E = 55°,0 e = 3°,0 v = + 20°,4.

Resultate

für 1830. Juli 8. 4^h 44′

Breite	=	— 14° 24′ 53″	
Länge	=	324° 38′ 38″	
Inclination	=	1° 30′,52	B.
Ganze Intens.	=	0,81294	A.

1830. JULI 8. 16^h 50′ K.

SUEDLICHE ATLANTISCHE OCEAN.

Inclination.

Nadel B. 229.

I = 9° 7′,50 I′ = 8° 57′,38 I″ = −2° 28′,82 I‴ = −2° 22′,12

i′ = 3° 18′,48

$+\frac{F-H}{2}$ = + 1,93

Intensität.

Inclinations-Nadel A.

17^h 4′ 33″,6	8′ 13″,6	r'	4″,39772	log T_0	= 0,637826
5 19,2	7 30,8	$r'E^2.F$ (z)	— 3702	π	= 38° 20′
6 3,2	6 47,6	$r'E^4.F'$ (z)	— 87	log cos (π+u)	= 9,875285
		$r'E^6.F''$(z)	— 4	cp.log sin u	= 1,274844
				cp.log Φ	= 8,736369
				log F	= 9,886498

E = 55°,0 e = 3°,0 v = + 16°,9.

17^h 10′ 43″,0	15′ 8″,4	r'	4″,40964	log T_0	= 0,638545
11 28,6	14 24,0	$r'E^2.F$ (z)	— 4148	π	= 38° 20′
12 13,1	13 40,8	$r'E^4.F'$ (z)	— 110	log cos (π+u)	= 9,875219
17^h 12′ 57″,6		$r'E^6.F''$(z)	— 5	cp.log sin u	= 1,273406
				cp.log Φ	= 8,736369
				log F	= 9,884994

E = 60°,0 e = 3°,0 v = + 16°,9.

Resultate

für 1830. Juli 8. 19^h 51′

Breite	=	— 13° 18′ 31″
Länge	=	324° 55′ 11″
Inclination	=	3° 20′,41 B.
Ganze Intens.	=	0,77002 A.
	=	0,76735 A.

1830. JULI 9. 21^h 15′ W. Zt.

SUEDLICHE ATLANTISCHE OCEAN.

Inclination.

Nadel B. 230.

$I = 12^\circ\ 32',25 \quad I' = 11^\circ\ 50',62 \quad I'' = 0^\circ\ 50',25 \quad I''' = 0^\circ\ 31',877$

$$i' = 6^\circ\ 26',24$$

$$+\frac{F-H}{2} = +\ 3,63$$

Resultate

für 1830. Juli 9. 21^h 20′

Breite	=	− 11° 31′ 12″
Länge	=	325° 21′ 28″
Inclination	=	6° 29′,87 B.

1830. JULI 10. 18^h 40′ K.

SUEDLICHE ATLANTISCHE OCEAN.

Inclination.

Nadel B. 231.

I und I′ wurden nicht beobachtet. I″ = 4° 16′,88 I‴ = 4° 1′,50
I″ = 4° 29′,62 I‴ = 3° 25′,50

Durch ein Versehen beim Streichen, wurde die Lage der Pole nicht umgekehrt.

Aus den zwei nächsten Beobachtungen folgt:

$$i' = \frac{I'' + I'''}{2} + 5^\circ\ 26',38 = 9^\circ 29',76$$

$$+ \frac{F-H}{2} = \qquad + 6,25$$

Intensität.

Inclinations-Nadel A.

18^h 26′ 15″,2	29′ 46″,0	τ' 4″,20914	log T_0	= 0,617864
26 59,2	29 4,8	$\tau' E^2 . F(z)$ — 4008	π	= 44° 36′
27 41,6	28 24,0	$\tau' E^4 . F'(z)$ — 135	log cos (π + u)	= 9,832804
		$\tau' E^6 . F''(z)$ — 8	cp. log sin u	= 1,356818
			cp. log Φ	= 8,736023
			log F	= 9,925645

E = 65°,0 e = 2°,0 v = + 20°,9.

Resultate

für 1830. Juli 10. 21^h 48′

Breite	= —	9° 41′ 38″
Länge	=	325° 47′ 45″
Inclination	=	9° 36′,01 B.
Ganze Intens.	=	0,84264 A.

1830. JULI 12. 19h 5′ K.

SUEDLICHE ATLANTISCHE OCEAN.

Inclination.

Nadel B. 232.

I = 22° 46′,95 I′ = 22° 35′,70 I″ = 12° 13′,87 I‴ = 12° 38′,45

$i' =$ 17° 33′,74

$+\frac{F}{2} =$ + 48,04

$-\frac{H}{2} =$ − 39,36.

Intensität.

Inclinations-Nadel A.

19h 10′ 5″,0 12′ 50″,5	τ' 4″,13600	$\log T_0$	= 0,606245
10 48,0 12 9,4	$\tau' E^2.F\,(z)$ — 7464	π	= 52° 42′
19h 11′ 28,4	$\tau' E^4.F'\,(z)$ — 221	$\log\cos(\pi+u)$	= 9,761468
	$\tau' E^6.F''(z)$ — 10	cp. log sin π	= 1,450088
		cp. log Φ	= 8,735884
		log F	= 9,947440

E = 60°,0 e = 2°,0 v = + 22°,5.

Resultate

für 1830. Juli 12. 22h 13′

Breite	=	− 5° 19′ 12″
Länge	=	326° 43′ 41″
Inclination	=	17° 42′,42 B.
Ganze Intens.	=	0,88601 A.

1830. JULI 13. 19h 0′ W. Zt.

SUEDLICHE ATLANTISCHE OCEAN.

Inclination.

Nadel B. 233.

I = 25° 56′,25 I′ = 25° 30′,37 I″ = 14° 44′,25 I‴ = 14° 58′,12

i′ = 20° 17′,24

$+\frac{F}{2}$ = + 47,86

$-\frac{H}{2}$ = − 36,41.

Intensität.

Inclinations-Nadel A.

16h 0′ 20″,00	5′ 7″,09	τ′	4″,10489	log T_0	= 0,605485
1 2,01	4 27,58	τ′E².F (z) —	5308	π	= 55° 29′
1 44,03	3 47,07	τ′E⁴.F′ (z) —	104	log cos(π+u)	= 9,731720
2 25,04	3 6,55	τ′E⁶.F″(z) —	3	cp. log sin u	= 1,480760
				cp. log Φ	= 8,735538
E = 50°,0	e = 10°,0	v = + 21°,0.		log F	= 9,948018
16h 9′ 15″,00	15′ 18″,72	τ′	4″,02648	log T_0	= 0,600092
9 58,01	14 39,31	τ′E².F (z) —	2466	π	= 55° 29′
10 38,43	13 58,89	τ′E⁴.F′ (z) —	28	log cos(π+u)	= 9,732219
11 19,24	13 19,28	τ′E⁶.F″(z) —	0	cp. log sin u	= 1,491546
11 59,25	12 38,87			cp. log Φ	= 8,735538
E = 40°,0	e = 5°,0	v = + 21°,0.		log F	= 9,959303

Die Momente der Durchgänge wurden an einer andern Uhr beobachtet und auf den Stand und Gang der Kessel'schen reduzirt.

Resultate

für 1830. Juli 13. 19h 5′

Breite	=	− 3° 51′ 14″	
Länge	=	326° 50′ 3″	
Inclination	=	20° 28′,69	B.
Ganze Intens.	=	0,88719	A.
	=	0,91055	A.

1830. JULI 14. 19h 50′ K.

SUEDLICHE ATLANTISCHE OCEAN.

Inclination.

Nadel B. 234.

I = 29° 12′,75 I′ = 27° 56′,47 I″ = 17° 14′,70 I‴ = 18° 36′,00

$i' = 23° 14',98$

$+\frac{F}{2} = + 40,57$

$-\frac{H}{2} = - 28,80.$

Intensität.

Inclinations-Nadel A.

20h 0′ 38″,0	4′ 33″,2	τ′	3″,92000	log T₀	= 0,589089
1 16,8	3 52,8	τ′E².F (z) —	1905	π	= 58° 27′
1 55,2	3 15,2	τ′E⁴.F′(z) —	27	log cos(π+u)	= 9,698025
20h 2′ 35″,2		τ′E⁶.F″(z) —	1	cp.log sin u	= 1,548161
				cp.log Φ	= 8,735346
E = 44°,0	e = 2°,0	v = + 21°,3.		log F	= 9,981532
20h 7′28″,4	11′26″,0	τ′	3″,94285	log T₀	= 0,589779
8 8,4	10 45,2	τ′E².F (z) —	3517	π	= 58° 27′
8 48,4	10 6,0	τ′E⁴.F′(z) —	66	log cos(π+u)	= 9,697860
20h 9′ 27″,2		τ′E⁶.F″(z) —	2	cp.log sin u	= 1,546781
				cp.log Φ	= 8,735346
E = 50°,0	e = 5°,0	v = + 21°,3.		log F	= 9,979987

Resultate

für 1830. Juli 14. 22h 59′

Breite	= — 1° 52′ 59″	
Länge	= 327° 3′ 30″	
Inclination	= 23° 26′,75	B.
Ganze Intens.	= 0,95837	A.
	= 0,95497	A.

1830. JULI 16. 0^h 44′ K.

NOERDLICHE ATLANTISCHE OCEAN.

Inclination.

Nadel B. 235.

I = 32° 16′,50 I′ = 32° 52′,50 I″ = 21° 9′,00 I‴ = 21° 3900

$$i' = 26^\circ\ 59',25$$

$$+\frac{F}{2} = +\ 40,70$$

$$-\frac{H}{2} = -\ 23,94.$$

Intensität.

Inclinations-Nadel A.

0^h 50′ 43″,4	54′ 37″,2	τ'	3″,88357	$\log T_0$	= 0,58385
51 22,3	53 57,2	$\tau' E^2 . F(z)$ —	3183	π	= 62° 1′
52 1,4	53 17,6	$\tau' E^4 . F'(z)$ —	57	$\log\cos(\pi+u)$	= 9,64682
0^h 52′ 39″,2		$\tau' E^6 . F''(z)$ —	2	cp. log sin u	= 1,60956
				cp. log Φ	= 8,73510
				log F	= 9,99158

E = 49°,0 e = 4°,5 v = + 18°,0.

Resultate

für 1830. Juli 16. 3^h 54′

Breite	=	0° 25′ 45″
Länge	=	327° 14′ 47″
Inclination	=	27° 16′,02 B.
Ganze Intens.	=	0,98080 A.

1830. JULI 17. 23h 35′ K.

NOERDLICHE ATLANTISCHE OCEAN.

Inclination.

Nadel B. 236.

I = 35° 52′,20 I′ = 34° 37′,50 I″ = 25° 0′,00 I‴ = 26° 46′,50

$$i' = 30^\circ\ 34',05$$

$$+\frac{F}{2} = +\ 25,65$$

$$-\frac{H}{2} = -\ 13,05.$$

Intensität.

Inclinations-Nadel A.

23h 36′40″,0	41′ 45″,8	τ′	3″,82300	log T₀	= 0,576143
37 19,4	41 8,4	τ′E².F (z)	— 3417	π	= 65° 47′
37 57,8	40 31,0	τ′E⁴.F′ (z)	— 73	log cos(π+u)	= 9,592248
38 36,0	39 53,2	τ′E⁶.F″(z)	— 3	cp.log.sin u	= 1,679773
23h 39′ 14″,8				cp.log.Φ	= 8,734824
				log F	= 0,006845

E = 55°,0 e = 4°,0 v = + 23°,5.

Resultate

für 1830. Juli 17. 2h 44′

Breite	=	2° 30′ 18″	
Länge	=	327° 1′ 1″	
Inclination	=	30° 46′,65	B.
Ganze Intens.	=	1,01588	A.

1830. JULI 18. 0^h 30′ K.

NOERDLICHE ATLANTISCHE OCEAN.

Inclination.

Nadel B. 237.

I = 39° 9′,00 I′ = 39° 4′,50 I″ = 29° 7′,50 I‴ = 29° 28′,50

$$i' = 34° \; 12',37$$

$$+\frac{F}{2} = +\;27,22$$

$$-\frac{H}{2} = -\;10,02.$$

Intensität.

Inclinations-Nadel A.

0^h 29′ 58″,6 33′ 47″,6	τ′ 3″,80070	log T_0	= 0.575915
30 38,0 33 9,2	τ′E².F (z) — 1895	π	= 69° 30′
31 16,8 32 31,6	τ′E⁴.F′ (z) — 23	log cos (π+u)	= 9,523035
0^h 31′ 54″,0	τ′E⁶.F″(z) — 0	cp.log sin u	= 1,748887
		cp.log Φ	= 8,734815
		log F	= 0,006737

E = 40°,0 c = 3°,0 v = + 18°,2.

0^h 35′ 40″,4 39′ 28″,0	τ′ 3″,79000	log T_0	= 0.573318
36 18,0 38 49,2	τ′E².F (z) — 3040	π	= 69° 30′
36 56,4 38 12,4	τ′E⁴.F′ (z) — 57	log cos (π+u)	= 9,523299
0^h 37′ 34″,8	τ′E⁶.F″(z) — 1	cp.log sin u	= 1,754081
		cp.log Φ	= 8,734815
		log F	= 0,012195

E = 50°,0 c = 4°,0 v = + 18°,2.

1830. JULI 18. 0^h 30′ K.

NOERDLICHE ATLANTISCHE OCEAN.

0^h 41′ 43″,6	46′ 46″,8	τ'		3″,78133	$\log T_0$	=	0,574128
42 23,6	46 8,8	$\tau' E^2.F\,(z)$	—	1513	π	=	69° 30′
43 0,8	45 31,2	$\tau' E^4.F'\,(z)$	—	17	$\log\cos(\pi + u)$	=	9,523210
43 38,0	44 53,6	$\tau' E^6.F''(z)$	—	0	$cp.\log\sin u$	=	1,752461
0^h 44′ 16″,4					$cp.\log\Phi$	=	8,734815
					$\log F$	=	0,010486

E = 40°,0 e = 2°,0 v = + 18°,2.

Resultate

für 1830. Juli 18. 3^h 41′

Breite	=	4° 26′ 7″	
Länge	=	327° 25′ 28″	
Inclination	=	34° 29′,57	B.
Ganze Intens.	=	1,01563	A.
	=	1,02848	A.
	=	1,02445	A.

1830. JULI 19. 4^h 30′ W. Zt.

NOERDLICHE ATLANTISCHE OCEAN.

Inclination.

Nadel B. 238.

$I = 39^\circ\ 48',75 \quad I' = 38^\circ\ 56',25 \quad I'' = 30^\circ\ 41',25 \quad I''' = 31^\circ\ 13',42$

$$i' = 35^\circ\ 9',91$$

$$+\frac{F}{2} = +\ 22,19$$

$$-\frac{H}{2} = -\ 7,48.$$

Intensität.

Inclinations-Nadel. A.

1^h 32′ 23″,2	36′	10″,8	τ'	3″,79000	$\log T_0$	= 0.571988
33 2,4	35	34,0	$\tau' E^2.F\ (z)$	— 4161	π	= 70° 25′
33 40.8	34	56,0	$\tau' E^4.F'\ (z)$	— 92	$\log\cos(\pi + u)$	= 9,504207
1^h 34′ 18″.8			$\tau' E^6.F''(z)$	— 3	cp. log. sin u	= 1,760483
					cp. log Φ	= 8,734646
					log F	= 9,999336

$E = 54^\circ,0 \quad e = 6^\circ,0 \quad v = +\ 18^\circ,0.$

Resultate

für 1830. Juli 19. 4^h 36′

Breite	=	5° 44′ 54″	
Länge	=	328° 49′ 41″	
Inclination	=	35° 24′,62	B.
Ganze Intens.	=	0,99847	A.

1830. JULI 20. 1h 45′ K.

NOERDLICHE ATLANTISCHE OCEAN.

Intensität.

Nadel B. 239.

I = 41° 56′,25 I′ = 40° 20′,62 I″ = 31° 11′,25 I‴ = 32° 45′,00

$$i' = 36^\circ\ 33',27$$

$$+\frac{F}{2} = +\ 22,43$$

$$-\frac{H}{2} = -\ 4,37.$$

Intensität.

Inclinations-Nadel A.

1h 52′ 55″,4	56′ 42″,4	τ′	3″,77020	log T_0	= 0,571344
53 35,2	56 5,4	τ′E².F (z)	— 2657	π	= 71° 51′
54 13,2	55 28,0	τ′E⁴.F′ (z)	— 49	log cos (π + u)	= 9,472339
1h 54′ 50″,2		τ′E⁶.F″(z)	— 1	cp.log sin u	= 1,808888
				cp.log Φ	= 8,734479
				log F	= 0,015706

E = 50°,0 e = 3°,0 v = + 19°,5.

Resultate

für 1830. Juli 20. 5h 7′

Breite	=	7° 25′ 31″	
Länge	=	330° 15′ 50″	
Inclination	=	36° 51′,33	B.
Ganze Intens.	=	1,03682	A.

1830. JULI 21. 1^h 30′ K.

NOERDLICHE ATLANTISCHE OCEAN.

Inclination.

Nadel B. 240.

I = 43° 57′,00 I′ = 42° 19′,50 I″ = 33° 54′,00 I‴ = 35° 45′,00

$$i' = 38^\circ\, 58',87$$

$$+\frac{F}{2} = +\;17,31$$

$$-\frac{H}{2} = -\;3,98.$$

Intensität.

Inclinations-Nadel A.

1^h 39′ 30″,8	43′ 13″,2	τ′	3″,71000	log T_0	= 0,564158
40 8,8	42 37,6	τ′E².F (z)	— 2615	π	= 74° 12′
40 46,4	42 0,4	τ′E⁴.F′ (z)	— 49	log cos(π+u)	= 9,414342
1^h 41′ 23″,6		τ′E⁶.F″(z)	— 2	cp.log.sin u	= 1,881710
				cp.log Φ	= 8,734316
E = 50°,0 e = 3°,0	v = + 21°,5.			log F	= 0,030368

1^h 45′ 52″,0	48′ 58″,8	τ′	3″,73486	log T_0	= 0,567441
46 30,4	48 22,4	τ′E².F (z)	— 2312	π	= 74° 12′
47 8,4	47 45,6	τ′E⁴.F′ (z)	— 46	log cos(π+u)	= 9,414018
		τ′E⁶.F″(z)	— 1	cp.log sin u	= 1,875144
				cp.log Φ	= 8,734316
				log F	= 0,023478

E = 50°,0 e = 2°,0 v = + 21°,5.

Resultate

für 1830. Juli 21. 4^h 51′

Breite	= 9° 36′ 13″
Länge	= 331° 1′ 13″
Inclination	= 39° 12′,20
Ganze Intens.	= 1,07244 A.
	= 1,05554 A.

1830. JULI 22. 0^h 45′ K.

NOERDLICHE ATLANTISCHE OCEAN.

Inclination.

Nadel B. 241.

I = 45° 1′,50 I′ = 44° 42′,00 I″ = 35° 51′,00 I‴ = 36° 31′,50

i′ = 40° 31′,50

$+\frac{F}{2} = +$ 19,95

$-\frac{H}{2} = -$ 2,50.

Intensität.

Inclinations-Nadel A.

0^h 52′ 12″,4	55′ 58″,0	τ′ 3″,75760	log T_0	= 0,570062
52 50,8	55 21,2	τ′E².F (z) — 2250	π	= 75° 49′
53 28,8	54 43,6	τ′E⁴.F′ (z) — 43	log cos (π+u)	= 9,367796
0^h 54′ 6″,4		τ′E⁶.F″(z) — 1	cp.log sin u	= 1,915707
			cp.log Φ	= 8,734141
E = 50°,0	e = 2°,0	v = + 22°,6.	log F	= 0,017644
0° 57′ 42″,4	61′ 26″,4	τ′ 3″,72858	log T_0	= 0,565439
58 20,8	60 49,6	τ′E².F (z) — 3275	π	= 75° 49′
58 58,4	60 12,8	τ′E⁴.F′ (z) — 69	log cos (π+u)	= 9,368259
0^h 59′ 35″,6		τ′E⁶.F″(z) — 2	cp.log sin u	= 1,924959
			cp.log Φ	= 8,734141
E = 53°,0	e = 4°,0	v = + 22°,6.	log F	= 0,027359

Resultate

für 1830. Juli 22. 4^h 10′

Breite	=	10° 24′ 28″
Länge	=	331° 2′ 28″
Inclination	=	40° 48′,95 B.
Ganze Intens.	=	1,04148 A.
	=	1,06502 A.

1830. JULI 23. 23^h 55′ K.

NOERDLICHE ATLANTISCHE OCEAN.

Inclination.

Nadel B. 242.

I = 46° 49′,50 I′ = 44° 46′,50 I″ = 36° 37′,50 I‴ = 38° 22′,50

$$i' = 41^\circ\ 39',00$$
$$+\frac{F}{2} = +\ 17,23$$
$$-\frac{H}{2} = -\ 2,22.$$

Intensität.

Inclinations-Nadel A.

0^h 8′ 52″,4	13′ 6″,4	τ′		3″,62333	log T_0	= 0,554249
9 30,0	12 31,2	$\tau'E^2.F\ (z)$	—	2111	π	= 76° 54′
10 6,8	11 54,8	$\tau'E^4.F'\ (z)$	—	38	log cos(π+u)	= 9,335407
10 43,6	11 19,2	$\tau'E^6.F''(z)$	—	1	cp. log sin u	= 1,981186
					cp. log Φ	= 8,733824
					log F	= 0,050417

E = 50°,0 e = 2°,0 v = + 23°,5.

Resultate

für 1830. Juli 23. 3^h 16′

Breite	=	11° 2′ 34″
Länge	=	330° 4′ 42″
Inclination	=	41° 54′,01 B.
Ganze Intens.	=	1,12310 A.

1830. JULI 24. 2^h 35′ K.

NOERDLICHE ATLANTISCHE OCEAN.

Inclination.

Nadel B. 243.

I = 48° 40′,50 I′ = 46° 22′,50 I″ = 39° 33′,00 I‴ = 40° 46′,50

$$i' = 43^\circ\ 50',62$$

$$+\frac{F}{2} = +\ 13.43$$

$$-\frac{H}{2} = -\ 0,61.$$

Intensität.

Inclinations-Nadel A.

2^h 51′	0″,0	54′	0″,6	τ'	3″,60514	log T_0	= 0,552561
51	36,8	53	24,4	$\tau' E^2.F\,(z)$	− 1771	π	= 79° 3′
52	12,8	52	48,8	$\tau' E^4.F'\,(z)$	− 36	log cos(π+u)	= 9,258686
				$\tau' E^6.F''(z)$	− 1	cp. log. sin u	= 2,061275
						cp. log Φ	= 8,773802
						log F	= 0,053763

E = 50°,0 e = 1°,0 v = + 22°,5.

Resultate

für 1830. Juli 24. 5^h 53′

Breite	=	12° 35′ 51″
Länge	=	329° 8′ 20″
Inclination	=	44° 3′,44 B.
Ganze Intens.	=	1,13180 A.

1830. JULI 26. 1^h 0′ K.

NOERDLICHE ATLANTISCHE OCEAN.

Inclination.

Nadel B. 244.

I = 50° 48′,00 I′ = 49° 19′,50 I″ = 41° 9′,00 I‴ = 43° 51′,00

$$i' = 46^\circ\ 16',87$$

$$+\frac{F}{2} = +\ 13,89$$

$$-\frac{H}{2} = +\ 0,71.$$

Intensität.

Inclinations-Nadel A.

1^h 16′ 38″,4	20′ 14″,8	τ'	3″,61212	log T_0	= 0,551215
17 13,6	19 39,2	$\tau'E^2.F(z)$	— 3724	π	= 81° 31′
17 52,0	19 3,0	$\tau'E^4.F'(z)$	— 85	log cos(π+u)	= 9,148879
1^h 18′ 28″,0		$\tau'E^6.F''(z)$	— 4	cp. log sin u	= 2,173756
				cp. log Φ	= 8,733490
				log F	= 0,056125

E = 55°,0 e = 5°,0 v = + 20°,0.

1^h 22′ 57″,2	26′ 32″,2	τ'	3″,58642	log T_0	= 0,550064
23 34,0	25 57,6	$\tau'E^2.F(z)$	— 2147	π	= 81° 31′
24 10,0	25 22,0	$\tau'E^4.F'(z)$	— 40	log cos(π+u)	= 9,148985
1^h 24′ 46″,0		$\tau'E^6.F''(z)$	— 1	cp. log sin u	= 1,176058
				cp. log Φ	= 8,733490
				log F	= 0,058533

E = 50°,0 e = 2°,0 v = + 20°,0.

Resultate

für 1830. Juli 26. 4^h 15′

Breite	= 14° 35′ 40″	
Länge	= 328° 23′ 16″	
Inclination	= 46° 31′,47	B.
Ganze Intens.	= 1,13795	A.
	= 1,14429	A.

1830. JULI 27. 2h 20′ K.

NOERDLICHE ATLANTISCHE OCEAN.

Inclination.

Nadel B. 245.

I = 52° 3′,00 I′ = 50° 43′,50 I″ = 43° 54′,00 I‴ = 45° 30′,00

$$i' = 48^\circ\ 2',62$$

$$+\frac{F}{2} = +\ 11,23$$

$$-\frac{H}{2} = +\ 1,31.$$

Intensität.

Inclinations-Nadel A.

2h 27′ 47″,2	31′ 52″,6	τ′	3″,50286	log T_0	=	0,538188
28 23,2	31 18,4	τ′E².F (z) —	3382	π	=	83° 15′
28 58,8	30 43,4	τ′E⁴.F′ (z) —	63	log cos(π+u)	=	9,051303
29 34,0	30 8,8	τ′E⁶.F″(z) —	2	cp.log sin u	=	2,298490
				cp.log Φ	=	8,733302
				log F	=	0,083095

E = 50°,0 e = 6°,0 v = + 20°,0.

2h 34′ 4″,8	39′ 21″,2	τ′	3″,50497	log T_0	=	0,538350
34 41,6	38 46,8	τ′E².F (z) —	3452	π	=	83° 15′
35 17,2	38 11,2	τ′E⁴.F′ (z) —	74	log cos(π+u)	=	9,051300
35 52,4	37 37,2	τ′E⁶.F″(z) —	3	cp.log sin u	=	2,298166
36 27,6	37 2,4			cp.log Φ	=	8,773302
				log F	=	0,082768

E = 55°,0 e = 5°,0 v = + 20°,0.

Resultate

für 1830. Juli 27. 5h 28′

Breite	=	15° 52′ 52″	
Länge	=	326° 50′ 55″	
Inclination	=	48° 15′,16	B.
Ganze Intens.	=	1,21086	A.
	=	1,20995	A.

1830. JULI 28. 0^h 0′ K.

NÖRDLICHE ATLANTISCHE OCEAN.

Inclination.

Nadel B. 246.

$I = 53^\circ\,48',00 \quad I' = 52^\circ\,6',00 \quad I'' = 45^\circ\,48',70 \quad I''' = 46^\circ\,43',64$

$$i' = 49^\circ\,36',59$$
$$+\frac{F}{2} = +\;11,46$$
$$-\frac{H}{2} = +\;1,96.$$

Die unmittelbar beobachteten Werthe für I″ und I‴ waren respective um 17′,30 und 17′,26 gröſser als die hier angegebenen, weil von der vier Ablesungen zu ihrer Bestimmung, zwei mit $\alpha = 11^\circ\,30'$, Vergl. dieses Bandes St. 24.), erhalten wurden.

Intensität.

Inclinations-Nadel A.

0^h 11′ 8″,0	7′ 2″,4	τ'	3″,54309	log T_0	= 0.544541
11 44.8	6 27,6	$\tau' E^2.F\,(z)$	— 2274	π	= 84° 50′
12 20,2	5 53.2	$\tau' E^4.F'\,(z)$	— 47	log cos $(\pi + u)$	= 9,935006
12 56,4	5 18.4	$\tau' E^6.F''(z)$	— 2	cp. log sin u	= 2,401461
13 32,0	4 43,2			cp. log Φ	= 8,733158
0^h 14′ 7″.6				log F	= 0,069625

$E = 55^\circ,0 \quad e = 2^\circ,0 \quad v = +\,20^\circ,5.$

Resultate

für 1830. Juli 28. 3^h 6′

Breite	=	16° 40′ 54″
Länge	=	326° 12′ 31″
Inclination	=	49° 50′,01 B.
Ganze Intens.	=	1,17388 A.

1830. JULI 30. 19^h 15′ K.

NOERDLICHE ATLANTISCHE OCEAN.

Inclination.

Nadel B. 247.

$I = 56°\ 0',00$ $I' = 54°\ 28',50$ $I'' = 49°\ 15',00$ $I''' = 50°\ 36',00$

$$i' = 52°\ 34',87$$

$$+\frac{F}{2} = +\ 5,34$$

$$-\frac{H}{2} = +\ 1,44.$$

Intensität.

Inclinations-Nadel A.

19^h 26′ 52″,0	31′ 30″,4	τ'	3″,45600	log T_0	= 0.533563
27 28,0	30 54,0	$\tau' E^2.F\ (z)$	— 2300	π	= 87° 42′
28 3,2	30 20,0	$\tau' E^4.F'\ (z)$	— 49	log cos $(\pi + u)$	= 8,584913
28 37,6	29 46,0	$\tau' E^6.F''(z)$	— 2	cp. log sin u	= 2,774427
19^h 29′ 12″,0				cp. log Φ	= 8,732853
				log F	= 0,992193

$E = 55°,0$ $e = 2°,0$ $v = +\ 21°,2.$

19^h 22′ 3″,6	24′ 57″,6	τ'	3″,47200	log T_0	= 0,530745
22 38,8	24 22,4	$\tau' E^2.F\ (z)$	— 6038	π	= 87° 42′
23 14,0	23 48,4	$\tau' E^4.F'\ (z)$	— 131	log cos $(\pi + u)$	= 8,585162
		$\tau' E^6.F''(z)$	— 4	cp. log. sin u	= 2,780063
				cp. log Φ	= 8,732853
				log F	= 0,098078

$E = 50°,0$ $e = 15°,0$ $v = +\ 21°,2.$

Resultate

für 1830. Juli 30. 22^h 12′

Breite	= 19° 5′ 1″	
Länge	= 324° 5′ 1″	
Inclination	= 52° 41′,65	B.
Ganze Intens.	= 1,23649	A.
	= 1,25334	A.

1830. JULI 31. 0^h 45′ K.

NOERDLICHE ATLANTISCHE OCEAN.

Inclination.

Nadel B. 248.

I = 57° 37′,50 I′ = 56° 50′,40 I″ = 51° 3′,00 I‴ = 52° 42′,00

i′ = 54° 33′,22

$+\frac{F}{2} =$ + 7,54

$-\frac{H}{2} =$ + 2,73.

Intensität.

Inclinations-Nadel A.

0^h 50′ 36″,8 52′ 54″,0	τ′ 3″,42800	log T_0 = 0.528508
51 11,6 52 20,0	τ′E².F (z) — 3627	π = 89° 43′
0^h 51′ 46″,0	τ′E⁴.F′ (z) — 46	log cos (π+u) = 7,675930
	τ′E⁶.F″(z) — 1	cp. log sin u = 3.693853
		cp. log Φ = 8,732648
		log F = 0,102431

E = 35°,0 e = 16°,0 v = + 19°,2.

0^h 55′ 29″,2 60′ 4″,4	τ′ 3″,43733	log T_0 = 0.530947
56 4,4 59 30,4	τ′E².F (z) — 2628	π = 89° 43′
56 39,2 48 56,4	τ′E⁴.F′ (z) — 67	log cos (π+u) = 7,675804
57 13,6 58 22,8	τ′E⁶.F″(z) — 3	cp. log sin u = 3,688975
0^h 57′ 48″,4		cp. log Φ = 8,732648
		log F = 0,097427

E = 60°,0 e = 2°,0 v = + 19°,2.

Resultate

für 1830. Juli 31. 3^h 36′

Breite	=	21° 1′ 30″	
Länge	=	322° 29′ 44″	
Inclination	=	54° 43′,49	B.
Ganze Intens.	=	1,26600	A.
	=	1,25149	A.

1830. AUGUST 1. 19h 40′ K.

NOERDLICHE ATLANTISCHE OCEAN.

Inclination.

Nadel B. 249.

I = 61° 30′,00 I′ = 59° 18′,00 I″ = 55° 6′,00 I‴ = 56° 43′,50

$$i' = 58^\circ\,9',37$$

$$+\frac{F}{2} = +\ 8,55$$

$$-\frac{H}{2} = +\ 4,00.$$

Intensität.

Inclinations-Nadel A.

19h 51′34″,8	56′ 2″,8	τ′	3″,35133	log T_0	= 0,520218
52 9,6	55 30,4	τ′E².F (z)	— 2230	π	= 93° 22′
52 44,0	54 58,8	τ′E⁴.F′ (z)	— 48	log cos (π+u)	= 8,751404n
53 18,0	54 25,6	τ′E⁶.F″(z)	— 2	cp. log sin u	= 2,635778n
19h 53′ 51″,6				cp. log Φ	= 8,732353
				log F	= 0,119535

E = 55°,0 e = 2°,0 v = + 21°,0.

Resultate

für 1830. August 1. 22h 23′

Breite	=	23° 59′ 44″
Länge	=	320° 31′ 26″
Inclination	=	58° 21′,92 B.
Ganze Intens.	=	1,31682 A.

1830. AUGUST 3. 4h 5′ K.

NOERDLICHE ATLANTISCHE OCEAN.

Inclination.

Nadel B. 250.

I = 63° 31′,50 I′ = 62° 1′,50 I″ = 57° 46′,50 I‴ = 59° 24′,00

i′ = 60° 40′,87

$+\frac{F}{2} =$ + 4,62

$-\frac{H}{2} =$ + 3,18.

Intensität.

Inclinations-Nadel A.

4h	13′	8″,4	15′ 53″,6	τ′	3″,30856	log T_0	= 0,509861
	13	42,4	15 22,0	τ′E².F (z)	— 5928	π	= 95° 49′
	14	16,0	14 49,2	τ′E⁴.F′ (z)	— 150	log cos (π+u)	= 8,989273n
				τ′E⁶.F″(z)	— 5	cp. log sin u	= 2,419515n
						cp. log Φ	= 8,731926
						log F	= 0,140714

E = 55°,0 e = 13°,0 v = + 19°,2.

4h	17′	49″,2	22′ 46″,4	τ′	3″,29624	log T_0	= 0,512183
	18	23,6	22 14,0	τ′E².F (z)	— 2915	π	= 95° 49′
	18	57,2	21 41,6	τ′E⁴.F′ (z)	— 92	log cos (π+u)	= 8,989077n
	19	30,0	21 8,8	τ′E⁶.F″(z)	— 3	cp. log. sin u	= 2,414871n
	20	3,2	20 36,0			cp. log Φ	= 8,731926
						log F	= 0,135874

E = 60°,0 e = 3°,0 v = + 19°,2.

Resultate

für 1830. August 3. 6h 44′

Breite	=	26° 25′ 49″	
Länge	=	319° 31′ 36″	
Inclination	=	60° 48′,67	B.
Ganze Intens.	=	1,38266	A.
	=	1,36733	A.

1830. AUGUST 4. 1^h 5′ K.

NOERDLICHE ATLANTISCHE OCEAN.

Inclination.

Nadel B. 251.

I = 64° 48′,00 I′ = 63° 18′,31 I″ = 58° 51′,90 I‴ = 59° 57′,00

$$i' = 61° 43',80$$

$$+\frac{F}{2} = +5{,}20$$

$$-\frac{H}{2} = +3{,}08.$$

Intensität.

Inclinations-Nadel A.

1^h 19′ 20″,0 23′ 44″,8	τ' 3″,31067	log T_0	= 0,513500
19 54,0 23 12,8	$\tau' E^2.F(z)$ — 3315	π	= 96° 52′
20 27,6 22 40,0	$\tau' E^4.F'(z)$ — 77	log cos (π + u)	= 9,060788n
21 1,2 22 7,2	$\tau' E^6.F''(z)$ — 3	cp. log sin u	= 2,340459n
1^h 21′ 34″,4		cp. log Φ	= 8,731976
		log F	= 0,133223

E = 55°,0 e = 1°,0 v = + 20°,0.

Resultate

für 1830. August 4. 3^h 42′

Breite	=	28° 2′ 24″
Länge	=	318° 58′ 31″
Inclination	=	61° 52′,08 B.
Ganze Intens.	=	1,35901 A.

1830. AUGUST 5. 2^h 20′ K.

NOERDLICHE ATLANTISCHE OCEAN.

Inclination.

Nadel B. 252.

I = 66° 1′,50   I′ = 64° 9′,00   I″ = 60° 21′,00   I‴ = 61° 40′,50

$$i' = 63^\circ\ 3',00$$

$$+\frac{F}{2} = +\ 4,54$$

$$-\frac{H}{2} = +\ 3,74.$$

Intensität.

Inclinations-Nadel A.

2^h 29′ 25″,2	33′ 15″,6	τ'	3″,29047	log T_0	= 0,509824
29 58,8	32 43,2	$\tau' E^2.F\,(z)$	— 4666	π	= 98° 11′
30 32,0	32 10,8	$\tau' E^4.F'\,(z)$	— 105	log cos (π+u)	= 9,136869n
31 5,2	31 38,0	$\tau' E^6.F''(z)$	— 3	cp. log sin u	= 2,272064n
				cp. log Φ	= 8,731806
				log F	= 0,140739

E = 54°,0   e = 6°,0   v = + 21°,5.

2^h 35′ 18″,8	39′ 8″,8	τ'	3″,28452	log T_0	= 0,510729
35 52,2	38 36,4	$\tau' E^2.F\,(z)$	— 2710	π	= 98° 11′
36 25,6	38 4,0	$\tau' E^4.F'\,(z)$	— 46	log cos (π+u)	= 9,136806n
36 58,8	37 31,6	$\tau' E^6.F''(z)$	— 1	cp. log sin u	= 2,270254n
				cp. log Φ	= 8,731806
				log F	= 0,138866

E = 48°,0   c = 5°,0   v = + 21°,5.

Resultate

für 1830. August 5. 4^h 53′

Breite	=	29° 33′ 38″	
Länge	=	317° 50′ 44″	
Inclination	=	63° 11′,28	B.
Ganze Intens.	=	1,38273	A.
	=	1,37678	A.

1830. AUGUST 6. 1^h 40′ K.

NOERDLICHE ATLANTISCHE OCEAN.

Inclination.

Nadel B. 253.

I = 66° 55′,50 I′ = 65° 16′,50 I″ = 61° 22′,50 I‴ = 62° 58′,50

$$i' = 64^\circ\, 8',25$$

$$+\frac{F}{2} = +\ 4,26$$

$$-\frac{H}{2} = +\ 3,73.$$

Intensität.

Inclinations-Nadel A.

1^h 48′ 46″,0	55′ 12″,8	τ'		3″,22000	log T_0	= 0,502499
49 19,2	54 41,2	$\tau' E_{(1)}^2 . F$ (z)	—	2100	π	= 99° 16′
49 52,0	54 9,8	$\tau' E^4 . F'$ (z)	—	35	log cos(π + u)	= 9,191049n
50 25,2	53 38,0	$\tau' E^6 . F''$ (z)	—	1	cp. log sin u	= 2,233138n
50 57,6	53 5,6				cp. log Φ	= 8,731646
51 29,6	52 33,6				log F	= 0,155833
1^h 52′ 2″,0						

E = 50°,0 e = 3°,0 v = + 25°,5.

Resultate

für 1830. August 6. 4^h 9′

Breite	=	30° 29′ 58″
Länge	=	317° 4′ 55″
Inclination	=	64° 16′,24 B.
Ganze Intens.	=	1,43167 A.

1830. AUGUST 7. 4^h 15′ K.

NOERDLICHE ATLANTISCHE OCEAN.

Inclination.

Nadel B. 254.

$I = 67^\circ\ 46',50 \quad I' = 65^\circ\ 45',00 \quad I'' = 61^\circ\ 12',00 \quad I''' = 62^\circ\ 22',50$

$$i' = 64^\circ\ 16',51$$
$$+\frac{F}{2} = +\ 7,43$$
$$-\frac{H}{2} = +\ 5,70.$$

Intensität.

Inclinations-Nadel A.

4^h 24′ 39″,2	28′ 58″,0	τ'	3″,23467	$\log T_0$	= 0,505104
25 12,4	28 26,8	$\tau' E^2 . F(z)$	— 2027	π	= 99° 30′
25 45,6	27 54,4	$\tau' E^2 . F'(z)$	— 41	$\log\cos(\pi+u)$	= 9,201569n
26 18,0	27 22,8	$\tau' E^6 . F''(z)$	— 1	cp. log. sin u	= 2,217225n
μ 26′ 50″,4				cp. log. Φ	= 8,731460
				log F	= 0,150254

E = 53°,0 e = 2°,0 v = + 20°,0.

Resultate

für 1830. August 7. 6^h 47′

Breite	=	31° 10′ 42″
Länge	=	317° 48′ 32″
Inclination	=	64° 29′,64 B.
Ganze Intens.	=	1,41339 A.

1830. AUGUST 9. 19ʰ 28′ K.

NOERDLICHE ATLANTISCHE OCEAN.

Inclination.

Nadel B. 255.

I = 67° 40′,80 I′ = 66° 31′,50 I″ = 62° 14′,10 I‴ = 64° 28′,50

$$i' = 65° 13',72$$

$$+ \frac{F}{2} = + 3,84$$

$$- \frac{H}{2} = + 3,32.$$

Intensität.

Inclinations-Nadel A.

19ʰ 35′ 43″,6	41′ 6″,4	τ′	3″,22509	log T₀	= 0,504134
36 16,8	40 34,8	τ′E².F (z) —	1663	π	= 100° 21′
36 49,6	40 2,8	τ′E⁴.F′ (z) —	23	log cos (π + u)	= 9,238529n
37 22,2	39 30,8	τ′E⁶.F″(z) —	0	cp. log sin m	= 2,182321n
37 54,4	38 59,2			cp. log Φ	= 8,731922
19ʰ 38′ 26″,8				log F	= 0,152772

E = 45°,0 e = 2°,5 v = + 22°,0.

Resultate

für 1830. August 9. 21ʰ 55′

Breite	= 32° 54′ 42″
Länge	= 316° 36′ 5″
Inclination	= 65° 20′,88 B.
Ganze Intens.	= 1,42158 A.

1830. AUGUST 11. 22^h 10′ K.

NOERDLICHE ATLANTISCHE OCEAN.

Inclination.

Nadel B. 256.

I = 68° 15′,00 I′ = 66° 58′,87 I″ = 63° 26′,25 I‴ = 65° 19′,50

i′ = 65° 59′,91

$+\frac{F}{2} =$ + 2,81

$-\frac{H}{2} =$ + 3,05.

Intensität.

Inclinations-Nadel A.

22^h 21′ 31″,6	26′ 52″,8	τ′	3″,21318	log T_0	= 0,500153
22 4,8	26 22,0	$\tau' E^2 . F$ (z)	−3429	π	= 101° 6′
22 37,6	25 50,5	$\tau' E^4 . F'$ (z)	− 62	log cos(π+u)	= 9,268890n
23 10,2	25 18,6	$\tau E^6 . F''$(z)	− 2	cp.log sin u	= 2,160256n
23 42,4	24 46,6			cp.log Φ	= 8,730836
22^h 24′ 14″,4				log F	= 0,159982

E = 50°,0 e = 7°,5 v = + 22°,0.

Resultate

für 1830. August 11. 0^h 36′

Breite	=	33° 44′ 41″
Länge	=	316° 9′ 10″
Inclination	=	66° 5′,77 B.
Ganze Intens.	=	1,44538 A.

1830. AUGUST 11. 23ʰ 40′ W. Z.

NOERDLICHE ATLANTISCHE OCEAN.

Inclination.

Nadel B. 257.

I und I′ wurden nicht beobachtet. $I'' = 63^\circ\ 42',75$ $I''' = 5^\circ\ 26',25$

Nach der ersten Hälfte der Beobachtung mufste der Kurs geändert werden.

Nach den zwei nächsten Beobachtungen:

$$i' = \frac{I'' + I'''}{2} + 1^\circ\ 56',68 = 66^\circ\ 31',18$$

$$+ \frac{F - H}{2} \qquad = \quad + 9,34.$$

Resultate

für 1830. August 11. 23ʰ 45′

Breite	= 33° 49′ 16″
Länge	= 315° 50′ 33″
Inclination	= 66° 40′,52 B.

1830. AUGUST 13. 3^h 0′ K.

NOERDLICHE ATLANTISCHE OCEAN.

Inclination.

Nadel B. 258.

I = 70° 42′,75 I′ = 68° 16′,87 I″ = 65° 34′,50 I‴ = 64° 19′,87

i′ = 67° 13′,50

$+\frac{F}{2} = + 7,44$

$-\frac{H}{2} = + 5,39.$

Intensität

Inclinations-Nadel A.

3^h 19′ 35″,2	24′ 54″,8	τ′	3″,18809	log T_0	=	0,499668
20 8,8	24 23,6	τ′E².F (z) —	1321	π	=	102° 26′
20 40,8	23 51,6	τ′E⁴.F′ (z) —	18	log cos(π+u)	=	9,317570n
21 13,2	23 20,2	τ′E⁶.F″(z) —	0	cp. log sin u	=	2,112655n
21 45,1	22 48,4			cp. log Φ	=	8,731472
3^h 22′ 16′,8				log F	=	0,161697

E = 45°,0 e = 1°,5 v = + 21°,0.

Resultate

für 1830. August 13. 5^h 24′

Breite	=	34° 29′ 10″
Länge	=	315° 50′ 42″
Inclination	=	67° 26′,33 B.
Ganze Intens.	=	1,45110 A.

1830. AUGUST 13. 20h 0′ K.

NOERDLICHE ATLANTISCHE OCEAN.

Inclination.

Nadel B. 259.

I = 69° 56′,62 I′ = 68° 22′,50 I″ = 64° 51′,75 I‴ = 66° 13′,87

$$i' = 67^\circ\ 21',18$$

$$+\frac{F}{2} = +\ 4,32$$

$$-\frac{H}{2} = +\ 4,03.$$

Intensität.

Inclinations-Nadel A.

20h 14′ 34″,0 20′ 27″,2	τ′ 3″,21021	log T_0	= 0,500730
15 7,2 19 56,0	τ′E².F (z) — 2646	π	= 102° 30′
15 40,0 19 24,4	τ′E⁴.F′ (z) — 42	logcos(π+u)	= 9,319782n
16 12,2 18 52,4	τ′E⁶.F″(z) — 1	cp.log sin u	= 2,108245n
16 44,4 18 20,6		cp.log Φ	= 8,730351
17 10,4 17 48,4		log F	= 0,158378

E = 48°,0 e = 6°,5 v = + 22°,2.

Resultate

für 1830. August 13. 22h 25′

Breite	= 35° 0′ 0″	
Länge	= 316° 5′ 44″	
Inclination	= 67° 29′,53	B.
Ganze Intens.	= 1,44005	A.

1830. AUGUST 15. 3^h 45′ K.

NOERDLICHE ATLANTISCHE OCEAN.

Inclination.

Nadel B. 260.

I = 71° 3′,75 I′ = 68° 56′,62 I″ = 65° 49′,50 I‴ = 66° 43′,12

$$i' = 68° 8',25$$

$$+\frac{F}{2} = +4,38$$

$$-\frac{H}{2} = +4,42.$$

Intensität.

Inclinations-Nadel A.

3^h 57′ 20″,4	62′ 7″,2	τ'	3″,18157	log T_0	= 0,497783
57 52,4	61 35,2	$\tau' E^2 . F(z)$	− 2073	π	= 103° 17′
58 24,8	61 3,2	$\tau' E^4 . F'(z)$	− 29	logcos(π+u)	= 9,345991n
58 56,6	60 31,6	$\tau' E^6 . F''(z)$	− 1	cp.logsin u	= 2,088189n
59 28,4	60 0,2			cp.log Φ	= 8,730135
				log F	= 0,164315

E = 45°,0 e = 4°,0 v = + 20°,4.

Resultate

für 1830. August 15. 6^h 16′

Breite	= 36° 15′ 32″	
Länge	= 317° 29′ 23″	
Inclination	= 68° 17′,05	B.
Ganze Intens.	= 1,45987	A.

1830. AUGUST 16. 3^h 40′ K.

NOERDLICHE ATLANTISCHE OCEAN.

Inclination.

Nadel B. 261.

I = 70° 29′,25 I′ = 69° 21′,00 I″ = 65° 56′,62 I‴ = 67° 21′,000

i′ = 68° 16′,96

$+\frac{F}{2} = + 3{,}46$

$-\frac{H}{2} = + 3{,}42.$

Intensität.

Inclinations-Nadel A.

3^h 45′ 47″,2	51′ 6″,4	τ'	3″,18800	log T_0	= 0,494585
46 20,0	50 35,8	$\tau' E^2.F(z)$ —	4638	π	= 103° 24′
46 52,4	50 3,6	$\tau' E^4.F'(z)$ —	104	log cos(π+u)	= 9,349955n
47 25,2	49 32,0	$\tau' E^6.F''(z)$ —	3	cp.log sin u	= 2,090856n
47 56,8	49 0,4			cp.log Φ	= 8,729967
3^h 48′ 28″,8				log F	= 0,170778

E = 55°,0 e = 10°,0 v = + 25°,0.

3^h 53′ 51″,2	59′ 9″,0	τ'	3″,17800	log T_0	= 0,494488
54 24,0	58 38,4	$\tau' E^2.F(z)$ —	3732	π	= 103° 24′
54 56,4	58 6,8	$\tau' E^4.F'(z)$ —	80	log cos(π+u)	= 9,349956n
55 28,0	57 35,2	$\tau' E^6.F''(z)$ —	3	cp.log sin u	= 2,091050n
56 0,0	57 3,6			cp.log Φ	= 8,729967
3^h 56′ 32″,0				log F	= 0,170973

E = 55°,0 e = 7°,0 v = + 25°,0.

Resultate

für 1830. August 16. 6^h 17′

Breite	= 37° 26′ 12″	
Länge	= 318° 55′ 2″	
Inclination	= 68° 23′,84	B.
Ganze Intens.	= 1,48176	A.
	= 1,48242	A.

1830. AUGUST 17. 4^h 0′ K.

NOERDLICHE ATLANTISCHE OCEAN.

Inclination.

Nadel B. 262.

I = 71° 6′,30 I′ = 69° 48′,60 I″ = 67° 22′,50 I‴ = 67° 53′,40

$$i' = 69^\circ\ 2',70$$

$$+\frac{F}{2} = +\ 2,81$$

$$-\frac{H}{2} = +\ 2,57.$$

Intensität.

Inclinations-Nadel A.

4^h 15′ 23″,6	20′ 42″,8	τ'	3″,18618	$\log T_0$	= 0,498059
15 56,4	20 11,2	$\tau' E^2 . F(z)$ —	2201	π	= 104° 8′
16 29,2	19 39,6	$\tau' E^4 . F'(z)$ —	35	$\log\cos(\pi+u)$	= 9,372448n
17 1,2	19 8,8	$\tau' E^6 . F''(z)$ —	1	cp. log sin u	= 2,061215n
17 33,2	18 36,4			cp. log Φ	= 8,729797
4^h 18′ 4″,8				log F	= 0,163460

E = 48°,0 e = 4°,0 v = + 22°,2.

Resultat

für 1830. August 17. 6^h 43′

Breite	=	38° 24′ 31″
Länge	=	320° 30′ 15″
Inclination	=	69° 8′,08 B.
Ganze Intens.	=	1,45700 A.

1830. AUGUST 19. 3^h 45′ K.

NOERDLICHE ATLANTISCHE OCEAN.

Inclination.

Nadel B. 263.

I = 71° 40′,80 I′ = 70° 10′,50 I″ = 67° 3′,60 I‴ = 68° 47′,100

$$i' = 69^\circ\ 25',50$$

$$+\frac{F}{2} = +\ 2,27$$

$$-\frac{H}{2} = +\ 2,83.$$

Intensität.

Inclinations-Nadel A.

4^h 0′ 31″,6	5′ 50″,4	τ'	3″,18982	log T_0	= 0,498280
1 4,0	5 20,0	$\tau' E^2.F(z)$	— 2709	π	= 104° 31′
1 37,2	4 48,4	$\tau' E^4.F'(z)$	— 47	log cos(π+u)	= 9,383881n
2 9,6	4 16,4	$\tau' E^6.F''(z)$	— 1	cp.log.sin u	= 2,049392n
2 41,6	3 45,2			cp.log.Φ	= 8,729483
4^h 3′ 13″,4				log F	= 0,162756

E = 50°,0 e = 5°,0 v = + 17°,7.

Resultate

für 1830. August 19. 6^h 38′

Breite	=	40° 9′ 15″
Länge	=	322° 53′ 2″
Inclination	=	69° 30′,60 B.
Ganze Intens.	=	1,45465 A.

1830. AUGUST 20. 2h 40′ K.

NOERDLICHE ATLANTISCHE OCEAN.

Inclination.

Nadel B. 264.

I = 72° 22′,80 I′ = 70° 54′,60 I″ = 67° 43′,50 I‴ = 69° 14′,40

$$i' = 70^\circ\ 3',82$$

$$+\frac{F}{2} = +\ 3,17$$

$$-\frac{H}{2} = +\ 3,85.$$

Intensität.

Inclinations-Nadel A.

2h 55′ 27″,6	60′ 49″,2	τ'		3″,21873	log T_0	= 0,501967
56 0,4	60 18,4	$\tau' E^2 . F(z)$	—	2904	π	= 105° 11′
56 33,2	59 46,6	$\tau' E^4 . F'(z)$	—	55	log cos(π + u)	= 9,402677n
57 5,8	59 14,0	$\tau' E^6 . F''(z)$	—	1	cp. log sin u	= 2,022958n
57 38,0	58 42,0				cp. log Φ	= 8,729307
2h 58′ 10″,4					log F	= 0,154942

IE = 52°,0 e = 5°,0 v = + 17°,6.

Resultate

für 1830. August 20. 5h 41′

Breite	= 41° 27′ 24″	
Länge	= 324° 58′ 8″	
Inclination	= 70° 10′,84	B.
Ganze Intens.	= 1,42870	A.

1830. AUGUST 21. 0^h 15′ K.

NOERDLICHE ATLANTISCHE OCEAN.

Inclination.

Nadel B. 265.

$I = 71° 46',20 \quad I' = 70° 21',30 \quad I'' = 67° 36',60 \quad I''' = 69° 2',770$

$$i' = 69° 41',70$$
$$+\frac{F}{2} = +2,19$$
$$-\frac{H}{2} = +2,90.$$

Intensität.

Inclinations-Nadel A.

0^h 30′	29″,8	35′	14″,8	τ'	3″,16109	$\log T_0$	= 0,494873
31	2,4	34	43,6	$\tau' E^2 . F(z)$	— 2299	π	= 104° 47′
31	34,8	34	12,4	$\tau' E^4 . F'(z)$	— 33	$\log\cos(\pi + u)$	= 9.391827n
32	6.8	33	41.2	$\tau' E^6 . F''(z)$	— 1	cp. $\log\sin\pi$	= 2.048476n
32	38,4	33	9,6			cp. $\log\Phi$	= 8,729112
						$\log F$	= 0,169415

$E = 45°,0 \quad e = 5°,0 \quad v = +18°,0.$

Resultate

für 1830. August 21. 3^h 21′

Breite	= 42° 29′ 20″
Länge	= 326° 13′ 0″
Inclination	= 69° 46′,79 B.
Ganze Intens.	= 1,47372 A.

1830. AUGUST 22. 1^h 30′ K.

NOERDLICHE ATLANTISCHE OCEAN.

Inclination.

Nadel B. 266.

I = 73° 7′,75 I′ = 72° 26′,65 I″ = 69° 4′,25 I‴ = 69° 54′,62

$$i' = 71^\circ\ 8',31$$
$$+\frac{F}{2} = +\ 4,40$$
$$-\frac{H}{2} = +\ 3,88.$$

Intensität.

Inclinations-Nadel A.

1^h 41′ 32″,4	47′ 56″,8	τ'	3″,20638	log T_0	=	0,495678
42 4,2	47 25,2	$\tau' E^2.F(z)$ —	6223	π	=	106° 17′
42 36,0	46 52,6	$\tau' E^4.F'(z)$ —	163	log cos$(\pi + u)$	=	9,433267n
43 8,4	46 21,0	$\tau' E^6.F''(z)$ —	6	cp. log sin u	=	2,005927n
43 41,2	45 49,2			cp. log Φ	=	8,728981
44 13,2	45 17,2			log F	=	0,168175
1^h 44′ 45″,2						

E = 58°,0 e = 14°,0 v = + 16°,4.

Resultate

für 1830. August 22. 4^h 45′

Breite	=	44° 21′ 40″
Länge	=	328° 34′ 30″
Inclination	=	71° 16′,59 B.
Ganze Intens.	=	1,47290 A.

1830. AUGUST 22. 18^h 45′ W. Zt.

NOERDLICHE ATLANTISCHE OCEAN.

Inclination.

Nadel B. 267.

$I = 72^\circ\ 24',00 \quad I' = 71^\circ\ 19',50 \quad I'' = 69^\circ\ 15',30 \quad I''' = 69^\circ\ 53',10$

$$i' = 70^\circ\ 42',97$$

$$+\frac{F}{2} = +1,90$$

$$-\frac{H}{2} = +1,96.$$

Resultate

für 1830. August 22. 18^h 48′

Breite	=	45° 35′ 7″
Länge	=	330° 5′ 0″
Inclination	=	70° 46′,83 B.

1830. AUGUST 23. 16h 55′ K.

NOERDLICHE ATLANTISCHE OCEAN.

Inclination.

Nadel B. 268.

I = 71° 54′,60 I′ = 70° 20′,40 I″ = 67° 59′,10 I‴ = 70° 1′,20

$i' = 70° 3',83$

$+\frac{F}{2} = +0,51$

$-\frac{H}{2} = +2,47.$

Intensität.

Inclinations-Nadel A.

17h 6′ 41″,4	13′ 9″,2	r′	3″,22791	log T_0	= 0,502429
7 14,4	12 37,2	r′E².F (z) —	3518	π	= 105° 7′
7 47,6	12 5,6	r′E⁴.F′ (z) —	60	log cos (π + u)	= 9,400773
8 20,0	11 33,2	r′E⁶.F″(z) —	2	cp. log sin u	= 2,023901
8 52,6	11 1,8			cp. log Φ	= 8,728708
9 25,2	10 29,2			log F	= 0,153382
17h 9′ 57″,2					

E = 48°,0 e = 6°,0 v = + 17°,0.

17h 16′ 35″,8	22′ 1″,6	r′	3″,25309	log T_0	= 0,500815
17 9,2	21 29,6	r′E².F (z) —	7090	π	= 105° 7′
17 42,6	20 57,2	r′E⁴.F′ (z) —	184	log cos (π + u)	= 9,400889
18 15,3	20 25,2	r′E⁶.F″(z) —	6	cp. log sin u	= 2,027129
18 48,4	19 52,6			cp. log Φ	= 8,728708
17h 19′ 20″,4				log F	= 0,156726

E = 55°,0 e = 18°,0 v = + 17°,0.

Resultate

für 1830. August 23. 20h 29′

Breite	= 46° 46′ 18″	
Länge	= 333° 21′ 12″	
Inclination	= 70° 6′,81	B.
Ganze Intens.	= 1,42358	A.
	= 1,43458	A.

1830. AUGUST 25. 19^h 50′ K.

NOERDLICHE ATLANTISCHE OCEAN.

Inclination.

Nadel B. 269.

I = 72° 56′,70 I′ = 70° 44′,40 I″ = 66° 57′,90 I‴ = 68° 55′,80

$$i' = 69°\,53',70$$

$$+\frac{F}{2} = +\,4,39$$

$$-\frac{H}{2} = +\,6,04.$$

Intensität.

Inclinations-Nadel A.

20^h 4′ 1″,2	9′ 31″,2	τ'	3″,28745	log T_0	= 0,510352
4 35,2	8 58,0	$\tau' E^2 . F\,(z)$ —	3747	π	= 105° 4′
5 8,6	8 24,8	$\tau' E^4 . F'\,(z)$ —	85	log cos(π+u)	= 9,398775n
5 41,8	7 52,4	$\tau' E^6 . F''(z)$ —	3	cp. log sin u	= 2,009460n
6 14,6	7 19,8			cp. log Φ	= 8,728354
20^h 6′ 47″,2				log F	= 0,136589

E = 57°,0 e = 6°,0 v = + 14°,5.

Resultate

für 1830. August 25. 23^h 57′

Breite	=	47° 46′ 54″
Länge	=	341° 37′ 0″
Inclination	=	70° 4′,13 B.
Ganze Intens.	=	1,36959 A.

1830. AUGUST 26. 23^h 35′ K.

NOERDLICHE ATLANTISCHE OCEAN.

Inclination.

Nadel B. 270.

$I = 72^\circ\ 8',10 \quad I' = 70^\circ\ 54',00 \quad I'' = 67^\circ\ 18',00 \quad I''' = 69^\circ\ 36',30$

$$i' = 69^\circ\ 59',10$$
$$+\frac{F}{2} = +\ 3,21$$
$$-\frac{H}{2} = +\ 4,91.$$

Intensität.

Inclinations-Nadel A.

$23^h\ 50'\ 31'',6$ $56'\ 1'',2$	τ' $3'',28764$	log T_0	$= 0,509716$
51 5,8 55 28,4	$\tau' E^2.F\ (z) - 4081$	π	$= 105^\circ\ 7'$
51 40,0 54 56,4	$\tau' E^4.F'\ (z) - 97$	$\log\cos(\pi+u)$	$= 9,399891n$
52 12,4 54 24,0	$\tau' E^6.F''(z) - 3$	cp. log sin u	$= 2,009327n$
52 46,0 53 51,5		cp. log Φ	$= 8,728193$
$23^h\ 53'\ 18'',4$		log F	$= 0,137411$

$E = 58^\circ,0 \quad e = 6^\circ,7 \quad v = +\ 16^\circ,6.$

Resultate

für 1830. August 26. 3^h 44′

Breite	$= 47^\circ\ 45'\ 8''$
Länge	$= 342^\circ\ 4'\ 0''$
Inclination	$= 70^\circ\ 7',22$ B.
Ganze Intens.	$= 1,37219$ A.

1830. AUGUST 26. 17^h 45′ K.

NOERDLICHE ATLANTISCHE OCEAN.

Inclination.

Nadel B. 271.

I = 72° 4′,80 I′ = 70° 21′,00 I″ = 66° 45′,30 I‴ = 68° 10′,20

$$i' = 69^\circ\ 20',32$$
$$+\frac{F}{2} = +\ 4,60$$
$$-\frac{H}{2} = +\ 4,93.$$

Intensität.

Inclinations-Nadel A.

17^h 59′ 25″,2	64′ 55″,2	τ'	3″,29382	$\log T_0$	= 0,510542
59 59,6	64 23,2	$\tau' E^2 . F(z)$ —	4180	π	= 104° 30′
60 33,6	63 50,8	$\tau' E^4 . F'(z)$ —	76	$\log\cos(\pi + u)$	= 9,382441n
61 6,8	63 17,8	$\tau' E^6 . F''(z)$ —	3	cp. log sin u	= 2,025358n
61 40,0	62 45,2			cp. log Φ	= 8,728036
17^h 62′ 12″,8				log F	= 0,135835

E = 55°,0 e = 8°,0 v = + 15°,5.

Resultate

für 1830. August 26. 22^h 5′

Breite	=	48° 13′ 22″
Länge	=	344° 46′ 54″
Inclination	=	69° 29′,85 B.
Ganze Intens.	=	1,36720 A.

1830. AUGUST 28. 22^h 40′ K.

NOERDLICHE ATLANTISCHE OCEAN.

Inclination.

Nadel B. 272.

I = 72° 9′,00 I′ = 70° 9′,00 I″ = 65° 49′,80 I‴ = 68° 4′,80

$$i' = 69°\ 3',15$$

$$+\frac{F}{2} = +\ 5,13$$

$$-\frac{H}{2} = +\ 6,46.$$

Intensität.

Inclinations-Nadel A.

22^h 54′ 11″,2	60′13″,6	τ'	3″,29175	log T_0	= 0,508925
54 45,6	59 42,0	$\tau' E^2.F$ (z) —	4853	π	= 104° 15′
55 19,2	59 9,2	$\tau' E^4.F'$ (z) —	114	logcos(π+u)	= 9,375153n
55 52,4	58 36,8	$\tau' E^6.F''$(z) —	4	cp.log sin u	= 2,035986n
56 25,6	58 4,0			cp.log Φ	= 8,727846
56 58,4	57 31,6			log F	= 0,138985

E = 57°,0 e = 9°,5 v = + 19°,5.

Resultate

für 1830. August 28. 3^h 19′

Breite	= 49° 15′ 50″
Länge	= 349° 37′ 18″
Inclination	= 69° 14′,74 B.
Ganze Intens.	= 1,37718 A.

1830. AUGUST 31.

Vor Anker auf MOTHERBANK bei PORTSMOUTH.

Inclination.

Nadel B. 273.

$I = 71^\circ\ 22',00 \quad I' = 69^\circ\ 28',60 \quad I'' = 65^\circ\ 17',60 \quad I''' = 67^\circ\ 19',10$

$$i' = 68^\circ\ 21',82$$
$$+\frac{F}{2} = +5,02$$
$$-\frac{H}{2} = +5,81.$$

Intensität.

Inclinations-Nadel A.

23ʰ 55′ 36″,0	61′ 8″,7	τ'		3″,31718	log T_0	= 0,515849
56 10,4	60 35,2	$\tau' E^2.F\ (z)$	—	2538	π	= 103° 33′
56 44,0	60 2,4	$\tau' E^4.F'\ (z)$	—	52	logcos(π+u)	= 9,353126n
57 17,6	59 30,0	$\tau' E^6.F''(z)$	—	2	cp.log sin u	= 2,043587n
57 50,6	58 56,8				cp.log Φ	= 8,727201
23ʰ 58′ 24″,0					log F	= 0,123914

$E = 55^\circ,0 \quad e = 3^\circ,0 \quad v = +15^\circ,6.$

Cylindrische Nadel.

0ʰ 3′ 0″,4	8′ 21″,6	τ'		3″,21027	log T_0	= 0,503632
3 32,4	7 49,4	$\tau' E^2.F\ (z)$	—	1025	log $\overline{A+cd}$	= 0,697808
4 4,2	7 17,2	$\tau' E^4.F'(z)$	—	4	b $f^2.tg^2$ i	= 13
4 36,8	6 45,2	$\tau' E^6.F''(z)$	—	0	log f	= 9,690557
5 9,2	6 13,2					
0ʰ 5′ 41″,2						

$E = 20^\circ,0 \quad e = 7^\circ,5 \quad v = +15^\circ,6.$

1830. AUGUST 31.

Vor Anker auf MOTHERBANK bei PORTSMOUTH.

Prismatische Nadel.

0^h 10′ 56″,4	18′ 44″,4	r'	4″,67091	$\log T_0 = 0{,}665542$
11 44,0	17 58,2	$r'E^2.F(z)$	— 2495	$\log A' + c'd = 1{,}014797$
12 30,8	17 9,2	$r'E^4.F'(z)$	— 18	$b'f^2.tg^2 i = 12$
13 17,6	16 24,0	$r'E^6.F''(z)$	— 0	$\log f = 9{,}683725$
14 4,4	15 37,6			
0^h 14′ 51′,2				

$E = 30°,0$ $e = 7°,5$ $v = + 15°,6$.

Resultate

für 1830. August 31. 5^h 12′

Breite	=	50° 44′ 20″	
Länge	=	356° 32′ 30″	
Inclination	=	68° 32′,65	B.
Horiz. Intens.	=	0,49041	C.
	=	0,48275	P.
Ganze Intens.	=	1,33019	A.
	=	1,33019	C und P.

1830. SEPTEMBER 4. 6^h 30′ W. Zt.

NORDSEE.

Inclination.

Nadel B. 274.

I = 71° 37′,50 I′ = 69° 27′,60 I″ = 65° 46′,20 I‴ = 67° 58′,20

$$i' = 68^\circ\ 42',38$$
$$+\frac{F}{2} = +\ 3,38$$
$$-\frac{H}{1} = +\ 5,20.$$

Resultat

für 1830. September 4. 6^h 29′

Breite	=	51° 17′ 10″
Länge	=	359° 21′ 30″
Inclination	=	68° 50′,96 B.

1830. SEPTEMBER 5. 22^h 40′ K.

NORDSEE.

Inclination.

Nadel B. 275.

$I = 72^\circ\ 5',10 \quad I' = 69^\circ\ 21',60 \quad I'' = 65^\circ\ 50',70 \quad I''' = 67^\circ\ 35',70$

$$i' = 67^\circ\ 43',27$$

$$+\frac{F}{2} = +\ 4,34$$

$$-\frac{H}{2} = +\ 5,99.$$

Resultat

für 1830. September 5. 4^h 3′

Breite	=	51° 56′ 12″
Länge	=	0° 34′ 18″
Inclination	=	68° 53′,60 B.

1830. SEPTEMBER 6. 20^h 50′ W. Zt.

NORDSEE.

Inclination.

Nadel B. 276.

$I = 72° 44',40 \quad I' = 70° 46',20 \quad I'' = 67° 6',90 \quad I''' = 68° 52',20$

$$i' = 69° 52',42$$
$$+\frac{F}{2} = +4,36$$
$$-\frac{H}{2} = +5,45.$$

Resultat

für 1830. September 6. 2^h 18′

Breite	=	54° 27′ 41″
Länge	=	1° 52′ 42″
Inclination	=	70° 2′,23 B.

1830. SEPTEMBER 8. 4h 25′ K.

NORDSEE.

Inclination.

Nadel B. 277.

I = 74° 24′,30   I′ = 72° 18′,60   I″ = 69° 49′,20   I‴ = 70° 38′,10

$$i' = 71^\circ\ 47',55$$

$$+\frac{F}{2} = +\ 2,69$$

$$-\frac{H}{2} = +\ 4,04$$

Resultat

für 1830. September 8. 9h 47′

Breite	=	56° 46′ 36″
Länge	=	0° 28′ 36″
Inclination	=	71° 54′,28 B.

1830. SEPTEMBER 10. 0^h $0'$ K.

NORDSEE.

Inclination.

Nadel B. 278.

I = 74° 13',50 I' = 72° 26',70 I'' = 67° 54',30 I''' = 70° 16',80

i' = 71° 12',80

$+\frac{F}{2} =$ + 5,87

$-\frac{H}{2} =$ + 7,59.

Resultat

für 1830. September 10. 5^h 39'

Breite	=	57° 19' 54"
Länge	=	4° 28' 18"
Inclination	=	71° 26',26 B.

1830. SEPTEMBER 22. 20^h 0′ W. Zt.

IM SUND vor KOPENHAGEN.

Inclination.

Nadel B. 279.

$I = 72^\circ\ 37',50 \quad I' = 70^\circ\ 48',60 \quad I'' = 67^\circ\ 9',00 \quad I''' = 68^\circ\ 54',00$

$$i' = 69^\circ\ 52',27$$

$$+\frac{F}{2} = \quad +\ 4,22$$

$$-\frac{H}{2} = \quad +\ 5,17.$$

Resultat

für 1830. September 22. 19^h 53′

Breite	=	55° 43′
Länge	=	10° 14′ 50″
Inclination	=	70° 1′,66 B.

1830. SEPTEMBER 25. 16h 25′ K.

OSTSEE.

Inclination.

Nadel B. 280.

I = 72° 56′,25   I′ = 71° 6′,75   I″ = 67° 35′,64   I‴ = 69° 46′,88

$$i' = 70^\circ\ 21',38$$
$$+\frac{F}{2} = \quad +\ 2,94$$
$$-\frac{H}{2} = \quad +\ 4,85.$$

Resultat

für 1830. September 25. 22h 56′

Breite	=	58° 2′ 23″
Länge	=	17° 34′ 16″
Inclination	=	70° 29′,17 B.

1830. SEPTEMBER 28. 6h 45′ K.

FINNISCHE MEERBUSEN.

Inclination.

Nadel B. 281.

I = 73° 25′,87 I′ = 71° 19′,50 I″ = 68° 3′,75 I‴ = 70° 0′,00

$$i' = 70° 42',27$$

$$+\frac{F}{2} = +2,99$$

$$-\frac{H}{2} = +5,01.$$

Resultat

für 1830. September 28. 13h 49′

Breite	=	60° 4′ 54″
Länge	=	25° 47′ 23″
Inclination	=	70° 50′,27 B.

1830. SEPTEMBER 29.

Vor Anker auf der KLEINEN KRONSTADTER RHEDE.

Inclination.

Nadel B. 282.

$I = 72^\circ\ 44',00 \quad I' = 71^\circ\ 26',00 \quad I'' = 67^\circ\ 40',75 \quad I''' = 69^\circ\ 53',05$

$$i' = 70^\circ\ 25',95$$
$$+\frac{F}{2} = +\ 3,25$$
$$-\frac{H}{2} = +\ 4,49.$$

Intensität.

Cylindrische Nadel.

$18^h\ 56'$	$26'',0$	$62'$	$3'',6$	τ'		$3'',37200$	$\log T_0$	$= 0,521070$
57	0,4	61	30,0	$\tau' E^2.F(z)$	—	4313	$\log A + cd$	$= 0,698372$
57	34,4	60	56,4	$\tau' E^4.F'(z)$	—	61	$b\, f^2.\mathrm{tg}^2\, i$	$=$ 16
58	8,2	60	23,2	$\tau' E^6.F''(z)$	—	1	$\log f$	$= 9,656248$
58	42,0	59	48,8					
18^h	$59'$	$15'',6$						

$E = 40^\circ,0 \quad e = 15^\circ,0 \quad v = +\ 11^\circ,8.$

Resultate

für 1830. September 29. $1^h\ 56'$

Breite	=	59° 58′ 40″
Länge	=	27° 26′ 0″
Inclination	=	70° 33′,69 B.
Horiz. Intens.	=	0,45316 C.

1830. OCTOBER 8.

PETERSBURG, WASILJEWSKJI OSTROW.

Inclination.

Nadel B. 283.

I = 72° 56',50 I' = 71° 29',37 I'' = 68° 30',25 I''' = 70° 13',25

i' = 70° 47',34

$$+\frac{F}{2} = +\ 2,37$$

$$-\frac{H}{2} = +\ 3,51.$$

Intensität.

Cylindrische Nadel.

19ʰ 31'	42'',4	37'	15'',2	τ'	3'',33109	log T_0	= 0,518385
32	16,0	36	42,8	τ'E².F (z)	— 2371	log A + cd	= 0,698548
32	49,2	36	9,6	τ'E⁴.F' (z)	— 21	b f². tg² i	= 16
33	22,8	35	36,4	τ'E⁶.F''(z)	— 0	log f	= 9,661794
33	56,4	35	2,8				
19ʰ	34'	30'',0					

E = 32°,0 e = 10°,0 v = + 11°,0.

Prismatische Nadel.

19ʰ 51'	5'',6	59'	4'',4	τ'	4'',78736	log T_0	= 0,676730
51	53,6	58	16,4	τ'E².F (z)	— 2557	log A + cd	= 1,014186
52	42,0	57	29,2	τ'E⁴.F' (z)	— 18	b f². tg² i	= 13
53	30,0	56	41,6	τ'E⁶.F''(z)	— 0	log f	= 9,660739
54	18,0	55	54,1				
19ʰ	55'	6'',0					

E = 30°,0 e = 7°,5 v = + 10°,5.

Resultate

für 1830. October 8. 2ʰ 33'

Breite	=	59° 56' 29''	
Länge	=	27° 57' 28''	
Inclination	=	70° 53',22	B.
Horiz. Intens.	=	0,45898	C.
	=	0,45786	P.

1830. OCTOBER 9.

PETERSBURG.

Inclination.

Nadel B. 284.

$I = 73^\circ\, 31',87$ $\quad I' = 71^\circ\, 51',12$ $\quad I'' = 68^\circ\, 34',00$ $\quad I''' = 69^\circ\, 55',62$

$$i' = 70^\circ\, 58',15$$

$$+\frac{F}{2} = +\ 4,06$$

$$-\frac{H}{2} = +\ 4,74.$$

Intensität.

Cylindrische Nadel.

14ʰ 5′ 39″,8	11′ 15″,2	r' 3″,35282	$\log T_0$	= 0,522010
6 13,6	10 41,8	$r'E^2.F(z)$ — 2080	$\log A + cd$	= 0,698567
6 47,3	10 8,4	$r'E^4.F'(z)$ — 16	$b f^2. tg^2 i$	= 16
7 21,2	9 35,2	$r'E^6.F''(z)$ — 0	$\log f$	= 9,654563
7 54,6	9 1,6			
14ʰ 8′ 28″,4				

$E = 30^\circ,0$ $\quad e = 9^\circ,25$ $\quad v = +\ 6^\circ,9.$

Prismatische Nadel.

14ʰ 15′ 2″,8	23′ 3″,8	r' 4″,80873	$\log T_0$	= 0,680248
15 51,2	22 15,6	$r'E^2.F(z)$ — 1235	$\log A' + c'd$	= 1,014170
16 39,6	21 28,4	$r'E^4.F'(z)$ — 4	$b'.f^2 tg^2 i$	= 13
17 27,8	20 40,0	$r'E^6.F''(z)$ — 0	$\log f$	= 9,653674
18 16,0	19 52,2			
14ʰ 19′ 4″,0				

$E = 21^\circ,0$ $\quad e = 5^\circ,0$ $\quad v = +\ 6^\circ,9.$

Resultate

für 1830. October 9. 21ʰ 10′

Breite	=	59° 57′ 0″	
Länge	=	27° 58′ 30″	
Inclination	=	71° 6′,95	B.
Horiz. Intens.	=	0,45140	C.
	=	0,45048	P.

Absolute Messungen der Horizontalcomponente des Erdmagnetismus

in Petersburg, San Francisco und Rio-Janeiro.

Absolute Intensitätsmessungen.

Erst kurz vor meiner Abreise von Berlin lernte ich durch einen Aufsatz in der Connoissance des temps pour l'an 1828. pag. 322 u. f. *) die Methode kennen, welche Poisson erfunden und empfohlen hatte um die Intensität des Erdmagnetismus an einem beliebigen Orte und für einen beliebigen Augenblick, in absolutem Maafse auszudrücken d. h. auf eine von der Beschaffenheit der dabei angewendeten Nadeln gänzlich unabhängige Weise. Diese Methode hat vor der bisher erwähnten, durch Vergleichung der Schwingungsdauern für einerlei Nadel, einen ganz unersetzbaren Vorzug, wenn man über die Veränderungen entscheiden will welche die erdmagnetische Kraft, an einem oder auch an mehreren Punkten, nach einem langen Zeitraume, erleidet. Sie erschien aber auch noch aufserdem höchst wichtig um den näher gleichzeitigen Intensitätsbe-

*) Solution d'un problème relatif au magnétisme terrestre par Mr. Poisson. (lu à l'Académie des sciences le 28 Novembre 1825.)

stimmungen durch Vergleichung, eine gröfsere Sicherheit zu verleihen, und zwar namentlich dann wenn sich dieselben über so grofse Räume erstrecken wie diejenigen welche ich auf den vorhergehenden Seiten bekannt gemacht habe. Man mufs nämlich bei solchen von vorne herein erwarten dafs der eigne Magnetismus der angewendeten Vergleichungsnadeln, von der Abreise bis zur Rückkehr dergleichen Aenderungen erleiden werde, wie die Beobachtungen in Petersburg im April 1828 und im October 1830 für die meinigen wirklich nachgewiesen haben. (Seite 47). Die alsdann nöthige Voraussetzung dafs diese Aenderungen der Zeit proportional erfolgt seien, übt auf alle während der Reise gemachten Intensitätsbestimmungen einen Einflufs, welcher eine entscheidende Prüfung derselben wünschenswerth macht, und zu einer solchen konnte nun die Anwendung des Poisson'schen Verfahrens an mehreren Punkten des zurückgelegten Weges verhelfen, indem es eine Vergleichung zwischen den Resultaten der unerwiesenen Voraussetzung, deren Fehler im Allgemeinen nicht zufällig, sondern der Zeit proportional zu erachten sind, und den, nur zufälligen Fehlern unterworfenen, absoluten Messungen darböte. Der Vortheil von einer solchen Anwendung ist demjenigen ähnlich den man bei Längenbestimmungen erlangt, wenn man den Chronometer - Ständen die man an einer längern Reihe von Orten gemessen hat, noch Mondsbeobachtungen an einigen derselben hinzufügt.

Zu diesem letzteren Zwecke — einer Prüfung der gemachten Voraussetzung über die Veränderlichkeit meiner Nadeln — hatte ich mich mit einem Apparate zu absoluten Intensitätsmessungen versehen, dessen Anwendungen in Petersburg, in San Francisco und in Rio-Janeiro hier dargestellt werden sollen. Damit man aber bei deren Beurtheilung einen richtigen Maafsstab anwende, mufs ich zuerst erwähnen dafs mir zur Vorbereitung jenes Apparates und zu einigen vorläufigen Versuchen mit demselben nur wenige Wochen vor meiner Abreise übrig blieben — und sodann noch ausdrücklich erinnern, dafs die wichtigen Abänderungen welche die Poisson'sche Methode durch Herrn Hofrath Gaufs erfahren hat, so wie die Einführung derselben in die Praxis durch dessen vollendete Messung der Intensität des

Erdmagnetismus in Göttingen *), damals noch nicht vorhanden waren.

Zur Benutzung der hier zu erwähnenden Versuche werden von der Theorie der absoluten Intensitätsmessungen folgende Hauptzüge genügen:

Der freie Magnetismus welcher sich in den zur Betrachtung kommenden Nadeln befindet, möge gemessen werden durch eine ihm gleichartige Quantität (magnetische Einheit), welche für nördlichen Magnetismus das positive, für südlichen das negative Vorzeichen erhalte. Diese magnetischen Einheiten seien so beschaffen dafs zwei derselben, wenn sie sich von einander um 1 Millimeter entfernt befinden, auf einander die Einheit der bewegenden Kraft ausüben **). Für diese letztere werde aber eine Kraft angenommen, durch welche: ein Milligramm in einer Secunde mittlerer Zeit einen Weg von ein Millimeter beschreibt.

Die Zahl Φ, welche die Versuche an einem gegebenen Orte und in einem gegebenen Augenblicke für die Intensität der Horizontalcomponente des Erdmagnetismus ergeben werden, soll dann ausdrücken: wie viele solcher, in der Entfernung eines Millimeters von einem magnetischen Elemente befindlichen magnetischen Einheiten, der Wirkung jener genannten Kraft auf dasselbe aequivaliren oder auch mit andern Worten wie viele von den genannten Einheiten der bewegenden Kraft jene Horizontalcomponente ausübt, indem sie auf eine magnetische Einheit wirkt.

Die Bestimmung von Φ ist nun mittelst zweier Horizontalnadeln, die ich A und B nennen will, zu leisten, und zwar dadurch

---

*) Intensitas vis magneticae terrestris ad mensuram absolutam revocata. Auctore C. F. Gaufs. Gottingae 1833.

**) Diese bewegende Kraft wird, wie bei allen magnetischen Untersuchungen, eine Abstofsung oder eine Anziehung sein, je nachdem die sie bewirkenden Quantitäten Magnetismus von gleicher oder von entgegengesetzter Art, oder deren algebraische Bezeichnungen mit gleichen oder entgegengesetzten Vorzeichen versehen sind.

dafs man zuerst die unter alleiniger Einwirkung des Erdmagnetismus statt findende

Schwingungsdauer für A = t Sekunden M. Zt.

und Schwingungsdauer für B = t' Sekunden M. Zt.

bestimme, sodann aber die Schwingungsdauern für A, während die Nadel B so befestigt ist dafs ihre Axe im magnetischen Meridiane und zugleich in der Verlängerung der Axe von A, die einander zunächst gelegenen Punkte beider zwei sich anziehende, ihre Schwerpunkte aber nach einander um r $r_,$ und $r_{,,}$ Millimeter von einander entfernt seien. Ich werde unter θ $\theta_,$ und $\theta_{,,}$ respective die drei zuletzt definirten Schwingungsdauern für die Nadel A — und unter θ' $\theta'_,$ und $\theta'_{,,}$ diejenigen verstehen, welche man für die Nadel B beobachtet, während A vor derselben genau ebenso festgelegt ist, wie es im Vorhergehenden von B vor A erwähnt wurde. — Alle diese Schwingungsdauern seien auf unendlich kleine Bogen reduzirt, in Sekunden mittlerer Zeit ausgedrückt, und, wenn sie zu einerlei Versuch gehören, bei einerlei Temperatur beobachtet worden.

Nach den obigen allgemeinen Bemerkungen über die Schwingungsdauern für Magnetnadeln, erhält man dann zunächst:

$$t = \pi \sqrt{\frac{m}{\Phi h}}$$

$$t' = \pi \sqrt{\frac{m'}{\Phi k}}$$

wenn man unter m und m' die Trägheitsmomente der Nadel A und B versteht *) und:

$$h = \int \mu x \, dx \qquad k = \int \mu' x' dx'$$

setzt, nachdem zuvor mit μdx die Anzahl magnetischer Einheiten

*) Indem hier die oben definirte Einheit der bewegenden Kräfte als Maafs für diejenigen welche die Schwingungen bewirken dienen soll, nicht aber, so wie früher (Seite 4), die Wirkung der Schwere auf die Masseneinheit, so werden:

$$m = p l^2 \qquad m' = p' l'^2$$

wenn p und p' die Gewichte der Nadeln, l^2 und l'^2 die von ihren Dimensionen abhängigen Faktoren der Trägheitsmomente bezeichnen: der früher hinzugefügte Divisor: $\pi^2 \Delta$ fällt aber fort. —

bezeichnet worden ist, welche eine auf deren Axe der Figur senkrechte Schicht der Nadel A deren Dicke dx und deren Abstand vom Schwerpunkte x sei, enthält. Mit μ', dx' und x' aber in Bezug auf Nadel B das Analoge der für A gültigen Gröfsen μ, dx und x. Aus beiden vorstehenden Gleichungen folgt dann:

$$\Phi\sqrt{hk} = \frac{\pi^2.\sqrt{m.m'}}{t.t'}$$

Befindet sich ferner A unter denjenigen oben genannten Umständen, bei denen ihre reducirte Schwingungsdauer $= \theta$ ist, und zwar um einen sehr kleinen Winkel α von der Gleichgewichtslage abgelenkt, so wird die Anziehung welche B auf sie ausübt ausgedrückt durch:

$$\sin\alpha \iint \frac{\mu\mu'.x.dx.dx'}{(r+x-x')^2} = \sin\alpha.qq$$

in sofern man den über die ganze Länge beider Nadeln erstreckten Werth des Doppelintegrales mit qq bezeichnet. Da aber die Schwingung von der Dauer θ, durch gleichzeitige Wirkung der Horizontalkraft der Erde und der ebengenannten Anziehung erfolgt, so erhält man:

$$\theta = \pi\sqrt{\frac{m}{\Phi h + qq}}$$

so wie auch:

$$\theta' = \pi\sqrt{\frac{m}{\Phi k + q'q'}}$$

wenn q' aus q. durch Vertauschung der Veränderlichen x und x' entsteht. Es ergeben sich noch sowohl

$$\theta_, \text{ und } \theta_{,,} \text{ aus } \theta$$

als auch

$$\theta_,' \text{ und } \theta_{,,}' \text{ aus } \theta'$$

wenn man für die erstern in q für die andern in q', das r nacheinander durch $r_,$ und $r_{,,}$ ersetzt.

Entwickelt man aber die durch qq und q'q' bezeichneten Integrale nach negativen Potenzen von r, so verschwindet zunächst das erste Glied eines jeden derselben, weil in jedem magnetischen

Körper die Summe alles freien Magnetismus gleich Null ist, welcher Umstand für die Nadeln A und B durch:

$$\int \mu \, dx = o \text{ und } \int \mu' dx' = o$$

ausgedrückt wird. — Ebenso verschwinden auch, insofern nur beide Magnetismen in den genannten Nadeln symmetrisch zu beiden Seiten ihres Schwerpunktes vertheilt oder dieselben symmetrisch gestrichen sind, die Integrale:

$$\int \mu x^2 \, dx, \int \mu' x'^2 \, dx', \int \mu x^4 \, dx, \int \mu' x'^4 \, dx' \text{ u. s. w.}$$

und eben dadurch alle durch grade Potenzen von r dividirten Glieder der in Rede stehenden Entwickelungen.

Für meine Nadeln schien ihre Kleinheit dieser Voraussetzung günstig, auch wurde sie später durch die hinlängliche Uebereinstimmung der, unter Annahme derselben, aus den einzelnen Hälften eines Versuches gezogenen Resultate bestätigt. — Fügt man zu den zwei frühern Bezeichnungen:

$$\int \mu x \, dx = h \qquad \int \mu' x' \, dx' = k$$

noch die folgenden:

$$\int \mu x^3 \, dx = h' \qquad \int \mu' x'^3 \, dx' = k'$$
$$\int \mu x^5 \, dx = h'' \qquad \int \mu' x'^5 \, dx' = k''$$
$$\text{u. s. w.} \qquad \text{u. s. w.}$$

so werden:

$$qq = \frac{2hk}{r^3} + \frac{4(3h'k + hk')}{r^5} + \frac{6(5h''k + 10h'k' + hk'')}{r^7} + \ldots$$

$$q'q' = \frac{2hk}{r^3} + \frac{4(3hk' + h'k)}{r^5} + \frac{6(5hk'' + 10h'k' + h''k)}{r^7} + \ldots$$

welche, da nur hk einer expliciten Bestimmung unterliegt, durch die kürzeren Ausdrücke:

$$qq = 2 \left\{ \frac{hk}{r^3} + \frac{a}{r^5} + \frac{b}{r^7} + \ldots \right\}$$

$$q'q' = 2 \left\{ \frac{hk}{r^3} + \frac{a'}{r^5} + \frac{b}{r^7} + \ldots \right\}$$

zu ersetzen sind. Sie werden um so schneller convergiren je gröſser r gegen die Dimensionen der Nadeln ist.

Mit Hülfe dieser Entwickelung so wie der früheren Ausdrücke für t t′ θ θ' u. s. w. ergiebt sich nun unmittelbar folgende Vorschrift zur Berechnung von Φ aus den nöthigen Beobachtungen mit zweien Nadeln, für welche ich noch, wie es bei den meinigen der Fall war:

$$m = m' = pl^2$$

annehme.

Aus den durch das Obige gerechtfertigten Gleichungen:

$$\left\{\begin{aligned}
\frac{r^3}{2}\left(\frac{1}{\theta^2} - \frac{1}{t^2}\right) &= \frac{1}{\pi^2 m}\left(hk + \frac{a}{r^2} + \frac{b}{r^4}\right)\\
\frac{r_{,}^3}{2}\left(\frac{1}{\theta_{,}^2} - \frac{1}{t^2}\right) &= \frac{1}{\pi^2 m}\left(hk + \frac{a}{r_{,}^2} + \frac{b}{r_{,}^4}\right)\\
\frac{r_{,,}^3}{2}\left(\frac{1}{\theta_{,,}^2} - \frac{1}{t^2}\right) &= \frac{1}{\pi^2 m}\left(hk + \frac{a}{r_{,,}^2} + \frac{b}{r_{,,}^4}\right)
\end{aligned}\right.$$

$$\left\{\begin{aligned}
\frac{r^3}{2}\left(\frac{1}{\theta'^2} - \frac{1}{t'^2}\right) &= \frac{1}{\pi^2 m}\left(hk + \frac{a'}{r^2} + \frac{b'}{r^4}\right)\\
\frac{r_{,}^3}{2}\left(\frac{1}{\theta'^2_{,}} - \frac{1}{t'^2}\right) &= \frac{1}{\pi^2 m}\left(hk + \frac{a'}{r_{,}^2} + \frac{b'}{r_{,}^4}\right)\\
\frac{r_{,,}^3}{2}\left(\frac{1}{\theta'^2_{,,}} - \frac{1}{t''^2}\right) &= \frac{1}{\pi^2 m}\left(hk + \frac{a'}{r_{,,}^2} + \frac{b''}{r_{,,}^4}\right)
\end{aligned}\right.$$

berechne man zuerst die Gröfse:

$$\frac{hk}{\pi^2 m} = \varrho^2$$

alsdann aber, durch Verbindung mit $\Phi \sqrt{hk} = \frac{\pi^2 m}{t\,t'}$, das gesuchte absolute Maafs der Horizontalkomponente:

$$\Phi = \frac{\pi \sqrt{m}}{t\,t'\varrho}$$

Der Apparat den ich zu diesen Messungen angewendet habe, bestand zunächst aus zweien, mit torsionslosen und gleich langen Fäden versehenen, cylindrischen Horizontal - Nadeln, über deren

Dimensionen und Gewichte weiter unten das Nähere anzugeben ist; sodann aber aus einem Brette, über welchem, mittelst zweier darauf befestigten Ständer, eine prismatische Latte horizontal gelegt wurde. An der unteren Fläche dieser Latte befanden sich, in genau gemessenen Entfernungen, kleine Oesen von welchen aus eine jede der Nadeln, mittelst eines Hakens an dem Ende ihres Fadens, frei herabhangen konnte.

Zu Anfang des Versuches liefs ich beide Nadeln auf diese Weise von zwei willkürlichen Punkten der Latte in zwei zuvor auf das Brett gestellte cylindrische Glasgefäfse hangen, welche darauf von oben so bedeckt wurden, dafs sie die Fäden frei hindurchliefsen, die Nadeln aber gegen Luftströmungen schützten. In die äufsere Fläche eines jeden dieser cylindrischen Gläser war eine Kreistheilung geätzt, auf der man die Schwingungsbogen der Nadeln ablas. Das Brett, und mit ihm alle Theile des Apparates, wurde dann gedreht, bis dafs ein in der Verticalebene durch beide Fäden befindliches Auge, eine jede der in kleine Schwingungen versetzten Nadeln, gleiche Bogen zu beiden Seiten dieser Ebene beschreiben sah.

Sobald hierdurch die verlangte Aufstellung erhalten war bestimmte man, bei unveränderter Lage des Brettes, t und t' indem eine der Nadeln aufgehängt blieb, während man die andere gänzlich entfernte. — Die Werthe der verschiedenen θ aber, nachdem successive zwei um r r, und r,, entfernte Oesen zur Aufhängung der beiden Nadeln gewählt, und die eine derselben dadurch auf die nöthige Weise befestigt worden war, dafs man den sie umgebenden Glascylinder verrückte, bis beide Spitzen dieser Nadel dessen innere Wände eben berührten. Brachte man, nachdem dieses geschehen, das Auge noch einmal in die Vertikalebene durch die Axe der freien Nadel und durch deren Faden, so überzeugte man sich ob auch keine Verrückung, weder der befestigten Nadel aus dem magnetischen Meridiane noch des Fadens derselben aus der vertikalen Richtung, statt gefunden hatte, und konnte im entgegengesetzten Falle, durch kleine Aenderungen in der Stellung des Glases, jene Bedingungen vollständig erfüllen.

Die Nadeln mit denen ich die folgenden Beobachtungen angestellt habe, waren zwei gleiche Stücke eines Stahlcylinders, und ich habe für eine jede derselben:

die Länge zu 67,00 Millimeter
den Halbmesser des Querschnittes zu 1,46
und das Gewicht p = 3459,75 Milligramme bestimmt.

Es ergiebt sich hieraus das Trägheitsmoment einer jeden derselben

$$m = m' = pl^2 = 1296136$$
$$\text{und } \log \pi \sqrt{m} = 3,553475$$

Um die Entfernungen ($r\ r_{,}\ r_{,,}$) der Schwerpunkte der Nadeln, welche bei den Versuchen in Pariser Linien abgelesen wurden, in Millimetern auszudrücken, habe ich

$$1''' \text{ Pariser} = \overset{mm}{2,2558333}$$

gesetzt. —

Ich lasse nun die beobachteten Zahlen und die Hauptmomente der Berechnung ihrer Resultase folgen, welche durch Beibehaltung der eben erklärten Bezeichnungen hinlänglich erläutert sein werden. Jede Schwingungsdauer ist auch hier wieder aus einer Reihe von Durchgangsmomenten der Nadeln durch ihre Gleichgewichtslage nach je 10 Schwingungen geschlossen. Die Reduktion wegen des Schwingungsbogens geschah nach der früher gebrauchten Tafel (Seite 57 u. f.) indem ebenfalls wie früher mit E und e die Schwingungsbogen am Anfange und am Ende der beobachteten Reihe von Durchgängen bezeichnet sind. Zur Verwandlung der Uhrzeit nach dem Chronometer Kessels 1253, in Mittlere Zeit, dienten die Angaben auf Seite 59.

1828. Juni 3.

PETERSBURG, im botanischen Garten.

Nadel A.

allein.	vor B, mit:	vor B, mit:	vor
	$\log r = 2{,}034548$	$\log r_{,} = 2{,}131458$	$\log r_{,,} =$
4^h 3′ 10″,0	4^h 18′ 16″,8	4^h 42′ 57″,0	4^h
3 43,6	18 36,8	43 22,2	
4 16,2	18 56,0	43 48,1	
4 49,6	19 15,6	44 14,0	
5 22,4	19 35,2	44 39,6	
5 55,2	19 54,0	45 5,1	
$E = 24^\circ{,}5$ $e = 13^\circ{,}0$.	$E = 27^\circ{,}5$ $e = 20^\circ{,}5$	$E = 30^\circ{,}5$ $e = 23^\circ{,}0$	$E = 33^\circ$
$\log t = 0{,}516006$	$\log \theta = 0{,}284167$	$\log \theta_{,} = 0{,}403527$	$\log \theta_{,,} =$

Nadel B.

allein.	vor A, mit:	vor A, mit:	vor
	$\log r = 2{,}034548$	$\log r_{,} = 2{,}131458$	$\log r_{,,} =$
5^h 3′ 9″,2	4^h 26′ 1″,2	4^h 36′ 30″,6	4^h
3 40,8	26 20,8	36 55,2	
4 12,4	26 39,2	37 20,0	
4 44,6	26 58,0	37 45,1	
5 16,2	27 17,0	38 9,9	
5 47,9	27 36,0	38 34,6	
$E = 33^\circ{,}0$ $e = 12^\circ{,}5$	$E = 25^\circ{,}0$ $e = 14^\circ{,}5$	$E = 31^\circ{,}0$ $e = 18^\circ{,}0$	$E = 32^\circ.$
$\log t' = 0{,}498312$	$\log \theta' = 0{,}273237$	$\log \theta'_{,} = 0{,}390169$	$\log \theta'_{,,}$

1828. Juni 3.

PETERSBURG, im botanischen Garten.

Wenn man zur Abkürzung setzt:

$$\frac{a}{\pi^2 r^2 m} = A \qquad \frac{b}{\pi^2 r^4 m} = B$$

$$\frac{a'}{\pi^2 r^2 m} = A' \qquad \frac{b'}{\pi^2 r^4 m} = B'$$

so folgen:

$$112540{,}5 = \varrho^2 + A + B$$
$$78158{,}0 = \varrho^2 + (\tfrac{16}{25}).A + (\tfrac{16}{25})^2.B$$
$$64587{,}0 = \varrho^2 + (\tfrac{4}{9}).A + (\tfrac{4}{9})^2.B$$

$$116388{,}5 = \varrho^2 + A' + B'$$
$$80646{,}5 = \varrho^2 + (\tfrac{16}{25})\ A' + (\tfrac{16}{25})^2.B'$$
$$66449{,}0 = \varrho^2 + (\tfrac{4}{9})\ A' + (\tfrac{4}{9})^2.B'$$

und hiermit nach den Schwingungen von:

Nadel A.	Nadel B.
$\varrho^2 = 47110{,}5$	$\varrho^2 = 47841{,}2$
$\log \pi \sqrt{m} = 3{,}553475$	$\log \pi \sqrt{m} = 3{,}553475$
$\text{cp.}\log t = 9{,}483994$	$\text{cp.}\log t = 9{,}483994$
$\text{cp.}\log t' = 9{,}501688$	$\text{cp.}\log t' = 9{,}501688$
$\text{cp.}\log \varrho = 7{,}663441$	$\text{cp.}\log \varrho = 7{,}660099$
$\log \Phi = 0{,}202598$	$\log \Phi = 0{,}199256$

nach den Schwingungen von Nadel A: $\Phi = 1{,}5944$

\- - - - - - - - B: $\Phi = 1{,}5822$

Im Mittel : $\Phi = 1{,}5883$

1829. December 14.

SAN FRANCISCO.

Nadel A.

allein.		vor B, mit: log r = 2,034548	vor B, mit: log $r_,$ = 2,277586
18^h 58′ 50″,0	19^h 8′ 10″,0	20^h 15′ 14″,4	20^h 21′ 48″4
59 18,0	8 38,0	15 34,8	22 15,2
59 46,0	9 6,0	15 55,2	22 42,0
60 14,4	9 34,4	16 14,4	23 8,0
60 42,4	10 2,4	16 33,2	23 34,8
61 10,0	10 30,4	16 52,4	24 1,6
61 37,8	10 58,4	17 11,8	24 28,0
E = 23°,0 e = 18°,5	E = 27°,0 e = 22°,0	E = 38°,0 e = 25°,0	E = 32°,0 e = 24°,0
log t = 0,443450	log t = 0,443446	log θ = 0,281348	log $\theta_,$ = 0,418077

aus beiden log t = 0,443448

Nadel B.

allein.		vor A, mit: log r = 2,034548	vor A, mit: log $r_,$ = 2,277586
19^h 14′ 21″,6	19^h 20′ 7″,2	19^h 51′ 29″,2	19^h 43′ 30″,0
14 48,8	20 34,4	51 49,6	43 55,6
15 15,6	21 1,2	52 9,6	44 21,2
15 42,8	21 28,4	52 29,4	44 46,8
16 9,6	21 55,6	52 49,2	45 12,4
16 36,0	22 22,4	53 8,4	45 38,0
17 3,2	22 48,8	53 28,0	46 3,6
E = 30°,0 e = 17°,0	E = 38°,0 e = 18°,5	E = 38°,0 e = 18°,0	E = 36°,0 e = 20°,0
log t′ = 0,425273	log t′ = 0,424533	log θ' = 0,289811	log $\theta'_,$ = 0,401862

aus beiden log t′ = 0,424903

1829. December 14.

SAN FRANCISCO.

Wenn man zur Abkürzung setzt:

$$\frac{a}{\pi^2 r^2 m} = A \qquad \frac{b}{\pi^2 r^4 m} = B$$

$$\frac{a'}{\pi^2 r^2 m} = A' \qquad \frac{b'}{\pi^2 r^4 m} = B'$$

so folgen:

$$91387{,}0 = \varrho^2 + A + B$$
$$54707{,}0 = \varrho^2 + (\tfrac{16}{49}).A + (\tfrac{16}{49})^2.B$$
$$47959{,}5 = \varrho^2 + (\tfrac{16}{81}).A + (\tfrac{16}{81})^2.B$$

$$77403{,}0 = \varrho^2 + A' + B'$$
$$53815{,}5 = \varrho^2 + (\tfrac{16}{49}).A' + (\tfrac{16}{49})^2.B'$$
$$47786{,}0 = \varrho^2 + (\tfrac{16}{81}).A' + (\tfrac{16}{81})^2.B'$$

und hiermit, nach den Schwingungen von:

Nadel A.	Nadel B.
$\varrho^2 = 37800{,}7$	$\varrho^2 = 37611{,}5$
$\log \pi \sqrt{m} = 3{,}553475$	$\log \pi \sqrt{m} = 3{,}553475$
$\text{cp} \log t = 9{,}556552$	$\text{cp} \log t = 9{,}556552$
$\text{cp} \log t' = 9{,}575097$	$\text{cp} \log t' = 9{,}575097$
$\text{cp} \log \varrho = 7{,}711250$	$\text{cp} \log \varrho = 7{,}712340$
$\log \Phi = 0{,}396374$	$\log \Phi = 0{,}397464$

nach den Schwingungen der Nadel A: $\Phi = 2{,}4910$
\- - - - - - - - B: $\Phi = 2{,}4973$
Im Mittel : $\Phi = 2{,}4942$

, mit:
2,386731
52″,0
20,0
48,0
15,6
42,8
10,0
37,6
e = 27°,0
= 0,432622

, mit:
3,386731
17″,6
44,4
10,8
37,2
3,2
29,2
55,2
e = 15°0
= 0,414978

1830. Juni 17.

RIO - JANEIRO.

Nadel A.

allein.	vor B, mit: log r = 2,034548	vor B, mit: log r, = 2,210639	vor B… log r,, = …
23h 19′ 15″,6	0h 3′ 40′,2	23h 5′ 32″,4	23h …
19 41,6	3 59,0	5 56,4	
20 8,2	4 17,8	6 20,4	
20 33,6	4 36,2	6 44,6	
20 59,2	4 54,0	7 8,9	
21 25,2	5 13,0	7 32,4	
21 50,8	5 31,6	7 56,4	
22 16,8	5 50,4	8 20,4	
22 42,4	6 9,0	8 44,4	
23 8,0	6 27,5	9 8,4	
23 33,6	6 46,0	9 32,4	
E = 25°,0 e = 10°,0	E = 18°,0 e = 9°,0	E = 27°,0 e = 14°,0	E = 25°,…
log t = 0,409031	log θ = 0,267353	log $\theta_{,}$ = 0,376725	log $\theta_{,,}$ = …

Nadel B.

allein.	vor A, mit: log r = 2,034548	vor A, mit: log r, = 2,210639	vor A… log r,, = …
23h 28′ 25″,2	23h 49′ 48″,2	23h 43′ 3″,6	23h 3…
28 50,2	50 6,8	43 27,2	3…
29 15,2	50 25,6	43 50,4	3…
29 40,2	50 44,2	44 13,6	3…
30 5,0	51 2,8	44 37,2	3…
30 29,8	51 21,2	45 0,4	3…
30 54,4	51 40,0	45 23,6	3…
31 19,2	51 58,8	45 46,8	3…
31 43,6	52 17,2	46 10,0	3…
32 8,4	52 35,6	46 33,2	3…
32 33,2	52 54,0	46 56,4	4…
E = 25°,0 e = 10°,0	E = 25°,0 e = 10°,0	E = 26°,0 e = 10°,0	E = 25°,…
log t′ = 0,391723	log θ' = 0,267073	log $\theta'_{,}$ = 0,364351	log $\theta'_{,,}$ = …

1830. Juni 17.

RIO-JANEIRO.

Wenn man zur Abkürzung setzt:

$$\frac{a}{\pi r^2 m} = A \qquad \frac{b}{\pi r^4 m} = B$$

$$\frac{a'}{\pi r^2 m} = A' \qquad \frac{b'}{\pi r^4 m} = B'$$

so folgen:

$$88808{,}5 = \varrho^2 + A + B$$
$$52247{,}0 = \varrho^2 + (\tfrac{4}{9}).A + (\tfrac{4}{9})^2.B$$
$$43656{,}5 = \varrho^2 + (\tfrac{1}{4}).A + (\tfrac{1}{4})^2.B$$

$$81040{,}5 = \varrho^2 + A' + B'$$
$$47386{,}0 = \varrho^2 + (\tfrac{4}{9}).A' + (\tfrac{4}{9})^2.B'$$
$$40447{,}5 = \varrho^2 + (\tfrac{1}{4}).A' + (\tfrac{1}{4})^2.B'$$

und hiermit, nach den Schwingungen von:

Nadel A:	Nadel B:
$\varrho^2 = 35815{,}5$	$\varrho^2 = 35215{,}0$
$\log \pi \sqrt{m} = 3{,}553475$	$\log \pi \sqrt{m} = 3{,}553475$
$\text{cp} \log t = 9{,}590969$	$\text{cp} \log t = 9{,}590969$
$\text{cp} \log t' = 9{,}608277$	$\text{cp} \log t' = 9{,}608277$
$\text{cp} \log \varrho = 7{,}722965$	$\text{cp} \log \varrho = 7{,}726637$
$\log \Phi = 0{,}475686$	$\log \Phi = 0{,}479358$

nach den Schwingungen der Nadel A: $\Phi = 2{,}9901$

- - - - - - - - B: $\Phi = 3{,}0155$

Im Mittel : $\Phi = 3{,}0028$

Um nun die eben erhaltenen Resultate (Φ) zur Prüfung derjenigen anzuwenden welche die Vergleichungsnadeln ergeben haben (f) werde ich, aus den Bestimmungen an den einzelnen Orten, den Quotienten $\frac{\Phi}{f}$ d. i. den Werth ableiten welchen sie der Horizontalcomponente in absolutem Maafse an denjenigen Punkten der Erde anweisen an welchen dieselbe der Hansteenschen relativen Einheit gleich ist.

Es wurde gefunden:

	log Φ	log f nach: der cylindrischen Nadel.	log f nach: der prismatischen Nadel.	log f nach: beiden Nadeln.
1828. Juni 3. Petersburg.........	0,200933	9,659592	9,659592	9,659592
1829. Decbr. 14. San Francisco....	0,396931	9,857657	9,854815	9,856238
1830. Juni 17. Rio-Janeiro......	0,477526	9,930429	9,927042	9,928740

und hieraus:

	log $\frac{\Phi}{f}$ nach: der cylindrischen Nadel.	log $\frac{\Phi}{f}$ nach: der prismatischen Nadel.	log $\frac{\Phi}{f}$ nach: beiden Nadeln.
1828. Juni 3...............	0,541341	0,541341	0,541341
1829. Decbr. 14...........	0,539274	0,542116	0,540693
1830. Juni 17..............	0,547097	0,550484	0,548786

Wenn meine absoluten Intensitätsmessungen völlig sicher wären, so würde man wohl aus diesen Resultaten zu schliefsen geneigt sein, dafs durch die beiden Vergleichungsnadeln bis zur Ankunft in San Francisco oder bis December 1829, höchst nahe richtige Werthe der Intensitäten, später aber, und namentlich gegen Juni 1830, um etwas zu kleine erhalten worden sind. Ich wage indefs um so weniger diese Ansicht für begründet zu halten, und daher gegen das Ende der Reise die bisher angewendete Hypothese über die eigenen Intensitäts - Veränderungen der Vergleichungsnadeln durch irgend eine andere zu ersetzen, als vielmehr die vollendeten Intensitätsmessungen in Göttingen jene gebrauchte Voraussetzung in soweit zu bestätigen scheinen, als es die Umstände meiner Versuche nur irgend zulassen.

Nach den Angaben von Herrn Hofrath Gaufs*) erhält man nämlich für Göttingen:

log Φ	log f	log $\frac{\Phi}{f}$
0,250493	9,707407	0,543086

und dieser letztere Werth liegt dem arithmetischen Mittel derjenigen welche meine Beobachtungen in Petersburg, San Francisco und Rio-Janeiro für dasselbe Element ergeben haben sehr nahe. Auch entfernt er sich von jeder einzelnen dieser Bestimmungen nur um Gröfsen die man wohl sicher den zufälligen Fehlern der absoluten Intensitätsmessungen mit einem unvollkommenen Apparate zuschreiben wird, ohne wegen derselben gegen die Resultate durch die Vergleichungsnadeln Zweifel zu erheben.

*) Nämlich für Φ oder die Horizontalcomponente in absolutem Maafse und mit den oben erwähnten Einheiten, die Zahl 1,7803 im Mittel aus 10 zwischen 1,7625 und 1,7965 variirenden Versuchen von Mai bis October 1832 (Intensitas vis magneticae etc. pag. 41.) und für f die Angaben: 1,357 für die ganze Intensität und 67° 56′ für die Inclination in Göttingen (Resultate aus den Beob. des magnet. Vereins im J. 1838. Leipzig 1839. pag. 37).

Nachdem nun in dem ersten Bande der physikalischen Abtheilung dieses Berichtes meine Declinationsbeobachtungen auf dem Lande, und in dem gegenwärtigen zweiten Bande derselben alle Inclinations- und Intensitätsbestimmungen mitgetheilt worden sind, bleiben mir von Resultaten dieser Reise welche sich auf den Erdmagnetismus beziehen noch alle Messungen der Declination auf der See und sodann Beobachtungen über die periodischen Veränderungen derselben an einigen Punkten meines Weges zu erwähnen. Ich gehe jetzt zu den ersteren über.

Declinationsbeobachtungen auf der See.

Declinatiousbeobachtungen auf der See.

Es ist zu diesen Messungen bei der Ueberfahrt von Ochozk nach Kamtschatka ein sogenannter Peilcompas gebraucht worden, den ich auf dem, zur Ochozker Eskadre gehörigen, Transportschiffe Jekaterina vorfand, und während der spätern Seereise von Petro Pauls Hafen bis Portsmouth ein ähnlicher, welcher der Corvette Krotkoi von Kronstadt aus mitgegeben worden war. — Diese beiden Instrumente gehörten zwar, was die Beweglichkeit der Nadeln, die Theilung und die Anordnung der Dioptern und Aufhängungsringe anlangt, zu den besten ihrer Art. Die Resultate welche sie geliefert haben werden aber dennoch meist mit stärkeren zufälligen Fehlern behaftet sein als die Declinationen die ich auf dem Lande, mit dem Passageinstrumente und der dazu gehörigen Boussole, gemessen habe. (Abth.II. Bd1. St.18 u.f.) einmal weil die Einstellung der Collimationslinie in den Vertikal eines Gestirnes mittelst der Dioptern dieser Compase nur unvollkommener als mit dem kräftigen Fernrohre des Passageinstrumentes ausgeführt werden konnte, sodann aber und vorzüglich, weil die Suspension derselben nicht hinreichte um den Schwankungen des Schiffes jeden Einfluſs auf die Lage der Ebne durch die Dioptern gegen die Theilung des Instrumentes, zu benehmen.

Man wird indessen für die meisten dieser Declinationsbestimmungen die Stärke ihrer zufälligen Fehler bedeutend vermindern und unschädlicher machen können, durch diejenigen Verbindungen zwischen je mehreren von ihnen, zu denen ihre grofse Zahl und die geringen gegenseitigen Entfernungen der Punkte an denen sie erhalten wurden, veranlafst. Es ist daher hier zu erwähnen dafs man eine so vortheilhafte Anordnung derselben nur allein dem Commandeur des Krotkoi, dem verewigten Capitain v. Hagemeister, zu verdanken hat. — Schon bei seinen früheren Reisen in beiden Oceanen hatte dieser verdienstvolle Officier mit besonderer Vorliebe Declinationsbeobachtungen angestellt, welche ich in einem Anhange zu diesem Bande mittheilen werde, sodann aber während meines Aufenthaltes auf seinem Schiffe alle meine magnetischen Arbeiten mit regester Theilnahme unterstützt. So geschah es dafs, nachdem wir Californien mit der Absicht verlassen hatten an der Küste von Chili noch einmal zu landen, die unerwarteten Resultate meiner Inclinationsbeobachtungen unter dem Aequator in 229°,5 Länge, Herrn v. Hagemeister bewegten seinen Reiseplan wesentlich zu ändern, indem wir nun den magnetischen Aequator westwärts bis 218° Länge, und dann die zu kleinen Inclinationen gehörigen isoklinischen Linien bis 208° oder den Meridian von Otaeiti verfolgten. — Derselbe wissenschaftliche Eifer vermochte ihn dann auch, längs unseres ganzen Weges von Petro Pauls Hafen bis Portsmouth, weit mehr als die übliche Zahl von Declinationsbestimmungen herbeizuführen, und die möglichste Genauigkeit derselben, theils durch Leitung der einzelnen Beobachtungen, theils durch eigne Ausführung derselben, zu bewirken.

Alle diese Declinationsbestimmungen geschahen übrigens durch direkte Beobachtung des magnetischen Azimut des Sonnenmittelpunktes, und Vergleichung desselben mit dessen wahrem Azimute, welches aus der gleichzeitig ermittelten Sonnenhöhe, mit Hülfe des anderweitig bekannten Ortes des Schiffes, berechnet wurde. Sie unterscheiden sich nur in sofern als bei den einen die mit dem magnetischen Azimute gleichzeitige Sonnenhöhe durch Messung mit dem Spiegelsextanten bestimmt wurde, während man bei den übrigen die Absehenslinie des Compas in demjenigen Augenblicke auf den Sonnenmittelpunkt richtete, in welchem man dessen wahre Höhe $= 0$ und mithin sein wahres Azimut seiner sogenannten Amplitude für den Ort und die Zeit der Beobachtung gleich hielt. Zur Erreichung dieser Absicht wurden die magnetischen Ablesungen gemacht während der scheinbare Abstand des untern Sonnenrandes vom Seehorizonte zwischen 1 uud $\frac{1}{2}$ des scheinbaren vertikalen Sonnendurchmessers abnahm, für den mittleren Augenblick also = 0,75 d war, wenn d jenen, durch Refraktion verkleinerten, vertikalen Durchmesser bezeichnet. Bei näherer Untersuchung zeigt sich nun dafs man, von unserm Schiffe von welchem aus der scheinbare Horizont um 3′ 42″ unter dem wahren lag, und bei derjenigen astronomischen Strahlenbrechung welche einem Barometerstand von $29^p,6$ E. und der Temperatur von 48°,7 F. entspricht, an die Stelle jenes angewandten Werthes, respective zur Zeit der gröfsten und kleinsten Entfernung der Sonne von der Erde:

0,7512 d
und 0,7107 d

hätte annehmen sollen. Der Sonnenmittelpunkt hätte daher, je nachdem die Beobachtungen um die Mitte des Juni oder des December gemacht wurden, um 2″ unter oder um 65″ über dem wahren Horizonte gelegen in welchem man ihn bei Ableitung der Resultate vorausgesetzt hat. So leicht es aber auch wäre den Declinationsbestimmungen durch die Amplitude eine, stets kleine, Correction wegen dieses von der Jahreszeit abhängigen Umstandes hinzuzufügen, so schien eine solche doch ohne Werth, weil einige andere, nicht in Rechnung zu bringende, Umstände, stärkere Einflüsse ähnlicher Art auf jene Beobachtungen ausübten. Die Depression des Seehorizontes die ich im Mittel zu 3′42″ angenommen habe, änderte sich nämlich durch diejenigen, zur Zeit noch nicht mefsbaren, Umstände von welchen die irdische Stralenbrechung abhängt, um ± 16″ und durch die zufälligen Wechsel in der Höhe des Auges über dem Wasser welches die Horizontlinie ausmacht um ± 24″.*) Fügt man aber zu diesen noch die Veränderungen

*) Bei der Darstellung meiner Beobachtungen auf dem Ochozker Meere (Berghaus Annalen der Erdkunde. III. Reihe, 5. Band, St. 358. u. f.) habe ich den Einflufs der irdischen Stralenbrechung auf die Depression des Horizontes näher angegeben. Die zufälligen Wechsel derselben durch Veränderungen der Höhe des Auges über dem Wasser welches die Horizontlinie ausmacht, sind oben dem, im eben ange-

der astronomischen Stralenbrechung welche jene kleinen scheinbaren Höhen um $\pm 100''$ vermehrten, so läfst sich im Allgemeinen nur aussagen dafs, bei völlig gelungener Schätzung des Verhältnisser zwischen dem vertikalen Durchmesser der Sonne und dem Abstande ihres unteren Randes vom Seehorizonte, die wahre Sonnenhöhe in den ungünstigsten Fällen anstatt $=0$ zu sein, $\pm 3'$ betragen konnte. Bezeichnet man nun die Polhöhe des Ortes mit φ, und mit E, h und δ die Amplitude, die scheinbare Höhe und die Declination der Sonne so wird:

$$dE = dh \,.\, \frac{\sin\varphi}{\{\cos(\varphi-\delta)\cos(\varphi+\delta)\}^{\frac{1}{2}}}$$

wonach ein Höhenfehler das Maximum seines Einflusses auf die Amplitude zur Zeit der Solstitien erreicht. Man erhält aber namentlich für diese ungünstigste Jahreszeit mit $dh = 3'$ folgende Fehler der berechnenden Amplitude:

φ	dE
0°	0′ 0″
30	1 57
40	2 57
50	4 34
60°	8′ 37″.

Es kann demnach aus dieser Quelle nur bei der geringen Anzahl von Declinationen welche wir zwischen 50° und 60° Breite durch die Amplitude beobachtet haben, (denn in diesen gröfsern Breiten wurde fast immer die Sonnenhöhe gemessen) aus jenem Grunde ein Fehler von 5′ bis 8′ entstanden sein; bei allen übrigen aber, selbst im ungünstigsten Fall, nur eine, gegen die unvermeidlichen Fehler der Einstellung und Ablesung, ganz unbeträchtliche, und ihrer Natur nach zum gröfseren Theil zufällige Unsicherheit.

Die übrigen Declinationen bei denen die zum beobachteten magnetischen Azimut der Sonne gehörige Höhe derselben mit

---

führten Aufsatz abgeleiteten, mittlern Fehler welcher in einer Reihe auf der See gemessener Sonnenhöhen zurückbleibt, gleich gesetzt. Sie werden also eher kleiner als gröfser sein, wie jene Angabe.

dem Spiegelsextanten gemessen wurde, sind von der eben erwähnten Art des zufälligen Fehlers fast völlig frei. Sie könnten dagegen mit einer andern, nicht näher nachzuweisenden, Unsicherheit behaftet sein, wenn etwa bei gröfserer Sonnenhöhe der Collimationsfehler der gebrauchten Compase d. h. der Winkel zwischen der Vertikalebene durch ihre Absehenslinie, und zwischen der Null-Linie ihrer Theilung, nicht völlig derselbe war wie bei kleinen. Für Objekte welche dem Horizonte nahe waren, habe ich mich übrigens, durch wiederholte Vergleichungen der zwei genannten Instrumente mit meiner früher erwähnten Boussole, überzeugt dafs die Summe ihres Collimationsfehlers mit dem ihrer Nadeln oder die früher mit: $c + c'$ bezeichnete Gröfse (Abth. II. Bd. 1. St. 35.) entweder völlig verschwindend oder doch so klein war dafs sie durch die vorhandenen Ablesungsmittel nicht näher bestimmt werden konnte.

Die nächstfolgenden Zahlen mögen als Beispiel, für die bei allen unsern Declinationsbeobachtungen auf dem Meere, gebrauchte Anordnung und Rechnung dienen.

1829. JULI 31. 21^h 16′ W. Zt.

OCHOZKER MEER. Brigg JEKATERINA.

Bei Breite = 58° 14′ 39″, Länge = 148° 9′ 6″ wurden beobachtet:

Der Sonne

Unterer Rand. Abstand vom Horizont.	Mittelpunkt. Magnetisches Azimut.
39° 40′ 15″	124° 40′
39 47 50	125 0
39 55 30	125 25

Die Sonnenhöhen sind für den Fehler des Sextanten corrigirt. Nach Reduktion derselben wegen Depression des Horizontes welche auf dem genannten Schiffe 3′ 28″ betrug, und wegen Refraktion, Parallaxe und Halbmesser der Sonne, wird die Höhe des Sonnenmittelpunktes für einen mittlern Augenblick:

$$h = 39° 59' 9''$$

und mit der Polardistanz der Sonne:

$$d = 71° 48' 56''$$

folgt nach:

$$\sigma = \frac{\varphi + h + d}{2}$$

$$\cos\frac{e}{2} = \left(\frac{\cos\sigma \,.\, \cos(\sigma - d)}{\cos\varphi \,.\, \cos h}\right)^{\frac{1}{2}}$$

in welchem e das von Norden an rechts herum gezählte Azimut des Sonnenmittelpunktes, φ die Polhöhe bedeutet:

e = 135° 31′,64
Magnet. Azim. = 125 1,66
Declination = 0° 29′,98 O.

1829. AUGUST 1. 2^h 44′ W. Zt.

OCHOZKER MEER. Brigg JEKATERINA.

Bei Breite = 58° 14′ 39″, Länge = 148° 21′ 38″ wurden beobachtet:

Der Sonne

Unterer Rand. Abstand vom Horizont.	Mittelpunkt. Magnetisches Azimut.
39° 40′ 15″	234° 0′
39 47 50	233 40
39 55 30	233 20

und hieraus: h = 39° 59′ 9″
d = 71° 52′ 20″

c = 234° 18′,50
Magnet. Azim. = 233° 40′.00

Declination = 0° 38′,50 O.

1829. AUGUST 1. 21h 33′ W. Zt.

OCHOZKER MEER. Brigg JEKATERINA.

Bei Breite = 58° 15′ 26″, Länge = 149° 33′ 5″ wurden beobachtet:

Der Sonne

Unterer Rand. Abstand vom Horizont.	Mittelpunkt. Magnetisches Azimut.
40° 58′ 11″	126° 30′
41 8 11	127 0
41 18 11	127 30
41 28 11	128 0
41 39 31	128 30

und hieraus: h = 41° 29′ 49″
d = 72° 4′ 9″

e = 130° 26′,46
Magnet. Azim. = 127° 30′,00
Declination = 2° 56′,46 O.

1829. AUGUST 1. 22h 41′ W. Zt.

OCHOZKER MEER. Brigg JEKATERINA.

Bei Breite = 58° 14′ 45″, Länge = 149° 34′ 10″ wurden beobachtet:

Der Sonne

Unterer Rand. Abstand vom Horizont.	Mittelpunkt. Magnetisches Azimut.
46° 47′ 41″	148° 0′
46 58 11	148 55

und hieraus: h = 47° 4′ 28″
d = 72° 4′ 52″

e = 151° 29′,83
Magnet. Azim. = 148° 27′,5
Declination = 3° 2′,33 O.

1829. AUGUST 2. 1h 19′ W. Zt.

OCHOZKER MEER. Brigg JEKATERINA.

Bei Breite = 58° 16′ 43″ / Länge = 149° 37′ 16″ wurden beobachtet::

Der Sonne

Unterer Rand. Abstand vom Horizont.	Mittelpunkt. Magnetisches Azimut.
46° 47′ 41″	206° 0′
46 58 11	205 0

und hiervon: h = 47° 4′ 28″
d = 72° 6′ 32″

e = 208° 10′,48
Magnet. Azim. = 205° 30′,0
Declination = 2° 40′,48 O.

Auf der Corvette Krotkoi wo die Depression des Horizonts 3′ 42″ betrug, wurde unter andern beobachtet:

1829. OCTOBER 28. 21h 3′ W. Zt.

NOERDLICHE GROSSE OCEAN.

Bei Breite = 50° 21′
Länge = 196° 44′

Der Sonne

Unterer Rand. Abstand vom Horizont.	Mittelpunkt. Magnetisches Azimut.
15° 22′ 57″	113° 57′

und hieraus: h = 15° 32′ 4″
d = 103° 14′ 37″

e = 135° 4′,56
Magnet. Azim. = 113° 57′
Declination = 21° 7′,56 O.

1830. JANUAR 13. 19h 13′ W. Zt.

NOERDLICHE GROSSE OCEAN.

Bei Breite = 11° 28′
Länge = 233° 46′

Der Sonne	
Unterer Rand.	Mittelpunkt.
Abstand vom Horizont.	Magnetisches Azimut.
9° 20′ 50″	109° 15′

und hieraus: h = 9° 27′ 56
d = 111° 29′ 27″

e = 114° 22′,8
Magnet. Azim. = 109° 15′
Declination = 5° 7′,8 O.

1830. APRIL 11. 20h 1′ W. Zt.

SUEDLICHE GROSSE OCEAN.

Bei Breite = − 56° 39′
Länge = 284° 12′

Der Sonne Unterer Rand. Abstand vom Horizont.	Der Sonne Mittelpunkt. Magnetisches Azimut.
8° 44′ 4″	34° 30′

und hieraus: h = 8° 50′ 30″
d = 81° 45′ 9″

c = 59° 58′,26
Magnet. Azim. = 34 30
Declination = 25° 28′,26 O.

Ferner durch Vergleichung der Amplitude mit dem magnetischen Azimut der Sonne, unter andern:

1829. DECEMBER 24. 4^h 43′ W. Zt.

NOERDLICHE GROSSE OCEAN.

Bei Breite = 37° 42′
Länge = 234° 55′

Des Sonnenmittelpunkts	
Wahre Höhe.	Magnetisches Azimut.
0° 0′ 0″	225° 0′,

und hieraus: d = 113° 26′ 35″
und mit $\cos E = -\cos d \,.\, \sec \varphi$

E = 239° 48′,8
Magnet. Azim. = 225° 0′
Declination = 14°48′,8 O.

1830. MAERZ 27. 5^h 50′ W. Zt.

SUEDLICHE GROSSE OCEAN.

Bei Breite = − 47° 30′
Länge = 236° 35′

Des Sonnenmittelpunkts Wahre Höhe.	Magnetisches Azimut.
0° 0′ 0″	264° 25′

und hieraus d = 87° 38′ 54″
E = 273° 28′,6

Magnet. Azim. = 264° 25′
Declination = 9° 3′,6 O.

1830. JUNI 25. 18ʰ 47′ W. Zt.

SUEDLICHE ATLANTISCHE OCEAN.

Bei Breite = − 24° 56′
Länge = 322° 41′

Des Sonnenmittelpunkts Wahre Höhe.	Magnetisches Azimut.
0° 0′ 0″	66° 30′

und hieraus: d = 66° 34′ 50″
E = 64° 0′,2

Magnet. Azim. = 66° 30′
Declination = 2° 29′,8 W.

1830. AUGUST 29. 17^h 11′ W. Zt.

NOERDLICHE ATLANTISCHE OCEAN.

Bei Breite = 50° 40′
Länge = 356° 5′

Des Sonnenmittelpunkts Wahre Höhe.	Magnetisches Azimut.
0° 0′ 0″	101° 0′

und hieraus: d = 80° 25′ 42″
E = 74° 48′,5

Magnet. Azim. = 101° 0′
Declination = 26° 11′,5 W.

In dem nun folgenden Verzeichnisse von Resultaten der Declinationsbeobachtungen auf der See, ist neben jedem, aufser der Länge und Breite bei welcher es erhalten wurde, die Mittlere Zeit des Ortes in Decimaltheilen des Tages angegeben und durch Hinzufügung eines der Buchstaben h oder a bezeichnet worden, ob die Bestimmung bei einer gemessenen Höhe der Sonne, oder im Augenblicke der Amplitude geschehen ist.

Die den Declinationen beigefügten Buchstaben O. und W. bedeuten, wie früher, respektive eine Oestliche und eine Westliche Declination des nach Norden gerichteten Endes der Horizontalnadeln.

Declinationen auf der See,

in den Jahren 1829 und 1830.

Mittlere Zeit der Beobachtung.		Art	Länge, Ost von Paris.	Breite.	Declination.
Ochozker Meer.					
1829. Juli	31,89	h	148° 9',10	58° 14',65	0° 30' O.
— August	1,12	h	148° 21',63	58° 14',65	0° 38' O.
— —	1,90	h	149° 33',08	58° 15',43	2° 56' O.
— —	1,95	h	149° 34',17	58° 14',75	3° 2' O.
— —	2,05	h	149° 37',26	58° 16',72	2° 40' O.
Nördliche grofse Ocean.					
1829. October	20,17	h	168° 49'	48° 15'	10° 23' O.
— —	22,15	h	174° 16'	47° 4'	13° 1' O.
— —	25,82	h	184° 27'	47° 58'	13° 10' O.
— —	28,24	h	195° 14'	49° 54'	21° 1' O.
— —	28,86	h	196° 44'	50° 21'	21° 8' O.
— —	29,14	h	198° 18'	50° 28'	24° 28' O.
— —	29,82	h	200° 52'	50° 59'	25° 40' O.
— —	30,81	h	205° 4'	51° 46'	24° 8' O.
1829. October	31,88	h	207° 44'	53° 0'	25° 36' O.

Mittlere Zeit der Beobachtung.			Art	Länge, Ost von Paris.	Breite.	Declination.
			Nördliche grofse Ocean.			
1829.	November	26,12	h	223° 35′	48° 27′	21° 56′ O.
—	—	30,75	h	230° 48′	40° 17′	17° 8′ O.
—	December	1,15	h	231° 21′	39° 48′	16° 13′ O.
—	—	3,87	h	233° 27′	38° 16′	13° 10′ O.
—	—	24,20	a	234° 55′	37° 42′	14° 49′ O.
—	—	24,80	a	233° 55′	37° 5′	14° 54′ O.
—	—	27,83	h	230° 52′	35° 31′	11° 56′ O.
—	—	28,21	a	231° 8′	34° 50′	12° 10′ O.
—	—	29,83	h	231° 53′	31° 48′	11° 41′ O.
—	—	30,21	a	232° 11′	31° 25′	11° 52′ O.
—	—	30,84	h	233° 22′	30° 34′	10° 26′ O.
1830.	Januar	1,88	h	236° 1′	29° 11′	8° 22′ O.
—	—	2,22	a	236° 3′	28° 55′	9° 30′ O.
—	—	2,79	h	236° 36′	28° 39′	9° 8′ O.
—	—	3,84	h	236° 46′	28° 19′	8° 10′ O.
—	—	4,22	a	236° 42′	28° 4′	11° 57′ O.
—	—	4,78	a	236° 43′	27° 48′	11° 55′ O.
—	—	4,82	h	236° 43′	27° 48′	12° 2′ O.
—	—	5,22	a	236° 44′	27° 28′	11° 53′ O.
—	—	5,78	a	236° 38′	26° 56′	11° 34′ O.
—	—	5,85	h	236° 37′	26° 54′	11° 44′ O.
—	—	8,81	h	235° 55′	23° 43′	8° 8′ O.
—	—	9,22	a	235° 43′	22° 58′	8° 10′ O.
—	—	9,80	h	235° 29′	21° 10′	7° 34′ O.
—	—	12,19	h	234° 26′	15° 15′	5° 30′ O.
—	—	13,24	a	234° 3′	12° 52′	5° 30′ O.
—	—	13,80	h	233° 46′	11° 28′	5° 8′ O.
—	—	16,24	a	233° 52′	8° 3′	5° 4′ O.
1830.	Januar	16,76	a	233° 56′	7° 42′	5° 19′ O.

Mittlere Zeit der Beobachtung.			Art	Länge, Ost von Paris.	Breite.	Declination.
				Nördliche grofse Ocean.		
1830.	Januar	19,24	a	234° 10′	6° 26′	4° 54′ O.
—	—	19,78	h	234° 9′	5° 58′	3° 17′ O.
—	—	20,24	a	233° 59′	5° 30′	4° 53′ O.
—	—	20,76	a	233° 22′	4° 50′	4° 13′ O.
—	—	20,77	h	233° 21′	4° 46′	4° 35′ O.
—	—	21,24	a	232° 56′	4° 10′	4° 24′ O.
—	—	21,77	h	231° 31′	2° 47′	3° 44′ O.
—	—	22,24	a	231° 10′	1° 42′	4° 31′ O.
—	—	22,75	a	230° 7′	0° 27′	4° 12′ O.
—	—	22,76	h	230° 5′	0° 25′	4° 22′ O.
				Südliche grofse Ocean.		
1830.	Januar	23,29	h	229° 6′	— 0° 10′	4° 44′ O.
				Nördliche grofse Ocean.		
1830.	Januar	23,75	a	228° 1′	0° 6′	4° 8′ O.
—	—	24,25	a	227° 7′	0° 3′	4° 0′ O.
				Südliche grofse Ocean.		
1830.	Januar	25,25	a	225° 42′	— 0° 53′	4° 29′ O.
—	—	25,75	a	225° 17′	— 1° 29′	3° 19′ O.
—	—	26,25	a	224° 7′	— 1° 54′	3° 38′ O.
—	—	26,75	a	222° 57′	— 1° 48′	3° 43′ O.
—	—	27,25	a	221° 44′	— 1° 40′	4° 34′ O.
—	—	27,77	h	220° 28′	— 1° 28′	4° 16′ O.
—	—	28,26	a	219° 46′	— 1° 38′	4° 12′ O.
—	—	28,79	h	218° 46′	— 2° 14′	4° 12′ O.
—	—	29,26	a	217° 57′	— 1° 52′	4° 26′ O.
—	—	29,74	a	217° 25′	— 2° 53′	4° 17′ O.
—	—	30,76	h	216° 26′	— 4° 3′	4° 8′ O.
1830.	Januar	31,26	a	216° 5′	— 5° 14′	4° 24′ O.

Mittlere Zeit der Beobachtung.			Art	Länge, Ost von Paris.	Breite.	Declination.
				Südliche grofse Ocean.		
1830.	Januar	31,74	a	215° 2′	— 6° 30′	4° 40′ O.
—	—	31,76	h	214° 17′	— 7° 35′	4° 42′ O.
—	Februar	1,27	a	213° 46′	— 8° 37′	4° 32′ O.
—	—	1,73	a	213° 15′	— 9° 36′	4° 59′ O.
—	—	2,73	a	212° 28′	— 10° 47′	5° 14′ O.
—	—	2,77	h	212° 22′	— 11° 32′	5° 4′ O.
—	—	4,27	a	212° 0′	— 13° 16′	5° 48′ O.
—	—	4,73	a	211° 56′	— 13° 37′	5° 43′ O.
—	—	5,79	h	211° 57′	— 14° 23′	6° 30′ O.
—	—	6,73	a	211° 27′	— 14° 43′	6° 10′ O.
—	—	7,27	a	211° 3′	— 15° 12′	6° 58′ O.
—	—	8,27	a	210° 14′	— 14° 46′	6° 47′ O.
—	—	8,73	a	210° 12′	— 14° 44′	5° 50′ O.
—	—	9,73	a	209° 44′	— 14° 42′	6° 10′ O.
—	—	10,73	a	209° 35′	— 14° 50′	6° 10′ O.
—	—	11,27	a	209° 27′	— 14° 47′	7° 9′ O.
—	—	11,75	h	209° 1′	— 14° 41′	6° 26′ O.
—	—	12,73	a	208° 31′	— 15° 34′	6° 44′ O.
—	—	13,74	a	208° 10′	— 16° 19′	7° 19′ O.
—	—	23,74	a	207° 12′	— 18° 24′	6° 22′ O.
—	—	24,28	a	207° 32′	— 19° 28′	7° 25′ O.
—	—	24,74	a	207° 31′	— 20° 11′	7° 25′ O.
—	—	26,28	a	207° 25′	— 23° 17′	7° 19′ O.
—	—	27,28	a	207° 50′	— 25° 14′	8° 4′ O.
—	—	27,74	a	208° 7′	— 26° 1′	7° 17′ O.
—	—	28,81	h	207° 44′	— 26° 46′	8° 19′ O.
—	März	1,28	a	207° 35′	— 27° 7′	8° 56′ O.
—	—	2,74	a	208° 37′	— 28° 26′	8° 13′ O.
1830.	März	3,28	a	208° 48′	— 29° 0′	7° 58′ O.

Mittlere Zeit der Beobachtung.			Art	Länge, Ost von Paris.	Breite.	Declination.
				Südliche grofse Ocean.		
1830.	März	3,74	a	210° 25′	— 29° 6′	7° 51′ O.
—	—	4,28	a	211° 22′	— 28° 37′	9° 32′ O.
—	—	4,74	a	211° 9′	— 29° 5′	7° 58′ O.
—	—	5,28	a	211° 13′	— 29° 36′	9° 19′ O.
—	—	5,74	a	211° 8′	— 30° 14′	8° 21′ O.
—	—	9,27	a	212° 42′	— 32° 41′	8° 30′ O.
—	—	11,27	a	214° 38′	— 34° 47′	7° 44′ O.
—	—	12,26	h	216° 21′	— 35° 9′	7° 31′ O.
—	—	14,27	a	217° 41′	— 34° 22′	6° 40′ O.
—	—	14,75	a	218° 7′	— 34° 15′	6° 5′ O.
—	—	16,23	h	218° 1′	— 35° 21′	8° 16′ O.
—	—	17,81	h	215° 53′	— 37° 8′	7° 30′ O.
—	—	21,23	h	218° 48′	— 43° 35′	8° 3′ O.
—	—	24,25	h	225° 36′	— 45° 3′	8° 50′ O.
—	—	26,77	h	230° 54′	— 46° 7′	7° 30′ O.
—	—	27,25	a	236° 35′	— 47° 30′	9° 4′ O.
—	—	29,19	h	240° 18′	— 48° 10′	11° 15′ O.
—	—	29,76	a	242° 39′	— 48° 40′	10° 48′ O.
—	—	30,84	h	245° 34′	— 49° 28′	11° 22′ O.
—	—	31,24	h	246° 57′	— 49° 50′	11° 38′ O.
—	—	31,24	a	247° 3′	— 49° 52′	12° 33′ O.
—	April	1,23	h	251° 22′	— 51° 23′	11° 30′ O.
—	—	3,76	a	261° 0′	— 54° 11′	15° 9′ O.
—	—	3,85	h	263° 46′	— 54° 53′	21° 42′ O.
—	—	7,77	a	274° 33′	— 56° 24′	20° 20′ O.
—	—	8,82	h	279° 12′	— 55° 58′	23° 29′ O.
—	—	9,22	a	279° 34′	— 56° 0′	25° 6′ O.
—	—	9,84	h	280° 8′	— 55° 56′	23° 58′ O.
1830.	April	10,22	a	280° 51′	— 55° 51′	24° 41′ O.

Mittlere Zeit der Beobachtung.			Art	Länge, Ost von Paris.	Breite.	Declinattion.
Südliche grofse Ocean.						
1830.	April	10,86	h	282° 26′	— 56° 3′	24° 6″ O.
—	—	11,78	a	284° 8′	— 56° 43′	26° 9″ O.
—	—	11,83	h	284° 12′	— 56° 39′	25° 28″ O.
Südliche atlantische Ocean.						
1830.	April	19,20	a	297° 56′	— 55° 58′	19° 41″ O.
—	—	21,83	h	300° 57′	— 55° 13′	18° 14″ O.
—	—	22,20	a	301° 8′	— 54° 57′	19° 42″ O.
—	—	26,82	h	305° 5′	— 44° 4′	13° 40″ O.
—	—	28,20	h	306° 33′	— 39° 49′	11° 44″ O.
—	—	28,81	h	307° 11′	— 38° 29′	11° 16″ O.
—	—	29,22	a	307° 25′	— 38° 13′	10° 10″ O.
—	—	29,78	a	307° 41′	— 37° 36′	9° 15″ O.
—	—	30,22	a	307° 40′	— 36° 54′	9° 34″ O.
—	—	30,78	a	308° 13′	— 35° 47′	8° 19″ O.
—	—	31,22	a	308° 35′	— 34° 49′	8° 8′ O.
—	—	31,81	h	309° 51′	— 33° 18′	7° 16′ O.
—	Mai	2,22	a	310° 23′	— 32° 18′	7° 17′ O.
—	—	2,77	a	311° 2′	— 30° 51′	5° 13′ O.
—	—	3,77	a	312° 15′	— 28° 40′	4° 12′ O.
—	—	4,23	a	312° 50′	— 27° 50′	4° 9′ O.
—	—	4,77	a	313° 24′	— 26° 38′	3° 31′ O.
—	—	5,23	a	312° 52′	— 25° 59′	3° 32′ O.
—	—	5,77	a	314° 21′	— 25° 2′	2° 38′ O.
—	—	7,23	a	314° 33′	— 24° 24′	2° 45′ O.
—	—	8,23	a	314° 29′	— 24° 15′	3° 1′ O.
—	—	8,77	a	314° 4′	— 24° 8′	1° 20′ O.
—	—	9,77	a	314° 14′	— 24° 13′	1° 0′ O.
—	—	11,23	a	314° 44′	— 23° 16′	2° 59′ O.
1830.	Juni	19,23	a	315° 2′	— 23° 7′	1° 36′ O.

Mittlere Zeit der Beobachtung.			Art	Länge, Ost von Paris.	Breite.	Declination.

Südliche atlantische Ocean.

1830.	Juni	19,77	a	314° 52′	— 23° 10′	1° 42′ O.
—	—	20,23	a	315° 21′	— 23° 12′	1° 39′ O.
—	—	21,23	a	316° 25′	— 23° 49′	0° 27′ O.
—	—	21,77	a	317° 15′	— 24° 13′	0° 51′ W.
—	—	22,84	h	318° 52′	— 24° 43′	1° 16′ W.
—	—	23,84	h	320° 26′	— 24° 58′	1° 22′ W.
—	—	24,23	a	321° 1′	— 24° 51′	2° 0′ W.
—	—	24,77	a	321° 54′	— 24° 50′	2° 59′ W.
—	—	25,23	a	322° 14′	— 24° 53′	2° 59′ W.
—	—	25,77	a	322° 41′	— 24° 56′	2° 30′ W.
—	—	26,23	a	323° 11′	— 25° 5′	3° 0′ W.
—	—	26,81	h	322° 35′	— 23° 59′	3° 40′ W.
—	—	27,25	a	323° 2′	— 24° 7′	2° 54′ W.
—	—	27,77	a	322° 50′	— 24° 44′	3° 5′ W.
—	—	29,23	a	322° 55′	— 23° 21′	3° 12′ W.
—	—	29,77	a	322° 32′	— 22° 42′	3° 21′ W.
—	—	30,23	a	322° 31′	— 22° 15′	3° 45′ W.
—	Juli	1,23	a	322° 22′	— 20° 56′	3° 45′ W.
—	—	1,82	h	322° 27′	— 20° 19′	3° 19′ W.
—	—	2,25	h	322° 39′	— 19° 57′	3° 14′ W.
—	—	2,77	a	322° 21′	— 19° 33′	3° 35′ W.
—	—	3,23	a	322° 38′	— 19° 32′	3° 48′ W.
—	—	3,80	h	322° 40′	— 19° 38′	4° 24′ W.
—	—	4,77	a	321° 31′	— 19° 0′	4° 39′ W.
—	—	5,24	a	322° 36′	— 18° 54′	4° 4′ W.
—	—	5,76	a	323° 1′	— 18° 7′	4° 51′ W.
—	—	6,24	a	323° 32′	— 17° 31′	4° 31′ W.
—	—	6,76	a	323° 42′	— 16° 45′	5° 19′ W.
1830.	Juli	7,76	a	324° 16′	— 15° 5′	6° 50′ W.

Mittlere Zeit der Beobachtung.			Art	Länge, Ost von Paris.	Breite.	Declination.
Südliche atlantische Ocean.						
1830.	Juli	8,24	a	324° 42′	— 14° 22′	6° 8′ W.
—	—	8,76	a	324° 54′	— 13° 24′	6° 43′ W.
—	—	9,24	a	325° 16′	— 12° 38′	7° 16′ W.
—	—	9,76	a	325° 19′	— 11° 44′	7° 25′ W.
—	—	10,24	a	325° 32′	— 10° 58′	7° 11′ W.
—	—	10,76	a	325° 41′	— 9° 40′	8° 39′ W.
—	—	11,24	a	326° 2′	— 7° 47′	9° 7′ W.
—	—	11,76	a	326° 19′	— 8° 7′	8° 55′ W.
—	—	12,25	a	326° 37′	— 6° 59′	8° 23′ W.
—	—	12,77	h	326° 37′	— 5° 42′	9° 22′ W.
—	—	13,75	a	326° 42′	— 3° 50′	8° 58′ W.
—	—	14,25	a	327° 11′	— 2° 56′	9° 37′ W.
—	—	15,25	a	327° 19′	— 1° 21′	9° 19′ W.
—	—	15,75	h	327° 11′	— 0° 35′	10° 14′ W.
—	—	16,25	a	327° 34′	— 0° 36′	9° 28′ W.
Nördliche atlantische Ocean.						
1830.	Juli	16,75	a	327° 4′	1° 40′	10° 28′ W.
—	—	17,24	h	327° 29′	2° 48′	9° 57′ W.
—	—	17,79	h	327° 22′	4° 1′	11° 8′ W.
—	—	20,80	h	330° 56′	8° 33′	11° 42′ W.
—	—	21,26	a	331° 7′	9° 42′	13° 0′ W.
—	—	21,80	h	331° 12′	10° 8′	13° 10′ W.
—	—	22,23	h	331° 2′	10° 27′	13° 2′ W.
—	—	22,79	h	330° 24′	10° 43′	14° 19′ W.
—	—	23,27	a	330° 4′	11° 9′	13° 42′ W.
—	—	23,80	h	329° 23′	11° 53′	12° 56′ W.
—	—	24,27	a	329° 10′	12° 36′	12° 23′ W.
—	—	24,73	a	329° 12′	13° 6′	13° 30′ W.
1830.	Juli	25,25	h	329° 16′	13° 30′	12° 32′ W.

Mittlere Zeit der Beobachtung.			Art	Länge, Ost von Paris.	Breite.	Declination.
			Nördliche atlantische Ocean.			
1830.	Juli	26,25	h	328° 26′	14° 33′	12° 48′ W.
—	—	26,79	h	327° 36′	15° 13′	13° 8′ W.
—	—	27,80	h	326° 32′	16° 20′	12° 36′ W.
—	—	29,77	h	327° 16′	18° 47′	13° 2′ W.
—	—	31,27	a	322° 25′	21° 14′	12° 25′ W.
—	—	31,80	h	322° 0′	22° 6′	11° 30′ W.
—	August	1,22	h	319° 31′	22° 52′	12° 12′ W.
—	—	2,27	a	320° 16′	24° 31′	11° 28′ W.
—	—	3,28	a	319° 31′	26° 23′	13° 7′ W.
—	—	3,72	a	318° 48′	28° 12′	14° 33′ W.
—	—	5,72	a	317° 12′	30° 20′	14° 56′ W.
—	—	6,72	a	317° 38′	30° 44′	15° 11′ W.
—	—	7,28	a	317° 45′	31° 4′	15° 55′ W.
—	—	8,72	a	316° 46′	32° 31′	15° 25′ W.
—	—	9,28	a	316° 37′	32° 58′	16° 5′ W.
—	—	9,74	h	316° 38′	32° 48′	16° 50′ W.
—	—	10,72	a	316° 16′	33° 33′	16° 28′ W.
—	—	11,28	a	316° 9′	33° 46′	17° 34′ W.
—	—	11,72	a	315° 47′	33° 43′	17° 8′ W.
—	—	12,28	a	315° 47′	34° 2′	16° 50′ W.
—	—	13,28	a	315° 53′	34° 31′	16° 46′ W.
—	—	13,72	a	315° 53′	34° 57′	17° 21′ W.
—	—	14,72	a	316° 49′	35° 42′	17° 28′ W.
—	—	15,28	a	317° 35′	36° 16′	18° 36′ W.
—	—	16,28	a	318° 45′	37° 12′	18° 31′ W.
—	—	16,72	a	319° 25′	37° 39′	19° 40′ W.
—	—	17,26	h	320° 28′	38° 19′	21° 26′ W.
—	—	17,75	h	321° 21′	39° 7′	22° 1′ W.
1830.	August	18,75	h	322° 16′	39° 15′	23° 6′ W.

Mittlere Zeit der Beobachtung.			Art	Länge, Ost von Paris.	Breite.	Declination.
				Nördliche atlantische Ocean.		
1830.	August	19,73	h	323° 48′	40° 55′	24° 48′ W.
—	—	20,75	h	324° 59′	41° 39′	25° 16′ W.
—	—	21,72	a	327° 7′	43° 26′	26° 35′ W.
—	—	22,28	a	328° 37′	44° 35′	27° 36′ W.
—	—	22,77	h	330° 2′	45° 31′	28° 16′ W.
—	—	23,28	a	331° 12′	45° 52′	27° 59′ W.
—	—	23,77	h	332° 45′	46° 20′	28° 18′ W.
—	—	24,72	a	336° 47′	47° 3′	27° 51′ W.
—	—	26,28	a	342° 43′	47° 56′	26° 19′ W.
—	—	27,25	h	346° 12′	48° 27′	26° 7′ W.
—	—	27,75	h	348° 8′	48° 57′	25° 54′ W.
1830.	August	29,72	a	356° 5′	50° 40′	26° 12′ W.

Ueber die periodischen Veränderungen der Declination.

Ueber Beobachtungen der periodischen Declinations-Veränderungen in Petersburg, Moskau, Jekatarinburg, Tobolsk, Irkuzk, Jakuzk, Ochozk, Sitcha, San Francisco und Rio-Janeiro, und deren Anwendung zur Reduktion einmaliger Declinationsmessungen.

Beobachtungen über Veränderungen der Declination habe ich an allen denjenigen Punkten meines Weges um die Erde angestellt, an denen sie vermöge eines etwas längeren Aufenthaltes erfolgreich werden konnten.

Es wurde dabei die Auffindung der nöthigen Elemente beabsichtigt um, auch für die dazwischen liegenden Punkte, aus einmaligen Declinationsmessungen die mittlere jährliche Declination ableiten zu können. Es leuchtet aber ein dafs diesem Hauptzwecke nur in sofern genügt werden konnte, als dieselben Beobachtungen zugleich unsere bisherige Kenntnifs der Gesetze für jene periodischen Veränderungen beträchtlich vermehrt hätten. Es mufste namentlich entschieden werden in wiefern oder mit welchen Modificationen die, aus mehrjährigen Beobachtungsreihen gezogenen Folgerungen über dieses Phänomen im nördlichen Europa, auch auf ganz andere Gegenden der Erde anwendbar seien. Da man aber von vorne herein die Bewegungen einer Horizontalnadel während eines Sonnentages aufser von der Länge der Sonne an demselben, auch noch von der Länge des Beobachtungsortes, von seiner Breite, so wie von der dort statt findenden mittleren Richtung und Intensitat der magnetischen Kraft abhängig halten mufste, und zwar selbst dann wenn man von den sogenannten zufälligen d. h. nicht periodischen Störungen ganz absah, so hätte es leicht geschehen können dafs die Versuche bei einer nur dreijährigen Reise um die Erde nicht einmal eine entfernte Annäherung an die Lösung einer, dann so überaus verwikkelten, Aufgabe gewährt hätten. Der wirkliche Erfolg scheint indessen merklich günstiger gewesen zu sein, denn, wenn er auch noch durchaus nicht in einer erschöpfenden Kenntnifs der Gesetze für die Declinationsveränderungen an jedem Punkte der Erde besteht, so glaube ich ihn doch als eine mit Sicherheit ausführbare bedeutende Verkleinerung des Einflusses jener periodischen Erscheinungen auf einzelne Declinationsmessungen bezeichnen zu können. Namentlich für alle diejenigen Gegenden in denen dieser Einflufs am gröfsten ist. Es sind aber die hier folgenden und demnächst zu rechtfertigenden Grundsätze durch welche man wie ich glaube zu einer solchen angenäherten Elimination gelangt.

1) Sowohl die Länge des Beobachtungsorts als auch die mittlere Declination sind ohne wesentlichen Einflufs auf die periodischen Declinationsveränderungen oder Variationen.

2) Die Breite der Orte und die Intensität der magnetischen Horizontalcomponente an denselben, wirken nur in der Art dafs man überall zwischen etwa 65° und 25° nördlicher Breite, die bei gleicher Sonnenlänge und bei gleichen Tagesstunden statt findenden Variationen, einander gleich annehmen kann, mit der Aussicht den Einflufs derselben auf einzelne Messungen auf weniger als auf die Hälfte jener ursprünglichen Gröfse herab zu setzen. — Die für diese Zone gültigen Variationen gelten auch für die entsprechende Zone in der Südhalbkugel (25° bis 65° südlicher Breite), wenn man ihre Vorzeichen umkehrt, und sie dann in Jahreszeiten anwendet die um 6 Monate nach denjenigen in denen sie in der Nordhalbkugel beobachtet wurden eintreffen.

3) Der Umfang der Variationen an einerlei Ort wird nicht nach Verlauf eines Jahres, sondern erst nach einer, wie es scheint nahe 19jährigen, Periode wiederum derselbe. Man müſste daher wohl, zur Reduktion von Declinationsmessungen welche auſser Europa in irgend welchem Jahre gemacht sind, von den Europäischen Beobachtungen einen in jener Periode ähnlich gelegenen Jahrgang anwenden.

Ehe ich zu der Rechtfertigung dieser Grundsätze, welche zum mindesten eine wünschenswerthe Annäherung an die bisher beobachteten Thatsachen gewähren, und zn deren Anwendung auf die Correktion meiner einzelnen Declinationsmessungen übergehe, werde ich meine eigenen Beobachtungen über die periodischen Veränderungen so vollständig mittheilen, daſs sie auch bei späteren gründlicheren Untersuchungen über die Gesetze dieser verwickelten Erscheinungen mit angewendet werden können.

Ich habe zu denselben eine der vortrefflichen und mehrmals beschriebenen Variationsboussolen von Gambey gebraucht.*) Durch Unterlegnng eines gut getheilten Maaſsstabes unter die Mikroskope derselben fand ich:

den Abstand der Brennpunkte beider Mikroskope:

metre
0,459

Eine Theilung auf der Bahn der beweglichen Mikroskope:

metre
0,00001

und mithin den, in der Mitte zwischen beiden Brennpunkten gemessenen, Bogen t, welcher einer solchen Theilung entspricht:

$$t = 8,''988.$$

Die Ablesung der jedesmaligen Richtung des aufgehängten Magnetstabes geschah indessen nicht unmittelbar an der genannten Bahn für die Mikroskope, sondern vielmehr mittelst der getheilten Elfenbeinplatten welche an den Enden jenes Stabes befestigt sind.

---

*) Die von Becquerel (traité de l'électricité etc. Paris 1840. tome VI. pag. 22. seqq.) gegebene Beschreibung und Zeichnung eines solchen Instrumentes, stimmt in allen Punkten mit dem von mir angewendeten überein.

Eine jede dieser Platten ist mit 11 gleich weit von einander abstehenden und der Axe des Stabes parallelen Strichen versehen, von denen ich den, an der Mitte zwischen beiden Mikroskopen gemessenen, gegenseitigen Abstand zu:

$$36{,}0075 \times t = 323{,}''64$$

gefunden habe *). Die Stellung des Brennpnnktes eines der Mikroskope gegen diese Theilung wurde stets durch Ablesung beider Endpunkte einer Schwingung des Stabes mit einer Sicherheit von etwa $\frac{1}{40}$ der oben genannten Einheit, geschätzt und, zur Beseitigung des Einflusses einer excentrischen Aufhängung der Nadel, sogleich an dem zweiten Mikroskope wiederholt.

Eine jede der Zahlen welche ich hier als einzelne Beobachtungen anführen werde, ist demnächst ohne Ausnahme das arithmetische Mittel von zweien solchen zusammengehörigen Ablesungen an beiden Mikroskopen, und daher mit einem wahrscheinlichen Fehler von 5″ bis 6″ behaftet.

Die einfachen Coconfäden an denen der Magnetstab gehängt wurde konnten zuvor, mittelst der dem Instrumente beigegebenen und hinlänglich bekannten Hülfsmittel zu diesem Zwecke — eines an die Stelle des Stabes aufzuhängenden Kupferstückes von demselben Gewichte, und einer Kreistheilung an der drehbaren Scheibe welche das Ober-ende des Fadens trägt — so angeordnet werden dafs sie bei der mittleren Stellung des Stabes, völlig ungewunden waren. Die Spuren von Torsionskraft welche sie dann bei den gröfsten Ausweichungen des Stabes und zwar stets zur Verminderung derselben ausübten, habe ich nicht weiter in Rechnung gebracht. Sie haben aber selbst bei einer Ausweichung des Stabes von 30′ sicher nicht über 10″ betragen.

In dem folgenden Verzeichnifs meiner Beobachtungen findet man die innerhalb gleicher Stunden verschiedener Tage gemachten Ablesungen, in einerlei Horizontalreihe neben ein-

---

*) Der Künstler hat wahrscheinlich beabsichtigt den oben genannten Bogen um $\frac{1}{900}$ gröfser und dadurch dem zehnten Theile eines Centesimalgrades oder 324″ gleich zu machen. Ich habe indessen meiner Messung den Vorzug vor der Annahme gegeben dafs er diesen Zweck vollständig erreicht habe.

ander. Da aber dieselben an verschiedenen Tagen nicht völlig gleichzeitig geschahen, so ist einer jeden auch noch die Minute der, zu Anfang der Zeile angegebenen, Stunde in welcher sie erhalten wurde, beigesetzt. Ich habe diese Beobachtungsmomente in Wahrer Zeit des jedesmaligen Beobachtungsortes ausgedrückt.

Es kann nun im Allgemeinen jede Ablesung welche an einer Variationsboussole zu einer mit h bezeichneten Tagesstunde, am dten Tage nach einem beliebigen und nur mäfsig entferntem Anfangspunkte der Zeitrechnung geschieht, unter der Form:

$$m + \alpha . d + F(h) + u$$

gedacht werden, wenn

m die der mittleren Declination zur Zeit 0 entsprechende, Ablesung an dem gebrauchten Instrumente,

α die tägliche Veränderung der mittleren Declination,

F(h) den der Stunde h entsprechenden Werth der periodischen Funktion welche die täglichen Variationen ausdrückt, und

u diejenigen zufälligen Wechsel bedeuten, welche Nordlichter und andere Ursachen, an allen Punkten der Erde gleichzeitig, hervorbringen.

Wäre nun an jedem der n Tage während deren an einem Orte beobachtet sein möge, eine jede Stunde eingehalten worden, so würde das, von dem Einflusse von u möglichst frei zu haltende, arithmetische Mittel einer beliebigen Horizontalreihe oder die Gröfse:

$$m + \alpha \frac{\Sigma d}{n} + F(h)$$

stets ein und dasselbe von α abhängige Glied enthalten. Die Zusammenstellung dieser arithmetischen Mittel aus den einzelnen Vertikalreihen würde dann unmittelbar den gesuchten Verlauf der täglichen Veränderungen zeigen. — Bei meinen Beobachtungen in Tobolsk, in Irkuzk, in Jakuzk, in Ochozk und bei Rio-Janeiro sind aber, wegen unregelmäfsiger Vertheilung der Beobachtungsmomente durch die verschiedenen Tage, die Werthe von $\frac{\Sigma d}{n}$ so verschieden ausgefallen, dafs der Einflufs von α oder der progressiven Declinationsveränderung, auf die Mittel aus den Stundenreihen nicht vernachlässigt werden durfte. Ich habe defshalb für diese Orte den Werth von α dadurch bestimmt und in Rechnung gebracht, dafs das Mittel einer jeden Horizontalreihe von den einzelnen Angaben in derselben abgezogen, und dadurch eine der Anzahl der Ablesungen gleiche Anzahl Gleichungen von der Form:

$$\alpha\left(d - \frac{\Sigma d}{n}\right) - v = u$$

$$\alpha\left(d' - \frac{\Sigma d}{n}\right) - v' = u'$$

$$\vdots \qquad \vdots$$

in denen v, v' .... bekannte Zahlen sind, gebildet wurden.

Der wahrscheinlichste Werth von α welcher sich nach der Methode der kleinsten Quadrate ergab, indem man die zufälligen Einflüsse u u' .... wie zufällige Beobachtungsfehler betrachtete, wurde dann gebraucht um aus jedem Mittel von der Form:

$$m + \alpha \frac{\Sigma(d)}{n} + F(h)$$

das gesuchte m + F(h) abzuleiten, welches sich, wiederum mit Angabe der Minute zu der es gehört, am Schlusse der Stundenreihe befindet ans der es entstanden ist.

Zu bequemerer Anwendung habe ich dann noch einer jeden solchen Reihe von Werthen der Function m + F(h), durch graphische Interpolation, eine ihr möglichst nahe kommende aber für die vollen Stunden wahrer Sonnenzeit gültige hinzugefügt.

1828. Juni

Wahre Zeit.	Juni 12.		Juni 13.		Juni 14.14.	
0h	37′	+ 7′ 23″	37′	+ 7′ 23″	. . .	. . . . . .
1	37	+ 7 23	37	+ 9 33	. . .	. . . . . .
2	37	+ 9 8	41	+ 9 57	. . .	. . . . . .
3	37	+ 7 17	. . .	. . . . . .	. . .	. . . . . .
4	37	+ 5 13	. . .	. . . . . .	. . .	. . . . . .
5	20	+ 2 56	. . .	. . . . . .	. . .	. . . . . .
	38	+ 4 4				
6	34	+ 0 20	. . .	. . . . . .	. . .	. . . . . .
7	36	− 0 43	. . .	. . . . . .	. . .	. . . . . .
8	36	− 0 51	. . .	. . . . . .	. . .	. . . . . .
9	41	+ 0 30	. . .	. . . . . .	. . .	. . . . . .
10	34	− 1 16	. . .	. . . . . .	. . .	. . . . . .
11	35	− 4 30	. . .	. . . . . .	38′	− 2′ 9″
12	37	− 3 54	. . .	. . . . . .	37	− 1 23
13	37	+ 1 59	. . .	. . . . . .	55	− 3 14
14	35	− 1 0	. . .	. . . . . .	36	− 3 5
15	35	− 1 56	. . .	. . . . . .	36	− 2 25
16	38	− 2 53	. . .	. . . . . .	36	− 3 30
17	. .	. . . . .	. . .	. . . . . .	36	− 5 0
18	8	− 6 8	. . .	. . . . . .	40	− 8 8
	35	− 6 56				
19	34	− 8 1	. . .	. . . . . .	34	− 7 9
20	39	− 8 33	. . .	. . . . . .	34	− 5 7
21	36	− 6 50	. . .	. . . . . .	35	− 2 9
22	42	− 0 43	. . .	. . . . . .	35	− 1 28
23	37	+ 4 8	. . .	. . . . . .	37	− 0 45

12 bis 15.

Juni 15.		Mittel für Juni 12 — 15.		Wahre Zeit. Juni 12 — 15.	
38′	+ 4′ 20″	37′	+ 5′ 51″	0ʰ 0′	+ 3′ 16″
36	+ 7 58	37	+ 8 13	1 0	+ 7 4
34	+ 5 33	37	+ 7 33	2 0	+ 8 20
. . .	. . . . . .	37	+ 7 17	3 0	+ 7 24
. . .	. . . . . .	37	+ 5 13	4 0	+ 6 55
. . .	. . . . . .	29	+ 3 30	5 0	+ 4 28
. . .	. . . . . .	34	+ 0 20	6 0	+ 2 0
. . .	. . . . . .	36	− 0 43	7 0	− 0 16
. . .	. . . . . .	36	− 0 51	8 0	− 0 49
. . .	. . . . . .	41	+ 0 30	9 0	− 0 29
. . .	. . . . . .	34	− 0 6	10 0	+ 0 29
. . .	. . . . . .	37	− 3 20	11 0	− 1 30
. . .	. . . . . .	37	− 2 38	12 0	− 3 26
. . .	. . . . . .	46	− 0 38	13 0	− 1 39
. . .	. . . . . .	35	− 2 2	14 0	− 0 50
. . .	. . . . . .	35	− 2 10	15 0	− 2 17
. . .	. . . . . .	37	− 3 11	16 0	− 2 5
. . .	. . . . . .	36	− 5 0	17 0	− 2 32
. . .	. . . . . .	31	− 7 20	18 0	− 6 11
. . .	. . . . . .	34	− 7 35	19 0	− 7 39
. . .	. . . . . .	39	− 6 50	20 0	− 7 22
. . .	. . . . . .	36	− 4 30	21 0	− 6 0
. . .	. . . . . .	38	− 1 5	22 0	− 3 9
. . .	. . . . . .	37	+ 1 41	23 0	0 0

1828. Juli

Wahre Zeit.	Juli 25.		Juli 26.		Juli 27.	
0h	. . .	. . . . . .	. . .	. . . . . .	51′	+ 5′ 35″
1	. . .	. . . . . .	46′ 56	+ 5′ 7″ + 4 28	49	+ 9 33
2	. . .	. . . . . .	. . .	. . . . . .	. . .	. . . . . .
3	. . .	. . . . . .	6	+ 2 5	. . .	. . . . . .
4	. . .	. . . . . .	. . .	. . . . . .	. . .	. . . . . .
5	. . .	. . . . . .	. . .	. . . . . .	. . .	. . . . . .
6	. . .	. . . . . .	. . .	. . . . . .	. . .	. . . . . .
7	. . .	. . . . . .	. . .	. . . . . .	. . .	. . . . . .
8	. . .	. . . . . .	. . .	. . . . . .	. . .	. . . . . .
9	. . .	. . . . . .	. . .	. . . . . .	21	+ 2 0
10	. . .	. . . . . .	. . .	. . . . . .	16 40	− 3 0 − 2 11
11	. . .	. . . . . .	6	− 2 36	. . .	. . . . . .
12	. . .	. . . . . .	. . .	. . . . . .	. . .	. . . . . .
13	. . .	. . . . . .	. . .	. . . . . .	. . .	. . . . . .
14	. . .	. . . . . .	. . .	. . . . . .	. . .	. . . . . .
15	. . .	. . . . . .	. . .	. . . . . .	. . .	. . . . . .
16	. . .	. . . . . .	. . .	. . . . . .	. . .	. . . . . .
17	. . .	. . . . . .	. . .	. . . . . .	. . .	. . . . . .
18	. . .	. . . . . .	. . .	. . . . . .	. . .	. . . . . .
19	. . .	. . . . . .	54	− 9 29	. . .	. . . . . .
20	. . .	. . . . . .	36	− 6 6	56	− 3 36
21	. . .	. . . . . .	50	− 1 39	56	+ 0 6
22	56′	+ 2′ 33″	54	+ 2 8	. . .	. . . . . .
23	56	+ 3 29	18	+ 2 49	. . .	. . . . . .

25 bis 28.

Juli 28.		Mittel für Juli 25 — 28.		Wahre Zeit. Juli 25 — 28.	
. . .	. . . . . .	51′	+ 5′ 35″	0ʰ 0′	+ 3′ 43″
8′	+ 7′ 8″	36	+ 7 9	1 0	+ 6 8
. . .	. . . . . .	. . .	. . . .	2 0	+ 7 13
3	+ 7 0	4	+ 4 32	3 0	+ 4 47
6	+ 3 13	6	+ 3 13	4 0	+ 3 17
. . .	. . . . . .	. . .	. . . .	5 0	+ 2 23
36	+ 0 47	36	+ 0 47	6 0	+ 1 28
. . .	. . . . . .	. . .	. . . .	7 0	+ 0 17
. . .	. . . . . .	. . .	. . . .	8 0	+ 0 32
. . .	. . . . . .	21	+ 2 0	9 0	+ 2 20
. . .	. . . . . .	28	— 2 35	10 0	— 1 55
. . .	. . . . . .	6	— 2 36	11 0	— 2 36
. . .	. . . . . .	. . .	. . . .	. . . . . .	. . . . . .
. . .	. . . . . .	. . .	. . . .	. . . . . .	. . . . . .
. . .	. . . . . .	. . .	. . . .	. . . . . .	. . . . . .
. . .	. . . . . .	. . .	. . . .	. . . . . .	. . . . . .
. . .	. . . . . .	. . .	. . . .	. . . . . .	. . . . . .
. . .	. . . . . .	. . .	. . . .	. . . . . .	. . . . . .
. . .	. . . . . .	. . .	. . . .	. . . . . .	. . . . . .
. . .	. . . . . .	54	— 9 29	19 0	— 9 28
. . .	. . . . . .	46	— 4 51	20 0	— 9 5
. . .	. . . . . .	53	— 0 46	21 0	— 3 7
. . .	. . . . . .	55	+ 2 21	22 0	— 0 23
. . .	. . . . . .	37	+ 3 9	23 0	+ 2 40

1828. August 31

Wahre Zeit.	August 31.		September 1.		Septem
0^h	. . . .	. . . . . .	18′	+ 2′ 50″	. . . .
1	. . . .	. . . . . .	4	+ 3 38	. . . .
			52	+ 5 24	
2	. . . .	. . . . . .	56	+ 5 24	16′
3	. . . .	. . . . . .	. . . .	. . . . . .	49
4	. . . .	. . . . . .	. . . .	. . . . . .	26
5	. . . .	. . . . . .	44	+ 1 53	. . . .
6	. . . .	. . . . . .	. . . .	. . . . . .	. . . .
7	. . . .	. . . . . .	. . . .	. . . . . .	. . . .
8	. . . .	. . . . . .	39	+ 1 53	. . . .
9	. . . .	. . . . . .	. . . .	. . . . . .	. . . .
10	. . . .	. . . . . .	. . . .	. . . . . .	. . . .
11	. . . .	. . . . . .	. . . .	. . . . . .	. . . .
12	. . . .	. . . . . .	. . . .	. . . . . .	. . . .
13	. . . .	. . . . . .	. . . .	. . . . . .	. . . .
14	. . . .	. . . . . .	. . . .	. . . . . .	. . . .
15	. . . .	. . . . . .	. . . .	. . . . . .	. . . .
16	. . . .	. . . . . .	. . . .	. . . . . .	. . . .
17	. . . .	. . . . . .	. . . .	. . . . . .	. . . .
18	. . . .	. . . . . .	. . . .	. . . . . .	. . . .
19	. . . .	. . . . . .	. . . .	. . . . . .	. . . .
20	. . . .	. . . . . .	4	− 5 40	14
21	. . . .	. . . . . .	15	− 3 23	. . . .
22	. . . .	. . . . . .	59	− 1 37	. . . .
23	49′	+ 0′ 19″	. . . .	. . . . . .	. . . .

bis September 2.

ber 2.	Mittel für Aug. 31 bis Sept. 2.		Wahre Zeit. Aug. 31 bis Sept. 2.	
....	18′	+ 2′ 50″	0h 0′	+ 1′ 8″
....	28	+ 4 31	1 0	+ 4 0
+ 0′ 25″	36	+ 2 55	2 0	+ 4 40
+ 2 26	49	+ 2 26	3 0	+ 2 26
+ 2 58	26	+ 2 58	4 0	+ 2 37
....	44	+ 1 53	5 0	+ 2 56
....	....	....	6 0	+ 1 27
....	....	....	7 0	+ 0 17
....	39	+ 1 53	8 0	+ 0 32
....	....	....	9 0	+ 2 20
....	....	....	....	....
....	....	....	....	....
....	....	....	....	....
....	....	....	....	....
....	....	....	....	....
....	....	....	....	....
....	....	....	....	....
....	....	....	....	....
....	....	....	....	....
....	....	....	....	....
— 6 29	9	— 6 4	20 0	— 6 34
....	15	— 3 23	21 0	— 3 50
....	59	— 1 37	22 0	— 2 34
....	49	+ 0 19	23 0	— 1 32

1830. Ju

Wahre Zeit.	Juni 1.		Juni 2.		Juni 3.		Juni 4.		Juni 5.		Juni 6.		Juni 7.		Juni 8.		Juni 9.	
0h	34′	−1′40″	.	. . .	.	. . .	.	. . .	.	. . .	.	. . .	.	. . .	.	. . .	.	. . .
1	.	. . .	24′	−0′ 4″	.	. . .	.	. . .	58′	+0′52″	34′	+0′ 5″	.	. . .	.	. . .	9′	+1′41″
2	11	−0 40	.	. . .	.	. . .	.	. . .	.	. . .	.	. . .	.	. . .	.	. . .	.	. . .
3	.	. . .	.	. . .	32′	+1′23″	19′	+3′49″	.	. . .	.	. . .	.	. . .	.	. . .	.	. . .
4	15	+0 4	39	+0 20	55	+2 13	25	+3 2	.	. . .	.	. . .	.	. . .	.	. . .	.	. . .
5	33	+1 32	44	+0 19	.	. . .	.	. . .	.	. . .	.	. . .	.	. . .	.	. . .	.	. . .
6	.	. . .	.	. . .	29	+2 28	16	+1 39	.	. . .	.	. . .	.	. . .	.	. . .	.	. . .
7	23	+1 54	.	. . .	.	. . .	48	+1 54	.	. . .	.	. . .	24′	+2′27″	.	. . .	.	. . .
8	3	+1 24	18	+1 24	.	. . .	.	. . .	.	. . .	.	. . .	.	. . .	.	. . .	.	. . .
9	33	+0 5	51	+1 26	.	. . .	.	. . .	.	. . .	.	. . .	.	. . .	.	. . .	.	. . .
10	.	. . .	.	. . .	.	. . .	14	+2 25	.	. . .	.	. . .	.	. . .	.	. . .	44	+2 41
11	.	. . .	.	. . .	.	. . .	.	. . .	.	. . .	.	. . .	.	. . .	.	. . .	.	. . .
12	2	+0 51	20	+0 43	.	. . .	54	+2 29	.	. . .	54	+1 40	.	. . .	.	. . .	.	. . .
13	.	. . .	59	+1 8	.	. . .	.	. . .	44	+2 29	.	. . .	.	. . .	.	. . .	24	+2 45
14	.	. . .	.	. . .	.	. . .	.	. . .	.	. . .	.	. . .	.	. . .	.	. . .	.	. . .
15	.	. . .	.	. . .	.	. . .	.	. . .	.	. . .	.	. . .	.	. . .	.	. . .	.	. . .
16	.	. . .	.	. . .	.	. . .	.	. . .	.	. . .	.	. . .	.	. . .	.	. . .	.	. . .
17	.	. . .	.	. . .	.	. . .	.	. . .	.	. . .	.	. . .	.	. . .	.	. . .	.	. . .
18	.	. . .	.	. . .	.	. . .	.	. . .	.	. . .	.	. . .	.	. . .	.	. . .	49	+1 0
19	.	. . .	.	. . .	.	. . .	.	. . .	.	. . .	.	. . .	.	. . .	.	. . .	.	. . .
20	0	−2 55	19	+0 11	11	−0 54	18	−0 13	29	+0 27	7	+1 8	24	+2 29	49	+2′ 4″	.	. . .
21	33	−1 59	.	. . .	.	. . .	39	+1 56	.	. . .	39	+3 11	.	. . .	.	. . .	.	. . .
22	.	. . .	.	. . .	.	. . .	.	. . .	.	. . .	.	. . .	.	. . .	54	+3 11	.	. . .
23	3	−1 34	34	+1 56	19	+0 51	.	. . .	.	. . .	29	+4 38	.	. . .	.	. . .	.	. . .

ni 14.

Juni 11.		Juni 12.		Juni 13.		Juni 14.		Mittel für Juni 1 bis Juni 14.		Mittel für Mai 24 bis Juni 14.		Wahre Zeit.	Mai 24 bis Juni 14.
.	. . .	.	. . .	.	. . .	.	. . .	34′	− 1′ 40″ + 0,00 α = − 1′ 40″	31′	− 1′ 15″	0ʰ 0′	− 1′ 0″
.	. . .	.	. . .	0′	+ 1′ 41″	.	. . .	31	+ 0 51 + 6,04 α = − 0 38	27	− 1 2	1 0	− 1 3
.	. . .	.	. . .	.	. . .	.	. . .	11	− 0 40 + 0,08 α = − 0 41	18	− 1 26	2 0	− 1 30
.	. . .	.	. . .	.	. . .	.	. . .	26	+ 2 36 + 2,62 α = + 1 58	16	− 0 21	3 0	− 0 52
.	. . .	.	. . .	.	. . .	.	. . .	34	+ 1 25 + 1,66 α = + 1 0	37	+ 0 42	4 0	+ 0 8
.	. . .	.	. . .	.	. . .	.	. . .	39	+ 0 55 + 0,70 α = + 0 45	26	+ 0 33	5 0	+ 0 46
.	. . .	.	. . .	.	. . .	.	. . .	22	+ 2 3 + 2,75 α = + 1 23	17	+ 0 40	6 0	+ 0 28
.	. . .	.	. . .	.	. . .	.	. . .	33	+ 2 5 + 3,29 α = + 1 17	36	+ 0 55	7 0	+ 0 52
.	. . .	.	. . .	.	. . .	.	. . .	11	+ 1 24 + 0,83 α = + 1 12	30	+ 0 46	8 0	+ 0 47
.	. . .	.	. . .	.	. . .	.	. . .	42	+ 0 46 + 0,86 α = + 0 33	42	+ 0 33	9 0	+ 0 33
.	. . .	48′	+ 1′ 12″	.	. . .	.	. . .	35	+ 2 11 + 7,75 α = + 0 17	27	+ 0 29	10 0	+ 0 40
.	. . .	.	. . .	.	. . .	4′	+ 2′ 4″	4	+ 2 4 + 13,46 α = − 1 13	9	− 0 7	11 0	0 0
.	. . .	.	. . .	.	. . .	.	. . .	29	+ 1 42 + 4,10 α = + 0 42	29	+ 0 42	12 0	+ 0 2
.	. . .	.	. . .	.	. . .	.	. . .	42	+ 2 7 + 4,87 α = + 0 51	42	+ 0 55	13 0	+ 0 55
.	. . .	.	. . .	43	+ 2 3	.	. . .	39	+ 1 31 + 11,08 α = − 1 11	26	− 0 31	14 0	+ 0 31
.	. . .	.	. . .	.	. . .	.	. . .	.	. . . .	.	. . .	15 0	− 0 46
.	. . .	.	. . .	.	. . .	.	. . .	.	. . . .	.	. . .	16 0	0 0
.	. . .	.	. . .	.	. . .	.	. . .	.	. . . .	.	. . .	17 0	0 0
.	. . .	.	. . .	.	. . .	.	. . .	49	+ 1 0 + 8,76 α = − 1 9	44	− 0 40	18 0	− 0 19
.	. . .	39′	− 0 21	31	+ 0 44	.	. . .	40	− 0 21 + 11,46 α = − 3 9	29	− 1 29	19 0	− 0 58
45′	+ 0′ 3″	.	. . .	.	. . .	.	. . .	22	+ 0 16 + 5,06 α = − 0 58	25	− 0 34	20 0	− 1 23
.	. . .	.	. . .	.	. . .	.	. . .	37	+ 0 47 + 5,13 α = − 0 28	39	+ 0 6	21 0	0 0
.	. . .	.	. . .	.	. . .	.	. . .	54	+ 3 11 + 7,92 α = + 1 14	40	+ 1 39	22 0	+ 0 27
.	. . .	.	. . .	.	. . .	.	. . .	22	+ 1 22 + 4,36 α = + 0 18	30	+ 0 20	23 0	+ 1 35

Mit α = − 14″,688.

1830.

Wahre Zeit.	Mai 24.		Mai 25.		Mai 26.		Mai 27.		M	
0h	..	.....	30′	− 1′ 8″	..	.....	..	.....	..	
1	..	.....	19	− 1 40	16′	− 1′ 0″	46′	− 1′ 21″	..	
2	..	.....	16	− 2 4	..	.....	..	.....	..	
3	..	.....	15	− 1 16	..	.....	..	.....	..	
4	..	.....	..	.....	..	.....	47	+ 0 46	..	
5	..	.....	11	+ 0 30	..	.....	..	.....	14′	
6	..	.....	..	.....	16	+ 0 38	31	+ 0 38	13	
7	..	.....	..	.....	41	+ 0 21	..	.....	..	
8	..	.....	..	.....	36	+ 0 21	..	.....	38	
9	..	.....	..	.....	..	.....	..	.....	..	
10	..	.....	46	+ 1 18	36	+ 0 46	23	+ 0 21	1	
11	..	.....	..	.....	..	.....	3	+ 0 21	20	
12	..	.....	..	.....	..	.....	..	.....	..	
13	..	.....	..	.....	..	.....	..	.....	..	
14	..	.....	1	+ 0 46	..	.....	..	.....	..	
15	..	.....	..	.....	..	.....	..	.....	..	
16	..	.....	..	.....	..	.....	..	.....	..	
17	..	.....	..	.....	..	.....	..	.....	..	
18	46′	− 0′ 11″	41	− 0 19	46	− 0 4	43	− 2 13	..	
19	24	− 0 55	..	.....	36	− 0 27	26	− 1 24	..	
20	50	− 0 11	..	.....	..	.....	43	− 0 35	1	
21	56	+ 0 20	..	.....	56	+ 1 10	..	.....	18	
22	..	.....	21	+ 2 37	..	.....	24	+ 0 13	54	
23	38	+ 0 15	33	+ 1 10	..	.....	..	.....	58	

Mai 31.

Mai 29.	Mai 30.		Mai 31.		Mittel für Mai 24 bis 31.	
.....	..	.....	26′	− 1′ 32″	28′	− 1′ 20″ + 4,00 α = − 1′ 3″
− 2′ 37″	..	.....	14	− 1 8	24	− 1 33 + 3,64 α = − 1 17
.....	..	.....	26	− 2 37	21	− 2 6 + 4,08 α = − 1 49
− 2 45	16′	− 2′ 21″	11	− 1 8	11	− 1 52 + 4,87 α = − 1 31
− 0 43	..	.....	46	− 0 11	41	− 0 3 + 5,16 α = − 0 18
.....	..	.....	..	.....	13	+ 0 9 + 2,70 α = + 0 22
− 0 35	..	.....	11	− 0 19	15	+ 0 2 + 4,45 α = + 0 21
− 0 4	..	.....	36	+ 0 21	38	+ 0 13 + 4,95 α = + 0 34
.....	..	.....	51	+ 0 16	42	+ 0 9 + 4,66 α = + 0 29
.....	..	.....	..	.....	..	....
− 0 43	..	.....	..	.....	22	+ 0 21 + 3,42 α = + 0 36
.....	..	.....	..	.....	12	+ 0 9 + 3,96 α = + 0 26
.....	..	.....	..	.....	..	....
.....	..	.....	..	.....	..	....
.....	..	.....	..	.....	1	+ 0 46 + 1,59 α = + 0 49
.....	..	.....	..	.....	..	....
.....	..	.....	..	.....	..	....
.....	..	.....	..	.....	..	....
− 1 8	..	.....	..	.....	43	− 0 47 + 2,95 α = − 0 34
− 1 16	..	.....	26	− 0 43	23	− 0 57 + 4,19 α = − 0 40
− 1 0	11	− 0 3	51	+ 1 18	30	− 0 18 + 5,00 α = + 0 43
.....	..	.....	..	.....	43	+ 0 39 + 2,88 α = + 0 3
.....	43	+ 1 18	41	+ 2 23	37	+ 1 23 + 5,12 α = + 1 44
.....	..	.....	..	.....	43	+ 0 11 + 2,62 α = + 0 23

Mit $\alpha = + 4'',313$.

1828.

Wahre Zeit.	Novbr. 5.		Novbr. 6.		Novbr. 7.		Novbr. 8.		Novbr. 9.		Novbr. 10.		Novbr. 11.		Novbr. 12.		Nov	
0h	.	...	50′	−0′40″	50′	+1′54″	.	...	.	...	5′ 35	+0′25″ +1 22	.	...	.	...	.	
1	.	...	.	...	.	...	38′	−0′48″	.	...	40	+1 54	33′	+2′ 2″	58′	+3′15″	4′	
2	.	...	.	...	.	...	.	...	.	...	.	...	.	...	38	+2 51	4	
3	.	...	.	...	.	...	.	...	.	...	35	+1 54	.	...	.	...	.	
4	.	...	2	+1 1	.	...	20	−0 40	45′	+2′51″	5	+0 41	40	+0 26	.	..	.	
5	.	...	.	...	.	...	.	...	.	...	.	...	.	...	20	+2 19	4′	
6	.	...	25	−0 32	.	...	25	−0 16	25	+1 30	.	..	20	+0 9	35	+0 56	26	
7	.	...	.	...	.	...	.	...	23 32	−6 48 −4 24	.	...	.	...	44	+1 30	.	
8	.	...	48	−1 4	.	...	40	−0 16	55	−1 20	.	...	35	−1 36	.	...	.	
9	.	...	.	...	.	...	.	...	16 37	+0 29 −2 0	.	...	35	−4 51	.	...	.	
10	.	...	40	−2 33	.	...	45	−0 48	24	−1 4	.	...	4 23	−10 5 − 6 57	.	...	.	
11	.	...	.	...	52	−2 14	.	...	.	...	.	...	5	−1 50	.	...	.	
12	.	...	35	−0 32	.	...	.	...	52	−2 25	5	+0 9	0	−3 54	22	+1 5	10	
13	.	...	.	...	.	...	.	...	.	...	.	..		...	.	...	.	
14	.	...	.	...	.	...	.	...	28 38	0 0 0 0	.	...	.	...	.	...	.	
15	.	...	.	...	.	...	.	...	49	+1 5	.	...	.	...	.	...	.	
16	.	...	.	...	.	...	.	...	38 46	+0 29 +0 8	.	...	.	...	.	...	.	
17	.	...	.	...	.	...	.	...	55	+0 26	.	...	.	...	.	..	.	
18	.	...	.	...	.	...	.	...	.	...	.	...	.	...	.	...	.	
19	.	...	.	...	.	...	.	...	.	...	.	...	.	...	.	...	.	
20	.	...	8	−1 37	3	−1 37	2	−1 12	.	...	.	...	35	−1 30	50	−0 32	.	
21	46′	−4 11	52	+1 54	24	−1 37	.	...	.	...	20	−1 44	.	...	.	...	5	−
22	45	−3 14	.	...	.	...	15	−1 40	.	...	.	...	50	−7 26	10	+0 17	48	−
23	48	−0 48	38	−2 1	.	...	45	−0 32	.	...	57	+1 25	.	..	29	+1 52	.	

5 bis November 18.

vbr. 14.	Novbr. 15		Novbr. 16.		Novbr. 17.		Novbr. 18.		Mittel für Novbr. 5 bis Novbr. 18.		Wahre Zeit.	Nov. 5 bis Nov. 18.
+2′42″	.	. . .	14′	+3′24″	48′	+3′ 9″	.	. . .	40′	+ 1′52″ + 0,57 α = + 1′43″	0ʰ 0′	+ 1′34″
. . .	.	. . .	.	. . .	25	+3 15	28′	+3′47″	32	+ 2 32 + 0,51 α = + 2 25	1 0	+ 1 55
. . .	42′	+2′59″	.	. . .	.	. . .	.	. . .	28	+ 2 43 + 2,31 α = + 2 8	2 0	+ 2 40
. . .	.	. . .	.	. . .	.	. . .	.	. . .	35	+ 1 54 − 0,98 α = + 2 9	3 0	+ 1 58
+1 38	37	+2 19	40	+3 31	.	. . .	.	. . .	29	+ 1 28 + 1,18 α = + 1 11	4 0	+ 2 6
. . .	42	+1 54	.	. . .	.	. . .	.	. . .	22	+ 1 14 + 2,43 α = + 0 37	5 0	+ 0 42
. . .	.	. . .	.	. . .	.	. . .	55	+2 2	30	+ 0 37 + 1,14 α = + 0 21	6 0	+ 0 30
+1 14	.	. . .	.	. . .	.	. . .	.	. . .	41	− 0 57 + 0,85 α = − 1 9	7 0	+ 0 4
. . .	56	+2 10	.	. . .	.	. . .	.	. . .	47	− 0 25 − 0,98 α = − 0 10	8 0	− 1 14
. . .	.	. . .	.	. . .	.	. . .	.	. . .	34	− 2 36 − 0,74 α = − 2 24	9 0	+ 0 10
+0 58	.	. . .	.	. . .		. . .	.	. . .	36	− 2 25 − 1,10 α = − 2 8	10 0	− 2 45
. . .	50	− 2 9	50	+1 54	.	. . .	.	. . .	39	− 1 20 + 0,59 α = − 1 29	11 0	− 1 51
. . .		. . .	.	. . .	12	+2 10	25	+0 1	20	− 0 34 + 1,38 α = − 0 55	12 0	− 1 11
+0 49	.	. . .	.	. . .	.	. . .	.	. . .	0	+ 0 49 + 3,42 α = − 0 3	13 0	− 0 3
. . .	.	. . .	.	. . .	.	. . .	.	. . .	33	0 0 − 1,54 α = + 0 24	14 0	+ 0 21
. . .	.	. . .	.	. . .	.	. . .	.	. . .	49	+ 1 5 − 1,50 α = + 1 28	15 0	+ 0 44
. . .	.	. . .	.	. . .	.	. . .	.	. . .	42	+ 0 18 − 1,46 α = + 0 40	16 0	+ 1 22
. . .	.	. . .	.	. . .	.	. . .	.	. . .	55	+ 0 26 − 1,42 α = + 0 48	17 0	+ 0 35
. . .	.	. . .	.	. . .	.	. . .	.	. . .	.	. . . .	18 0	+ 0 49
. . .	.	. . .	.	. . .	.	. . .	.	. . .	.	. . . .	19 0	+ 0 3
. . .	.	. . .	.	. . .	.	. . .	.	. . .	20	− 1 18 − 1,50 α = − 0 55	20 0	− 0 50
− 0 42	.	. . .	37	+0 41	.	. . .	.	. . .	34	− 0 58 − 0,12 α = − 0 57	21 0	− 0 58
. . .	15	+0 41	.	. . .	10	+2 10	.	. . .	27	− 0 1 + 1,78 α = − 0 28	22 0	− 0 46
. . .	.	. . .	.	. . .	.	. . .	.	. . .	43	− 0 1 − 1,98 α = + 0 30	23 0	− 0 2

Mit α = − 15″,46.

1828. Febru

Wahre Zeit.	Februar 27.		Februar 28.		März 1.		März 2.		März 3.		März 4.		März 5.		Mä	
0h	..	.....	17′	−7′30″+x	2′	+4′38″+y	0′	+ 0′ 27″	..	.....	17′	− 1′ 52″	..	.....	17′	-
1	..	.....	..	.....	..	.....	..	.....	..	.....	17	− 1 26	12′	− 1′ 2″	..	.
2	..	.....	..	.....	..	.....	..	.....	..	.....	..	.....	17	− 0 30	..	.
3	..	.....	..	.....	..	.....	..	.....	..	.....	17	− 2 7	..	.....	27	-
4	..	.....	..	.....	..	.....	..	.....	..	.....	..	.....	17	− 0 53	17	-
5	..	.....	..	.....	..	.....	22	+ 0 31	42′	+ 0′ 3″	..	.....	27	− 2 31	..	.
6	..	.....	..	.....	52	+ 3 2+y	17	+ 0 2	..	.....	..	.....	..	.....	..	.
7	..	.....	17	− 8 4+x	17	− 1 10	51	+ 0 2	..	.....	..	.....	17	− 3 12	..	.
8	..	.....	..	.....	47	+ 0 3	57	+ 0 2	..	.....	..	.....	..	.....	..	.
9	..	.....	17	− 8 4+x	18	− 1 40	..	.....	32	+ 0 11	..	.....	..	.....	..	.
10	..	.....	17	− 6 59+x	17	− 2 39	17	+ 0 43	..	.....	..	.....	47	− 4 16	..	.
11	..	.....	17	− 7 15+x	17	− 3 44	17	+ 0 2	17	− 1 34	37	− 1 26	..	.....	32	-
12	..	.....	2	− 8 4+x	17	− 2 22	7	+ 0 19	22	− 1 50	47	− 1 35	..	.....	..	.
13	..	.....	..	.....	..	.....	..	.....	..	.....	..	.....	..	.....	..	.
14	..	.....	..	.....	..	.....	..	.....	..	.....	..	.....	..	.....	..	.
15	..	.....	..	.....	..	.....	..	.....	..	.....	..	.....	..	.....	..	.
16	..	.....	..	.....	..	.....	..	.....	..	.....	..	.....	..	.....	..	.
17	..	.....	..	.....	..	.....	..	.....	..	.....	..	.....	..	.....	..	.
18	..	.....	57	−10 21+x	47	− 0 38	..	.....	47	− 1 18	47	− 2 7	37	− 4 41	..	.
19	..	.....	17	−11 8+x	34	− 1 35	2	− 0 38	17	− 2 15	17	− 3 3	..	.....	5	-
20	..	.....	17	−13 11+x	17	− 1 27	12	− 1 26	17	− 2 15	17	− 4 49	17	− 6 42	48	-
21	..	.....	17	−13 19+x	17	− 2 15	17	− 2 15	17	− 4 17	17	− 5 29	..	.....	17	-
22	17′	−10′5″+x	..	.....	32	− 2 7	17	− 2 31	17	− 5 5	..	.....	..	.....	..	.
23	17	− 7 54+x	47	+ 3 1+y	17	+ 0 19	..	.....	17	− 3 36	..	.....	..	.....	17	.

März 11.

März 7.	März 8.		März 9.		März 10.		März 11.		Mittel für Febr. 27 bis März 11.		Wahre Zeit.	Fbr. 27– März 11.
.....	..	.....	..	.....	..	.....	..	.....	11	− 0′ 42″ + 2,60 α = + 0′ 24″	0h 0′	+ 0′ 17″
.....	..	.....	..	.....	32	− 1 18	..	.....	20	− 1 15 + 6,37 α = + 1 28	1 0	+ 1 1
.....	..	.....	..	.....	47	+ 3 1	..	.....	32	+ 1 16 + 7,58 α = + 4 30	2 0	+ 4 13
− 3′ 12″	17′	− 3′ 44″	..	.....	..	.....	..	.....	27	− 2 23 + 6,37 α = + 0 20	3 0	+ 2 1
.....	..	.....	..	.....	32	− 0 13	..	.....	23	− 0 53 + 7,17 α = + 2 11	4 0	+ 0 59
.....	..	.....	..	.....	..	.....	..	.....	30	− 0 39 + 3,54 α = + 0 51	5 0	+ 2 17
.....	..	.....	..	.....	..	.....	..	.....	34	− 0 46 + 1,75 α = − 0 1	6 0	+ 0 15
.....	..	.....	..	.....	..	.....	31′	− 1′ 43″	27	− 1 12 + 4,09 α = + 0 33	7 0	0 0
.....	..	.....	..	.....	..	.....	..	.....	52	+ 0 3 + 1,83 α = + 0 50	8 0	+ 0 48
.....	..	.....	..	.....	52	− 1 2	2	− 3 36	24	− 1 12 + 5,38 α = + 1 6	9 0	+ 0 55
.....	..	.....	17′	− 5 46	..	.....	30	− 2 23	24	− 2 12 + 5,08 α = − 0 2	10 0	− 0 30
− 5 21	..	.....	..	.....	32	− 0 46	..	.....	24	− 1 53 + 4,58 α = + 0 4	11 0	− 0 5
.....	..	.....	37	− 6 57	..	.....	..	.....	22	− 2 4 + 3,67 α = − 0 29	12 0	− 0 5
.....	..	.....	..	.....	..	.....	..	.....	..	....	13 0	...
.....	..	.....	..	.....	..	.....	..	.....	..	....	14 0	...
.....	..	.....	..	.....	..	.....	..	.....	..	....	15 0	...
*)	..	.....	..	.....	..	.....	..	.....	..	....	16 0	...
.....	..	.....	..	.....	57	− 3 4	..	.....	..	....	17 0	...
.....	..	.....	..	.....	..	.....	..	.....	49	− 2 20 + 4,91 α = − 0 15	18 0	+ 0 10
− 6 10	17	− 4 8	17	− 8 3	12	− 3 56	..	.....	15	− 3 49 + 5,23 α = − 1 35	19 0	− 0 45
− 7 7	28	− 8 7	17	− 11 50	..	.....	..	.....	20	− 5 42 + 5,83 α = − 3 13	20 0	− 2 42
− 5 37	0	− 8 52	47	− 11 26	..	.....	..	.....	22	− 6 2 + 5,36 α = − 3 45	21 0	− 3 55
− 4 33	27	− 7 59	..	.....	..	.....	..	.....	21	− 4 2 + 4,27 α = − 2 14	22 0	− 2 44
− 2 39	37	− 5 13	47	− 4 8	..	.....	..	.....	27	− 2 55 + 5,08 α = − 0 45	23 0	− 1 35

Mit x = + 8′ 7″,6 y = − 4′ 36″,7.
α = + 25″,52.

*) Ein Erdbeben.

1

Wahre Zeit.	April 8.		April 9.		April 10.		April 11.		April 12.		April 13.		April 14.		A
0h	.	. . .	46′	+2′57″	.	. . .	56′	+8′ 5″	.	. . .	.	. . .	.	. . .	.
1	.	. . .	41	+ 6 59	.	. . .	.	. . .	.	. . .	.	. . .	.	. . .	.
2	.	. . .	31	+15 51	53′	+7 56″	31	+8 12	.	. . .	.	. . .	31′	+4′58″	.
3	.	. . .	51	+ 6 51	.	. . .	41	+9 17	.	. . .	.	. . .	.	. . .	46
4	.	. . .	31	+ 5 55	.	. . .	.	. . .	.	. . .	.	. . .	.	. . .	26
5	.	. . .	.	. . .	.	. . .	16	+1 11	.	. . .	.	. . .	16	+1 3	.
6	.	. . .	46	+ 2 8	.	. . .	.	. . .	.	. . .	8′	+1′11″	3 31	+0 39 −1 15	.
7	.	. . .		. . .	.	. . .	.	. . .	.	. . .	.	. . .	.	. . .	.
8	.	. . .	.	. . .	.	. . .	31	+3 21	.	. . .	.	. . .	2	−3 57	.
9	.	. . .	.	. . .	.	. . .	.	. . .	.	. . .	.	. . .		. . .	.
10	.	. . .	.	. . .	.	. . .	11	+1 11		. . .	6	−1 15	.	. . .	.
11	.	. . .	16	+ 0 39	46	+1 11	43	−0 10	.	. . .	1 31	−2 12 −7 52	.	. . .	.
12	1′	−1 47″	31	+ 0 39	46	+1 27	.	. . .	.	. . .	.	. . .	31	−4 45	.
13	.	. . .	.	. . .	.	. . .	31	+0 22	31′	−3′24″	.	. . .	.	. . .	1
14	.	. . .	.	. . .	.	. . .	9	−0 26	.	. . .	.	. . .	.	. . .	.
15	.	. . .	.	. . .	.	. . .	.	. . .	.	. . .	.	. . .	.	. . .	.
16	.	. . .	.	. . .	.	. . .	.	. . .	.	. . .	.	. . .	.	. . .	.
17	.	. . .	56	−5 18	.	. . .	.	. . .	.	. . .	.	. . .	.	. . .	.
18	11	− 7 20	.	. . .	6	−1 7	31	− 5 59	46	+3 21	26	−5 26	21	−3 24	38
19	31	−10 42	31	−0 59	.	. . .	51	−11 30	31	+1 11	31	−4 21	.	. .	31
20	31	− 7 28	.	. . .	31	−6 55	.	. . .	31 56	−7 11 −9 15	11 56	− 6 21 −17 44	36	− 6 23	36
21	31	− 4 21	.	. . .	.	. . .	.	. . .	.	. . .	.	. . .	4 48	− 9 21 −15 1	1
22	31	+ 2 48	.	. . .	16	−15 58	.	. . .	.	. . .	.	. . .	1	−15 17	.
23	51	+ 2 0	1	−5 50	.	. . .	.	. . .	.	. . .	.	. . .	.	. . .	1

8 bis April 19.

pril 16.	April 17.		April 18.		April 19.		Mittel für April 8 bis April 19.		Wahre Zeit.	April 8 bis April 19.
. . .	.	. . .	.	. . .	31'	+6'51"	44'	+5'57" + 5,00 α = +7'19"	0h 0'	+1'36"
. . .	.	. . .	.	. . .	.	. . .	41	+6 59 + 1,04 α = +7 17	1 0	+7 16
. . .	.	. . .	31'	+6'44"	.	. . .	35	+8 44 + 4,48 α = +9 58	2 0	+9 0
+4'25"	.	. . .	.	. . .	.	. . .	36	+7 28 + 4,87 α = +8 48	3 0	+9 40
+3 21	.	. . .	1	+3 53	.	. . .	19	+4 23 + 6,66 α = +6 12	4 0	+8 13
+1 27	26'	+1'43"	.	. . .	.	. . .	22	+1 21 + 6,70 α = +2 55	5 0	+3 50
+1 11	.	. . .	.	. . .	.	. . .	26	+1 3 + 5,25 α = +2 30	6 0	+2 40
−0 42	31	+0 22	.	. . .	.	. . .	31	−0 10 + 8,78 α = +2 14	7 0	+2 21
. . .	31	−1 15	.	. . .	.	. . .	22	−0 37 + 6,33 α = +1 6	8 0	+1 48
. . .	.	. . .	.	. . .	.	. . .	.	. . . .	9 0	+0 53
. . .	.	. . .	.	. . .	.	. . .	9	−0 2 + 4,40 α = +1 11	10 0	+1 6
. . .	.	. . .	.	. . .	.	. . .	30	−0 50 + 4,11 α = +0 18	11 0	+0 40
. . .	18	−6 23	.	. . .	.	. . .	25	−2 10 + 4,10 α = −1 3	12 0	−0 42
−3 33	.	. . .	.	. . .	.	. . .	28	−1 55 + 6,04 α = −0 16	13 0	−0 46
. . .	.	. . .	.	. . .	.	. . .	9	−0 26 + 3,58 α = +0 35	14 0	+0 28
. . .	.	. . .	.	. . .	.	. . .	.	. . . .	15 0	0 0
. . .	.	. . .	.	. . .	.	. . .	.	. . . .	16 0	−0 29
. . .	.	. . .	.	. . .	.	. . .	(56	−5 18 + 1,70 α = −4 50)	17 0	−0 57
−3 0	31	−3 57	.	. . .	.	. . .	28	−2 4 + 5,61 α = −0 32	18 0	−1 26
−7 43	.	. . .	.	. . .	.	. . .	35	−4 41 + 4,80 α = −3 22	19 0	−1 55
−6 23	.	. . .	.	. . .	.	. . .	36	−6 36 + 5,18 α = −5 11	20 0	−4 2
−12 19	31	−15 33	.	. . .	.	. . .	28	−11 28 + 6,88 α = −9 35	21 0	−9 0
. . .	.	. . .	1	−0 59	.	. . .	12	−7 21 + 5,42 α = −5 52	22 0	−7 2
. . .	21	−5 34	.	. . .	.	. . .	19	−5 2 + 5,21 α = −3 36	23 0	−4 14

Mit $\alpha = +16'',32$.

1829.

Wahre Zeit.	Mai 21.		Mai 22.		Mai 23.		Mai 24.		Mai 25.		Mai 26.		Mai 27.		
0h	. .	. . . . .	. .	. . . . .	. .	. . . . .	25'	− 3' 48"	. .	. . . . .	45'	+ 4' 50"	. .	. . . . .	. .
1	. .	. . . . .	. .	. . . . .	. .	. . . . .	. .	. . . . .	. .	. . . . .	. .	. . . . .	10'	+ 2' 57"	. .
2	. .	. . . . .	. .	. . . . .	. .	. . . . .	. .	. . . . .	. .	. . . . .	. .	. . . . .	. .	. . . . .	. .
3	. .	. . . . .	. .	. . . . .	. .	. . . . .	25	+ 1 26	. .	. . . . .	. .	. . . . .	. .	. . . . .	0'
4	. .	. . . . .	. .	. . . . .	25'	− 2 44	55	− 2 11	. .	. . . . .	. .	. . . . .	. .	. . . . .	. .
5	. .	. . . . .	25'	− 2' 59"	. .	. . . . .	. .	. . . . .	. .	. . . . .	. .	. . . . .	25	+ 4 26	. .
6	. .	. . . . .	. .	. . . . .	. .	. . . . .	. .	. . . . .	. .	. . . . .	. .	. . . . .	10	+ 3 37	. .
7	. .	. . . . .	. .	. . . . .	15	+ 1 36	. .	. . . . .	. .	. . . . .	. .	. . . . .	40	+ 2 36	. .
8	. .	. . . . .	. .	. . . . .	25	+ 1 3	. .	. . . . .	. .	. . . . .	. .	. . . . .	. .	. . . . .	. .
9	. .	. . . . .	. .	. . . . .	25	+ 1 43	. .	. . . . .	. .	. . . . .	25	+ 3 37	. .	. . . . .	. .
10	. .	. . . . .	15	+ 1 52	. .	. . . . .	. .	. . . . .	. .	. . . . .	. .	. . . . .	. .	. . . . .	. .
11	. .	. . . . .	58	− 0 50	. .	. . . . .	. .	. . . . .	30'	− 0' 34"	55	+ 2 24	10	+ 2 56	. .
12	. .	. . . . .	. .	. . . . .	5	+ 1 27	55	+ 1 36	. .	. . . . .	. .	. . . . .	. .	. . . . .	. .
13	. .	. . . . .	. .	. . . . .	. .	. . . . .	. .	. . . . .	. .	. . . . .	. .	. . . . .	. .	. . . . .	. .
14	. .	. . . . .	. .	. . . . .	. .	. . . . .	. .	. . . . .	. .	. . . . .	. .	. . . . .	. .	. . . . .	. .
15	. .	. . . . .	. .	. . . . .	. .	. . . . .	. .	. . . . .	. .	. . . . .	. .	. . . . .	. .	. . . . .	. .
16	. .	. . . . .	. .	. . . . .	. .	. . . . .	. .	. . . . .	. .	. . . . .	. .	. . . . .	. .	. . . . .	. .
17	. .	. . . . .	. .	. . . . .	. .	. . . . .	. .	. . . . .	. .	. . . . .	. .	. . . . .	. .	. . . . .	. .
18	. .	. . . . .	. .	. . . . .	. .	. . . . .	. .	. . . . .	. .	. . . . .	. .	. . . . .	. .	. . . . .	. .
19	. .	. . . . .	. .	. . . . .	. .	. . . . .	. .	. . . . .	25	− 3 48	. .	. . . . .	. .	. . . . .	. .
20	. .	. . . . .	. .	. . . . .	. .	. . . . .	. .	. . . . .	25	− 4 21	45	+ 2 24	5	− 3 16	. .
21	45'	− 2' 11"	. .	. . . . .	25	− 2 11	25	− 1 39	25	− 4 21	. .	. . . . .	25	− 0 2	. .
22	35	− 1 39	0	+ 0 22	55	− 0 50	. .	. . . . .	. .	. . . . .	40	+ 2 56	. .	. . . . .	. .
23	. .	. . . . .	25	+ 0 55	45	− 2 44	35	+ 0 47	5	− 3 13	. .	. . . . .	. .	. . . . .	. .

en in Ochozk.

s Juni 6.

Mai 30.		Mai 31.		Juni 1.		Juni 2.		Juni 5.		Juni 6.		Mittel für Mai 21 bis Juni 6.	
..	.....	38′	+ 6′ 43″	28′	+ 10 30	..	.....	27′	+ 1′ 52″	27′	+ 1′ 3″	32′	+ 3′ 32″ + 10,00 α = + 1′ 6″
..	.....	..	.....	..	.....	44′	+ 12′ 8″	27	+ 6 27	..	.....	27	+ 7 10 + 11,04 α = + 4 29
..	.....	..	.....	..	.....	57	+ 12 40	37	+ 4 34	..	.....	47	+ 8 37 + 13,58 α = + 5 20
..	.....	..	.....	..	.....	..	.....	..	.....	..	.....	13	+ 4 23 + 5,12 α = + 3 10
..	.....	57	+ 10 30	..	.....	..	.....	45	− 0 2	27	+ 3 45	41	+ 1 52 + 9,36 α = − 0 24
..	.....	47	+ 5 31	28	+ 7 16	37	− 3 0	..	.....	37	− 1 38	33	+ 1 36 + 9,53 α = − 0 41
..	.....	..	.....	..	.....	..	.....	57	− 0 34	57	+ 2 8	41	+ 1 44 + 12,58 α = − 1 19
..	.....	..	.....	2 42	+ 4 50 + 2 16	..	.....	..	.....	..	.....	26	+ 2 35 + 6,54 α = + 0 59
..	.....	22	+ 2 8	..	.....	..	.....	..	.....	..	.....	23	+ 1 36 + 6,33 α = + 0 4
..	.....	..	.....	..	.....	12	+ 1 19	..	.....	..	.....	21	+ 2 14 + 6,69 α = + 0 36
..	.....	47	+ 2 57	..	.....	..	.....	12	+ 3 45	..	.....	25	+ 2 51 + 9,07 α = + 0 39
..	.....	47	+ 2 32	..	.....	..	.....	..	.....	..	.....	40	+ 1 18 + 5,64 α = − 0 4
..	.....	..	.....	..	.....	..	.....	..	.....	..	.....	30	+ 1 32 + 3,00 α = + 0 48
..	.....	..	.....	..	.....	..	.....	27	+ 1 52	..	.....	27	+ 1 52 + 15,52 α = − 1 54
..	.....	..	.....	2	− 0 50	..	.....	..	.....	..	.....	2	− 0 58 + 11,56 α = − 3 28
..	.....	..	.....	..	.....	..	.....	..	.....	..	.....	..	....
..	.....	..	.....	..	.....	..	.....	..	.....	..	.....	..	....
..	.....	..	.....	..	.....	..	.....	..	.....	..	.....	..	....
..	.....	47	− 5 58	..	.....	..	.....	..	.....	..	.....	47	− 5 34 + 10,72 α = − 8 10
..	.....	..	.....	18	− 4 5	..	.....	..	.....	..	.....	22	− 3 57 + 8,26 α = − 5 58
..	.....	2 52	− 2 11 + 2 24	32	− 3 57	..	.....	39	− 3 16	27	− 5 26	29	− 2 32 + 10,37 α = − 5 3
..	.....	..	.....	..	.....	32	− 0 18	4	− 0 34	..	.....	26	− 1 36 + 6,84 α = − 3 16
47′	+ 6 43	2 57	+ 4 58 + 7 0	..	.....	27	+ 1 28	..	.....	..	.....	33	+ 2 9 + 6,45 α = + 0 34
..	.....	48	+ 6 43	..	.....	28	+ 2 57	..	.....	..	.....	31	+ 1 37 + 6,29 α = + 0 5

Mit α = − 14″,64.

1829. Ju

Wahre Zeit.	Juni 7.		Juni 8.		Juni 9.		Juni 10.		Juni 11.		Juni 12.		Juni 13.		Juni	
0h	..	.....	..	.....	11′	+ 7′ 12″	11′	+ 5′ 2″	..	.....	..	.....	..	.....	..	
1	..	.....	..	.....	26	+ 7 12	..	.....	..	.....	..	.....	..	.....	..	
2	..	.....	..	.....	..	.....	..	.....	..	.....	..	.....	..	.....	..	
3	..	.....	..	.....	..	.....	46	+ 6 56	..	.....	21′	+ 8′ 25″	..	.....	..	
4	..	.....	..	.....	6	+ 8 17	..	.....	..	.....	..	.....	..	.....	..	
5	..	.....	..	.....	56	− 3 12	..	.....	..	.....	26	+ 3 17	..	.....	..	
6	..	.....	..	.....	..	.....	44	+ 5 2	..	.....	..	.....	..	.....	..	
7	..	.....	11′	+ 1′ 32″	..	.....	..	.....	..	.....	..	.....	..	.....	..	
8	..	.....	46	− 6 34	..	.....	..	.....	..	.....	..	.....	..	.....	..	
9	..	.....	46	+ 0 43	16	+ 3 25	41	+ 3 33	..	.....	26	+ 0 1	..	.....	16′	
10	46′	+ 3′ 9″	..	.....	..	.....	..	.....	11′	+ 2′ 53″	..	.....	..	.....	..	
11	..	.....	..	.....	33	+ 3 33	..	.....	..	.....	26	+ 3 17	2′	+ 3′ 1″	..	
12	..	.....	..	.....	..	.....	..	.....	38	+ 3 17	..	.....	..	.....	..	
13	..	.....	11	+ 3 9	31	+ 1 48	..	.....	..	.....	26	+ 2 45	..	.....	..	
14	..	.....	..	.....	..	.....	..	.....	..	.....	..	.....	..	.....	..	
15	..	.....	..	.....	..	.....	..	.....	..	.....	..	.....	..	.....	..	
16	..	.....	..	.....	..	.....	..	.....	..	.....	..	.....	..	.....	..	
17	..	.....	..	.....	..	.....	..	.....	..	.....	..	.....	..	.....	..	
18	..	.....	..	.....	..	.....	..	.....	..	.....	..	.....	..	.....	..	
19	3	− 6 18	..	.....	..	.....	..	.....	..	.....	..	.....	..	.....	58	
20	44	− 6 34	31	+ 0 27	13	− 0 22	21	− 0 5	16	− 1 34	46	+ 1 16	6	− 4 25	..	
21	..	.....	..	.....	56	+ 2 37	..	.....	..	.....	..	.....	..	.....	56	
22	6	− 0 22	..	.....	..	.....	..	.....	1	+ 2 29	26	+ 2 20	..	.....	..	
23	..	.....	1	+ 3 9	..	.....	59	+ 3 9	..	.....	..	.....	..	.....	16	

uni 21.

uni 15.	Juni 16.		Juni 19.		Juni 20.		Juni 21.		Mittel für Juni 7 bis Juni 21.		Wahre Zeit.	Mittel Mai 21 bis Juni 21.
+ 9′ 54″	41′	+ 6′ 23″	36′	+ 13′57″	..	.....	..	.....	22′	+ 8′ 30″ + 6,80 α = + 4′ 36″	0h 0′	+ 2′38″
.....	..	.....	..	.....	..	.....	..	.....	26	+ 7 12 + 2,04 α = + 6 2	1 0	+ 3 56
.....	..	.....	..	.....	..	.....	..	.....	..	....	2 0	+ 6 0
.....	21	+ 9 38	..	.....	..	.....	..	.....	29	+ 8 19 + 5,78 α = + 5 0	3 0	+ 5 0
.....	..	.....	..	.....	..	.....	..	.....	6	+ 8 18 + 2,16 α = + 7 1	4 0	+ 2 29
.....	36	− 0 46	56	+ 4 46	1′	− 0′ 46″	..	.....	35	+ 0 40 + 8,40 α = − 4 10	5 0	− 0 35
.....	..	.....	..	.....	..	.....	..	.....	44	+ 5 2 + 3,24 α = + 3 10	6 0	− 1 26
.....	..	.....	1	+ 3 9	..	.....	..	.....	11	+ 1 32 + 1,28 α = + 0 47	7 0	+ 0 22
.....	..	.....	..	.....	..	.....	..	.....	24	− 1 43 + 6,82 α = − 5 38	8 0	− 0 40
+ 3 41	..	.....		.....	..	.....	..	.....	32	+ 1 58 + 3,11 α = + 0 11	9 0	− 1 19
.....	..	.....	..	.....	..	.....	..	.....	28	+ 3 1 + 2,40 α = + 1 38	10 0	+ 0 57
+ 3 30	..	.....	..	.....	46	+ 5 43	41′	+ 5′ 19″	33	+ 3 46 + 5,94 α = + 0 21	11 0	+ 0 40
.....	36	− 2 31	..	.....	..	.....	..	.....	38	+ 3 17 + 4,50 α = + 0 41	12 0	− 0 41
.....	..	.....	..	.....	..	.....	..	.....	26	+ 3 36 + 7,52 α = − 0 44	13 0	− 0 48
.....	..	.....	..	.....	..	.....	..	.....	36	− 2 31 + 9,56 α = − 8 1	14 0	+ 0 30
.....	..	.....	..	.....	..	.....	..	.....	..	....	15 0	....
.....	..	.....	..	.....	..	.....	..	.....	..	....	16 0	....
.....	..	.....	..	.....	..	.....	..	.....	..	....	17 0	....
.....	..	.....	..	.....	..	.....	..	.....	..	....	18 0	....
.....	26	− 1 26	56	+ 0 19	..	.....	..	.....	36	− 2 25 + 7,76 α = − 6 53	19 0	− 7 50
.....	..	.....	..	.....	..	.....	56	+ 3 25	29	− 0 59 + 5,18 α = − 3 58	20 0	− 5 28
+ 3 30	..	.....	16	+ 2 20	..	.....	..	.....	44	+ 2 9 + 8,09 α = − 2 30	21 0	− 3 41
.....	..	.....	..	.....	1	+ 3 25	..	.....	9	+ 1 57 + 6,38 α = − 1 42	22 0	− 1 40
+ 4 14	..	.....	56	+ 11 23	..	.....	..	.....	28	+ 5 4 + 7,12 α = + 0 58	23 0	+ 0 14

Mit $\alpha = -34'',48$.

1829. November 9 bis November 11.

Wahre Zeit.	Novbr. 9.		Novbr. 10.		Novbr. 11.		Mittel für Nov. 9 bis 11.		Wahre Zeit.	Nov. 8 bis Nov. 19.
0ʰ	.	. . .	48′	+12′9″	.	. . .	48′	+12′9″	0ʰ 0′	+ 6′ 10″
1	.	. . .	.	. . .	.	. . .	.	. . .	1 0	+ 11 12
2	.	. . .	2	+ 7 17	6′	+4′52″	2	+ 7 17	2 0	+ 8 0
3	.	. . .	28	− 1 5	.	. . .	28	− 1 5	3 0	+ 1 0
4	.	. . .	35	− 1 29	.	. . .	35	− 1 29	4 0	− 1 29
5	.	. . .	.	. . .	.	. . .	.	. . .	5 0	− 1 18
6	.	. . .	1	− 1 5	.	. . .	1	− 1 5	6 0	− 1 6
7	.	. . .	.	. . .	.	. . .	.	. . .	7 0	− 2 2
8	.	. . .	0	− 3 47	.	. . .	0	− 3 47	8 0	− 3 47
9	38′	+1′53″	.	. . .	.	. . .	38	+ 1 53	9 0	− 0 40
10	45	− 1 21	.	. . .	.	. . .	45	− 1 21	10 0	+ 1 15
11	.	. . .	.	. . .	.	. . .	.	. . .	11 0	− 2 12
12	3 33	− 4 52 − 9 43	.	. . .	.	. . .	3 33	− 4 52 − 9 43	12 0	− 4 36
13	43	− 11 45	.	. . .	.	. . .	43	− 11 45	13 0	− 11 52
14	58	− 1 5	.	. . .	.	. . .	58	− 1 5	14 0	− 9 42
15	.	. . .	.	. . .	.	. . .	.	. . .	15 0	0 0
16	5	+ 10 7	.	. . .	.	. . .	5	+ 10 7	16 0	+ 9 16
17	3 48	− 3 30 + 0 48	.	. . .	.	. . .	3 48	− 3 30 + 0 48	17 0	− 2 50
18	.	. . .	.	. . .	.	. . .	.	. . .	18 0	− 0 10
19	13 43	− 5 40 − 2 42	.	. . .	.	. . .	13 43	− 5 40 − 2 42	19 0	− 4 30
20	48	0 0	.	. . .	.	. . .	48	0 0	20 0	− 2 0
21	.	. . .	.	. . .	.	. . .	.	. . .	21 0	+ 0 15
22	18	+ 1 21	.	. . .	.	. . .	18	+ 1 21	22 0	+ 1 6
23	8 58	+ 5 40 + 5 48	.	. . .	.	. . .	8 58	+ 5 40 + 5 48	23 0	+ 4 52

1829. December 20 bis December 21.

Wahre Zeit.	Decbr. 20.		Decbr. 21.		Mittel für Dec. 20—21.		Wahre Zeit.	Dec. 20—21.
0h	1′ 51	—1′ 45″ +0 8	31′ 56	+0′ 24″ +1 21	1′ 40	—1′ 45″ +0 38	0h 0′	—1′ 53″
1	51	+1 53	41	+2 10	46	+2 1	1 0	+1 37
2	.	. . .	21	+3 39	21	+3 39	2 0	+2 0
3	1	+2 58	.	. . .	1	+2 58	3 0	+3 0
4	1 51	+0 57 —0 24	.	. . .	1 51	+0 57 —0 24	4 0	+1 0
5	51	+0 8	.	. . .	51	+0 8	5 0	—0 28
6	.	. . .	.	. . .	.	. . .	6 0	+0 10
7	11 51	—0 24 +0 5	.	. . .	31	—0 9	7 0	—0 16
8	51	—0 24	.	. . .	51	—0 24	8 0	+0 7
9	51	—0 32	.	. . .	51	—0 32	9 0	—0 26
10	5	—1 5	.	. . .	5	—1 5	10 0	—0 37
11	.	. . .	.	. . .	.	. . .	11 0	—1 16
12	1	—1 5	.	. . .	1	—1 5	12 0	—1 5
13	21	+0 16	.	. . .	21	+0 16	13 0	—0 10
14	31	—2 42	.	. . .	31	—2 42	14 0	—0 50
15	.	. . .	.	. . .	.	. . .	15 0	—2 56
16	1 51	—2 42 —0 49	.	. . .	1 51	—2 42 —0 49	16 0	—2 44
17	.	. . .	.	. . .	.	. . .	17 0	—0 37
18	51	—1 5	.	. . .	51	—1 5	18 0	—0 38
19	51	—1 53	.	. . .	51	—1 53	19 0	—1 16
20	51	—2 18	.	. . .	51	—2 18	20 0	—1 58
21	41	—3 14	.	. . .	41	—3 14	21 0	—2 26
22	.	. . .	.	. . .	.	. . .	22 0	—3 18
23	1	—2 42	.	. . .	1	—2 42	23 0	—2 44

Ich habe nun zunächst noch eine jede der vorstehenden Zahlenreihen die sich als Resultate aus den Variationsbeobachtungen an einem einzelnen Orte ergeben hatte, durch eine der folgenden Sinus-Functionen ausgedrückt, und namentlich für Moskau und Jekatarinburg, wo an den wenigen Beobachtungstagen mehrere Stunden ausgefallen waren, nur 4 Glieder, für die übrigen Orte aber deren 12 bestimmt. Man wird sich leicht überzeugen, dafs diese Ausdrücke den durch sie darzustellenden Gröfsen meistens sehr nahe kommen. Der Stundenwinkel der Sonne in dem Augenblicke für welchen der beobachtete Stand der Nadel berechnet werden soll, ist in denselben durch x bezeichnet, und es ergiebt sich somit:

Für Petersburg 1828. Juni 12 bis Juni 15.

$$\begin{aligned} &-15'',8 + 128'',8 . \cos x + 272'',7 . \sin x + 84'',0 . \cos 2x + 195'',8 . \sin 2x \\ &+ 44'',0 . \cos 3x + 51'',5 . \sin 3x - 23'',8 . \cos 4x - 25'',0 . \sin 4x \\ &+ 12'',7 . \cos 5x - 11'',8 . \sin 5x - 20'',8 . \cos 6x + 27'',5 . \sin 6x \end{aligned}$$

Für Moskau. 1828. Juli 25 bis Juli 28.

$$-159'',3 + 276'',8 . \cos x + 429'',2 . \sin x + 139'',8 . \cos 2x - 44'',9 . \sin 2x.$$

Für Jekatarinburg. 1828. August 31 bis September 2.

$$-56'',5 + 39'',5 . \cos x + 258'',5 . \sin x + 92'',6 . \cos 2x + 48'',6 . \sin 2x.$$

Für Tobolsk. 1828. November 5 bis November 18.

$$\begin{aligned} &+14'',7 + 53'',9 . \cos x + 9'',9 . \sin x - 15'',7 . \cos 2x + 82'',8 . \sin 2x \\ &+ 20'',8 . \cos 3x + 11'',7 . \sin 3x + 0'',2 . \cos 4x + 12'',6 . \sin 4x \\ &+ 3'',0 . \cos 5x - 9'',6 . \sin 5x + 4'',8 . \cos 6x + 6'',7 . \sin 6x. \end{aligned}$$

Für Irkuzk. 1829. Februar 27 bis März 11.

$$\begin{aligned} &+1'',5 - 1'',6 . \cos x + 78'',1 . \sin x - 6'',6 . \cos 2x + 84'',1 . \sin 2x \\ &+ 17'',3 . \cos 3x + 54'',2 . \sin 3x + 10'',0 . \cos 4x + 18'',2 . \sin 4x \\ &+ 5'',0 . \cos 5x - 11'',0 . \sin 5x - 10'',6 . \cos 6x + 3'',8 . \sin 6x. \end{aligned}$$

Für Jakuzk. 1829. April 8 bis April 19.

$$\begin{aligned} &+47'',4 + 35'',4 . \cos x + 248'',9 . \sin x - 7'',3 . \cos 2x + 230'',0 . \sin 2x \\ &+ 7'',2 . \cos 3x + 145'',7 . \sin 3x - 4'',0 . \cos 4x + 56'',5 . \sin 4x \\ &+ 24'',3 . \cos 5x + 4'',3 . \sin 5x + 8'',2 . \cos 6x - 26'',3 . \sin 6x. \end{aligned}$$

Für Ochozk. 1829. Mai 21 bis Juni 21.

$$\begin{aligned} &-31'',2 + 49'',0 . \cos x + 167'',9 . \sin x + 138'',8 . \cos 2x + 128'',3 . \sin 2x \\ &+ 47'',8 . \cos 3x + 20'',2 . \sin 3x - 51'',5 . \cos 4x - 6'',7 . \sin 4x \\ &- 28'',4 . \cos 5x + 23'',0 . \sin 5x - 2'',7 . \cos 6x - 21'',9 . \sin 6x. \end{aligned}$$

Für Sitcha. 1829. November 9 bis November 11.

$$-12'',8+259'',1.\cos x+26'',1.\sin x+65'',6.\cos 2x+46'',0.\sin 2x$$
$$+205'',9.\cos 3x+136'',7.\sin 3x-23'',2.\cos 4x-28'',9.\sin 4x$$
$$-16'',9.\cos 5x+176'',3.\sin 5x+20'',1.\cos 6x-11'',8.\sin 6x.$$

Für San Francisco. 1829. December 20 bis December 21.

$$-44'',3+17'',0.\cos x+80'',6.\sin x-10'',1.\cos 2x+55'',6.\sin 2x$$
$$-17'',0.\cos 3x+59'',0.\sin 3x-0'',2.\cos 4x+43'',2.\sin 4x$$
$$-20'',1.\cos 5x-18'',3.\sin 5x-16'',7.\cos 6x+14'',8.\sin 6x.$$

Für Rio-Janeiro. 1830. Mai 24 bis Juni 14.

$$-0'',3-25'',4.\cos x+18'',9.\sin x-0'',7.\cos 2x-18'',9.\sin 2x$$
$$+9'',7.\cos 3x-33'',1.\sin 3x+11'',0.\cos 4x-23'',4.\sin 4x$$
$$-3'',9.\cos 5x-25'',9.\sin 5x-8'',6.\cos 6x+6'',7.\sin 6x.$$

Vergleichungen mit den Resultaten ähnlicher Beobachtungen an andern Orten dürften vielleicht durch diese Ausdrücke für die meinigen erleichtert werden; die folgenden Angaben sind indessen nicht auf denselben begründet, sondern theils unmittelbar auf den vorstehenden Zahlenreihen (Seite 496 bis 510.) theils auf einer blofs graphischen Interpolation dieser letzteren.

Zur Bestimmung des mittleren Werthes der zufälligen Declinationsveränderungen an den einzelnen Orten, (u, Seite 493.) habe ich von jeder oben angegebenen Beobachtung über den Stand der Gambey'schen Nadel, denjenigen Werth, $m+F(h)$, abgezogen welchen die Zahlenreihe mit der Ueberschrift: Mittel, für denselben Augenblick ergiebt, nachdem ihr, allgemein zu reden, noch die mit αd bezeichnete Correction wegen der progressiven Declinationsänderung hinzugefügt worden war. — Wenn n solcher Unterschiede an einem Orte bestimmt waren habe ich dann $U=\sqrt{\frac{\Sigma u^2}{n}}$ für den mittleren Werth der zufälligen Declinationsveränderung an denselben angenommen, das von der Anzahl und der Vertheilung der Beobachtungen abhängige Gewicht dieser Bestimmung aber nicht weiter berücksichtigt.

In diesem Sinne war nun:

in Petersburg. 1828. Juni 12 bis Juni 15.

$U=1',5$ bei $n=33.$

Die gröfsten Werthe waren

Juni 12 13^h u = + 2',6

Juni 14 13 u = — 2',6.

Es darf aber, wie sich von selbst versteht nicht angenommen werden, weder in diesem noch in den hier nächst zu nennenden ähnlichen Fällen, dafs an nur zwei Tagen alle Umstände wirklich vorgekommen seien welche, für den Ort und die Jahreszeit der Beobachtung, die gröfsten Unregelmäfsigkeiten hervorbringen. — Uebrigens war

von Juni 12 0^h bis Juni 13 2^h heller Himmel.

und von Juni 14 11^h bis Juni 15 2^h ganz trübes Wetter.

In Moskau 1828. Juli 25 bis Juli 28.

U = 1',4 bei n = 13.

Der gröfste Werth war:

Juli 26 1^h u = — 2',5

während der Beobachtungen war durchgängig heller Himmel.

In Jekatarinburg 1828. August 31. bis September 2.

U = 2',4 bei n = 4

da für die Stunden in denen nur einmal beobachtet worden, natürlich nicht verglichen wurde.

Der gröfste Werth war

September 2 2^h u = — 3',6.

An den drei Beobachtungstagen war: heller Himmel.

In Tobolsk 1828. November 5 bis November 18 *).

U = 1',6 bei n = 87.

*) Diese Beobachtungen stehen auf Seite 505 und 506. anstatt unmittelbar auf die in Jekatarinburg zu folgen, weil durch ein Versehen beim Drucke, die Beobachtungen bei Rio-Janeiro mit pag. 503 und 504. bezeichnet worden sind.

Die gröſsten Werthe waren:

November 11 10^h u = — 5',8

wobei ein Nordlichtsbogen gesehen wurde, der seinen Scheitel fast in dem magnetischen Ost-Punkte hatte, wegen neblicher Luft aber nur schwach schien. (Vergl. diesen Berichtes Abth. I. Bd. I. pag. 524.)

November 11 22^h u = — 7',1

November 9 7^h u = — 5',6.

Um 6^h 50' war auch die Nadel ohne bekannte Ursache, in starke Schwingung gerathen; 15' später, als sich der bis dahin bedeckte Himmel aufhellte, war nichts Nordlicht-artiges zu sehen.

An allen andren Tagen waren die Unterschiede (u) ihrem angegebenen mittleren Werthe (U) ziemlich nahe.

In Irkuzk 1829. Februar 27 bis März 11.

U = 1',7 bei n = 101.

Der gröſste Werth war:

März 10. 21^h u = — 3',9.

März 7. um 16^h 28' W. Zt. war in Irkuzk ein Erdbeben ohne daſs, weder 2 Stunden später noch auch im Laufe des vorhergehenden und des folgenden Tages, die Werthe von u merklich stärker als der mittlere wurden. (Vergl. diesen Ber. Abth. I. Bd. 2. pag. 179.) Während der ganzen Dauer der Beobachtungen war der Himmel meist hell und die wärmende Wirkung der Sonne durch Trockenheit der Luft auffallend begünstigt.

Von Februar 27 bis März 1. 7^h befanden sich Magnete in der Nähe der Nadel, von denen einige um Februar 28. 22^h, die übrigen um März 1. 7^h entfernt wurden. Die Ablenkung gegen Osten welche das Nord-Ende der Nadel respektive von allen und von den zuletzt entfernten erfahren hatte, habe ich mit x und y bezeichnet und die Werthe dieser Gröſsen zugleich mit dem von α (oben Seite 494) bestimmt. Namentlich fand sich:

$$x = + 8' \; 6'',7$$
$$y = - 4' \; 36'',7.$$

In Jakuzk 1829. April 8 bis April 19.

$U = 3',5$ bei $n = 88$.

Die gröfsten Werthe waren:

April 15. 18^h $u = + 12',0$
April 10. 22^h $u = - \; 9',8$
April 18. 22^h $u = + \; 9',0$.

Es war bewölkter Himmel von April 8. 12^h bis April 9. 0^h; und von April 12. 20^h bis April 14. 6^h, und heller Himmel während der übrigen Beobachtungszeit.

Des Nachts verminderte sich die Lufttemperatur gewöhnlich bis zu $- 17°$ R. und wuchs meistens am Tage (zwischen 2^h und 3^h) bis zu $+ 1°,5$.

In Ochozk 1829. Mai 21 bis Juni 21.

$U = 2',6$ bei $n = 138$

Die gröfsten Werthe waren:

Mai 31 4^h $u = + \; 8',7$
Juni 20 5^h $u = + 10',0$.

Der Himmel war abwechselnd: hell bei westlichen, oder bewölkt und neblich, bei östlichen Winden. Die Lufttemperatur änderte sich zwischen den Gränzen $- 1°$ und $+ 11°$ R. Von Nordlichtern wurde nichts bemerkt.

Auf Sitcha 1829. November 9 bis November 11.

Obgleich die Werthe von u wegen der geringen Dauer der Beobachtungen nicht bestimmt werden können, so ist doch sehr wahrscheinlich dafs sie aufserordentlich grofs gewesen sind, indem auch während der Nacht (Novbr. 9. 14^h bis 16^h) Declinationsveränderungen von mehr als 20′ vorkamen.

Ein Nordlicht von welchem, trotz neblicher Luft, die aufflammenden Säulen sehr hell leuchteten habe ich auf *Sitcha* sogleich nach den Beobachtungen über Declinationsveränderungen: November 12 um 10^h 30′ und in den folgenden Stunden, gesehen *).

Erst November 21. 24 und 25. hat Capitain Ross in 69°,67 Breite und 43°,4 östlich von *Sitcha*, andre ausgezeichnet helle Nordlichter, jedoch auch schon November 13 und 14. nordlichtähnliche Trübungen der Atmosphäre beobachtet, von denen man wohl einen Zusammenhang mit dem vorgenannten vermuthen und dadurch die unregelmäfsigen Bewegungen der Horizontalnadel auf *Sitcha* während unseres dortigen Aufenthaltes analoger finden dürfte. — Auch ist es bemerkenswerth dafs ich sowohl 1828 bei Tobolsk als auch 1829 in Nordamerika, Nordlichte und auffallende magnetische Unregelmäfsigkeiten gerade an den Tagen von November 9 bis 15 beobachtete, von welchen man seitdem erfahren hat, dafs sie durch die Erscheinungen der periodischen Sternschnuppen ausgezeichnet sind. Dieses Zusammentreffen hat man um so mehr zu beachten, als auch in spätern Jahren in Europa schon mehrmals starke Nordlichter, theils gleichzeitig mit den periodischen Sternschnuppen, theils anstatt derselben, in den Stunden wo man sie erwartete, gesehen worden sind.

---

*) Der Einflufs desselben auf die Inclination und Intensität der magnetischen Kraft scheint nach den früher mitgetheilten Zahlen (oben Seite 208 und 209) äufserst gering und demnach ganz verschieden gewesen zu sein von dem des Nordlichts das ich in Beresow beobachtete und durch welches sich

die Inclination um 6′,92 vermehrt

und die Horizontal-Intensität um 0,00492 bis 0,00364 vermindert fand, (oben Seite 137 und 138).

Bei San Francisco 1829. December 20 bis December 22.

Der Himmel war dicht bewölkt, während der ganzen Dauer der Beobachtungen.

Bei Rio-Janeiro 1830. Mai 24 bis Juni 14. **)

U = 1',0 bei n = 125.

Die gröfsten Werthe waren:

Mai 31 20^h u = + 2',1

Juni 10 21^h u = − 2',9.

Von Mai 27 bis Juni 2 war das Wetter trübe mit zum Theil sehr reichlichen Regenschauern, in der übrigen Zeit war meist ganz unbewölkter Himmel.

**) Die Beobachtungen stehen unter pag. 503 und 504 (siehe die Anmerkung zu Seite 515.)

Durch Interpolation derjenigen unter den vorstehenden Zahlenreihen welche die mittleren oder periodischen Declinationsveränderungen an einzelnen Orten darstellen, (Seite 496 bis 510) ergeben sich ferner die folgenden Resultate über den jedesmaligen Betrag dieser periodischen Veränderungen und über die Tageszeiten für die östlichste und die westlichste Lage des magnetischen Meridianes.

		Betrag der periodischen Declinationsveränderungen.	Wahre Zeit für die östlichste Lage des magnetischen Meridianes	Mittlere Zeit für die östlichste Lage des magnetischen Meridianes	Wahre Zeit für die westlichste Lage des magnetischen Meridianes	Mittlere Zeit für die westlichste Lage des magnetischen Meridianes	
1828.	Juni 13. . .	16′ 2″	19^h 12′	19^h 12′	2^h 7′	2^h 7′	Petersburg.
—	Juli 26. . .	16 53	19 15	19 21	1 55	2 1	Moskau.
—	Septbr. 1. .	11 22	19 40	19 40	1 55	1 55	Jekatarinburg.
—	Novbr. 12. .	5 28	10 0 20 44	9 44 20 28	1 58	1 42	Tobolsk.
1829.	März 5. . .	8 36	20 58	21 10	2 27	2 39	Irkuzk.
—	April 13. . .	19 30	21 12	12 13	2 50	2 51	Jakuzk.
—	Juni 6. . .	14 6	(19 5	19 3)	2 14	2 12	Ochozk.
—	Novbr. 10. .	(15 30)	(19 18	19 2)	(1 50	1 34)	Sitcha.
—	Decbr. 20. .	6 28	(21 48	21 46)	2 50	2 48	San Francisco.
1830.	Juni 4. . . .	3 11	2 10	2 8	(22 50	22 48)	Rio-Janeiro.

Ich habe hier durch ( ) diejenigen Angaben ausgezeichnet welche vermöge der Vertheilung der Beobachtungen aus denen sie hervorgehen, beträchtlich geringere Sicherheit als die übrigen besitzen. Man sieht aber nach den übrigen dafs in der Nordhalbkugel der Erde

eine zwischen 19ʰ 12′ und 21ʰ 12′ gelegene Stunde überall eine östlichste, und
. . . 1ʰ 53′ . 2ʰ 50′ gelegene Stunde überall eine westlichste
Lage des magnetischen Meridians herbeigeführt hat.

Ein zweites östliches Maximum welches sich noch aufser dem genannten, in fast allen Beobachtungsreihen zeigt, ist bei der im Winter (November) in Tobolsk erhaltenen, von stärkerem Betrage als jenes erstere.

In der Südhalbkugel der Erde (bei Rio-Janeiro) war die Bedeutung der Stunden 20ʰ-23ʰ und 2ʰ 12′ die umgekehrte von der ihnen bei nördlicher Breite zukommenden, indem die erstere die westlichste, die zweite die östlichste Lage des Nordendes der Horizontalnadel herbeiführte.

Der Betrag der von mir beobachteten Declinationsveränderungen ist, zu Folge der hinlänglich sicheren Reihen, im April am stärksten gewesen (Jakuzk), und im November am schwächsten (Tobolsk) wobei aber zu bemerken ist dafs von December nur die, nicht lange genug fortgesetzten, Beobachtungen in San Francisco vorkommen.

Herr Professor Hansteen hatte aus den Beobachtnngen über periodische Declinationsveränderungen welche bis zum Jahre 1819 in Stockholm, in London und in Paris angestellt worden waren, geschlossen, dafs deren Resultate sowohl in Ansehung des, in den einzelnen Monaten verschiedenen Betrages der Oscillationen, als auch der Zeit des täglichen Maximum und Minimum der Westdeclination sehr nahe übereinstimmten, indem sie für die erstere etwa 2ᵘ für die andere etwa 20ᵘ angäben *). — Er bemerkte aber dafs man alle diese Europäischen Beobachtungen, hinsichtlich der Gröfse der ganzen Erdoberfläche, fast als an demselben Punkte angestellt zu betrachten habe, und dafs es um so nothwendiger sei die Gröfse und Beschaffenheit der periodischen Declinationsveränderungen an weiter von einander entfernten Orten zu untersuchen, als unter den damals vorhandenen Wahrnehmungen von Reisenden mehrere anzudeuten schienen dafs, sowohl

*) Hansteen, Magnetismus der Erde u. s. w. Christiania 1819. 4to. Thl. I. pag. 451, 460. —

die Gröfse dieser Oscilalionen als auch und vorzüglich die Zeiten der Maxima, aufserhalb Europa ganz verschieden seien von den für Europa gültigen. — Es ist demnach nicht unwichtig, dafs wir nun an Orten der nördlichen Halbkugel, welche respektive um etwa 27°,95 35°,25 58°,23 65°,92 101°,99 127°,41 140°,85 222°,24 und 235°,25 östlich von Paris liegen, die Tageszeiten für das Maximum und Minimum der Westabweichung, innerhalb der Unsicherheit ihrer Bestimmungen, ganz ebenso wie sie für Europa bekannt waren
und an einem um 314°,58 O. von Paris in der südlichen Halbkugel gelegenen Punkte, für dieselben Tageszeiten eine, nur ihrem Vorzeichen nach verschiedene Bedeutung, gefunden haben. —

Mehrere neuere Bestätigungen dieser zwei Thatsachen wird man aus den Beobachtungen über periodische Declinationsveränderungen während der Reisen der Capitaine Duperrey und Freycinet, welche in Becquerel traité de l'électricité, tome VI. abgedruckt sind, leicht entnehmen können. Ich werde aber hier zu vollständigerer Vergleichung des Ganges dieser periodischen Erscheinungen unter verschiedenen Meridianen und bei sehr verschiedenen Werthen der magnetischen Horizontalintensität, die Resultate aus den obigen Zahlenreihen mit denjenigen zusammenstellen welche ich aus den vortrefflichen Beobachtungen Russischer Bergwerks-Ingenieure, über Declinationsveränderungen in Petersburg und in Jekatarinburg während der Jahre 1837 und 1838 und in Barnaul während des Jahres 1838, gezogen habe.

Zu diesem Zwecke habe ich aus den auf die gewöhnliche Kreistheilung reduzirten Angaben welche das: Annuaire magnet. et météorol. du corps des ingen. des mines de Russie etc. années 1837 et 1838. 4° Petersburg 1839 und 1840., über die Declinationen enthält welche an den genannten Orten täglich zwischen 20^h und 10^h von 2 zu 2 Stunden statt fanden, zuerst, für einen jeden derselben und für eine jede Beobachtungsstunde, ein monatliches Mittel gebildet, sodann aber, um diese Resultate für die verschiedenen Orte vergleichbar zu machen, von einer jeden dieser Zahlen das zu demselben Jahrgange und Orte gehörige Mittel aller Beobachtungen abgezogen. Es wurde auf diese Weise die Abweichung von der mittleren jährlichen Declination (die ich westlich, positiv nehme) wenn man unter h die ganzen Zahlen 0 1 ... 5 so wie 10 und 11, und unter m die ganzen Zahlen 1 bis 12 versteht, allgemein für jede 2 hte Tagesstunde und jeden mten Monat aus je 28 bis 31 Beobachtungen erhalten, und zwar eine jede für:

Petersburg 1837
- - - 1838
Jekaterinburg 1837
- - - 1838
Barnaul . . . 1838.

Diese fünf Werthe zeigten sich aber, in sofern sie zu gleichen Momenten gehörten, meist so übereinstimmend dafs es mir genügend schien hier anstatt der einzelnen nur die Mittel aus denselben zu benutzen. Ist nun: z^{2h}_m eine der auf diese Weise erhaltenen Zahlen, und, wie früher, f(2h) eine aus meinen obigen Zahlenreihen entnommene, so habe ich, um beide von übereinstimmenden Anfangspunkten an zu zählen, anstatt der ersteren die Gröfse:

$$z^{2h}_m - \tfrac{1}{8}\,\Sigma\, z^{2h}_m = z^{2h}_m - s_m$$

und anstatt der anderen

$$f(2h) - \tfrac{1}{8}\,\Sigma\, f(2h)$$

angesetzt, wobei in beiden Fällen die angedeutete Summation nur nach h und zwar mit h nach einander = 0, 1 ... 5, 10, 11, ausgeführt wurde. — In der folgenden Tafel, welche die auf diese Weise erhaltenen Abweichungen der einzelnen Declinationen von dem jedesmaligen Tagesmittel für die Jahreszeit der Beobachtung d. h. von s_m angiebt, habe ich auch die Werthe dieser Tagesmittel selbst oder die Gröfse s_m hinzugefügt. Man erhält daher die jedesmalige Abweichung von der mittleren jährlichen Declination wenn man zu einer Angabe der Tafel, den mit ihr in gleicher Reihe stehenden Werth von s_m hinzugefügt. Unter Russ. Beob. ist im Folgenden immer ein auf diese Weise erhaltenes Resultat aus dem annuaire magn. et météorol. verstanden, während die aus meinen oben abgedruckten Beob. gefolgerten, durch Angabe des Ortes und des Jahres für welches sie gelten, kenntlich sind. Es ist daher nur noch zu bemerken dafs ich, weil die Russ. Beob. für Mittlere meine oben abgedruckten als für Wahre Zeit des Beobachtungsortes gelten, die letzteren, für Monate in denen die Zeitgleichung einen wahrnehmbaren Einflufs haben konnte, durch graphische Interpolation, von 0^h 2^h u. s. w. W. Zt. auf gleich benannte Mittlere Zeiten reduzirt habe, und dafs die in Klammern eingeschlossenen Zahlen für die Stunden 12^h bis 18^h für die Russ. Beob. nicht direkt wahrgenommen, sondern zu Folge meiner, für gleiche Stunden gefundenen, Resultate ergänzt sind.

Abweichung der einzelnen Declinationen von dem jedesmaligen Tagesmittel oder von s_m.

(westlich positiv.)

Mittl. Zeit.	0h	2h	4h	6h	8h	10h	12h	14h	16h	18h	20h	22h	s_m	
Jan. 15.	+0′33″	+2′ 5″	+1′33″	+0′50″	−1′ 9″	−2′11″	(−1′18″	+0′ 2″	+0′27″	+0′15″)	−0′28″	−1′13″	+1′45″	Russ. Beob.
Febr. 14.	+0 53	+2 54	+1 35	+0 59	−0 28	−2 46	(−2 7	0 0	+0 10	+0 10)	−2 11	−1 55	+0 18	Russ. Beob.
März 5.	+0 13	+4 9	+0 55	+0 24	+0 34	−0 30	−0 9	−0 4	−0 4	+0 6	−2 46	−2 48	....	Irkusk 1829.
März 15.	+1 25	+5 27	+3 45	+1 2	−0 36	−1 59	(−0 49	−0 24	−0 41	−0 50)	−4 59	−4 13	+0 19	Russ. Beob.
April 8.	−0 4	+7 20	+6 33	+1 0	+0 8	−0 34	−2 22	−1 12	−2 9	−3 6	−5 42	−8 42	....	Jakusk 1829.
April 15.	+0 34	+6 51	+5 25	+1 34	−0 12	−0 49	(−3 0	−1 20	−2 40	−4 14)	−6 50	−6 35	−0 27	Russ. Beob.
Mai 15.	+1 58	+6 22	+5 14	+0 46	−0 51	−1 10	(−3 49	−1 41	−2 58	−6 51)	−7 25	−4 53	−0 7	Russ. Beob.
Juni 7.	+2 16	+5 38	+2 7	−1 48	−1 8	+0 35	−1 3	+0 8	−1 22	−6 58	−5 50	−2 2	....	Ochozk 1829.
Juni 13.	+2 4	+7 8	+5 43	+0 48	−2 1	−0 43	−4 38	−2 2	−3 17	−7 23	−8 34	−4 21	....	Petersburg 1828.
Juni 15.	+2 16	+6 25	+5 10	+0 58	−0 37	−0 38	(−4 38	−2 2	−3 17	−7 23)	−8 34	−5 1	+1 25	Russ. Beob.
Juli 15.	+3 7	+6 37	+2 41	+0 52	−0 4	−2 31	...	....	....	....	−9 41	−0 59	....	Moskau 1828.
Juli 26.	+2 13	+6 1	+4 41	+0 58	−0 20	+0 6	(−3 59	−1 35	−2 23	−7 8	−8 24	−4 40	+1 52	Russ. Beob.
Aug. 15.	+2 35	+6 30	+4 13	+0 2	−0 22	−0 58	(−3 20	−1 8	−1 27	−5 37)	−6 58	−5 1	+1 1	Russ. Beob.
Sept. 1.	+0 15	+3 47	+1 45	+0 35	−0 21	−1 1	....	....	....	....	−7 27	−3 27	....	Jekatarinb. 1828.
Sept. 15.	+2 30	+5 21	+2 52	+0 14	−1 7	−1 49	(−2 41	−0 41	−0 32	−3 37)	−5 4	−2 59	+0 32	Russ. Beob.
Oct. 15.	+1 26	+3 56	+2 11	+0 58	−1 42	−2 27	(−2 1	−0 14	+0 25	−1 20)	−2 53	−2 28	−0 14	Russ. Beob.
Nov. 12.	+1 29	+2 30	+1 42	+0 13	−1 4	−2 42	(−1 8	+0 16	+1 1	+0 39	−1 0	−0 56	....	Tobolsk 1828.
Nov. 15.	+1 17	+2 2	+1 5	+0 8	−1 0	−2 37	(−1 15	+0 12	+0 57	+0 30)	−0 33	−0 21	−2 5	Russ. Beob.
Dec. 15.	+1 1	+2 0	+0 55	+0 9	−1 16	−3 2	(−1 56	+0 5	+0 42	+0 20)	+0 2	+0 10	−2 10	Russ. Beob.

Die Abweichungen von der mittleren jährlichen Declination ergeben sich wenn man zu den Zahlen der vorstehenden Tafel den jedesmaligen Werth von S_m addirt.

Es ist vorzüglich die genügende Continuität der Zahlen, in den Vertikalreihen dieser Zusammenstellung von Beobachtungen an sehr verschiedenen Orten, sodann aber auch die Vergleichung derselben mit den zuvor erwähnten älteren europäischen Beobachtungen von Celsius, Wilke, Canton, Cassini und v. Humboldt, so wie der neuesten der Capitaine Duperrey und Freycinet, die mich veranlafst haben, bei der Reduction meiner einzelnen Declinationsbeobachtungen auf mittlere Declinationen, die oben (Seite 490) genannten Grundsätze als der Wirklichkeit hinlänglich angenähert zu betrachten. Bis jetzt scheinen mir solche Vergleichungen namentlich auch der oben unter 3) erwähnten Ansicht von Herrn Professor Hansteen*) nicht ungünstig, nach welcher der Betrag der täglichen Variationen zwar zunächst von dem Stundenwinkel und von der Länge der Sonne, sodann aber noch von der Länge der Mondsknoten abhängen und daher an eine etwa 19jährige Periode gebunden sein würde. Von den Jahren 1829 und 1838 hätte man indessen, auch wenn dieses statt fände, einen nahe gleich starken und namentlich etwa mittleren Betrag der Declinationsvariationen zu erwarten, und dürfte daher auch dann noch, die Resultate der Russischen Beobachtungen für 1838, zur Reduction einzelner Declinationsmessungen aus den Jahren 1828 bis 1830 anwenden. Ich habe demnach auch, grade auf diese ebengenannte Weise, aus meinen Declinationsmessungen mittlere jährliche Declinationen abgeleitet, jedoch mit Ausnahme der zwischen + 23°,5 und — 23°,5 Breite beobachteten, welche auch in der folgenden Zusammenstellung von Resultaten, ohne jede Reduction aufgenommen sind. Die bis jetzt vorhandenen Wahrnehmungen über Declinationsvariationen zwischen den Wendekreisen scheinen nämlich nur zu beweisen dafs dieselben dort kaum über halb so grofs sind als aufserhalb der Tropen; da aber die Abhängigkeit des Betrages der Declinationsvariationen von den Jahreszeiten für diese Zone noch nicht genugsam bekannt ist, so schien mir vorläufig die Auslassung ihres Einflusses kaum weniger zweckmäfsig als irgend eine willkürliche Annahme über denselben. — Ueber die Reduction aller meiner

---

*) Hansteen, Magnetismus der Erde u. s. w. pag 457.

übrigen Declinationsmessungen auf mittlere jährliche Werthe habe ich daher nur noch zu bemerken, dass die als Russische Beobachtungen bezeichneten Zahlen der vorstehenden Tafel dabei so angewendet worden sind, daſs man jeder zu einerlei Monat gehörigen Reihe derselben, eine Interpolationsformel von der Form:

$$m + \alpha \cos x + \beta \sin x + \gamma \cos 2x + \delta \sin 2x + \varepsilon \cos 3x + \zeta \sin 3x$$

möglichst nahe anschloſs, und dann aus dieser die zu den einzelnen Stunden M. Zt. gehörigen Werthe der Declinationsvariationen berechnete. Die zu den Momenten meiner Beobachtungen gehörigen Reductionen sind endlich aus dieser vollständigeren Tafel entnommen worden, indem dabei für Orte in der südlichen Halbkugel die oben (Seite 490) angegebene Aenderung des Argumentes und des Vorzeichens der Reduction gebraucht wurden. Die Constanten m, α, β... haben sich aber namentlich folgendermaſsen ergeben:

	m	α	β	γ	δ	ε	ζ
Januar..	+102″	+ 54″	+ 15″	− 27″	+ 70″	+ 1″	+ 5″
Februar.	+ 4	+ 61	+ 46	− 28	+104	+ 33	+ 12
März ...	+ 5	+ 54	+135	+ 11	+173	+ 22	+ 62
April ...	− 83	+ 64	+256	+ 14	+199	+ 21	+ 82
Mai.....	− 83	+104	+264	+ 65	+182	+ 42	+ 42
Juni	− 2	+107	+290	+ 71	+184	+ 64	+ 45
Juli.....	+ 40	+ 82	+275	+ 76	+175	+ 72	+ 43
August..	+ 3	+ 85	+221	+ 79	+187	+ 69	+ 60
Septbr. .	− 6	+ 91	+139	+ 51	+156	+ 57	+ 34
October.	− 35	+ 75	+ 69	+ 2	+137	+ 29	+ 9
Novbr...	−123	+ 64	− 10	− 12	+ 76	+ 36	− 1
Decbr...	−134	+ 82	− 18	− 20	+ 68	+ 14	− 11

In der nun folgenden Tafel von magnetischen Resultaten für die Jahre 1828 bis 1830 findet man alle diejenigen vereinigt welche sich aus meinen, in dem gegenwärtigen und in dem 1sten Bande der physikal. Abtheilung meines Reiseberichtes abgedruckten, Beobachtungen ergeben, und zwar in derjenigen Form, welche ihre Vergleichung mit der Theorie des Erdmagnetismus möglichst erleichtert. Es ist defshalb an allen Orten, für welche meine Beobachtungen dazu hinreichten, sowohl die Horizontal-componente der erdmagnetischen Kraft als auch die ganze Intensität derselben angesetzt worden. — Die Zerlegung der Horizontalintensität in eine Oestliche und eine Nördliche Componente hätte nur für eine verhältnifsmäfsig kleine Anzahl von Orten ausgeführt werden können, ohne zuvor aus den Declinationen für mehrere einander nahe gelegene Punkte die für einen anderen ihnen nahen zu interpoliren. Dieses würde zwar jetzt, wenn man die schon so bedeutend angenäherten Constanten der Gaufs'schen Theorie des Erdmagnetismus anwendete, ohne beträchtlichen Verlust an Wahrscheinlichkeit der Resultates geschehen können. Ich habe aber dennoch den unmittelbaren Ergebnissen meiner Beobachtungen dergleichen interpolirte Werthe um so weniger hinzufügen wollen, als man dergleichen, wenn man sie bei künftigen Anwendungen der folgenden Zahlen gebrauchen sollte, mit Leichtigkeit aus ihnen ableiten wird.

Resultate über den Magnetismus der Erde,

nach A. Erman's Beobachtungen in den Jahren 1828 bis 1830.

Mittlere Zeit des Orts.	Orte.	Länge östlich von Paris.	Breite.	Mittlere Declination.	Inclination.	Horizontal- Intensität.	Ganze Intensität.
1828.							
Juni 2 2h 22′	Petersburg	27° 57′ 28″	59° 56′ 29″	6° 49′,7 W.	. . . . . .	. . . . . .	. . . . . .
Juni 2 23 5	daselbst	27 57 28	59 56 29	. . . . . .	71° 4′,48 A. .	0,46015 C. . 0,46052 C. .	1,41875 1,41989
Juni 3 1 52	daselbst	28 0 58	59 58 31	6 55,3 W.	. . . . . .	. . . . . .	. . . . . .
Juni 3 4 52	daselbst	28 0 58	59 58 31	. . . . . .	71 8,15 A. .	0,45666 C. .	1,41238
Juni 3 13 31	daselbst	28 0 58	59 58 31	6 48,4 W.	. . . . . .	. . . . . .	. . . . . .
Juli 2 7 48	daselbst	27 57 33	59 56 23	. . . . . .	. . . . . .	0.46044 C. . 0,46022 P. .	. . . . . .
Juli 11 4 38	Tosna	28 23	59 31	. . . . . .	. . . . . .	0.45805 C. . 0,45537 C. .	. . . . . .
Juli 11 20 0	Pomorania	28 56	59 20	. . . . . .	71 0,58 B. .	0,46457 C. .	1,42765
Juli 12 20 30	Nowgorod	28 58 38	58 31 4	. . . . . .	70 26,10 B. .	0,47222 C. .	1,41013
Juli 13 0 37	daselbst	28 58 38	58 31 4	6 20,8 W.	. . . . . .	. . . . . .	. . . . . .
Juli 13 2 8	daselbst	28 58 38	58 31 4	6 21,9 W.	. . . . . .	. . . . . .	. . . . . .
Juli 13 17 1	Saizowa	29 45	58 21	. . . . . .	. . . . . .	0,46168 C. .	. . . . . .

Juli	14	17	59	Waldai	30	55		57	56		. . . . . .	69 58,32 A. .	0,48612 C. .	1,41942
Juli	15	17	54	Wuischnji Wolotschok .	32	20		57	37		. . . . . .	69 51,62 A. .	0,49014 C. . 0,48919 C. .	1,42353 1,42078
Juli	16	20	36	Torjok	32	42	15	57	2	9	. . . . . .	. . . . . .	0,50419 C. .	. . . . .
Juli	17	19	17	Twer	33	36	21	56	51	44	. . . . . .	68 31,45 B. .	0,51382 C. .	1,40347
Juli	21	0	14	Moskwa	35	15	22	55	46	31	2 52,1 W.	. . . . . .	. . . . . .	. . . . .
Juli	22	22	47	daselbst	35	17	54	55	45	13	3 5,1 W.	. . . . . .	. . . . . .	. . . . .
Juli	23	1	48	daselbst	35	17	54	55	45	13	. . . . . .	68 55,83 A. . 68 60,70 B. .	0,50576 C. .	1,40944
Juli	23	9	48	daselbst	35	17	54	55	45	13	2 58,9 W.	. . . . . .	. . . . . .	. . . . .
Juli	29	5	39	Nowaja Derewnja . .	35	36		55	46		. . . . . .	. . . . . .	0,50965 C. .	. . . . .
Juli	29	17	59	Bogorodsk	36	3	13	55	46	56	3 24,9 W.	. . . . . .	. . . . . .	. . . . .
Juli	30	2	56	Platowa	36	23		55	47		. . . . . .	68 25,34 A. .	0,51252 C. .	1,39361
Juli	31	18	0	Dmitrewsk	37	45		56	0		. . . . . .	68 8,96 B. .	0,54569 C. .	1,46617
Aug.	1	23	0	10 Werst nach Sudogda	38	31	23	55	57	0	1 22,7 W.	. . . . . .	. . . . . .	. . . . .
Aug.	2	21	43	Murom	39	16		55	34		. . . . . .	. . . . . .	0,53907 C. .	. . . . .
Aug.	3	11	28	Osablikowo	40	6	4	55	54	30	0 15,4 W.	. . . . . .	. . . . . .	. . . . .
Aug.	3	18	30	daselbst	40	6	4	55	54	30	. . . . . .	68 15,34 B. .	. . . . . .	. . . . .

Mittlere Zeit des Orts.	Orte.	Länge östlich von Paris.	Breite.	Mittlere Declination.	Inclination.	Horizontal- Intensität.	Ganze Intensität.
1828.							
Aug. 4 7h 11′	Aleschnowo	40° 50′	56° 4′	. . . . . .	. . . . . .	0,52535 C. .	. . . . .
Aug. 4 21 34	Doskino	41 14 12″	56 9 15″	0° 23′,4 O.	. . . . . .	. . . . . .	. . . . .
Aug. 4 21 57	daselbst	41 14 12	56 9 15	. . . . . .	68°58′,73 A. .	0,51765 C. .	1,44308
Aug. 8 1 20	Nijnei Nowgorod . .	41 36 40	56 19 20	. . . . . .	68 41,08 A. .	0,52398 C. .	1,44148
Aug. 8 1 41	daselbst	41 36 40	56 19 20	0 52,6 O.	. . . . . .	. . . . . .	. . . . .
Aug. 9 21 31	Poljana	42 23	56 2	. . . . . .	. . . . . .	0,51241 C. . 0,51355 C. .	. . . . .
Aug. 10 11 49	Tschugunúi	43 19 48	56 6 24	1 27,0 O.	. . . . . .	. . . . . .	. . . . .
Aug. 10 19 7	daselbst	43 19 48	56 6 24	. . . . . .	68 38,90 B. .	0,52947 C. .	1,45422
Aug. 11 4 25	Emuingasch	44 6	56 11	. . . . . .	. . . . . .	0,52186 C. .	. . . . .
Aug. 11 23 22	Tscheboksar	44 58	56 10	. . . . . .	. . . . . .	0,52112 C. .	. . . . .
Aug. 12 11 21	Angikowa	45 49	55 44	1 37,4 O.	. . . . . .	. . . . . .	. . . . .
Aug. 12 20 33	daselbst	45 49	55 44	. . . . . .	68 35,20 B. .	0,53011 C. .	1,45198
Aug. 15 10 25	Kasan	46 47	55 47 50	2 21,6 O.	. . . . . .	. . . . . .	. . . . .

Aug.	15	22	8	Kasan	46	47	9	55	47	50	. . . . .	68 21,39 A. .	0,53147 C. .	1,44096
Aug.	20	10	10	Mitjeschka	47	33	40	56	13	0	2 43,2 O.	. . . . . .	. . . . . .	. . . . . .
Aug.	20	20	43	daselbst	47	33	40	56	13	0	. . . . .	68 45,57 B. .	0,52984 C. .	1,46250
Aug.	21	20	5	Milet	48	18		56	40		. . . . .	68 41,61 A. .	0,53411 C. .	1,46993
Aug.	22	19	34	Kojil	49	5		57	12		. . . . .	68 18,19 B.	0,52669 C. .	1,42465
Aug.	23	20	10	Suri	50	44		57	33		. . . . .	70 20,37 A. .	0,49677 C. .	1,47653
Aug.	24	9	54	Dubrowa	52	10		57	42		6 0,2 O.	. . . . . .	. . . . . .	. . . . . .
Aug.	24	20	11	daselbst	52	10		57	42		. . . . .	69 52,42 B. .	0,51191 C. .	1,48770
Aug.	25	13	59	Perm	53	53	32	58	1	14	6° 19',9 O.	. . . . . .	. . . . . .	. . . . . .
Aug.	26	14	11	daselbst	53	53	32	58	1	14	6 21,4 O.	. . . . . .	. . . . . .	. . . . . .
Aug.	27	6	40	daselbst	53	53	32	58	1	14	. . . . .	70 1,88 B. .	0,50893 C. .	1,49026
Aug.	28	19	44	Kruilasowo	54	17	14	57	33	45	. . . . .	70 0,59 A. .	0,52222 C. .	1,52758
Aug.	28	20	21	daselbst	54	17	14	57	33	45	6 10,2 O.	. . . . . .	. . . . . .	. . . . . .
Aug.	29	6	58	Slatoustowo	54	57		57	1		. . . . .	. . . . . .	0,52824 C. .	. . . . . .
Aug.	29	10	7	Buikowa.	55	6		56	53		7 11,2 O.	. . . . . .	. . . . . .	. . . . . .
Aug.	29	19	27	daselbst	55	6		56	53		. . . . .	69 50.18 B. .	0,52253 C. .	1,51588
Aug.	30	9	34	Kirgischansk	56	45	50	56	50	30	6 40,5 O.	. . . . . .	. . . . . .	. . . . . .

Mittlere Zeit des Orts.	Orte.	Länge östlich von Paris.	Breite.	Mittlere Declination.	Inclination.	Horizontal- Intensität.	Ganze Intensität.
1828.							
Aug. 30 19ʰ 2′	Kirgischansk	56° 45′ 50″	56° 50′ 30″	. . . . .	69° 47′,52 A. .	0,52904 C. .	1,53154
Aug. 31 10 11	Jekaterinburg	58 13 49	56 50 38	7° 22′,5 O.	. . . . .	. . . . .	. . . . .
Sept. 1 9 19	daselbst	58 13 49	56 50 38	7 24,1 O.	. . . . .	. . . . .	. . . . .
Sept. 3 6 57	daselbst	58 13 49	56 50 38	. . . . .	69 25,37 B. .	0,53128 C. .	1,51160
Sept. 25 5 45	daselbst	58 13 49	56 50 38	. . . . .	69 22,65 B. .	0,54020 C. .	1,53374
Sept. 5 21 32	Newjansk auf einem Serpentinfels	57 50	57 24	. . . . .	66 37,59 B. .	0,60998 C. .	1,53754
Sept. 8 8 55	Kuschwa	57 22 28	58 17 5	7 45,8 O.	. . . . .	. . . . .	. . . . .
Sept. 8 23 13	Magnetberg Blagodat .	57 26 38	58 16 58	68 1,7 O.	. . . . .	. . . . .	. . . . .
Sept. 11 9 44	Werchotura	58 25 41	58 52 19	8 47,6 O.	. . . . .	. . . . .	. . . . .
Sept. 12 4 59	daselbst	58 25 41	58 52 19	. . . . .	70 57,71 A. .	0,50191 C. .	1,53868
Sept. 15 6 1	Bogoslowsk	57 39	59 44 36	. . . . .	71 24,49 A. .	0,48648 C. .	1,52584
Sept. 17 2 10	Latinsker Gold- und Platin-Wäsche . . .	57 49	59 20	. . . . .	. . . . .	0,50232 C. .	. . . . .

Sept.	19	21	13	Kuschwa	57	22	28	58	17	5	. . . . .	70 50,90 B. .	0,49314 C. .	1,50316
Oct.	1	20	43	Bjelaika	59	33		56	49		. . . . .	69 29,38 A. .	0,52797 C. .	1,50687
Oct.	2	1	39	Kamuischlow	60	17		56	50		. . . . .	. . . . .	0,52762 C. .	. . . . .
Oct.	2	10	31	*Sugazk*	61	23	47	56	59	48	7 54,1 O.	. . . . .	. . . . .	. . . . .
Oct.	2	20	10	daselbst	61	23	47	56	59	48	. . . . .	69 35,30 B. .	0,52341 C. .	1,50075
Oct.	3	21	28	Tjumen	63	6	50	57	9	35	. . . . .	69 44,79 A. .	0,51970 C. .	1,50129
Oct.	3	22	4	daselbst	63	6	50	57	9	35	9 8,9 O.	. . . . .	. . . . .	. . . . .
Oct.	5	1	31	*Sosnowsk*	63	41		57	13		. . . . .	. . . . .	0,52243 C. .	. . . . .
Oct.	5	12	7	*Jujakowo*	64	45	59	57	31	50	9 13,8 O.	. . . . .	. . . . .	. . . . .
Oct.	5	20	5	daselbst	64	45	59	57	31	50	. . . . .	70 29,16 B. .	0,52187 C. .	1,56232
Oct.	7	0	12	Chutarbitka	65	38		57	58		. . . . .	70 14,76 A. .	0,51823 C. .	1,53332
Oct.	8	0	14	Tobolsk, untere Stadt .	65	55	41	58	11	24	. . . . .	71 6,64 B. .	0,50588 C. .	1,56261
Oct.	15	7	9	daselbst - - .	65	55	41	58	11	24	9 36,6 O.	. . . . .	. . . . .	. . . . .
Oct.	19	0	50	daselbst - - .	65	55	41	58	11	24	9 40,6 O.	. . . . .	. . . . .	. . . . .
Oct.	20	10	18	daselbst - - .	65	55	41	58	11	24	9 36,2 O.	. . . . .	. . . . .	. . . . .
Oct.	24	0	54	daselbst, obere Stadt .	65	55	41	58	11	40	9 46,5 O.	. . . . .	. . . . .	. . . . .
Nov.	4	6	41	daselbst, deutscher Kirchhof	65	56	18	58	12	15	9 54,8 O.	. . . . .	. . . . .	. . . . .

Mittlere Zeit des Orts.	Orte.	Länge östlich von Paris.	Breite.	Mittlere Declination.	Inclination.	Horizontal- Intensität.	Ganze Intensität.
1828.							
Nov. 22 21h 57′	Uwazk	66° 25′	59° 3′	. . . . . .	71°12′,48 A. .	0,50413 C. .	1,56500
Nov. 23 21 26	Tugalowsk	67 35	59 45	. . . . . .	72 26,23 B. .	0,47407 C. .	1,57107
Nov. 24 5 24	Denjikowo	67 35 19″	59 57 48″	10° 46′,8 O.	. . . . . .	. . . . . .	. . . . .
Nov. 24 6 11	daselbst	67 35 19	59 57 48	10 56,5 O.	. . . . . .	. . . . . .	. . . . .
Nov. 24 21 17	Sawodinsk	67 14	60 13	. . . . . .	72 45,18 A. .	0,46585 C. .	1,57122
Nov. 25 21 24	Samarowo	66 22	60 45	. . . . . .	73 6,78 B. .	0,45891 C. .	1,57981
Nov. 26 10 23	Jelisarowo	66 1 10	61 15 0	11 39,1 O.	. . . . . .	. . . . . .	. . . . .
Nov. 26 22 14	Kewaschinsk	65 25	61 37	. . . . . .	73 26,21 A. .	0,45047 C. .	1,58019
Nov. 27 23 9	Kondinsk	64 8	62 24	. . . . . .	73 41,86 B. .	0,44597 C. .	1,58875
Nov. 28 7 44	Schorkal	63 13 44	62 44 20	11 11,9 O.	. . . . . .	. . . . . .	. . . . .
Nov. 29 23 11	Kunduwansk	62 46	63 17	. . . . . .	74 3,31 A. .	0,43419 C. .	1,58055
Dec. 1 8 4	Beresow, bei Nordlicht	62 43 36	63 55 59	11 31,4 O.	. . . . . .	. . . . . .	. . . . .
Dec. 1 9 58	daselbst ebenso . .	62 43 36	63 55 59	. . . . . .	. . . . . .	0,40641 C. .	. . . . .

Dec.	1	22	10	daselbst ebenso . .	62	43	36	63	55	59	. . .	. . .	75	0,82 B. .	0,40770 C. .	1,57652
Dec.	2	21	53	daselbst	62	43	36	63	55	59	. . .	. . .	74	53,90 A. .	0,41133 C. .	1,57882
Dec.	19*)	11	10	daselbst	62	43	36	63	55	59	11	46,5 O.	. . .	. . .	. . . . .	. . . . .
Dec.	4	1	0	Katschegatsk	62	39		65	3		. . .	. . .	75	15,32 B. .	0,39818 C. .	1,56449
Dec.	6	19	32	Schuruschkarsk . . .	62	32		66	13		. . .	. . .	. . .	. . .	0,38396 C. .	. . . . .
Dec.	7	1	15	Wandiask	63	19		66	30		. . .	. . .	75	58,60 A. .	0,38756 C. .	1,59937
Dec.	8	4	32	Obdorsk.	64	21	31	66	31	7	14	38,5 O.	. . .	. . .	. . . . .	. . . . .
Dec.	10	23	46	daselbst	64	21	31	66	31	7	. . .	. . .	76	6,85 B. .	0,37851 C. .	1,57719
Dec.	11	5	56	daselbst	64	21	31	66	31	7	14	28,0 O.	. . .	. . .	. . . . .	. . . . .
	1829.															
Jan.	5	23	22	Kototschikowo . . .	68	25		56	39		. . .	. . .	70	21,10 A. .	0,52363 C. .	1,55729
Jan.	6	9	12	Ajewskji Wolok . . .	69	29		56	34	50	9	15,4 O.	. . .	. . .	. . . . .	. . . . .
Jan.	13	5	58	Tara	71	44		56	54	0	. . .	. . .	70	27,85 B. .	0,52491 C. .	1,56973
Jan.	13	11	3	daselbst	71	44		56	54	0	9	35,8 O.	. . .	. . .	. . . . .	. . . . .
Jan.	16	0	0	Pokrowsk	75	8		55	42		. . .	. . .	69	38,79 A. .	0,55847 C. .	1,60564
Jan.	17	18	49	Tschuluim	78	54		55	5	41	8	58,9 O.	. . .	. . .	. . . . .	. . . . .

*) In diesen Berichtes Abth. II. Bd. I. pag. 411. ist das zu Decbr. 1. gehörige Notenzeichen, fälschlich zu Decbr. 19 gesetzt.

Mittlere Zeit des Orts.	Orte.	Länge östlich von Paris.	Breite.	Mittlere Declination.	Inclination.	Horizontal- Intensität.	Ganze Intensität.
1829.							
Jan. 17 21h 24′	Tschuluím	78° 54′	55° 5′ 41″	. . . . .	69°32′,63 B. .	0,54658 C. .	1,56393
Jan. 18 21 4	Koluiwan	80 43	55 20	. . . . .	70 6,32 B. .	0,54961 C. .	1,61509
Jan. 19 10 42	Ojasch	81 40	55 37 15	8° 9′,4 O.	. . . . .	. . . . .	. . . . .
Jan. 20 22 37	Tomsk	82 48 36″	56 29 39	. . . . .	70 58,80 B. .	0,52596 C. .	1,61388
Jan. 21 1 17	daselbst	82 48 36	56 29 39	8 45,3 O.	. . . . .	. . . . .	. . . . .
Jan. 22 1 37	daselbst	82 48 36	56 29 39	8 41,0 O.	. . . . .	. . . . .	. . . . .
Jan. 22 7 22	daselbst	82 48 36	56 29 39	8 31,2 O.	. . . . .	. . . . .	. . . . .
Jan. 23 23 30	Podjelnik	85 42	56 23	. . . . .	71 12,33 A. .	0,52458 C. .	1,62826
Jan. 25 9 50	Kasulka	89 26	56 1 30	7 9,7 O.	. . . . .	. . . . .	. . . . .
Jan. 27 5 40	Krasnojarsk	90 36 55	56 1 0	. . . . .	70 53,11 B. .	0,53841 C. .	1,64419
Jan. 27 9 10	daselbst	90 36 55	56 1 0	6 41,1 O.	. . . . .	. . . . .	. . . . .
Jan. 29 7 15	daselbst	90 36 55	56 1 0	6 32,8 O.	. . . . .	. . . . .	. . . . .
Febr. 1 1 14	Kanskji Ostrog . . .	93 46	55 48	. . . . .	71 29,66 A. .	0,52465 C. .	1,65299

Febr. 2	11	44	Alsalewsk	96	16		55	27	6	4	49,9 O.	. . . . . .		. . . . . .	. . . . . .
Febr. 4	0	0	Kursan	97	43		54	31		. . . . . .		70	9,55 A. .	0,55801 C. .	1,64407
Febr. 4	22	14	Salaria	99	43		53	31		. . . . . .		69	14,68 A. .	0,58348 C. .	1,64648
Febr. 7	7	54	Irkuzk	101	59	30	52	16	20	1	49,0 O.	. . . . . .		. . . . . .	. . . . . .
Febr. 8	8	23	daselbst	101	59	30	52	16	20	1	52,2 O.	. . . . . .		. . . . . .	. . . . . .
Febr. 11	22	30	daselbst	101	59	30	52	16	20	. . . . . .		68	6,59 B. .	. . . . . .	. . . . . .
Febr. 28	23	50	daselbst	101	59	30	52	16	20	. . . . . .		. . . . . .		0,60588 C. .	1,62506
März 3	10	38	daselbst	101	59	30	52	16	20	1	53,8 O.	. . . . . .		. . . . . .	. . . . . .
Febr. 13	20	22	Werchnei Udinsk . .	105	23	46	51	49	15	. . . . . .		67	53,77 A. .	0,60834 C. .	1,61668
Febr. 16	23	30	Troizkosawsk	104	8	0	50	21	5	. . . . . .		66	14,02 B. .	0,65131 C. .	1,61612
Febr. 17	11	53	daselbst	104	8	0	50	21	5	0	34,7 W.	. . . . . .		. . . . . .	. . . . . .
Febr. 22	8	31	Monachonowo	104	8	35	50	58	6	0	31,1 O.	. . . . . .		. . . . . .	. . . . . .
Febr. 22	19	46	daselbst	104	8	35	50	58	6	. . . . . .		66	56,95 A. .	0,63815 C. .	1,62981
Febr. 24	9	51	Arsentschewa	104	35	25	51	16	42	0	9,4 O.	. . . . . .		. . . . . .	. . . . . .
Febr. 24	20	48	daselbst	104	35	25	51	16	42	. . . . . .		67	15,67 B. .	0,62817 C. .	1,62513
Febr. 25	19	49	Tarakanowo	104	33		52	3		. . . . . .		68	22,37 B. .	0,60841 C. .	1,65075
Febr. 26	4	20	Auf dem Baikal . . .	103	51	22	52	3	48	1	3,3 O.	. . . . . .		. . . . . .	. . . . . .

Mittlere Zeit des Orts.				Orte.	Länge östlich von Paris.		Breite.			Mittlere Declination.	Inclination.	Horizontal- Intensität.	Ganze Intensität.
1829.													
Febr.	26	19h	52′	Kadilnaja	102°	39′	51°	59′		. . . . . .	67°33′,94 B. .	0,61985 C. .	1,62423
März	19	21	16	Olsonsk	102	39	53	2		. . . . . .	68 43,99 B. .	0,60221 C. .	1,66030
März	20	8	36	Mansursk	103	21	53	25		1° 17′,6 O.	. . . . . .	. . . . . .	. . . . . .
März	20	23	26	Tjumenowsk	102	59	54	15		. . . . . .	70 11,99 A. .	0,56048 C. .	1,65463
März	21	23	5	Botowsk.	103	2	55	9	58″	1 24,9 O.	. . . . . .	. . . . . .	. . . . . .
März	21	23	8	daselbst	103	2	55	9	58	. . . . . .	71 14,33 A. .	0,55087 C. .	1,71278
März	22	21	40	Bojarsk	103	37	56	16		. . . . . .	71 33,38 A. .	0,53031 C. .	1,67621
März	23	10	10	Ustkuzk	103	37	56	46	3	2 13,6 O.	. . . . . .	. . . . . .	. . . . . .
März	24	21	54	Potapowsk	105	18	57	23		. . . . . .	72 20,06 A. .	0,51099 C. .	1,68386
März	25	10	2	Kirensk	105	44	57	47	18	0 57,6 O.	. . . . . .	. . . . . .	. . . . . .
März	25	22	21	daselbst	105	44	57	47	18	. . . . . .	73 3,17 B. .	0,48782 C. .	1,67350
März	27	1	21	Itschora	107	15	58	30		. . . . . .	73 16,89 A. .	0,48890 C. . 0,49030 C. .	1,70438 1,69954
März	27	9	44	Iwanowsk	108	14	58	37	44	0 59,0 O.	. . . . . .	. . . . . .	. . . . . .

März 28	5	37	Parschinsk	109	11		59	7	15	. . . . .	73 53,84 A. .	0,47916 C. .	1,72757
März 28	9	1	daselbst	109	11		59	7	15	0 34,6 O.	. . . . .	. . . . .	. . . . .
März 29	22	30	Kantinsk	111	45		59	54		. . . . .	74 31,76 A. .	0,45782 C. .	1,71632
März 30	21	17	*Jerbinsk*	113	55		60	28	1	1 48,1 W.	. . . . .	. . . . .	. . . . .
März 30	22	14	daselbst	113	55		60	28	1	. . . . .	74 16,85 B. .	0,45720 C. .	1,68757
März 31	21	29	Beresowskji Ostrow .	115	31		59	44		. . . . .	74 4,98 A. .	0,47786 C. .	1,74247
April 1	11	2	Nelensk	116	8		60	0	0	1 47,2 W.	. . . . .	. . . . .	. . . . .
April 2	21	6	Olekma	117	13		60	22	24	. . . . .	74 8,68 B. .	0,46254 C. .	1,69299
April 3	0	48	daselbst	117	13		60	22	24	2 24,7 W.	. . . . .	. . . . .	. . . . .
April 4	21	40	*Sanajachtask*	121	14		60	53		. . . . .	73 40,57 A. .	0,47771 C. .	1,69965
April 5	9	56	*Issik*	123	38		60	47	6	2 50,9 W.	. . . . .	. . . . .	. . . . .
April 6	21	40	Tojon-Aruin	125	26		61	40		. . . . .	73 54,14 B. .	0,46397 C. .	1,67331
April 9	9	6	Jakuzk	127	24	35	62	1	29	5 54,7 W.	. . . . .	. . . . .	. . . . .
April 10	9	47	daselbst	127	24	35	62	1	29	5 49,1 W.	. . . . .	. . . . .	. . . . .
April 13	6	36	daselbst	127	24	35	62	1	29	. . . . .	74 18,43 B. . 74 17,58 A. .	0,45908 C. . 0,45716 P. .	1,69654 1,68942
April 15	10	15	daselbst	127	24	35	62	1	29	5 56,1 W.	. . . . .	. . . . .	. . . . .
April 20	11	11	daselbst	127	24	35	62	1	29	5 48,3 W.	. . . . .	. . . . .	. . . . .

Mittlere Zeit des Orts.	Orte.	Länge östlich von Paris.	Breite.	Mittlere Declination.	Inclination.	Horizontal- Intensität.	Ganze Intensität.
1829.							
April 24 2ʰ 19′	Porotowsk	129° 29′ 28″	62° 1′ 10″	4° 40′,1 W.	. . . . . .	. . . . . .	. . . . . .
April 24 3 19	daselbst	129 29 28	62 1 10	. . . . . .	73°59′,62 B. .	0,46958 C. .	1,70297
April 25 1 30	Lebegine	131 21 41	62 11 18	2 13,0 W.	. . . . . .	. . . . . .	. . . . . .
April 25 2 30	daselbst	131 21 41	62 11 18	. . . . . .	73 56,17 B. .	0,46444 C. .	1,67848
April 26 20 4	Nochinsk	132 36 29	61 56 45	2 18,2 W.	. . . . . .	. . . . . .	. . . . . .
April 26 21 18	daselbst	132 36 29	61 56 45	. . . . . .	73 36,84 A. .	0,47635 C. .	1,68855
April 27 10 43	Aldanskji Perewos . .	133 13 43	61 53 22	3 9,3 W.	. . . . . .	. . . .	. . . . . .
April 28 19 55	3 Werst oberhalb Bjelskji Perewos	133 13 43	61 53 22	. . . . . .	73 20,73 B. .	0,47597 C. .	1,66074
April 29 20 57	Tschernoljes	134 2 32	61 31 13	3 37,2 W.	. . . . . .	. . . . . .	. . . . . .
April 29 21 52	daselbst	134 2 32	61 31 13	. . . . . .	73 8,00 B. .	0,48552 C. . 0,49550 P. .	1,67328 1,70776
Mai 1 0 20	Garnastach	134 39 48	61 29 36	. . . . . .	73 11,85 A. .	0,48283 C. . 0,49376 P. .	1,67028 1,70847
Mai 1 21 35	daselbst	134 39 48	61 29 36	3 49,6 W.	. . . . . .	. . . . . .	. . . . . .

Mai	6	4	44	Allachjuna	135	50		61	9		. . . . .		72	35,00 B. .	0,49207 C. 0,49471 P.	1,64397 1,65278
Mai	7	11	21	Antscha	136	19	26	61	0	59	2	41,3 W.	. . . . . .		. . . . . .	. . . . . .
Mai	11	20	34	Judomskaja Stanzia . .	138	15		60	54	11	. . . . .		72	9,55 B. .	0,51079 C. 0,51283 P.	1,66722 1,67389
Mai	12	6	9	Ketanda	138	57	0	60	40	12	2	34,3 W.	. . . . . .		. . . . . .	. . . . . .
Mai	15	22	44	Arki	140	0		60	6		. . . . .		71	18,34 A. .	0,51767 C. 0,52498 P.	1,61510 1,63789
Mai	20	12	31	Ochozk	140	51	10	59	21	29	2	25,2 W.	. . . . . .		. . . . . .	. . . . . .
Mai	22	10	22	daselbst	140	51	10	59	21	29	2	24,5 W.	. . . . . .		. . . . . .	. . . . . .
Mai	23	11	2	daselbst	140	51	10	59	21	29	2	20,9 W.	. . . . . .		. . . . . .	. . . . . .
Mai	25	12	20	daselbst	140	51	10	59	21	29	2	18,4 W.	. . . . . .		. . . . . .	. . . . . .
Mai	31	12	13	daselbst	140	51	10	59	21	29	2	18,9 W.	. . . . . .		. . . . . .	. . . . . .
Juni	3	13	51	daselbst	140	51	10	59	21	29	2	17,5 W.	. . . . . .		. . . . . .	. . . . . .
Juni	9	11	20	daselbst	140	51	10	59	21	29	2	15,4 W.	. . . . . .		. . . . . .	. . . . . .
Juni	16	4	9	daselbst	140	51	10	59	21	29	. . . . .		70	41,13 B. .	0,52676 C. 0,53498 P.	1,59262 1,61745
Juni	16	12	44	daselbst	140	51	10	59	21	29	2	20,0 W.	. . . . . .		. . . . . .	. . . . . .
Juli	18	23	51	Bei Ochozk am rechten Ufer d. Kuchtui . .	140	52	50	59	22		. . . . .		. . . . . .		0,52961 C. 0,53256 P.	1,60567 Cu.P. 1,59510 A.

Mittlere Zeit des Orts.	Orte.	Länge östlich von Paris.	Breite.	Mittlere Declination.	Inclination.	Horizontal- Intensität.	Ganze Intensität.
1829.							
Juli 22 1h 48′	Am Bord der Jekatarina	140° 30′ 50″	39° 22′	. . . . . .	70°36′,24 B. .	0,52758 C.	1,58864 C. 1,60369 A.
Juli 29 21 30	Ochozker Meer . . .	143 45 17	58 45 0″	. . . . . .	69 22,77 B. .	0,58379 0,58374	1,65772 A. 1,65755 A.
Juli 31 21,4	— — . . .	148 9 6	58 14 39	0° 26′ O.	. . . . . .	. . . . . .	. . . . . .
Juli 31 23 45	— — . . .	148 14 13	58 14 45	. . . . . .	69 8,28 B. .	. . . . . .	. . . . . .
Aug. 1 2,9	— — . . .	148 21 38	58 14 39	0 45 O.	. . . . . .	. . . . . .	. . . . . .
Aug. 1 20 28	— — . . .	149 28 41	58 16 17	. . . . . .	69 3,59 B. .	0,56612	1,58403 A.
Aug. 1 21,6	— — . . .	149 33 5	58 15 26	2 52 O.	. . . . . .	. . . . . .	. . . . . .
Aug. 1 22,8	— — . . .	149 34 10	58 14 45	3 2 O.	. . . . . .	. . . . . .	. . . . . .
Aug. 2 1,2	— — . . .	149 37 16	58 16 43	2 46 O.	. . . . . .	. . . . . .	. . . . . .
Aug. 7 4 57	— — . . .	154 51 35	58 15 54	. . . . . .	68 12,19 B. .	0,58684	1,58042 A.
Aug. 13 1 6	Magaseinskji Padj, Mündung des Tigil . . .	155 54 19	58 1 25	4 11,9 O.	. . . . . .	. . . . . .	. . . . . .

Aug.	13	1	55	daselbst	155	54	19	58	1	25	. . .	. . .	68 68	27,44 B. . 28,83 B. .	0,56706 C. 0,57930 P.	1,56090 C u. P. 1,56090 A.
Aug.	17	10	50	Tigilsk	156	16	0	57	45	55	4	0,6 O.	. . .	. . .	. . . . .	. . . . .
Aug.	28	22	44	Jelowka	158	34	20	56	53	53	. . .	. . .	67 67	53,11 A. . 49,43 B. .	0,57627 P. 0,57606 C.	1,52817 1,52872
Aug.	29	4	23	daselbst	158	34	20	56	53	53	6	25,2 O.	. . .	. . .	. . . . .	. . . . .
Sept.	5	10	13	daselbst	158	34	20	56	53	53	6	14,4 O.	. . .	. . .	. . . . .	. . . . .
Sept.	7	6	52	Chartschinsk	158	23	1	56	31	6	. . .	. . .	68	11,14 A. .	0,57228 C. 0,56279 P.	1,54004 1,51452
Sept.	7	9	36	daselbst	158	23	1	56	31	6	6	25,4 O.	. . .	. . .	. . . . .	. . . . .
Sept.	9	8	58	Kliutschewsk	158	21	53	56	19	55	6	24,8 O.	. . .	. . .	. . . . .	. . . . .
Sept.	15	23	5	Kosuirewsk	157	13	48	55	52	5	. . .	. . .	66	52,57 B. .	0,59628 C.	1,51833
Sept.	16	0	39	daselbst	157	13	48	55	52	5	5	23,0 O.	. . .	. . .	. . . . .	. . . . .
Sept.	19	3	31	Maschura	156	34	58	55	4	21	. . .	. . .	66	9,37 B. .	0,61368 C. 0,61272 P.	1,51808 1,51572
Sept.	19	4	15	daselbst	156	34	58	55	4	21	3	42,9 O.	. . .	. . .	. . . . .	. . . . .
Sept.	27	11	21	Natschika	155	5	14	53	6	30	4	0,0 O.	. . .	. . .	. . . . .	. . . . .
Sept.	27	19	41	daselbst	155	55	14	53	6	30	. . .	. . .	64	5,42 B. .	0,64877 C. 0,64287 P.	1,48475 1,47124
Sept.	30	8	35	Petropaulshafen . . .	156	19	48	53	0	27	4	4,3 O.	. . .	. . .	. . . . .	. . . . .

Mittlere Zeit des Orts.	Orte.	Länge östlich von Paris.	Breite.	Mittlere Declination.	Inclination.	Horizontal- Intensität.	Ganze Intensität.
1829.							
Oct. 13 0h 44′	Petropaulshafen . . .	156° 19′ 48″	53° 0′ 27″	. . . . . .	63°49′,37 B. .	0,64640 C. 0,65380 P.	1,47370 C u. P. 1,47370 A.
Oct. 20 4,1	Nördliche grofse Ocean.	168 49	48 15	10° 25′ O.	. . . . . .	. . . . . .	. . . . . .
Oct. 22 3,6	— — — .	174 16	47 4	13 3 O.	. . . . . .	. . . . . .	. . . . . .
Oct. 25 19,7	— — — .	184 27	47 58	13 7 O.	. . . . . .	. . . . . .	. . . . . .
Oct. 28 5,8	— — — .	195 14	49 54	21 1 O.	. . . . . .	. . . . . .	. . . . . .
Oct. 28 20,6	— — — .	196 44	50 21	21 5 O.	. . . . . .	. . . . . .	. . . . . .
Oct. 29 3,4	— — — .	198 18	50 28	24 29 O.	. . . . . .	. . . . . .	. . . . . .
Oct. 29 19,7	— — — .	200 52	50 59	25 37 O.	. . . . . .	. . . . . .	. . . . . .
Oct. 29 22 12	— — — .	201 3 36	51 2 47	. . . . . .	67 16,57 B. .	0,59307	1,53530 A.
Oct. 30 19,4	— — — .	205 4	51 46	24 5 O.	. . . . . .	. . . . . .	. . . . . .
Oct. 31 21,1	— — — .	207 44	53 0	25 33 O.	. . . . . .	. . . . . .	. . . . . .
Nov. 1 21 34	— — — .	211 4 59	53 34 37	. . . . . .	71 5,66 B. .	0,51973	1,60408 A.
Nov. 3 20 43	— — — .	218 24 57	55 33 15	. . . . . .	75 33,37 B. .	0,40985	1,64314 A.

Nov. 4 22 5	— — — .	221 14 47	56 54 10	. . . . .	76 58,88 B. .	0.36866	1,63654 A.
Nov. 9 18 39	Bei *Sitcha* vor Anker .	222 13 10	57 2 0	. . . . .	75 51,02 B. .	0,41005	1,67737 A.
Nov. 11 12 25	Neu-Archangelsk auf *Sitcha*	222 14 20	57 2 44	28 16,0 O.	. . . . .	. . . . .	. . . . .
Nov. 12 10 30	daselbst während eines Nordlichts. . .	222 14 20	57 2 44	. . . . .	. . . . .	. . . . .	1,71932 A.
Nov. 12 10 47	daselbst während eines Nordlichts. . .	222 14 20	57 2 44	. . . . .	. . . . .	0,42170 C.	. . . . .
Nov. 12 21 29	daselbst	222 14 20	57 2 44	. . . . .	. . . . .	0,42137 C. 0,41944 P.	1,71882 C u.P. 1,71882 A.
Nov. 20 21 24	Nördliche grofse Ocean.	218 40 54	54 26 41	. . . . .	73 36,26 B. .	0,46920	1,66223 A.
Nov. 26 2,9	— — — .	223 35	48 27	21 55 O.	. . . . .	. . . . .	. . . . .
Nov. 29 1 16	— — — .	227 44 42	43 18 29	. . . . .	66 39,95 B. .	0,62134	1,56867 A.
Nov. 30 18,0	— — — .	230 48	40 17	17 6 O.	. . . . .	. . . . .	. . . . .
Nov. 30 23 29	— — — .	231 0 14	40 3 25	. . . . .	63 57,07 B. .	0,67430 0,67258	1,53550 A. 1,53160 A.
Dec. 1 3,6	— — — .	231 21	39 48	16 12 O.	. . . . .	. . . . .	. . . . .
Dec. 1 22 31	— — — .	232 49 19	39 12 9	. . . . .	63 46,70 B. .	0,66574 0,66836	1,50673 A. 1,51266 A.
Dec. 2 17 22	— — — .	233 5 12	38 0 13	. . . .	63 41,69 B. .	0,69587	1,57027 A.

Mittlere Zeit des Orts.	Orte.	Länge östlich von Paris.	Breite.	Mittlere Declination.	Inclination.	Horizontal- Intensität.	Ganze Intensität.
1829.							
Dec. 3 20ʰ,9	Nördliche grofse Ocean.	233° 27′	38° 16′	13° 8 O.	. . . . . .	. . . . . .	. . . . . .
Dec. 6 8 36′	San Francisco	225 15 0″	37 48 44″	14 51′,2 O.	. . . . . .	. . . . . .	. . . . . .
Dec. 11 23 30	daselbst	235 15 0	37 48 44	. . . . . .	62°37′,88 B. .	0,72045 C. 0,71584 P.	1,56227 C u.P. 1,56082 A.
Dec. 13 22 40	daselbst	235 15 0	37 48 44	. . . . . .	. . . . . .	0,71534 C. 0,71845 P.	1,55926 C u.P.
Dec. 24 4,8	Nördliche grofse Ocean.	234 55	37 42	14 49 O.	. . . . . .	. . . . . .	. . . . . .
Dec. 24 19,2	— — — .	233 55	37 5	14 53 O.	. . . . . .	. . . . . .	. . . . . .
Dec. 27 19,9	— — — .	230 52	35 31	11 55 O.	. . . . . .	. . . . . .	. . . . . .
Dec. 28 5,0	— — — .	231 8	34 50	12 10 O.	. . . . . .	. . . . . .	. . . . . .
Dec. 29 19,2	— — — .	231 54 32	31 50 34	. . . . . .	56 15,34 B. .	0,78565 0,77878	1,41434 A. 1,40198 A.
Dec. 29 19,9	— — — .	231 53	31 48	11 40 O.	. . . . . .	. . . . . .	. . . . . .
Dec. 30 5,0	— — — .	232 11	31 25	11 53 O.	. . . . . .	. . . . . .	. . . . . .
Dec. 30 20,2	— — — .	233 22	30 34	10 26 O.	. . . . . .	. . . . . .	. . . . . .

Dec.	30	21	38	—	—	— .	233	17	36	30	31	20	. . . . . .			55	2,58 B. .	0,78367	1,36775 A.
	1830.																		
Jan.	1	20	49	—	—	— .	235	58	39	29	3	53	. . . . . .			53	28,98 B. .	0,80674	1,35573 A.
Jan.	1	21,1		—	—	— .	236	1		29	11		8	21	O.	. . . . . .		. . . . . .	. . . . . .
Jan.	2	5,3		—	—	— .	236	3		28	55		9	31	O.	. . . . . .		. . . . . .	. . . . . .
Jan.	2	18	36	—	—	— .	236	34	45	28	40	58	. . . . . .			52	58,83 B. .	0,82535	1,37081 A.
Jan.	2	19,0		—	—	— .	236	36		28	39		9	8	O.	. . . . . .		. . . . . .	. . . . . .
Jan.	2	21	0	—	—	— .	236	39	25	28	35	8	. . . . . .			. . . . . .		. . . . . .	1,35969 A. 1,36738 A.
Jan.	3	20,2		—	—	— .	236	46		28	19		8	10	O.	. . . . . .		. . . . . .	. . . . . .
Jan.	4	3	56	—	—	— .	236	42	52	28	4	9	. . . . . .			52	8,75 B. .	0,81557	1,32905 A.
Jan.	4	5,3		—	—	— .	236	42		28	4		11	58	O.	. . . . . .		. . . . . .	. . . . . .
Jan.	4	18,7		—	—	— .	236	43		27	48		11	55	O.	. . . . . .		. . . . . .	. . . . . .
Jan.	4	19,7		—	—	— .	236	43		27	48		12	2	O.	. . . . . .		. . . . . .	. . . . . .
Jan.	5	5,3		—	—	— .	236	44		27	28		11	54	O.	. . . . . .		. . . . . .	. . . . . .
Jan.	5	18,7		—	—	— .	236	38		26	56		11	34	O.	. . . . . .		. . . . . .	. . . . . .
Jan.	5	20,4		—	—	— .	286	37		26	54		11	44	O.	. . . . . .		. . . . . .	. . . . . .

Mittlere Zeit des Orts.	Orte.	Länge östlich von Paris.	Breite.	Mittlere Declination.	Inclination.	Horizontal- Intensität.	Ganze Intensität.
1830.							
Jan. 5 21ʰ 47′	Nördliche grofse Ocean.	236° 42′ 12″	26° 36′ 25″	. . . . . .	50°13′,80 B. .	0,85186 0,85010	1,33165 A. 1,32888 A.
Jan. 6 21,1	— — — .	236 28 12	25 59 43	. . . . . .	49 17,55 B. .	0,83216	1,27593 A.
Jan. 7 21 38	— — — .	236 11 26	25 21 27	. . . . . .	48 21,31 B. .	0,87085 0,86903	1,31052 A. 1,30779 A.
Jan. 8 19,7	— — — .	235 55	23 43	8° 7′ O.	. . . . . .	. . . . . .	. . . . . .
Jan. 9 1 3	— — — .	235 49 9	23 12 26	. . . . . .	55 19,42 B. .	0,88342 0,88860	1,25647 A. 1,26383 A.
Jan. 9 5,3	— — — .	235 43	22 58	8 10 O.	. . . . . .	. . . . . .	. . . . . .
Jan. 9 6 33	— — — .	235 45 7	22 59 58	. . . . . .	44 16,55 B. .	0,88247 0,89393	1,23252 A. 1,24854 A.
Jan. 9 19,2	— — — .	235 29	21 10	7 34 O.	. . . . . .	. . . . . .	. . . . . .
Jan. 9 21 27	— — — .	235 29 35	21 3 37	. . . . . .	42 15,24 B. .	0,90649	1,22470 A.
Jan. 10 10 46	— — — .	235 17 49	19 39 31	. . . . . .	40 14,83 B. .	0,91269 0,91708	1,19577 A. 1,20152 A.
Jan. 10 20 51	— — — .	235 7 0	18 36 21	. . . . . .	39 2,89 B. .	0,91517 0,91415	1,17842 A. 1,17708 A.

Jan.	11	12	45	—	—	— .	234	46	2	16	55	51	. .	. .	. .	35	34,13 B. .	0,93900 0,94201 0,93116		1,15438 A. 1,15808 A. 1,14473 A.
Jan.	12	3	18	—	—	— .	234	27	34	15	15	9	. .	. .	. .	32	27,59 B. .	0,95684 0,96250 0,96615		1,13400 A. 1,14071 A. 1,14503 A.
Jan.	12	4,6		—	—	— .	234	26		15	15		5	30	O.	. . .	. . .	. . .	. . .	. . . . . .
Jan.	12	21	27	—	—	— .	234	8	13	13	37	28	. .	. .	. .	29	45,24 B. .	0,96381 0,96539		1,11017 A. 1,11198 A.
Jan.	13	5,8		—	—	— .	234	3		12	52		5	30	O.	. . .	. . .	. . .	. . .	. . . . . .
Jan.	13	12	21	—	—	— .	233	59	49	12	17	34	. .	. .	. .	27	14,81 B. .	0,96466		1,08505 A.
Jan.	13	19,2		—	—	— .	233	46		11	28		5	8	O.	. . .	. . .	. . .	. . .	. . . . . .
Jan.	13	22	55	—	—	— .	233	54	4	11	17	56	. .	. .	. .	25	45,46 B. .	0,98149 0,99260 0,98506 0,98858	 C.	1,08977 A. 1,10211 A. 1,09374 A. 1,09764
Jan.	14	19	49	—	—	— .	233	29	5	9	42	38	. .	. .	. .	23	6,28 B. .	0,98417		1,06999 A.
Jan.	15	12	54	—	—	— .	233	28	30	8	55	29	. .	. .	. .	20	58,13 B. .	0,96595 0,97116 0,97357		1,03446 A. 1,04003 A. 1,04262 A.
Jan.	16	3	40	—	—	— .	233	34	29	8	10	27	. .	. .	. .	19	31,94 B. .	. . .	. . .	. . . . . .
Jan.	16	5,8		—	—	— .	233	52		8	3		5	4	O.	. . .	. . .	. . .	. . .	. . . . . .

Mittlere Zeit des Orts.	Orte.	Länge östlich von Paris.	Breite.	Mittlere Declination.	Inclination.	Horizontal- Intensität.	Ganze Intensität.
1830.							
Jan. 16 18h,2	Nördliche grofse Ocean.	233° 56′	7° 42′	3° 19′ O.	. . . . . .	. . . . . .	. . . . . .
Jan. 18 4 41′	— — — .	233 56 39″	7 15 28″	. . . . . .	17°30′,37 B. .	0,98002 0,96145	1,02953 A. 1,01003 A.
Jan. 19 3 42	— — — .	234 12 20	6 27 14	. . . . . .	17 3,75 B. .	0,96478 0,97215 0,96916	1,00939 A. 1,01708 A. 1,01396 A.
Jan. 19 5,8	— — — .	234 10	6 26	4 54 O.	. . . . . .	. . . . . .	. . . . . .
Jan. 19 18,7	— — — .	234 9	5 58	3 17 O.	. . . . . .	. . . . . .	. . . . . .
Jan. 19 21 57	— — — .	234 7 44	5 49 1	. . . . . .	15 31,66 B. .	0,98004	1,01719 A.
Jan. 20 5,8	— — — .	233 59	5 30	4 53 O.	. . . . . .	. . . . . .	. . . . . .
Jan. 20 18,2	— — — .	233 22	4 50	4 13 O.	. . . . . .	. . . . . .	. . . . . .
Jan. 20 18,5	— — — .	233 21	4 46	4 35 O.	. . . . . .	. . . . . .	. . . . . .
Jan. 20 22 10	— — — .	233 16 43	4 35 0	. . . . . .	13 2,66 B. .	0,97332 0,98173	0,99909 A. 1,00772 A.

Jan. 21 5,8	— — — .	232 56	4 10	4 24 O.	. . . . . .	. . . . . .	. . . . . .
Jan. 21 18 2	— — — .	231 45 39	2 41 46	. . . . . .	9 19,00 B. .	0,97051 0,98133	0,98349 A. 0,99445 A.
Jan. 21 18,5	— — — .	231 31	2 47	3 44 O.	. . . . . .	. . . . . .	. . . . . .
Jan. 22 5,8	— — — .	231 10	1 42	4 31 O.	. . . . . .	. . . . . .	. . . . . .
Jan. 22 6 59	— — — .	230 57 31	1 33 6	. . . . . .	7 21,14 B. .	0,97047 0,97799	0,97852 A. 0,98610 A.
Jan. 22 14 43	— — — .	230 22 48	0 45 51	. . . . . .	5 13,57 B. .	0,95381	0,95779 A.
Jan. 22 18,0	— — — .	230 7	0 27	4 12 O.	. . . . . .	. . . . . .	. . . . . .
Jan. 22 18,2	— — — .	230 5	0 25	4 22 O.	. . . . . .	. . . . . .	. . . . . .
Jan. 22 20 26	— — — .	229 55 33	0 8 59	. . . . . .	3 28,46 B. .	(0,92679)	(0,92849) A.
Jan. 23 0 38	Südliche grofse Ocean .	229 37 10	—0 12 1	. . . . . .	3 8,90 B. .	0,96414 0,98467	0,96560 A. 0,96613 A.
Jan. 23 4 16	— — — .	229 11 13	—0 6 31	. . . . . .	3 2,26 B. .	0,95746	0,95881 A.
Jan. 23 5 41	— — — .	229 8 10	—0 5 5	. . . . . .	3 11,00 B. .	. . . . . .	. . . . . .
Jan. 23 7,0	— — — .	229 6	—0 10	4 44 O.	. . . . . .	. . . . . .	. . . . . .
Jan. 23 7 27	— — — .	228 58 19	—0 2 56	. . . . . .	3 20,67 B. .	. . . . . .	. . . . . .
Jan. 23 10 42	Nördliche grofse Ocean .	228 39 22	0 1 17	. . . . . .	3 22,17 B. .	. . . . . .	. . . . . .
Jan. 23 16 31	— — — .	228 8 32	0 6 52	. . . . . .	3 45,66 B. .	0,97713	0,97924 A.

Mittlere Zeit des Orts.	Orte.	Länge östlich von Paris.	Breite.	Mittlere Declination.	Inclination.	Horizontal- Intensität.	Ganze Intensität.
1830.							
Jan. 23 18h,0	Nördliche grofse Ocean.	228° 1′	0° 6′	4° 8 O.	. . . . . .	. . . . . .	. . . . . .
Jan. 23 21 42	— — — .	227 44 10″	0 12 1″	. . . . . .	4° 14′,34 B. .	. . . . . .	. . . . . .
Jan. 23 22 12	— — — .	227 41 37	0 11 45	. . . . . .	4 3,87 B. .	. . . . . .	. . . . . .
Jan. 24 1 4	— — — .	227 44 1	0 10 10	. . . . . .	3 46,33 B. .	0,93216 0,91937	0,93419 A. 0,92137 A.
Jan. 24 4 48	— — — .	227 11 56	0 8 10	. . . . . .	4 20,12 B. .	0,95612	0,95886 A.
Jan. 24 6,0	— — — .	227 7	0 3	4 0 O.	. . . . . .	. . . . . .	. . . . . .
Jan. 24 11 9	— — — .	226 49 32	0 0 28	. . . . . .	3 52,69 B. .	0,96459 0,99218	0,96679 A. 0,99444 A.
Jan. 24 17 29	Südliche grofse Ocean.	226 24 51	—0 15 0	. . . . . .	3 12,72 B. .	. . . . . .	. . . . . .
Jan. 24 21 19	— — — .	226 8 29	—0 29 16	. . . . . .	2 38,72 B. .	0,94485	0,94586 A.
Jan. 25 0 48	— — — .	225 57 18	—0 40 31	. . . . . .	2 15,84 B. .	0,94138	0,94212 A.
Jan. 25 5 7	— — — .	225 43 32	—0 52 55	. . . . . .	2 10,96 B. .	0,96531	0,96600 A.
Jan. 25 6,0	— — — .	225 42	—0 53	4 29 O.	. . . . . .	. . . . . .	. . . . . .

Jan.	25	11	21	—	—	— .	225	27	51	—1	6	43	. .	. .	. .	1	30,99 B. .	0,99742	0,99776 A.
Jan.	25	18,0		—	—	— .	225	17		—1	29		3	19	O.	. .	. . . .	. . . . . .	. . . . . .
Jan.	25	18	43	—	—	— .	225	3	4	—1	30	18	. .	. .	. .	1	6,36 B. .	. . . . . .	. . . . . .
Jan.	25	21	58	—	—	— .	224	45	22	—1	47	31	. .	. .	. .	0	13,32 B. .	0,98880	0,98881 A.
Jan.	25	23	28	—	—	— .	224	41	42	—1	51	14	. .	. .	. .	0	5,06 B. .	. . . . . .	. . . . . .
Jan.	25	23	43	—	—	— .	224	40	34	—1	52	18	. .	. .	. .	—0	10,10 B. .	. . . . . .	. . . . . .
Jan.	26	0	13	—	—	— .	224	38	27	—1	54	25	. .	. .	. .	—0	12,62 B. .	. . . . . .	. . . . . .
Jan.	26	4	28	—	—	— .	224	17	27	—1	53	22	. .	. .	. .	—0	4,18 B. .	. . . . . .	. . . . . .
Jan.	26	6,0		—	—	— .	224	7		—1	54		3	38	O.	. .	. . . .	. . . . . .	. . . . . .
Jan.	26	7	52	—	—	— .	223	55	0	—1	52	0	. .	. .	. .	0	17,66 B. .	0,97124	0,97125 A.
Jan.	26	11	58	—	—	— .	223	35	43	—1	54	40	. .	. .	. .	—0	1,37 B. .	. . . . . .	. . . . . .
Jan.	26	17	18	—	—	— .	222	59	27	—1	52	38	. .	. .	. .	—0	21,50 B. .	0,94665	0,94667 A.
Jan.	26	18,0		—	—	— .	222	57		—1	48		3	43	O.	. .	. . . .	. . . . . .	. . . . . .
Jan.	26	19	1	—	—	— .	221	47	39	—1	52	24	. .	. .	. .	0	5,22 B. .	. . . . . .	. . . . . .
Jan.	26	21	55	—	—	— .	222	29	47	—1	51	50	. .	. .	. .	0	0,86 B. .	0,95294	0,95294 A.
Jan.	27	0	13	—	—	— .	222	18	26	—1	51	14	. .	. .	. .	0	20,39 B. .	. . . . . .	. . . . . .
Jan.	27	4	28	—	—	— .	221	41	7	—1	48	30	. .	. .	. .	0	33,94 B. .	. . . . . .	. . . . . .

Mittlere Zeit des Orts.	Orte.	Länge östlich von Paris.	Breite.	Mittlere Declination.	Inclination.	Horizontal-Inclination.	Ganze Inclination.
1830.							
Jan. 27 6h,0	Südliche grofse Ocean .	221° 44′	—1° 40′	4° 34′ O.	. . . . . .	. . . . . .	. . . . . .
Jan. 27 12 18′	— — — .	221 12 39″	—1 29 38″	. . . . . .	0°37′,33 B. .	0,97300	0,97305 A.
Jan. 27 18,5	— — — .	220 28	—1 28	4 16 O.	. . . . . .	. . . . . .	. . . . . .
Jan. 27 19 50	— — — .	220 25 15	—1 27 51	. . . . . .	1 3,02 B. .	0,97724	0,97740 A.
Jan. 28 0 28	— — — .	220 5 38	—1 26 29	. . . . . .	1 10,47 B. .	. . . . . .	. . . . . .
Jan. 28 5 54	— — — .	219 38 39	—1 37 10	. . . . . .	1 0,17 B. .	0,95454	0,95468 A.
Jan. 28 6,2	— — — .	219 46	—1 38	4 12 O.	. . . . . .	. . . . . .	. . . . . .
Jan. 28 8 43	— — — .	219 31 45	—1 40 37	. . . . . .	0 14,12 B. .	. . . . . .	. . . . . .
Jan. 28 11 48	— — — .	219 16 2	—1 48 25	. . . . . .	—0 3,75 B. .	0,97567	0,97567 A.
Juni 28 19,0	— — — .	218 46	—2 14	4 12 O.	. . . . . .	. . . . . .	. . . . . .
Juni 28 20 18	— — — .	218 39 5	—2 11 10	. . . . . .	—0 19,75 B. .	0,97374	0,97375 A.
Juni 28 23 3	— — — .	218 32 51	—2 0 54	. . . . . .	—0 1,87 B. .	. . . . . .	. . . . . .
Jan. 29 23 38	— — — .	218 30 5	—1 58 37	. . . . . .	. . . . . .	. . . . . .	0,97333 A. 0,96702 A.

Jan. 29	0	13	—	—	— .	218	27	28	—1	56	27	. . . . . .	0	2,52 B. .	. . . . . .	. . . . .
Jan. 29	5	28		—	— .	218	2	45	—1	53	16	. . . . . .	0	15,18 B. .	. . . . . .	. . . . . .
Jan. 29	6,2		—	—	— .	217	57		—1	52		4 26 O.	. . . . . .		. . . . . .	. . . . . .
Jan. 29	11	27	—	—	— .	217	42	1	—2	19	28	. . . . . .	—0	31,20 B. .	0,94955	0,94959 A.
Jan. 29	17,8		—	—	— .	217	25		—2	53		4 17 O.	. . . . . .		. . . . . .	. . . . . .
Jan. 29	20	43	—	—	— .	216	53	36	—3	12	13	. . . . . .	—1	45,23 B. .	0,97562	0,97607 A.
Jan. 30	0	43	—	—	— .	216	41	8	—3	31	25	. . . . . .	—3	2,02 B. .	0,97014	0,97150 A.
Jan. 30	9	46	—	—	— .	216	8	11	—4	29	49	. . . . . .	—5	3,25 B. .	0,98353	0,98737 A.
Jan. 30	18,2		—	—	— .	216	26		—4	3		4 8 O.	. . . . . .		. . . . . .	. . . . . .
Jan. 30	21	10	—	—	— .	215	29	51	—5	33	31	. . . . . .	—7	30,73 B. .	0,98660	0,99514 A.
Jan. 31	0	14	—	—	— .	215	19	57	—5	51	7	. . . . . .	—8	8,53 B. .	. . . . . .	. . . . . .
Jan. 31	6,2		—	—	— .	216	5		—5	14		4 24 O.	. . . . . .		. . . . . .	. . . . . .
Jan. 31	11	17	—	—	— .	214	39	21	—7	2	37	. . . . . .	—10	6,83 B. .	0,98786	1,00345 A.
Jan. 31	17,8		—	—	— .	215	2		—6	30		4 40 O.	. . . . . .		. . . . . .	. . . . . .
Jan. 31	18,2		—	—	— .	214	17		—7	35		4 42 O.	. . . . . .		. . . . . .	. . . . . .
Jan. 31	19	21	—	—	— .	214	18	31	—7	45	3	. . . . . .	—11	27,06 B. .	0,96359	0,98316 A.
Febr. 1	0	21	—	—	— .	214	6	14	—8	5	39	. . . . . .	—12	53,69 B. .	0,97376	0,99836 A.

Mittlere Zeit des Orts.	Orte.	Länge östlich von Paris.	Breite.	Mittlere Declination.	Inclination.	Horizontal Intensität.	Ganze Intensität.
1830.							
Febr. 1 6h,5	Südliche grofse Ocean .	213° 46′	— 8° 37′	4° 32 O.	. . . . . .	. . . . . .	. . . . . .
Febr. 1 12 37′	— — — .	213 23 8″	— 9 21 56″	. . . . . .	—15° 18′,57 B..	1,01154 1,02227	1,04875 A. 1,05988 A.
Febr. 1 17,5	— — — .	213 15	— 9 36	4 59 O.	. . . . . .	. . . . . .	. . . . . .
Febr. 2 0 14	— — — .	212 45 47	—10 22 25	. . . . . .	—17 16,72 B..	1,01405	1,06198 A.
Febr. 2 11 38	— — — .	212 23 49	—11 13 4	. . . . . .	—18 17,90 B..	1,00259	1,05602 A.
Febr. 2 17,5	— — — .	212 28	—10 47	5 14 O.	. . . . . .	. . . . . .	. . . . . .
Febr. 2 18,5	— — — .	212 22	—11 32	5 4 O.	. . . . . .	. . . . . .	. . . . . .
Febr. 2 21 13	— — — .	212 17 7	—11 54 10	. . . . . .	—19 10,34 B..	0,99650	1,05510 A.
Febr. 3 0 28	— — — .	212 1 58	—12 2 10	. . . . . .	—19 35,54 B..	1,03029	1,09362 A.
Febr. 3 20 0	— — — .	212 1 53	—12 56 24	. . . . . .	—21 19,61 B..	1,01634	1,09107 A.
Febr. 4 0 42	— — — .	212 1 6	—13 6 39	. . . . . .	—21 17,63 B..	1,02708	1,10234 A.
Febr. 4 6,5	— — — .	212 0	—13 16	5 48 O.	. . . . . .	. . . . . .	. . . . . .
Febr. 4 17,5	— — — .	211 56	—13 37	5 43 O.	. . . . . .	. . . . . .	. . . . . .

Febr.	4	19	42	—	—	— .	212	5	0	—13	43	59	. . .	. .	. .	—22	24,05	B.	0,99114	1,07203 A.
Febr.	5	0	41	—	—	— .	211	54	23	—14	1	14	. . .	. .	. .	—23	28,90	B.	1,00054	1,09088 A.
Febr.	5	19,0		—	—	— .	211	57		—14	23		6	30	O.	. .	. .	. .	. . . . . .	. . . . . .
Febr.	6	17,5		—	—	— .	211	27		—14	43		6	10	O.	. .	. .	. .	. . . . . .	. . . . . .
Febr.	6	19	44	—	—	— .	211	22	55	—14	54	43	. . .	. .	. .	—24	54,59	B.	0,99608	1,09825 A.
Febr.	7	6,5		—	—	— .	211	3		—15	12		6	58	O.	. .	. .	. .	. . . . . .	. . . . . .
Febr.	8	6,5		—	—	— .	210	14		—14	46		6	47	O.	. .	. .	. .	. . . . . .	. . . . . .
Febr.	8	17,5		—	—	— .	210	12		—14	44		5	50	O.	. .	. .	. .	. . . . . .	. . . . . .
Febr.	9	1	22	—	—	— .	209	48	29	—14	42	51	. . .	. .	. .	—24	23,28	B.	0,96785	1,06267 A.
Febr.	9	17,5		—	—	— .	209	44		—14	42		6	10	O.	. .	. .	. .	. . . . . .	. . . . . .
Febr.	10	17,5		—	—	— .	209	35		—14	50		6	10	O.	. .	. .	. .	. . . . . .	. . . . . .
Febr.	11	6,5		—	—	— .	209	27		—14	47		7	9	O.	. .	. .	. .	. . . . . .	. . . . . .
Febr.	11	18,0		—	—	— .	209	1		—14	41		6	26	O.	. .	. .	. .	. . . . . .	. . . . . .
Febr.	12	17,5		—	—	— .	208	31		—15	34		6	44	O.	. .	. .	. .	. . . . . .	. . . . . .
Febr.	13	5	6	—	—	— .	208	6	10	—16	27	25	. . .	. .	. .	—27	5,15	B.	0,99630	1,11903 A.
Febr.	13	17,8		—	—	— .	208	10		—16	19		7	19	O.	. .	. .	. .	. . . . . .	. . . . . .

Mittlere Zeit des Orts.	Orte.	Länge östlich von Paris.	Breite.	Mittlere Declination.	Inclination.	Horizontal- Intensität.	Ganze Intensität.
1830.							
Febr. 18 5h 6′	Point Venus auf Otaeiti	208° 9′ 30″	—17° 29′ 17″	. . . . .	—30°25′,05 B.	0,99249 C. 0,98460 P.	1,14632 C. u. P. 1,14364 A. 1,14469 A.
Febr. 20 2 45	daselbst	208 9 30	—17 29 17	. . . . .	—30 26,77 B.	0,99671 C. 0,98779 P.	1,15095 C. u. P. 1,15531 A.
Febr. 23 1 29	Südliche grofse Ocean.	207 53 10	—17 25 15	. . . . .	—29 15,99 B.	. . . . .	. . . . .
Febr. 23 17,8	— — — —	207 12	—18 24	6° 22′ O.	. . . . .	. . . . .	. . . . .
Febr. 24 0 58	— — — —	207 32 31	—19 6 18	. . . . .	—31 59,15 B.	1,03940	1,22545 A.
Febr. 24 6,7	— — — —	207 32	—19 28	7 25 O.	. . . . .	. . . . .	. . . . .
Febr. 24 17,8	— — — —	207 31	—20 11	7 25 O.	. . . . .	. . . . .	. . . . .
Febr. 25 18 27	— — — —	207 12 53	—22 17 9	. . . . .	—36 33,35 B.	0,93808	1,10782 A.
Febr. 26 6,7	— — — —	207 25	—23 17	7 19 O.	. . . . .	. . . . .	. . . . .
Febr. 26 23 54	— — — —	207 43 53	—24 50 52	. . . . .	—40 19,55 B.	0,94683	1,24194 A.
Febr. 27 6,7	— — — —	207 50	—25 14	8 3 O.	. . . . .	. . . . .	. . . . .
Febr. 27 17,8	— — — —	208 7	—26 1	7 21 O.	. . . . .	. . . . .	. . . . .

Febr. 28	19,4		—	—	—	—	207	44		—26	46		8	24	O.	. . . . . .			. . . . . .	. . . . . .
Febr. 28	23	24	—	—	—	—	207	40	1	—26	56	4	. . . . . .			—43	5,53	B.	0.95706 0.97388	1,31056 A. 1,33362 A.
März 1	6,7		—	—	—	—	207	35		—27	7		8	55	O.	. . . . . .			. . . . . .	. . . . . .
März 2	5	39	—	—	—	—	207	43	31	—27	42	30	. . . . . .			—44	3,46	B.	0.93287	1,29812 A.
März 2	17,8		—	—	—	—	208	37		—28	26		8	16	O.	. . . . . .			. . . . . .	. . . . . .
März 3	6,7		—	—	—	—	208	48		—29	0		7	57	O.	. . . . . .			. . . . . .	. . . . . .
März 3	17,8		—	—	—	—	210	25		—29	6		7	54	O.	. . . . . .			. . . . . .	. . . . . .
März 4	5	42	—	—	—	—	210	55	24	—28	47	48	. . . . . .			—45	23,26	B.	0,87194 0,86515	1,24153 A. 1,23187 A.
März 4	6,7		—	—	—	—	211	22		—28	37		9	31	O.	. . . . . .			. . . . . .	. . . . . .
März 4	17	28	—	—	—	—	211	12	52	—29	3	47	. . . . . .			—45	26,17	B.	0,91597 0,90866	1,30535 A. 1,29494 A.
März 4	17,8		—	—	—	—	211	9		—29	5		8	1	O.	. . . . . .			. . . . . .	. . . . . .
März 5	6,7		—	—	—	—	211	13		—29	36		9	19	O.	. . . . . .			. . . . . .	. . . . . .
März 5	17,8		—	—	—	—	211	8		—30	14		8	24	O.	. . . . . .			. . . . . .	. . . . . .
März 5	19	11	—	—	—	—	210	46	31	—30	32	49	. . . . . .			—47	21,39	B.	0,91845 0,91163 0,92362	1,35577 A. 1,34571 A. 1,36341 A.
März 8	5	1	—	—	—	—	211	56	34	—32	19	35	. . . . . .			—50	5,57	B.	. . . . . .	. . . . . .

Mittlere Zeit des Orts.	Orte.	Länge östlich von Paris.	Breite.	Mittlere Declination.	Inclination.	Horizontal- Intensität.	Ganze Intensität.
1830.							
März 8 23ʰ 43′	Südliche grofse Ocean	212° 26′ 23″	—32° 22′ 21″	. . . . .	—49° 5′,37 B.	0,89887	1,37258 A.
März 9 6,5	— — — —	212 42	—32 41	8° 29 O.	. . . . .	. . . . .	. . . . .
März 10 23 26	— — — —	214 18 32	—34 22 41	. . . . .	—51 13,73 B.	0,84240 0,83913	1,34523 A. 1,34001 A.
März 11 6,5	— — — —	214 38	—34 47	7 44 O.	. . . . .	. . . . .	. . . . .
März 12 4 54	— — — —	216 22 48	—34 55 18	. . . . .	—52 26,28 B.	0,82646	1,35569 A.
März 12 6,2	— — — —	216 21	—35 9	7 30 O.	. . . . .	. . . . .	. . . . .
März 14 6,5	— — — —	217 41	—34 22	6 40 O.	. . . . .	. . . . .	. . . . .
März 14 18,0	— — — —	218 7	—34 15	6 8 O.	. . . . .	. . . . .	. . . . .
März 15 4 26	— — — —	218 13 10	—34 28 25	. . . . .	—50 33,57 B.	0,88609 0,89366	1,39482 A. 1,40673 A.
März 16 5,5	— — — —	218 1	—35 21	8 15 O.	. . . . .	. . . . .	. . . . .
März 17 5 14	— — — —	217 44 33	—36 16 35	. . . . .	—52 18,05 B.	0,84318	1,37884 A.
März 17 19,4	— — — —	215 53	—37 8	7 34 O.	. . . . .	. . . . .	. . . . .

März 18	5	8	—	—	—	—	215	57	47	—37	38	58	. .	. .	. .	—54	16,26	B.	0,84797	1,45213	A.
März 20	4	38	—	—	—	—	216	37	32	—42	4	18	. .	. .	. .	—58	49,32	B.	0,75983	1,46770	A.
März 21	5,5		—	—	—	—	218	48		—43	35		8	2	O.	. .	. .	. .	. . . . .	. . .	. .
März 21	18	42	—	—	—	—	219	52	58	—44	24	24	. .	. .	. .	—61	2,32	B.	0,73012	1,50781	A.
März 23	4	40	—	—	—	—	223	5	43	—45	6	12	. .	. .	. .	—61	57,03	B.	0,71970	1,53052	A.
März 24	6,0		—	—	—	—	225	36		—45	3		8	49	O.	. .	. .	. .	. . . . .	. . .	. .
März 24	22	18	—	—	—	—	226	17	40	—45	4	59	. .	. .	. .	—61	42,89	B.	0,74218	1,56623	A.
März 26	18,5		—	—	—	—	230	54		—46	7		7	33	O.	. .	. .	. .	. . . . .	. . .	. .
März 26	23	35	—	—	—	—	235	29	8	—47	13	25	. .	. .	. .	—63	18,81	B.	0,69035	1,53716	A.
März 27	6,0		—	—	—	—	236	35		—47	30		9	3	O.	. .	. .	. .	. . . . .	. . .	. .
März 29	4,6		—	—	—	—	240	18		—48	10		11	13	O.	. .	. .	. .	. . . . .	. . .	. .
März 29	5	44	—	—	—	—	240	18	16	—48	10	51	. .	. .	. .	—63	39,71	B.	0,69458	1,56552	A.
März 29	18,2		—	—	—	—	242	39		—48	40		10	51	O.	. .	. .	. .	. . . . .	. . .	. .
März 30	1	4	—	—	—	—	243	24	39	—48	50	21	. .	. .	. .	—64	25,36	B.	0,69733	1,61520	A.
März 30	20,2		—	—	—	—	245	34		—49	28		11	26	O.	. .	. .	. .	. . . . .	. . .	. .
März 31	5,7		—	—	—	—	246	57		—49	50		11	37	O.	. .	. .	. .	. . . . .	. . .	. .
März 31	5,9		—	—	—	—	247	3		—49	52		12	32	O.	. .	. .	. .	. . . . .	. . .	. .

Mittlere Zeit des Orts.	Orte.	Länge östlich von Paris.	Breite.	Mittlere Declination.	Inclination.	Horizontal- Intensität.	Ganze Intensität.
1830.							
April 1 0h 11′	Südliche grofse Ocean .	250° 18′ 24″	— 51° 2′ 36″	. . . . . .	—65°55′,47 B.	0,64321	1,57672 A.
April 1 5 5	— — — —	251 22	— 51 23	11° 29′ O.	. . . . . .	. . . . . .	. . . . . .
April 3 18,2	— — — —	261 0	— 54 11	15 11 O.	. . . . . .	. . . . . .	. . . . . .
April 3 20,4	— — — —	263 46	— 54 53	21 45 O.	. . . . . .	. . . . . .	. . . . . .
April 4 0 48	— — — —	264 21 51	— 55 3 0	. . . . . .	—66 13,96 B.	0,63294	1,57046 A.
April 7 8 41	— — — —	274 34 31	— 56 28 30	. . . . . .	—65 3,68 B.	0,64486	1,52937 A.
April 7 18,5	— — — —	274 33	— 56 24	20 22 O.	. . . . . .	. . . . . .	. . . . . .
April 8 19,7	— — — —	279 12	— 55 58	23 32 O.	. . . . . .	. . . . . .	. . . . . .
April 9 5,3	— — — —	279 34	— 56 0	25 5 O.	. . . . . .	. . . . . .	. . . . . .
April 9 20,2	— — — —	280 8	— 55 56	24 1 O.	. . . . . .	. . . . . .	. . . . . .
April 10 5,3	— — — —	280 51	— 55 51	24 40 O.	. . . . . .	. . . . . .	. . . . . .
April 10 20,6	— — — —	282 26	— 56 3	24 9 O.	. . . . . .	. . . . . .	. . . . . .
April 10 22 1	— — — —	282 36 26	— 56 5 8	. . . . . .	—62 51,26 B.	0,67507	1,47960 A.

April 11	18,7	— — — —	284 8	—56 43	26 11 O.	. . . . . .	. . . . . .	. . . . . .
April 11	19,9	— — — —	284 12	—56 39	25 31 O	. . . . . .	. . . . . .	. . . . . .
April 14	0 43	— — — —	278 36 50	—58 31 12	. . . . . .	—61 17,51 B.	0,70171	1,46084 A.
April 17	1 17	— — — —	293 58 51	—57 26 23	. . . . . .	—60 7,15 B.	0,68084 0,70721	1,36658 A. 1,41954 A.
April 19	0 38	— — — —	297 37 10	—56 2 27	. . . . . .	—58 31,03 B.	0,69857	1,33762 A.
April 19	4,8	— — — —	297 56	—55 58	19 40 O.	. . . . . .	. . . . . .	. . . . . .
April 20	20 33	Südliche atlant. Ocean	300 5 54	—55 35 40	. . . . . .	—57 28,51 B.	0,72675	1,35167 A.
April 21	19,9	— — — —	300 57	—55 13	18 17 O.	. . . . . .	. . . . . .	. . . . . .
April 22	4,8	— — — —	301 8	—54 57	19 41 O.	. . . . . .	. . . . . .	. . . . . .
April 23	4 33	— — — —	302 30 39	—52 44 22	. . . . . .	—54 31,36 B.	0,71616	1,23389 A.
April 24	3 23	— — — —	302 22 30	—50 12 17	. . . . . .	—51 18,84 B.	0,75429	1,20676 A.
April 25	20 55	— — — —	304 26 0	—47 10 42	. . . . . .	—48 42,19 B.	0,76545	1,15984 A.
April 26	19,7	— — — —	305 5	—44 4	13 43 O.	. . . . . .	. . . . . .	. . . . . .
April 27	21 25	— — — —	305 26 30	—43 5 33	. . . . . .	—43 55,35 B.	0,71529	0,99308 A.
April 28	4,8	— — — —	306 33	—39 49	11 44 O.	. . . . . .	. . . . . .	. . . . . .
April 28	4 49	— — — —	306 37 16	—39 47 45	. . . . . .	—40 18,78 B.	0,72821	0,95501 A.
April 28	19,4	— — — —	307 11	—38 29	11 19 O.	. . . . . .	. . . . . .	. . . . . .

Mittlere Zeit des Orts.	Orte.	Länge östlich von Paris.	Breite.	Mittlere Declination.	Inclination.	Horizontal- Intensität.	Ganze Intensität.
1830.							
April 29 1h 10′	Südliche atlant. Ocean	307° 20′ 14″	—38° 17′ 23″	. . . . . .	—37° 52′,65 B.	0,75801 C. 0,75158	0,96033 0,95219 A.
April 29 5,3	— — — —	307 25	—38 13	10° 10′ O.	. . . . . .	. . . . . .	. . . . . .
April 29 18 7	— — — —	307 41	—37 36	9 17 O.	. . . . . .	. . . . . .	. . . . . .
April 30 2 25	— — — —	307 34 46	—37 8 45	. . . . . .	—36 41,93 B.	0,76109	0,94924 A.
April 30 5.3	— — — —	307 40	—36 54	9 34 O.	. . . . . .	. . . . . .	. . . . . .
April 30 18,7	— — — —	308 13	—35 47	8 21 O.	. . . . . .	. . . . . .	. . . . . .
April 30 19 12	— — — —	308 16 36	—35 44 25	. . . . . .	—34 20,97 B.	0,72715	0,88074 A.
Mai 1 5,3	— — — —	308 35	—34 49	8 8 O.	. . . . . .	. . . . . .	. . . . . .
Mai 1 19,4	— — — —	309 51	—33 18	7 18 O.	. . . . . .	. . . . . .	. . . . . .
Mai 1 20 53	— — — —	309 55 27	—33 4 29	. . . . . .	—30 3,40 B.	0,78373	0,90549 A.
Mai 2 5,3	— — — —	310 23	—32 18	7 17 O.	. . . . . .	. . . . . .	. . . . . .
Mai 2 18,5	— — — —	311 2	—30 51	5 15 O.	. . . . . .	. . . . . .	. . . . . .
Mai 3 4 45	— — — —	311 23 25	—29 53 2	. . . . . .	—25 32,88 B.	0,77319	0,85698 A.

Mai	3	18,5		— — — —	312	15		—28	40		4 14 O.	. . . . . .	. . . . . .	. . . . . .
Mai	4	3	27	— — — —	312	15	31	—27	58	30	. . . . . .	—22 1,29 B.	0,76895	0,82947 A.
Mai	4	5,5		— — — —	312	50		—27	50		4 10 O.	. . . . . .	. . . . . .	. . . . . .
Mai	4	18,5		— — — —	313	24		—26	38		3 33 O.	. . . . . .	. . . . . .	. . . . . .
Mai	5	0	12	— — — —	313	25	43	—26	22	0	. . . . . .	—19 45,57 B.	0,76579	0,81370 A.
Mai	5	5,5		— — — —	312	52		—25	50		3 33 O.	. . . . . .	. . . . . .	. . . . . .
Mai	5	18,5		— — — —	314	21		—25	2		2 40 O.	. . . . . .	. . . . . .	. . . . . .
Mai	7	5,5		— — — —	314	33		—24	24		2 46 O.	. . . . . .	. . . . . .	. . . . . .
Mai	8	5,5		— — — —	314	29		—24	15		3 2 O.	. . . . . .	. . . . . .	. . . . . .
Mai	8	12	0	— — — —	314	15	10	—24	12	12	. . . . . .	—16 1,58 B.	0,74539	0,77553 A.
Mai	8	18,5		— — — —	314	4		—24	8		1 22 O.	. . . . . .	. . . . . .	. . . . . .
Mai	9	18,5		— — — —	314	14		—24	13		1 2 O.	. . . . . .	. . . . . .	. . . . . .
Mai	9	20	40	— — — —	314	9	2	—24	24	12	. . . . . .	—15 47,68 B.	. . . . . .	. . . . . .
Mai	11	5,5		— — — —	314	44		—23	16		2 59 O.	. . . . . .	. . . . . .	. . . . . .
Mai	13	19	30	In der Bucht von Rio-Janeiro	314	38	22	—23	1	40	. . . . . .	—13 32,85 B.	. . . . . .	. . . . . .
Mai	14	21	40	Auf der Rhede von Rio-Janeiro	314	35	0	—22	53	30	. . . . . .	—13 39,76 B.	0,85049 C. 0,84630 P.	0,87526 0,87094

Mittlere Zeit des Orts.	Orte.	Länge östlich von Paris.	Breite.	Mittlere Declination.	Inclination.	Horizontal-Intensität.	Ganze Intensität.
1830.							
Mai 23 1h 42′	Rio-Janeiro	314° 34′ 39″	—22° 53′ 54″	2° 3′,1 O.	. . . . .	. . . . .	. . . . .
Mai 25 9 7	— —	314 34 39	—22 53 54	2 8,0 O.	. . . . .	. . . . .	. . . . .
Mai 26 0 5	— —	314 34 39	—22 53 54	. . . . .	—13°29′,90 B.	0,85198 C. 0,84536 P.	0,87276 C u.P. 0,87276 A.
Mai 26 10 5	— —	314 34 39	—22 53 54	2 12,6 O.	. . . . .	. . . . .	. . . . .
Juni 2 10 21	— —	314 34 39	—22 53 54	2 4,7 O.	. . . . .	. . . . .	. . . . .
Juni 5 7 21	— —	314 34 39	—22 53 54	2 17,6 O.	. . . . .	. . . . .	. . . . .
Juni 5 11 56	— —	314 34 39	—22 53 54	2 3,9 O.	. . . . .	. . . . .	. . . . .
Juni 13 0 18	— —	314 34 39	—22 53 54	2 8,9 O.	. . . . .	. . . . .	. . . . .
Juni 19 5,5	Südliche atlant. Ocean	315 2	—23 7	1 36 O.	. . . . .	. . . . .	. . . . .
Juni 19 18,5	— — — —	314 52	—23 10	1 42 O.	. . . . .	. . . . .	. . . . .
Juni 20 5,5	— — — —	315 21	—23 12	1 39 O.	. . . . .	. . . . .	. . . . .
Juni 21 5,5	— — — —	316 25	—23 49	0 28 O.	. . . . .	. . . . .	. . . . .
Juni 21 6 51	— — — —	316 31 5	—23 50 58	. . . . .	—16 26,98 B.	. . . . .	. . . . .

Juni	21	18,5		—	—	—	—	317	15		—24	13		0	50 W.	. . . . . .		. . . . . .	. . . . . .
Juni	21	22	48	—	—	—	—	317	17	1	—24	18	17	. . .	. . .	—16	34,84 B.	0,79838 0,80555	0,83302 A. 0,84050 A.
Juni	22	3	23	—	—	—	—	31[illegible]	11	23	—24	49	31	. . .	. . .	—17	26,78 B.	0,81082 0,81766	0,84992 A. 0,85709 A.
Juni	22	20,2		—	—	—	—	318	52		—24	43		1	15 W.	. . . . . .		. . . . . .	. . . . . .
Juni	23	20,2		—	—	—	—	320	26		—24	58		1	21 W.	. . . . . .		. . . . . .	. . . . . .
Juni	24	5,5		—	—	—	—	321	1		—24	51		2	0 W.	. . . . . .		. . . . . .	. . . . . .
Juni	24	18,5		—	—	—	—	321	54		—24	50		2	58 W.	. . . . . .		. . . . . .	. . . . . .
Juni	25	1	24	—	—	—	—	322	5	31	—24	53	26	. . .	. . .	—18	34,95 B.	0,78296 0,78275	0,82602 A. 0,82580 A.
Juni	25	5,5		—	—	—	—	322	14		—24	53		2	59 W.	. . . . . .		. . . . . .	. . . . . .
Juni	25	18,5		—	—	—	—	322	41		—24	56		2	29 W.	. . . . . .		. . . . . .	. . . . . .
Juni	26	5,5		—	—	—	—	323	11		—25	5		3	0 W.	. . . . . .		. . . . . .	. . . . . .
Juni	26	19,4		—	—	—	—	322	35		—23	59		3	39 W.	. . . . . .		. . . . . .	. . . . . .
Juni	27	6,0		—	—	—	—	323	2		—24	7		2	54 W.	. . . . . .		. . . . . .	. . . . . .
Juni	27	18,5		—	—	—	—	322	50		—24	44		3	5 W.	. . . . . .		. . . . . .	. . . . . .
Juni	28	0	53	—	—	—	—	322	50	42	—24	25	51	. . .	. . .	—16	3,54 B.	0,75335	0,78394 A.

Mittlere Zeit des Orts.	Orte.	Länge östlich von Paris.	Breite.	Mittlere Declination.	Inclination.	Horizontal- Intensität.	Ganze Intensität.
1830.							
Juni 28 4h 21′	Südliche atlant. Ocean	322° 53′ 7″	—24° 5′ 54″	. . . . .	—16° 8′,81 B.	0,76222 0,74882	0,79352 A. 0,77958 A.
Juni 29 5,5	— — — —	322 55	—23 21	3° 12′ W.	. . . . .	. . . . .	. . . . .
Juni 29 18,5	— — — —	322 32	—22 42	3 21 W.	. . . . .	. . . . .	. . . . .
Juni 30 5,5	— — — —	322 31	—22 15	3 45 W.	. . . . .	. . . . .	. . . . .
Juli 1 5,5	— — — —	322 22	—20 56	3 45 W.	. . . . .	. . . . .	. . . . .
Juli 1 5 38	— — — —	322 21 50	—20 55 43	. . . . .	— 9 46,35 B.	0,77141	0,78277 A.
Juli 1 19,7	— — — —	322 27	—20 19	3 19 W.	. . . . .	. . . . .	. . . . .
Juli 2 3 36	— — — —	322 36 6	—19 59 47	. . . . .	— 7 55,86 B.	0,69951	0,70627 A.
Juli 2 6,0	— — — —	322 39	—19 57	3 14 W.	. . . . .	. . . . .	. . . . .
Juli 2 18,5	— — — —	322 21	—19 33	3 35 W.	. . . . .	. . . . .	. . . . .
Juli 3 5,5	— — — —	322 38	—19 32	3 48 W.	. . . . .	. . . . .	. . . . .
Juli 3 19 11	— — — —	322 31 11	—19 38 20	. . . . .	— 7 40,10 B.	0,74859 0,74796	0,75535 A. 0,75471 A.

Juli 3 19.2	—	—	—	—	322 40	— 19 38	4 24 W.	. . . . . .	. . . . . .	. . . . . .
Juli 4 18,5	—	—	—	—	322 31	— 19 0	4 39 W.	. . . . . .	. . . . .	. . . . .
Juli 4 22 7	—	—	—	—	322 32 25	— 18 57 33	. . . . . .	— 7 24,92 B.	0,75498	0,76134 A.
Juli 5 5,8	—	—	—	—	322 36	— 18 54	4 4 W.	. . . . . .	. . . . . .	. . . . . .
Juli 5 18,2	—	—	—	—	323 1	— 18 7	4 51 W.	. . . . . .	. . . . . .	. . . . . .
Juli 5 18,2	—	—	—	—	323 1	— 18 7	4 51 W.	. . . . . .	. . . . . .	. . . . . .
Juli 6 4 50	—	—	—	—	323 23 53	— 17 32 49	. . . . . .	— 4 34,21 B.	0,74193	0,74429 A.
Juli 6 5,8	—	—	—	—	323 32	— 17 31	4 31 W.	. . . . . .	. . . . . .	. . . . . .
Juli 6 18,2	—	—	—	—	323 42	— 16 45	5 19 W.	. . . . . .	. . . . . .	. . . . . .
Juli 7 1 19	—	—	—	—	324 4 16	— 16 16 47	. . . . . .	— 2 26,72 B.	0,75247 0,74982	0,75316 A. 0,75050 A.
Julij 7 5 37	—	—	—	—	324 6 34	— 15 56 17	. . . . . .	— 1 33,95 B.	0,77760	0,77789 A.
Juli 7 18,2	—	—	—	—	324 16	— 15 5	6 50 W.	. . . . . .	. . . . . .	. . . . . .
Juli 7 20 43	—	—	—	—	324 22 43	— 14 53 2	. . . . . .	0 27,15 B.	0,79538	0,79540 A.
Juli 8 4 44	—	—	—	—	324 38 38	— 14 24 55	. . . . . .	1 30,52 B.	0,81273	0,81300 A.
Juli 8 5,8	—	—	—	—	324 42	— 14 22	6 8 W.	. . . . . .	. . . . . .	. . . . . .
Juli 8 18,2	—	—	—	—	324 54	— 13 24	6 43 W.	. . . . . .	. . . . . .	. . . . . .

Mittlere Zeit des Orts.	Orte.	Länge östlich von Paris.	Breite.	Mittlere Declination.	Inclination.	Horizontal- Intensität.	Ganze Intensität.
1830.							
Juli 8 19h 51′	Südliche atlant. Ocean	324° 55′ 11″	— 13° 18′ 31″	. . . . . .	3° 20′,41 B.	0,76871 0,76605	0,77002 A. 0,76735 A.
Juli 9 5,8	— — — —	325 16	— 12 38	7° 16 W.	. . . . . .	. . . . . .	. . . . . .
Juli 9 18,2	— — — —	325 19	— 11 44	7 25 W.	. . . . . .	. . . . . .	. . . . . .
Juli 9 21 20	— — — —	325 21 28	— 11 31 12	. . . . . .	6 29,87 B.	. . . . . .	. . . . . .
Juli 10 5,8	— — — —	325 32	— 10 58	7 11 W.	. . . . . .	. . . . . .	. . . . . .
Juli 10 18,2	— — — —	325 41	— 9 40	8 39 W.	. . . . . .	. . . . . .	. . . . . .
Juli 10 21 48	— — — —	325 47 45	— 9 41 38	. . . . . .	9 36,01 B.	0,83085	0,84264 A.
Juli 11 5,8	— — — —	326 2	— 7 47	9 7 W.	. . . . . .	. . . . . .	. . . . . .
Juli 11 18,2	— — — —	326 19	— 8 7	8 55 W.	. . . . . .	. . . . . .	. . . . . .
Juli 12 6,0	— — — —	326 37	— 6 59	8 23 W.	. . . . . .	. . . . . .	. . . . . .
Juli 12 18,5	— — — —	326 37	— 5 42	9 22 W.	. . . . . .	. . . . . .	. . . . . .
Juli 12 22 13	— — — —	326 43 41	— 5 19 12	. . . . . .	17 42,42 B.	0,84404	0,88601 A.
Juli 13 18,0	— — — —	326 42	— 3 50	8 58 W.	. . . . . .	. . . . . .	. . . . . .

Juli	13	19	5	—	—	—	—	326	30	3	— 3	51	14	. . . . . .	20 28,69 B.	0,83113 0,85301	0,88719 A. 0,91055 A.
Juli	14	6,0		—	—	—	—	327	11		— 2	56		9 37 W.	. . . . . .	. . . . . .	. . . . . .
Juli	14	22	59	—	—	—	—	327	3	30	— 1	52	59	. . . . . .	23 26,75 B.	0,87924 0,87612	0,95837 A. 0,95497 A.
Juli	15	6,0		—	—	—	—	327	19		— 1	21		9 19 W.	. . . . . .	. . . . . .	. . . . . .
Juli	15	18,0		—	—	—	—	327	11		— 0	35		10 14 W.	. . . . . .	. . . . . .	. . . . . .
Juli	16	3	54	Nördliche atlant. Ocean				327	14	47	0	25	45	. . . . . .	27 16,02 B.	0,87181	0,98080 A.
Juli	16	6,0		Südliche atlant. Ocean				327	34		— 0	36		9 28 W.	. . . . . .	. . . . . .	. . . . . .
Juli	16	18,0		Nördliche atlant. Ocean				327	4		1	40		10 28 W.	. . . . . .	. . . . . .	. . . . . .
Juli	17	2	44	—	—	—	—	327	1	1	2	30	18	. . . . . .	30 46,65 B.	0,87281	1,01588 A.
Juli	17	5,8		—	—	—	—	327	29		2	48		9 57 W.	. . . . . .	. . . . . .	. . . . . .
Juli	17	19,0		—	—	—	—	327	22		4	1		11 8 W.	. . . . . .	. . . . . .	. . . . . .
Juli	18	3	41	—	—	—	—	327	25	28	4	26	7	. . . . . .	34 29,57 B.	0,83708 0,84767 0,84434	1,01563 A. 1,02848 A. 1,02445 A.
Juli	19	4	36	—	—	—	—	328	49	41	5	44	54	. . . . . .	35 24,62 B.	0,81378	0,99847 A.
Juli	20	5	7	—	—	—	—	330	15	50	7	25	31	. . . . . .	36 51,33 B.	0,82962	1,03682 A.
Juli	20	19,2		—	—	—	—	330	56		8	33		11 42 W.	. . . . . .	. . . . . .	. . . . . .

Mittlere Zeit des Orts.	Orte.	Länge östlich von Paris.	Breite.	Mittlere Declination.	Inclination.	Horizontal- Intensität.	Ganze Intensität.
1830.							
Juli 21 4^h 51′	Nördliche atlant. Ocean	331° 1′ 13″	9° 36′ 13″	. . . . .	39°12′,20 B.	0,83103 0,81795	1,07244 A. 1,05554 A.
Juli 21 6,2	— — — —	331 7	9 42	13° 0′ W.	. . . . .	. . . . .	. . . . .
Juli 21 19,2	— — — —	331 12	10 8	13 10 W.	. . . . .	. . . . .	. . . . .
Juli 22 4 10	— — — —	331 2 28	10 24 28	. . . . .	40 48,95 B.	0,78819 0,80603	1,04148 A. 1,06302 A.
Juli 22 5,5	— — — —	331 2	10 27	13 2 W.	. . . . .	. . . . .	. . . . .
Juli 22 19,0	— — — —	330 24	10 43	14 19 W.	. . . . .	. . . . .	. . . . .
Juli 23 3 16	— — — —	330 4 42	11 2 34	. . . . .	41 54,01 B.	0,83593	1,12310 A.
Juli 23 6,5	— — — —	330 4	11 9	13 42 W.	. . . . .	. . . . .	. . . . .
Juli 23 19,2	— — — —	329 23	11 53	12 56 W.	. . . . .	. . . . .	. . . . .
Juli 24 5 53	— — — —	329 8 20	12 35 51	. . . . .	44 3,44 B.	0,81335	1,13180 A.
Juli 24 6,5	— — — —	329 10	12 36	12 23 W.	. . . . .	. . . . .	. . . . .
Juli 24 17,5	— — — —	329 12	13 6	13 30 W.	. . . . .	. . . . .	. . . . .

Juli	25	6,0		—	—	—	—	329	16		13	30		12	32	W.	. . . . . .	. . . . . .	. . . . . .
Juli	26	4	15	—	—	—	—	328	23	16	14	35	40	. . .	. . .		46 31,47 B.	0,78296 0,78732	1,13796 A. 1,14429 A.
Juli	26	6,0		—	—	—	—	328	26		14	33		12	48	W.	. . . . . .	. . . . . .	. . . . . .
Juli	26	19,0		—	—	—	—	327	36		15	13		13	8	W.	. . . . . .	. . . . . .	. . . . . .
Juli	27	5	28	—	—	—	—	326	50	55	15	52	52	. . .	. . .		48 15,16 B.	0,80625 0,80564	1,21086 A. 1,20995 A.
Juli	27	19,2		—	—	—	—	326	32		16	20		12	36	W.	. . . . . .	. . . . . .	. . . . . .
Juli	28	3	6	—	—	—	—	326	12	31	16	40	54	. . .	. . .		49 50,01 B.	0,75717	1,17388 A.
Juli	29	18,5		—	—	—	—	327	16		18	47		13	2	W.	. . . . . .	. . . . . .	. . . . . .
Juli	30	22	12	—	—	—	—	324	5	1	19	5	1	. . .	. . .		52 41,65 B.	0,74940 0,75963	1,23649 A. 1,25334 A.
Juli	31	3	46	—	—	—	—	322	29	44	21	1	30	. . .	. . .		54 43,49 B.	0,73112 0,72274	1,26600 A. 1,25149 A.
Juli	31	6,5		—	—	—	—	322	25		21	14		12	25	W.	. . . . . .	. . . . . .	. . . . . .
Juli	31	19,2		—	—	—	—	322	0		22	6		11	30	W.	. . . . . .	. . . . . .	. . . . . .
Aug.	1	5,3		—	—	—	—	319	31		22	52		12	12	W.	. . . . . .	. . . . . .	. . . . . .
Aug.	1	22	23	—	—	—	—	320	31	26	23	59	44	. . .	. . .		58 21,92 B.	0,69068	1,31682 A.
Aug.	2	6,5		—	—	—	—	320	16		24	31		11	26	W.	. . . . . .	. . . . . .	. . . . . .

Mittlere Zeit des Orts.	Orte.	Länge östlich von Paris.	Breite.	Mittlere Declination.	Inclination.	Horizontal Intensität.	Ganze Intensität.
1830.							
Aug. 3 6h,	Nördliche atlant. Ocean	319° 31′	26° 23′	13° 5′ W.	. . . . . .	. . . . . .	. . . . . .
Aug. 3 6 44	— — — —	319 31 36″	26 25 49″	. . . . . .	60°48′,67 B.	0,67431 0,66683	1,38266 A. 1,36783 A.
Aug. 3 17,3	— — — —	318 48	28 12	14 36 W.	. . . . . .	. . . . . .	. . . . . .
Aug. 4 3 42	— — — —	318 58 31	28 2 24	. . . . . .	61 52,08 B.	0,64078	1,35901 A.
Aug. 5 4 53	— — — —	317 50 44	29 33 38	. . . . . .	63 11,28 B.	0,62370 0,62102	1,38273 A. 1,37678 A.
Aug. 5 17,3	— — — —	317 12	30 20	14 59 W.	. . . . . .	. . . . . .	. . . . . .
Aug. 6 4 9	— — — —	317 . 4 55	30 29 58	. . . . . .	64 16,24 B.	0,62151	1,43167 A.
Aug. 6 17,3	— — — —	317 38	30 44	15 14 W.	. . . . . .	. . . . . .	. . . . . .
Aug. 7 6,7	— — — —	317 45	31 4	15 54 W.	. . . . . .	. . . . . .	. . . . . .
Aug. 7 6 47	— — — —	317 48 32	31 10 42	. . . . . .	64 29,64 B.	0,60861	1,41339 A.
Aug. 8 17,3	— — — —	316 46	32 31	15 28 W.	. . . . . .	. . . . . .	. . . . . .
Aug. 9 6,7	— — — —	316 37	32 58	16 4 W.	. . . . . .	. . . . . .	. . . . . .

Aug.	9	17,8		—	—	—	—	316 38		32 48		16 54 W.	. . . . . .	. . . . . .	. . . . . .
Aug.	9	21	55	—	—	—	—	316 36	5	32 54	42	. . . . . .	65 20,88 B.	0,59297	1,42158 A.
Aug.	10	17,3		—	—	—	—	316 16		33 33		16 31 W.	. . . . . .	. . . . . .	. . . . . .
Aug.	11	0	36	—	—	—	—	316 9	10	33 44	41	. . . . . .	66 5,77 B.	0,58567	1,44538 A.
Aug.	11	6,7		—	—	—	—	316 9		33 46		17 33 W.	. . . . . .	. . . . . .	. . . . . .
Aug.	11	17,3		—	—	—	—	315 47		33 43		17 11 W.	. . . . . .	. . . . . .	. . . . . .
Aug.	11	23	40	—	—	—	—	315 50	33	33 49	16	. . . . . .	66 40,52 B.	. . . . . .	. . . . . .
Aug.	12	6,7		—	—	—	—	315 47		34 2		16 49 W.	. . . . . .	. . . . . .	. . . . . .
Aug.	13	5	24	—	—	—	—	315 50	42	34 29	10	. . . . . .	67 26,33 B.	0,55674	1,45110 A.
Aug.	13	6,7		—	—	—	—	315 53		34 31		16 45 W.	. . . . . .	. . . . . .	. . . . . .
Aug.	13	17.3		—	—	—	—	315 53		34 57		17 24 W.	. . . . . .	. . . . . .	. . . . . .
Aug.	13	22	25	—	—	—	—	316 5	44	35 0	0	. . . . . .	67 29,53 B.	0,55127	1,44005 A.
Aug.	14	17,3		—	—	—	—	316 49		35 42		17 31 W.	. . . . . .	. . . . . .	. . . . . .
Aug.	15	6	16	—	—	—	—	317 29	23	36 15	32	. . . . . .	68 17,05 B.	0,54016	1,45987 A.
Aug.	15	6,7		—	—	—	—	317 35		36 16		18 35 W.	. . . . . .	. . . . . .	. . . . . .
Aug.	16	6	17	—	—	—	—	318 55	2	37 26	2	. . . . . .	68 23,84 B.	0,54554 0,54578	1,48176 A. 1,48242 A.
Aug.	16	6,7		—	—	—	—	318 45		37 12		18 30 W.	. . . . . .	. . . . . .	. . . . . .

Mittlere Zeit des Orts.	Orte.	Länge östlich von Paris.	Breite.	Mittlere Declination.	Inclination.	Horizontal-Intensität.	Ganze Intensität.
1830.							
Aug. 16 17h.3	Nördliche atlant. Ocean	319° 25′	37° 39′	19° 43′ W.	. . . . .	. . . . .	. . . . .
Aug. 17 6.2	— — — —	320 28	38 19	21 25 W.	. . . . .	. . . . .	. . . . .
Aug. 17 6 43′	— — — —	320 30 15″	38 24 31″	. . . . .	69° 8′,08 B.	0,51894	1,45700 A.
Aug. 17 18.0	— — — —	321 21	39 7	22 6 W.	. . . . .	. . . . .	. . . . .
Aug. 18 18,0	— — — —	322 16	39 15	23 11 W.	. . . . .	. . . . .	. . . . .
Aug. 19 6 38	— — — —	322 53 2	40 9 15	. . . . .	69 30,60 B.	0,50919	1,45465 A.
Aug. 19 17,5	— — — —	323 48	40 55	24 51 W.	. . . . .	. . . . .	. . . . .
Aug. 20 5 41	— — — —	324 58 8	41 27 24	. . . . .	70 10,84 B.	0,48441	1,42870 A.
Aug. 20 18,0	— — — —	324 59	41 39	25 20 W.	. . . . .	. . . . .	. . . . .
Aug. 21 3 21	— — — —	326 13 0	42 29 20	. . . . .	69 46,79 B.	0,51045	1,47712 A.
Aug. 21 17,3	— — — —	327 7	43 26	26 38 W.	. . . . .	. . . . .	. . . . .
Aug. 22 4 45	— — — —	328 34 30	44 21 40	. . . . .	71 16,59 B.	0,47281	1,47290 A.
Aug. 22 6.7	— — — —	328 37	44 25	27 35 W.	. . . . .	. . . . .	. . . . .

Aug. 22	18,5		— — — —	330	2		45	31		28	21 W.	. . . . . .	. . . . . .	. . . . . .
Aug. 22	18	48	— — — —	330	5	0	45	35	7	. . . . . .		70 46,83 B.	. . . . . .	. . . . . .
Aug. 23	6,7		— — — —	331	12		45	52		27	58 W.	. . . . . .	. . . . . .	. . . . . .
Aug. 23	18,5		— — — —	332	45		46	20		28	23 W.	. . . . . .	. . . . . .	. . . . . .
Aug. 23	20	29	— — — —	333	21	12	46	46	18	. . . . . .		70 6,81 B.	0,48424 0,48798	1,42358 A. 1,43458 A.
Aug. 24	17,3		— — — —	336	47		47	3		27	54 W.	. . . . . .	. . . . . .	. . . . . .
Aug. 25	23	57	— — — —	341	37	0	47	46	54	. . . . . .		70 4,13 B.	0,46688	1,36959 A.
Aug. 26	3	44	— — — —	342	4	0	47	45	8	. . . . . .		70 7,22 B.	0,46661	1,37219 A.
Aug. 26	6,7		— — — —	342	43		47	56		26	18 W.	. . . . . .	. . . . . .	. . . . . .
Aug. 26	22	5	— — — —	344	46	54	48	13	22	. . . . . .		69 29,85 B.	0,47886	1,36720 A.
Aug. 27	6,0		— — — —	346	12		48	27		26	6 W.	. . . . . .	. . . . . .	. . . . . .
Aug. 27	18,0		— — — —	348	8		48	57		25	58 W.	. . . . . .	. . . . . .	. . . . . .
Aug. 28	3	19	— — — —	349	37	18	49	15	50	. . . . . .		69 14,74 B.	0,48802	1,37718 A.
Aug. 29	17,3		Englische Canal . . .	356	5		50	40		26	15 W.	. . . . . .	. . . . . .	. . . . . .
Aug. 31	5	12	Motherbank bei Portsmouth	356	32	30	50	44	20	. . . . . .		68 32,65 B.	0,49041 C. 0,48275 P.	1,33019 A. 1,33019

Mittlere Zeit des Orts.	Orte.	Länge östlich von Paris.	Breite.	Mittlere Declination.	Inclination.	Horizontal- Intensität.	Ganze Intensität.
1830.							
Sept. 4 6ʰ 29′	Nordsee	359° 21′ 30″	51° 17′ 10″	. . . . . .	68°30′,96 B.	. . . . . .	. . . . . .
Sept. 5 4 3	— —	0 34 18	51 56 12	. . . . . .	68 53,60 B.	. . . . . .	. . . . . .
Sept. 6 2 18	— —	1 52 42	54 27 41	. . . . . .	70 2,23 B.	. . . . . .	. . . . . .
Sept. 8 9 47	— —	0 28 36	56 46 36	. . . . . .	71 54,28 B.	. . . . . .	. . . . . .
Sept. 10 5 39	— —	4 28 18	57 19 54	. . . . . .	71 26,26 B.	. . . . . .	. . . . . .
Sept. 22 19 53	Im Sund vor Kopenhagen	10 14 50	55 43	. . . . . .	70 1,66 B.	. . . . . .	. . . . . .
Sept. 25 22 56	Ostsee	17 34 16	58 2 23	. . . . . .	70 29,17 B.	. . . . . .	. . . . . .
Sept. 28 6 45	Finnische Meerbusen .	25 47 23	60 4 54	. . . . . .	70 50,27 B.	. . . . . .	. . . . . .
Sept. 29 1 56	Vor Anker auf der kleinen Kronstadter Rhede	27 26 0	59 58 40	. . . . . .	70 33,69 B.	0,45316 C.	1,36167

Oct. 8 2 33	Petersburg, Wasiljewskji Ostrow	27 57 28	59 56 29	. . . . .	70 53,22 B.	0,45898 C. 0,45786 P.	1,40175 1.39835
Oct. 9 21 10	Petersburg	27 58 30	59 57 0	. . . . .	71 6,95 B.	0,45140 C. 0,45048 P.	1.39468 1,39185

Anhang.

Declinationsbeobachtungen

von

Capitain L. v. Hagemeister,

in den Jahren 1809 bis 1810 und 1816 bis 1817.

Die folgenden zwei Reihen von Declinationsbestimmungen hat Herr Capitain von Hagemeister, respektive während einer Fahrt von der Insel Kadjak nach den Sandwichsinseln und von dort nach Petro-Pauls-Hafen, und während einer andren von Kronstadt nach Callao, ausgeführt. — Es ist dabei ganz ebenso verfahren worden wie ich oben (Seite 459 bis 476) für unsre Declinationsmessungen auf der Corvette Krotkoi erwähnt habe, auch bezeichnen wiederum die den einzelnen Resultaten hinzugefügten Buchstaben h und a, ob dieselben durch Messung einer Sonnenhöhe oder durch Beobachtung im Augenblicke der Sonnen-Amplitude erhalten sind. — Bei der ersten dieser Reihen zeigen die Zahlen I. und II., mit welchem von zweien auf dem Schiffe befindlichen Peil-Compasen, beobachtet wurde, das Zeichen °, neben den Buchstaben h oder a, aber eine Erschwerung der Beobachtungen durch starkes Rollen des Schiffes oder durch Bewölkung. — Die Declinationen selbst sind, (ebenfalls so wie die unsrigen auf Seite 477 bis 486) ohne Reduction wegen periodischer Variationen angesetzt, und daher für die daneben stehende Mittlere Zeit der Beobachtung gültig.

Declinationen auf der See,

in den Jahren 1808 und 1809.

Mittlere Zeit der Beobachtung.	Art	Länge, Ost von Paris.	Breite.	Declination.	Compas, Nummer.
		Nördliche grofse Ocean.			
1808. Dec. 18,10	h *	206° 15′	49° 22′	22° 40′ O.	II.
— — 18,13	h	206 15	49 18	21 41 O.	I.
— — 18,92	h	205 49	48 5	20 8 O.	I.
— — 19,12	h *	205 47	47 42	20 14 O.	I.
— — 19,87	h *	205 22	46 2	19 36 O.	I.
— — 19,90	h *	205 26	45 58	20 50 O.	II.
— — 21,90	h	204 1	42 21	19 7 O.	I.
— — 21,91	h	204 1	42 21	20 1 O.	II.
— — 24,90	h	204 11	39 43	15 55 O.	I.
— — 24,91	h	204 11	39 43	16 21 O.	II.
— — 25,14	h	204 28	39 25	13 25 O.	I.
— — 29,10	h	204 5	37 8	15 31 O.	I.
— — 29,10	h	204 5	37 8	16 49 O.	II.
— — 30,12	h	205 15	36 29	14 30 O.	II.
1808. Dec. 30,12	h	205 15	36 29	14 22 O.	I.

Mittlere Zeit der Beobachtung.			Art	Länge, Ost von Paris.		Breite.		Declination.			Compas, Nummer.

Nördliche grofse Ocean.

1809.	Jan.	4,84	h	205°	53′	33°	22′	14°	56′	O.	I.
—	—	4,84	h	205	53	33	22	15	6	O.	II.
—	—	6,13	h	206	17	32	40	14	47	O.	I.
—	—	6,16	h	206	19	32	39	12	34	O.	II.
—	—	6,16	h	206	19	32	39	12	58	O.	I.
—	—	8,84	h	209	44	31	35	14	17	O.	II.
—	—	8,84	h	209	44	31	35	13	30	O.	I.
—	—	8,84	h	209	44	31	35	13	57	O.	II.
—	—	10,15	h	210	24	29	46	9	45	O.	I.
—	—	10,17	h	210	24	29	45	9	11	O.	I.
—	—	10,18	h	210	24	29	45	10	31	O.	II.
—	—	10,83	h	210	47	28	54	10	58	O.	I.
—	—	10,84	h	210	47	28	54	11	24	O.	I.
—	—	11,17	h	211	0	28	37	10	49	O.	II.
—	—	11,17	h	211	0	28	37	10	17	O.	II.
—	—	11,17	h	211	0	28	37	10	25	O.	I.
—	—	11,18	h	211	0	28	37	10	2	O.	II.
—	—	11,83	h	210	47	28	17	12	56	O.	II.
—	—	11,83	h	210	47	28	17	12	15	O.	I.
—	—	12,19	h	210	10	27	56	10	30	O.	II.
—	—	12,82	h	209	18	27	19	10	56	O.	II.
—	—	12,83	h	209	18	27	18	10	6	O.	II.
—	—	13,83	h	207	45	26	13	9	42	O.	I.
—	—	13,84	h	207	44	26	12	11	44	O.	I.
—	—	14,19	h	207	10	25	32	9	20	O.	I.
—	—	15,19	h	204	55	23	22	8	58	O.	I.
—	—	15,81	h	203	32	23	8	9	49	O.	I.
1809.	Jan.	15,81	h	203	32	22	8	10	28	O.	I.

Mittlere Zeit der Beobachtung.			Art	Länge, Ost von Paris.		Breite.		Declination.			Compas, Nummer.
				Nördliche grofse Ocean.							
1809.	Jan.	15,85	h	203°	30′	22°	4′	8°	27′	O.	I.
—	April	3,23	h	198	18	21	55	8	25	O.	I.
—	—	3,23	h	198	18	21	55	9	15	O.	II.
—	—	7,25	h	194	25	22	39	10	38	O.	II.
—	—	9,22	h	189	1	22	52	9	34	O.	I.
—	—	9,22	h	189	1	22	52	9	40	O.	II.
—	—	9,22	h	189	1	22	52	10	57	O.	I.
—	—	9,22	h	189	1	22	52	11	4	O.	II.
—	—	9,76	h	187	37	22	53	12	20	O.	II.
—	—	11,81	h	182	59	22	20	10	46	O.	II.
—	—	11,89	h	182	45	22	20	13	0	O.	II.
—	—	12,26	a	181	50	22	14	11	41	O.	II.
—	—	12,76	h	181	24	22	22	13	35	O.	II.
—	—	12,78	h	181	21	22	22	11	53	O.	II.
—	—	13,21	h	180	11	22	34	11	43	O.	II.
—	—	13,22	h	180	10	22	34	11	23	O.	I.
—	—	13,80	h	178	52	23	11	11	24	O.	II.
—	—	13,81	h	178	50	23	12	11	8	O.	I.
—	—	14,80	h	177	8	23	36	12	3	O.	II.
—	—	14,80	h	177	7	23	36	11	57	O.	I.
—	—	15,22	h	176	25	23	36	11	23	O.	II.
—	—	15,22	h	176	24	23	36	11	20	O.	I.
—	—	15,80	h	175	23	23	37	12	9	O.	I.
—	—	15,81	h	175	22	23	37	12	0	O.	II.
—	—	16,23	h	174	30	23	37	12	0	O.	II.
—	—	16,23	h	174	30	23	37	12	0	O.	I.
—	—	16,76	h	173	21	23	42	11	55	O.	I.
1809.	April	17,23	h	172	34	23	44	12	21	O.	II.

Mittlere Zeit der Beobachtung.	Art	Länge, Ost von Paris.	Breite.	Declination.	Compas-Nummer.
		Nördliche grofse Ocean.			
1809. April 17,76	h	171° 32′	23° 45′	11° 53′ O.	II.
— — 17,81	h	171 29	23 45	11 31 O.	II.
— — 17,82	h	171 29	23 45	11 37 O.	I.
— — 18,23	h	170 40	23 45	11 39 O.	II.
— — 18,26	a	170 37	23 45	12 0 O.	I.
— — 18,26	a	170 37	23 45	11 45 O.	II.
— — 18,74	a	169 24	23 48	11 7 O.	II.
— — 18,76	h	169 20	23 48	11 7 O.	I.
— — 18,77	h	169 19	23 48	11 28 O.	II.
— — 19,23	h	168 7	23 50	12 17 O.	I.
— — 19,23	h	168 7	23 50	12 28 O.	II.
— — 19,26	a	168 5	23 50	12 20 O.	I.
— — 19,26	a	168 5	23 50	12 5 O.	II.
— — 20,76	h	164 23	23 53	9 51 O.	II.
— — 21,23	h *	163 0	23 54	10 59 O.	II.
— — 21,74	a	161 44	23 54	9 58 O.	II.
— — 21,78	h	161 38	23 54	9 52 O.	II.
— — 22,78	h	159 36	23 42	7 21 O.	II.
— — 23,23	h	158 27	23 42	10 39 O.	II.
— — 23,76	h	157 8	23 38	8 38 O.	II.
— — 24,26	h	155 58	23 38	9 40 O.	II.
— — 24,73	a	155 6	23 34	7 48 O.	II.
— — 24,77	h	155 0	23 34	7 24 O.	I.
— — 25,77	h	152 50	23 36	6 28 O.	II.
— — 25,78	h	152 49	23 36	7 13 O.	I.
— — 25,78	h	152 48	23 36	7 14 O.	I.
— — 25,79	h	152 48	23 36	7 8 O.	I.
1809. April 26,21	h	151 36	23 38	6 50 O.	II.

Mittlere Zeit der Beobachtung.			Art	Länge, Ost von Paris.	Breite.	Declination.	Compas-Nummer.
				Nördliche grofse Ocean.			
1809.	April	26,22	h	151° 36′	23° 38′	7° 47′ O.	II.
—	—	26,80	h	150 45	23 45	5 54 O.	II.
—	—	27,75	h	149 5	23 51	4 58 O.	II.
—	—	27,75	h	149 5	23 51	5 35 O.	II.
—	—	28,76	h	147 30	23 50	3 48 O.	II.
—	—	28,77	h	147 30	23 50	4 28 O.	I.
—	—	29,23	h	146 51	23 52	6 5 O.	II.
—	—	29,76	h	146 2	23 57	6 0 O.	II.
—	—	29,77	h	146 2	23 57	5 18 O.	I.
—	—	30,24	h	145 0	24 27	5 19 O.	II.
—	—	30,25	h	145 0	24 27	5 18 O.	I.
—	—	30,76	h	144 37	25 9	3 40 O.	II.
—	Mai	1,76	h	142 51	25 10	1 50 O.	II.
—	—	1,76	h	142 51	25 10	1 40 O.	I.
—	—	2,26	h	141 54	25 12	3 34 O.	II.
—	—	2,26	h	141 54	25 12	3 20 O.	I.
—	—	2,76	h	142 23	25 45	5 7 O.	II.
—	—	2,76	h	142 23	25 45	4 50 O.	I.
—	—	3,23	h	142 56	26 16	4 16 O.	II.
—	—	3,23	h	142 56	26 16	4 12 O.	II.
—	—	3,23	h	142 56	26 16	5 16 O.	I.
—	—	3,27	a	142 58	26 18	3 55 O.	II.
—	—	3,75	h	142 45	27 0	3 1 O.	II.
—	—	3,75	h	142 45	27 0	3 25 O.	I.
—	—	4,23	h	144 20	27 29	6 3 O.	I.
—	—	4,25	h	144 20	27 30	6 15 O.	I.
—	—	4,75	h	145 18	28 9	3 12 O.	II.
1809.	Mai	4,75	h	145 18	28 9	2 59 O.	I.

Mittlere Zeit der Beobachtung.			Art	Länge, Ost von Paris.		Breite.		Declination.			Compas-Nummer.
Nördliche grofse Ocean.											
1809.	Mai	4,76	h	145°	19′	28°	10′	3°	13′	O.	I.
—	—	5,23	h	146	8	28	50	5	57	O.	II.
—	—	5,26	h	146	10	28	50	5	30	O.	II.
—	—	12,22	h	153	41	34	35	8	9	O.	II.
—	—	12,23	h	153	41	34	35	9	28	O.	I.
—	—	15,21	h	156	54	36	7	8	58	O.	II.
—	—	15,21	h	156	54	36	7	10	21	O.	I.
—	—	17,22	h	158	9	35	58	9	40	O.	II.
—	—	17,23	h	158	9	35	58	11	24	O.	I.
—	—	17,78	h	158	19	35	39	9	34	O.	II.
—	—	18,27	h	159	29	34	52	9	13	O.	II.
—	—	18,75	h	160	7	34	45	8	26	O.	II.
—	—	18,76	h	160	7	34	45	9	50	O.	I.
—	—	18,78	h	160	8	34	45	8	12	O.	II.
—	—	18,78	h	160	8	34	45	7	23	O.	I.
—	—	19,78	h	161	19	34	50	8	31	O.	II.
—	—	19,78	h	161	19	34	50	9	40	O.	I.
—	—	23,23	h	167	46	36	5	12	27	O.	II.
—	—	25,25	h	168	45	37	5	14	47	O.	II.
—	—	25,25	h	168	45	37	5	15	37	O.	I.
—	—	27,26	h	171	30	36	19	13	40	O.	II.
—	—	28,26	h	172	7	36	11	13	38	O.	II.
—	—	28,27	h	172	7	36	11	15	7	O.	I.
—	—	29,25	h	172	42	37	16	13	20	O.	II.
—	Juni	2,23	h	177	3	40	56	12	38	O.	II.
—	—	2,23	h	177	3	40	56	13	10	O.	I.
—	—	12,22	h	166	42	44	56	11	3	O.	II.
1809.	Juni	12,22	h	166	42	44	56	11	14	O.	I.

Mittlere Zeit der Beobachtung.	Art	Länge, Ost von Paris.	Breite.	Declination.	Compas-Nummer.
Nördliche grofse Ocean.					
1809. Juni 13,23	h	165° 24′	45° 9′	10° 4′ O.	II.
— — 13,23	h	165 24	45 9	11 40 O.	I.
— — 14,23	h	164 40	46 35	8 33 O.	II.
Juni 23 bis Juli 23	h	156° 19′ 48″	53° 0′ 27″	7 26 O.	II.
				7 16 O.	I.

Declinationen auf der See,

in den Jahren 1816 und 1817.

Mittlere Zeit der Beobachtung.			Art	Länge, Ost von Paris.		Breite.		Declination.	
Nördliche atlantische Ocean.									
1816.	Oct.	26,14	h	341°	4′	57°	28′	33°	32′ W.
—	—	26,87	h	341	0	55	22	31	0 W.
—	—	30,87	h	334	10	44	47	30	35 W.
—	Novbr.	1,83	h	331	25	42	10	24	40 W.
—	—	5,81	h	329	5	33	40	20	34 W.
—	—	6,83	h	329	44	31	20	17	52 W.
—	—	9,85	h	332	15	23	42	12	52 W.
—	—	12,85	h	333	52	19	54	13	26 W.
—	—	26,83	h	334	32	9	36	14	50 W.
—	—	27,83	h	334	42	7	43	12	52 W.
—	—	28,28	a	334	39	7	20	14	30 W.
—	—	30,83	h	334	35	6	4	11	27 W.
—	Decbr.	2,81	h	334	28	5	37	13	40 W.
—	—	6,18	h	331	30	0	0	11	19 W.
—	—	6,23	a	332	25	1	40	12	5 W.
1816.	Decbr.	6,74	a	333	1	2	31	12	30 W.

Mittlere Zeit der Beobachtung.			Art	Länge, Ost von Paris.	Breite.	Declination.

Südliche atlantische Ocean.

1816	December	7,83	h	330° 40′	— 1° 15′	10° 52′ W.
—	—	7,74	a	330 43	— 1 6	10 45 W.
—	—	8,24	a	330 27	— 1 47	10 47 W.
—	—	8,74	a	329 48	— 3 0	9 24 W.
—	—	8,75	h	329 48	— 3 0	9 44 W.
—	—	9,24	a	329 22	— 3 45	9 54 W.
—	—	9,79	h	329 3	— 5 8	8 10 W.
—	—	9,74	a	329 4	— 5 2	8 4 W.
—	—	10,24	h	329 43	— 7 49	7 19 W.
—	—	11,18	h	328 40	— 8 52	8 32 W.
—	—	12,26	a	327 50	— 11 46	5 36 W.
—	—	12,73	a	327 6	— 13 0	5 42 W.
—	—	13,80	h	324 58	— 15 22	4 8 W.
—	—	14,73	a	323 36	— 17 20	3 3 W.
—	—	14,80	h	323 33	— 17 32	2 48 W.
—	—	15,27	a	322 48	— 18 20	1 49 W.
—	—	15,72	a	322 18	— 19 6	1 37 W.
—	—	16,27	a	321 40	— 20 0	1 30 W.
—	—	17,27	a	320 10	— 20 41	0 27 W.
—	—	18,24	h	318 4	— 21 11	2 28 O.
—	—	19,27	a	317 40	— 22 50	4 40 O.
1817.	Januar	25,29	a	306 40	— 35 50	6 55 O.
—	—	28,71	a	305 30	— 38 40	11 30 O.
—	—	29,79	a	305 47	— 39 19	11 57 O.
—	Februar	3,79	h	305 2	— 44 52	14 10 O.
—	—	3,81	h	305 2	— 45 6	16 39 O.
—	—	6,73	h	300 54	— 47 32	19 51 O.
1817.	Februar	7,29	a	299 10	— 48 24	22 2 O.

Mittlere Zeit der Beobachtung.			Art	Länge, Ost von Paris.	Breite.	Declination.
			Südliche atlantische Ocean.			
817.	Februar	7,31	h	299° 5′	— 48° 27′	22° 8′ O.
—	—	8,31	a	296 36	— 49 8	22 10 O.
—	—	9,31	a	294 10	— 49 50	24 7 O.
—	—	11,86	h	291 27	— 51 32	24 52 O.
—	—	12,86	h	291 30	— 51 46	20 10 O.
—	—	13,85	h	291 17	— 52 9	22 38 O.
—	—	14,85	h	292 55	— 53 48	25 47 O.
—	—	19,18	h	300 56	— 59 23	20 26 O.
—	—	20,30	h	299 33	— 60 12	22 30 O.
—	—	21,22	h	299 43	— 60 31	24 35 O.
—	—	21,32	a	299 37	— 60 33	23 56 O.
—	—	21,86	h	299 23	— 60 37	25 39 O.
—	—	22,32	a	297 30	— 60 30	24 53 O.
—	—	23,73	h	294 20	— 60 27	24 20 O.
—	—	24,86	a	290 2	— 60 32	25 9 O.
—	—	26,85	h	289 43	— 59 42	26 3 O.
			Südliche grofse Ocean.			
—	—	28,84	h	283 13	— 59 56	29 14 O.
—	März	1,84	h	280 30	— 59 14	28 40 O.
—	—	2,85	h	277 24	— 57 22	26 33 O.
—	—	7,24	h	275 12	— 50 35	21 40 O.
—	—	7,28	a	275 10	— 50 33	22 58 O.
—	—	7,86	h	275 12	— 50 3	19 48 O.
—	—	8,86	h	276 10	— 48 1	18 44 O.
—	—	9,86	h	276 48	— 45 22	18 27 O.
—	—	9,86	h	276 50	— 45 16	18 22 O.
1817.	März	10,85	h	276 42	— 43 38	16 59 O.

Mittlere Zeit der Beobachtung.			Art	Länge, Ost von Paris.	Breite.	Declination.
		Südliche grofse Ocean.				
1817.	März	11,27	a	276° 45′	— 43° 4′	19° 50′ O.
—	—	11,75	a	276 23	— 41 30	18 27 O.
—	—	11,85	h	276 22	— 41 33	17 7 O.
—	—	14,86	h	276 52	— 36 17	17 10 O.
—	—	14,86	h	277 37	— 34 27	15 7 O.
1817.	März	15,22	h	277 40	— 33 32	14 43 O.

Berlin, Druck von A. W. Hayn.